"十四五"高等院校应用型人才培养系列教材

U0800224

综合布线技术

（第2版）

主编◎王公儒

中国铁道出版社有限公司
CHINA RAILWAY PUBLISHING HOUSE CO., LTD.

内容简介

本书按培养智能建筑综合布线系统工程项目所需专业技能人才的要求，结合行业典型案例展开讲述，运用图表解读综合布线相关国家标准及实践应用，通过大量设计案例给出设计方法、安装规范、测试验收等技术要求和内容。

全书共 11 个单元，配套有 VR 教学实训资源。每个单元都给出了明确的学习目标，首先介绍基本概念和工程应用，然后介绍设计原则与步骤、设计方法与案例，最后安排了安装施工技术技能。全书内容全面系统、重点突出，知识介绍循序渐进、层次清晰，技能展示图文并茂、好学易记，工程经验丰富、实用性强。

本书适合作为高等院校网络工程、物联网工程、通信工程、信息工程、电信工程及管理、人工智能技术和建筑电气与智能化等专业的教材，也可作为信息技术行业、智能建筑行业、安全防范行业的工程设计、施工安装与运维管理等专业技术人员的参考书。

图书在版编目（CIP）数据

综合布线技术 / 王公儒主编 .—2 版 .—北京 : 中国铁道出版社有限公司 , 2024.12
“十四五”高等院校应用型人才培养系列教材
ISBN 978-7-113-30953-4

Ⅰ. ①综… Ⅱ. ①王… Ⅲ. ①计算机网络 - 布线 - 高等学校 - 教材 Ⅳ. ① TP393.03

中国国家版本馆 CIP 数据核字（2023）第 250504 号

书　　名：综合布线技术
作　　者：王公儒

策　　划：翟玉峰　汪　敏　　　　**编辑部电话：**（010）51873135
责任编辑：汪　敏　许　璐
封面设计：郑春鹏
责任校对：刘　畅
责任印制：赵星辰

出版发行：中国铁道出版社有限公司（100054，北京市西城区右安门西街 8 号）
网　　址：https://www.tdpress.com/51eds
印　　刷：河北燕山印务有限公司
版　　次：2021 年 3 月第 1 版　2024 年 12 月第 2 版　2024 年 12 月第 1 次印刷
开　　本：787 mm×1 092 mm　1/16　**印张：**21.25　**字数：**533 千
书　　号：ISBN 978-7-113-30953-4
定　　价：59.80 元

第2版前言

《综合布线技术》第1版于2021年3月出版，第2版根据高等学校相关专业人才培养方案和专业教学标准等规定修订改版，增加或更新了部分新技术、新标准、新工艺、新设备和新工具等内容，优化了典型案例和扩展知识等；在文前增加典型案例、习题、实训项目、实操视频等二维码索引表。

为响应党的二十大号召，全面贯彻党的教育方针，落实立德树人根本任务，第2版增加了劳模故事、劳模传技能等6个课程思政内容，通过行业劳模先进事迹等弘扬“细微中显卓越，执着中见匠心”的工匠精神。

本书围绕信息与通信工程综合布线行业典型案例展开讲述，用通俗易懂的语言和图表，宣贯相关国家标准规范，通过大量设计实例给出设计原则与方法、安装规范与技能、测试验收与运维管理等技术要求和内容，培养智能建筑与综合布线系统工程项目规划设计、施工安装、运维管理等专业技术技能人才。

本书内容按照行业典型工作任务和项目流程以及作者多年从事综合布线系统工程项目的实践经验精心安排，全书共分五个部分，11个单元。第一部分为单元1、2，通过可视化教学模型认识综合布线和掌握基本概念，熟悉常用工业标准和技术规范要求；第二部分为单元3，主要介绍工程设计方法；第三部分为单元4，主要介绍常用器材和工具；第四部分为单元5～10，主要介绍综合布线工程各个子系统的设计和安装施工技术；第五部分为单元11，主要介绍工程项目测试检验与验收技术等。在每个单元章前都给出了明确的学习目标，首先介绍基本概念和工程应用，然后介绍设计原则与步骤、设计方法与案例，最后安排了安装施工技术技能。

本书具有理论与工程设计相结合、实训与考核相结合、竞赛与岗位技能相结合的特点，安排了丰富的实训项目和规范的操作视频，图文并茂的实训步骤，配套VR教学实训资源、二维码扫描数字化资源等。本书所配套的大量的PPT课件、高清图片、实训项目和实训指导视频、VR教学实训资源等，请在中国铁道出版社教育资源数字化平台https://www.tdpress.com/51eds中下载。

本书由王公儒（西安西元电子科技集团有限公司）任主编，西安西元电子科技集团有限公司王涛、纪刚、李盼峰、赵欣、于琴、赵婵媛等参与编写。综合布线技术是一门快速发展的综合性交叉学科，加之编者水平有限，书中如有不妥之处，欢迎读者批评指正。欢迎加入本科《综合布线技术》学术群（QQ：729876215）交流与讨论，作者E-mail：s136@s369.com。

王公儒

2024年8月

第1版前言

本书是适合高等学校计算机网络工程、计算机科学与技术、物联网工程等专业使用的综合布线技术教材。近年来随着智能建筑、智慧城市、智慧社区、智能家居的快速发展和普及，数据中心、云计算、物联网、人工智能、5G、智能制造等应用越来越广泛，作为智能建筑基础设施的综合布线系统越来越复杂和重要，行业急需熟悉综合布线技术的专业技术人才。

本书按培养智能建筑综合布线系统工程项目的规划设计、施工安装、运维管理等专业技术技能人才的要求编写，围绕行业典型案例展开讲述，用通俗易懂的语言和图表，解读了相关国家标准与实践应用，通过大量设计案例给出设计原则与方法、安装规范和技能、测试验收与运维管理等技术要求和内容。

全书内容按照行业典型工作任务和项目流程以及作者多年从事综合布线系统工程项目的实践经验精心安排，共分为11个单元，安排了666个图片、80个表格，12个实训项目，在每个单元都给出了明确的教学任务和技能目标，首先介绍基本概念和工程应用，然后介绍设计原则与步骤、设计方法与案例，最后安排了安装施工技术技能实训。全书内容全面系统，重点突出，知识介绍循序渐进，层次清晰，技能展示图文并茂，好学易记，工程经验丰富，实用性强。

多年来，王公儒教授级高级工程师负责设计和实施了几十项大型智能建筑综合布线系统工程和校园网、企业网等系统集成项目，累计获得综合布线技术等50项国家专利，开创了综合布线技术实训室行业。王公儒现任中国计算机学会职业教育发展委员会（CCF VC）主席，全国信息技术标准化技术委员会信息技术设备互连分技术委员会委员，全国智能建筑及居住区数字化标准化技术委员会委员，中国建筑节能协会智慧建筑专业委员会副主任委员，中国勘察设计协会工程智能设计分会专家，陕西省标准化专家等。王公儒获得国家级教学成果一等奖1项，二等奖1项，天津市级教学成果特等奖1项、一等奖1项，陕西省高等学校教学成果一等奖1项。参与起草《信息技术 住宅通用布缆》等6个国家标准。他主编出版了《综合布线工程实用技术》《网络综合布线系统工程技术实训教程》《综合布线实训指导书》《视频监控系统工程实用技术》《入侵报警系统工程实用技术》《可视对讲系统工程实用技术》《停车场系统工程实用技术》《出入口控制系统工程实用技术》《智能家居系统工程实用技术》等26部专业课教材，累计销量超过70万册。

在本书编著中融入了作者上述工程经验和研究成果，创建了一个可视化的综合布线系统工程教学模型，系统介绍了综合布线系统的设计方法，给出了各个子系统原理图和工程应用案例，形象生动地讲授理论知识。围绕一个真实综合布线工程案例，以CDIO工程教学方式，图文并茂地介绍了工程项目的规划设计、安装施工、测试验收和维护管理等内容。本书以快速培养专业工程师等技术人员掌握工程实用技术和积累工作经验为目的安排内容。各单元以《综合布线系统工程设计规范》等相关国家标准涉及的理论知识为主线，讲述基本概念和应用案例；以主编多年积累和总结的大型工程经验，介绍了具体工作流程，给出了各个子系统的设计原则和安装要求，安排了很多典型设计案例；以积累工作经验和提高就业率为目标安排了实训项目内容；以熟悉行业为目的，介绍了上海世博会、机场航站楼、政务网等行业典型应用案例。

本书突出理论与工程设计相结合、实训与考核相结合、竞赛与岗位技能相结合的特点，安排了丰富的实训项目和规范的操作视频，图文并茂的实训步骤，配套VR教学实训资源、二维码扫描等资源。全书共分5部分，11个单元。第一部分为单元1和单元2，通过可视化教学模型认识综合布线和掌握基本概念，熟悉常用工业标准和技术规范要求；第二部分为单元3，主要介绍综合布线工程设计方法；第三部分为单元4，主要介绍综合布线系统常用器材和工具，第四部分为单元5～10，主要介绍综合布线工程各个子系统的设计和安装施工技术；第五部分为单元11，主要介绍工程项目测试检验与验收技术。

本书配套大量的PPT课件、扫描二维码看高清图片、实训指导视频、VR教学实训资源等，请在中国铁道出版社教育资源数字化平台https://www.tdpress.com/51eds中下载。

本书由王公儒（西安西元电子科技集团有限公司）任主编，滕姿（嘉兴学院）、黄亚平（浙江工业大学）任副主编，参与编写的人员还有西安西元电子科技集团有限公司的王涛、纪刚、李盼峰、赵欣、于琴、赵婵媛等。

王公儒编写了单元1～6，滕姿编写了单元7和单元8，王涛编写了单元9～11，王涛、纪刚、赵婵媛、于琴、李盼峰等制作了实训指导视频，赵欣开发了VR教学实训资源，黄亚平参与了部分内容编写和书稿审核工作。在本书编写中参考了相关标准，也参考了多篇论文，在此表示感谢。鉴于综合布线技术是一门快速发展的综合性交叉学科，加上编者水平有限，书中难免存在不足之处，敬请读者批评指正。欢迎加入本科《综合布线技术》学术群（QQ729876215）交流与讨论，作者E-mail：s136@s369.com。

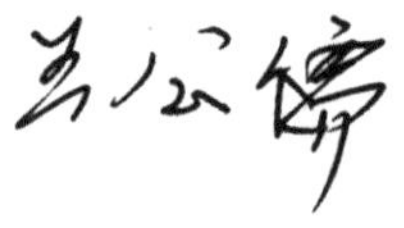

2021年1月

VR教学实训资源简介和使用方法

新技术催生新教法，本书编写团队创新性地开发了VR教学实训资源，能够快速切换教学场景，提高教学效率，寓教于乐，精准教学，帮助读者快速掌握专业技能。采用VR+AR技术手段和三维建模，将教材内容做成数字化资源，通过VR+AR教学模型，展示建筑结构与综合布线技术技能，局部放大、任意角度旋转、彩色场景、看得见知识点，能够重复学习、理实结合、轻松教、快乐学。

VR教学实训资源丰富，源于教材优于教材。配套VR资源免费提供，包括教材目录、实训项目、典型案例、习题与答案、高清彩色照片、实训指导视频等。增值VR资源需要付费购买，包括工程师授课、工程师讲标准、工程师讲设计、工程师讲案例、劳模传技能、互动练习、问卷星题库等。

1. VR资源导航如图1所示，一级目录导航图如图2所示

图1 《综合布线技术》（第2版）VR资源导航截图

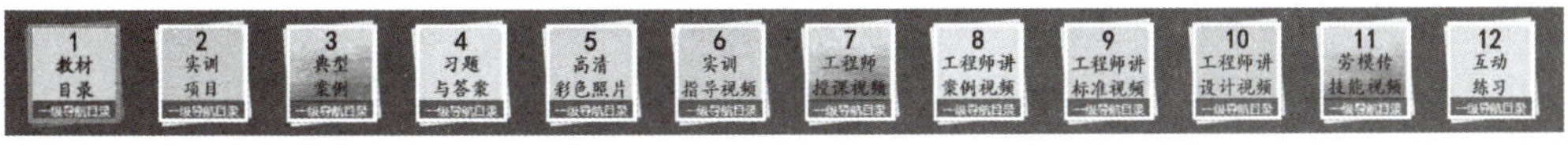

图2 《综合布线技术》（第2版）VR教学实训资源一级目录导航截图

2. VR教学实训资源二级目录导航图

图3所示为《综合布线技术》（第2版）VR教学实训资源中，“6实训指导视频”二级目录导航截图。

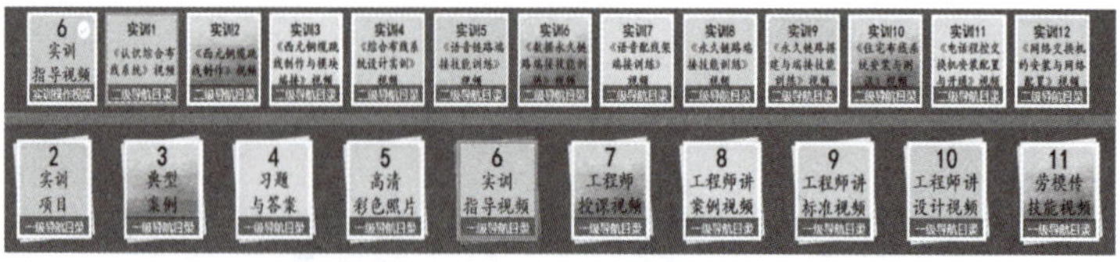

图3　VR教学实训资源中“6实训指导视频”二级目录导航截图

3. VR教学实训资源三级目录导航图

图4所示为“单元4 综合布线工程常用器材和工具”三级目录导航截图。

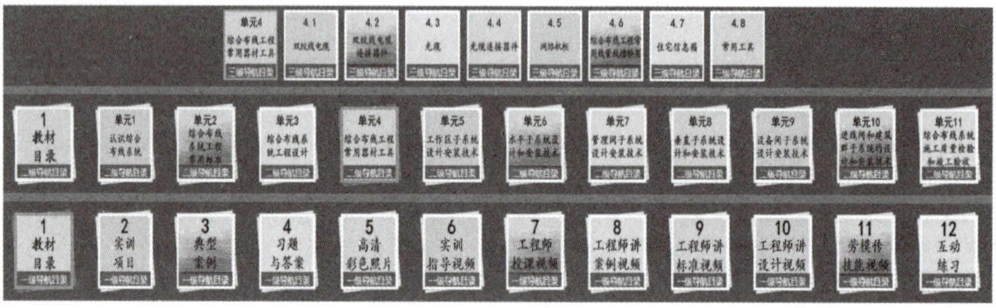

图4　“单元4 综合布线工程常用器材和工具”三级目录导航截图

4. VR教学实训资源使用方法

将VR教学实训资源存入PC硬盘或插入U盘/移动硬盘，进入VR界面，选择和单击模块按钮即可使用。增值VR资源需要购买和插入配套加密狗，使用方法如下：

（1）单击左侧教材封面的红色跳动“导航图”按钮，进入图1所示的VR资源导航图，可以看到该VR资源的全部一、二级目录。

（2）单击左下角“目录”按钮，显示图4所示的一、二、三级目录。滑动鼠标滚轮，目录左右移动，查看全部目录。再次单击“目录”按钮，全部目录隐藏。

（3）根据教学进度需要，选择并单击一级，或二级，或三级目录，出现该目录全部教学场景。例1：单击“8工程师讲案例视频”按钮，将出现全部视频按钮，如图5所示。例2：单击“6实训指导视频”按钮，将出现全部视频按钮，如图3所示。滑动鼠标滚轮，目录左右移动，查看全部目录。

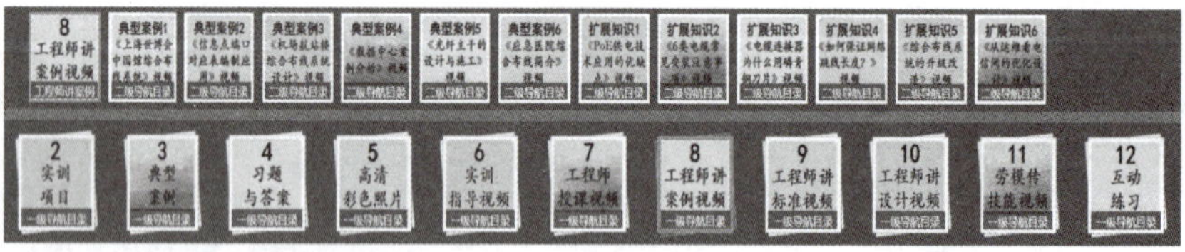

图5　VR教学实训资源中“8工程师讲案例视频”目录截图

（4）该VR资源一级目录有12个，包括1教材目录，2实训项目，3典型案例，4习题与答案，5 高清彩色照片，6实训指导视频，7工程师授课视频，8工程师讲案例视频，9工程师讲标准视频，10工程师讲设计视频，11劳模传技能视频，12互动练习。

部分二维码索引表

“典型案例”二维码索引表

单元	名　称	二维码	页码	单元	名　称	二维码	页码
单元1	典型案例1——上海世博会中国馆综合布线系统		23	单元9	典型案例4——数据中心案例分析		266
单元3	典型案例2——信息点端口对应表编制与应用		90	单元10	典型案例5——光纤主干的设计与施工		289
单元8	典型案例3——民航机场航站楼综合布线系统设计		245	单元11	典型案例6——应急医院综合布线简介		314

“习题”二维码索引表

单元	名　称	二维码	页码	单元	名　称	二维码	页码
单元1	单元1习题		25	单元7	单元7习题		229
单元2	单元2习题		55	单元8	单元8习题		246
单元3	单元3习题		91	单元9	单元9习题		268
单元4	单元4习题		155	单元10	单元10习题		291
单元5	单元5习题		182	单元11	单元11习题		316
单元6	单元6习题		208				

“实训项目”二维码索引表

单元	名　称	二维码	页码	单元	名　称	二维码	页码
单元1	实训1　认识综合布线系统		25	单元7	实训8		234
单元2	实训2　网络跳线制作训练		58	单元8	实训9		252
	实训3　网络模块端接训练		61	单元9	实训10		272
单元3	实训4　综合布线系统设计实训		94	单元10	实训11		293
单元4	实训5　语音链路端接技能训练		159	单元11	实训12		320
单元5	实训6　数据永久链路端接技能训练		185		实训报告		
单元6	实训7		213				

“实操视频”二维码索引表

单元	名　称	二维码	页码	单元	名　称	二维码	页码
单元1	百炼成“刚”		23	单元2	A113-西元铜缆跳线制作与模块端接（9分16秒）		58
单元2	A117-西元铜缆跳线制作（16分56秒）		56		网络跳线制作与网络模块端接训练（12分41秒）		58
	网络跳线制作与网络模块端接训练（12分41秒）		56	单元3	综合布线系统设计实训		93

目录

单元1 认识综合布线系统

综合布线系统是互联网、物联网、大数据、云计算和5G等技术最基础的信息传输系统，也是智能建筑和智慧城市的基础设施。本单元通过综合布线系统工程教学模型，首先直观地认识综合布线系统，然后熟悉各个子系统，最后通过真实案例掌握基本概念和拓扑图。

学习目标

● 在本课程结束时，掌握综合布线系统的规划设计、施工安装、测试验收、维护管理等基础知识和专业技术。通过各单元的专业知识、典型案例、工程经验、习题和实训项目等，掌握综合布线系统专业技能，积累一定的工程经验。

● 本单元的学习目标为认识综合布线系统，掌握综合布线系统的7个子系统，熟悉综合布线系统图和网络拓扑图。

1.1 综合布线系统概览

1.1.1 综合布线系统的基本概念

国家标准《综合布线系统工程设计规范》（GB 50311—2016，后文简称GB 50311）在术语定义中对“布线”（cabling）的定义是“能够支持电子信息设备相连的各种缆线、跳线、接插软线和连接器件组成的系统”。在系统构成中，定义为“综合布线系统应为开放式网络拓扑结构，应能支持语音、数据、图像、多媒体等业务信息传递的应用”。

结合标准定义，我们认为“综合布线系统就是用各种缆线、跳线、接插软线和连接器件构成的通用布线系统，能够支持语音、数据、图像、多媒体和其他控制信息技术的标准应用系统”。

现在，无论是学习，还是工作，或者休闲上网，人们都在使用综合布线系统，人们的生活已经离不开计算机网络和智能手机了。综合布线系统是信息系统的传输通道和基础，从计算机上获取的各种信息流都是通过综合布线系统传输到计算机中的，因此没有综合布线系统，人们就无法获取各种信息。

1.1.2 综合布线系统是信息高速公路

互联网技术的快速发展推动了综合布线技术的发展，综合布线技术的普遍应用加速了互联网走进千家万户，综合布线系统就是信息高速公路，没有综合布线系统的普遍应用就没有互联网的普及和应用。近年来，随着物联网、大数据、云计算和5G等新一代技术迅猛发展，再次加速了综合布线系统的广泛应用，综合布线系统显得越来越重要，已经成为最基础的信息传输系统。

有研究表明计算机网络系统的故障70%发生在综合布线系统。尤其在应用物联网和5G等新技术的自动驾驶、远程医疗、智能制造、智慧工厂等主要应用中，可靠稳定的信息传输系统尤为重要，综合布线系统作为最基础的信息传输系统越来越重要了。

1.1.3 综合布线系统是智能建筑的基础设施

现在，综合布线系统已经成为智能建筑的主要信息传输系统，也是智能建筑的重要基础设施，它能使语音、数据、图像、通信设备、交换设备和其他信息管理系统彼此相连接，能够支持数据、语音及其图像等信息的传输。

智能建筑设备监控系统、安全技术防范系统、出入口控制系统等也普遍使用综合布线系统作为信息的传输介质。综合布线系统是智能建筑和智慧建筑快速发展的重要基础和需求，没有综合布线技术的快速发展就没有智能建筑的普及和应用。例如，智能建筑一般包括计算机网络办公系统、楼宇设施控制管理系统、通信自动化系统、安全防范系统、停车场管理系统、出入口控制系统等，而这些系统全部是通过综合布线系统来传输和交流信息及传输指令和控制运行状态等。所以，我们说综合布线系统使智能建筑具备了先进性、方便性、安全性、经济性和舒适性等基本特征。

1.2 综合布线系统的构成

为了快速认识和掌握综合布线系统的基本原理和要点，下面以图1-1所示的综合布线系统工程教学模型原理图为例来讲述。该园区模型共有两栋建筑，其中，1号楼为一栋独立式的网络中心；2号楼为一栋三层结构的智能建筑，实际用途为综合办公楼。图1-2所示为综合布线系统工程教学模型照片，请扫描二维码观看或下载图1-1、图1-2彩色高清图片。

文件

图1-1
彩色高清图片

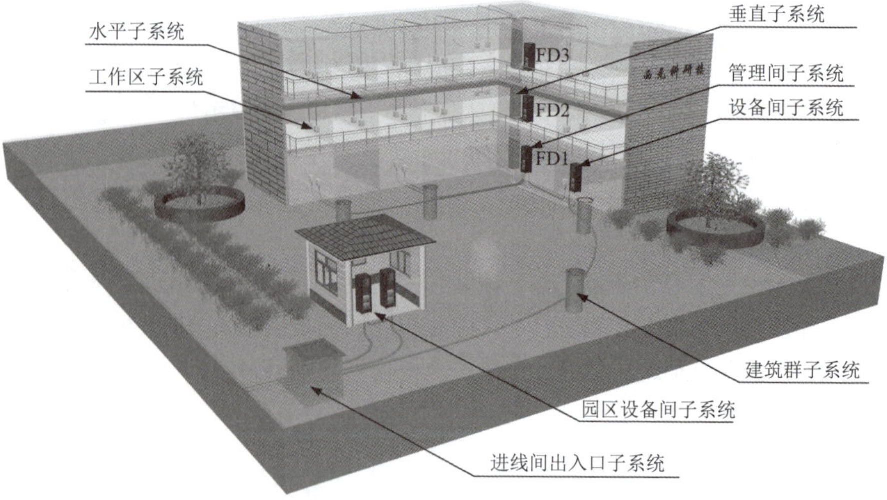

图1-1 综合布线系统工程教学模型原理图

文件
图1-2
彩色高清图片

图1-2　综合布线系统工程教学模型照片

在GB 50311《综合布线系统工程设计规范》系统配置设计中，把综合布线系统分为工作区、配线子系统、干线子系统、建筑群子系统、入口设施、管理系统等六部分。结合实际工程安装施工流程和工序，为了方便教学与实训，我们把综合布线系统工程分解为如下七个子系统进行介绍。

（1）工作区子系统，对应标准中的工作区。

（2）配线子系统，包括水平子系统和管理间子系统。

（3）垂直子系统，对应标准中的干线子系统。

（4）建筑群子系统，对应标准中的建筑群子系统。

（5）设备间子系统，包括在标准中的建筑群子系统。

（6）进线间出入口子系统，对应标准中的入口设施。

（7）管理间子系统，对应标准中的管理系统。

1.2.1　工作区子系统

工作区（work area）就是需要设置终端设备的独立区域。

工作区子系统是由信息插座的底盒与面板、网络或语音模块、跳线组成的子系统。其中信息插座包括墙面型、地面型、桌面型等，图1-3所示为工作区子系统组成和应用案例图。图1-4所示为建筑物工作区子系统和信息插座位置示意图。请扫描二维码观看或下载图1-4彩色高清图片。

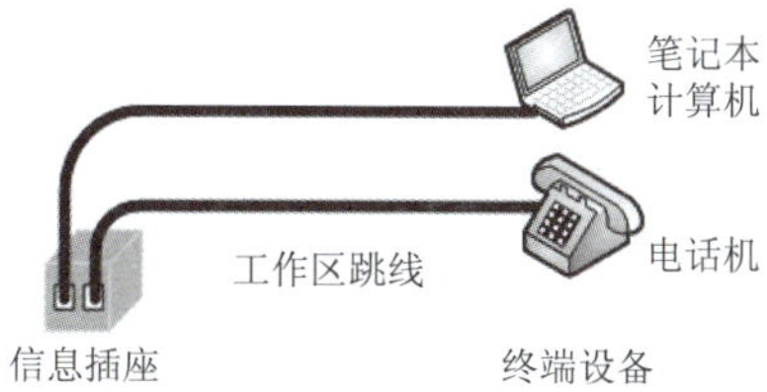

（a）工作区子系统应用案例1

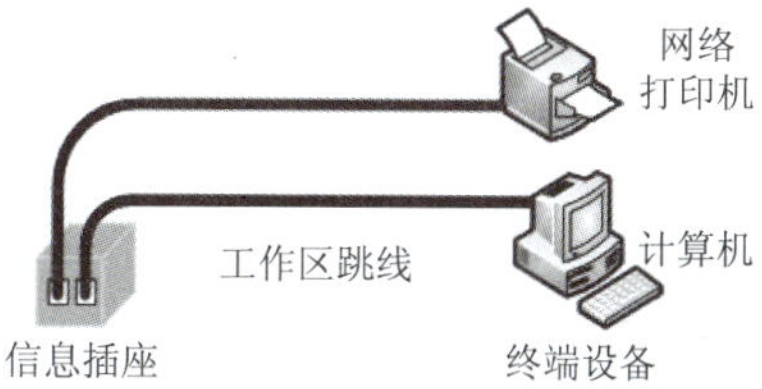

（b）工作区子系统应用案例2

图1-3　工作区子系统组成和应用案例

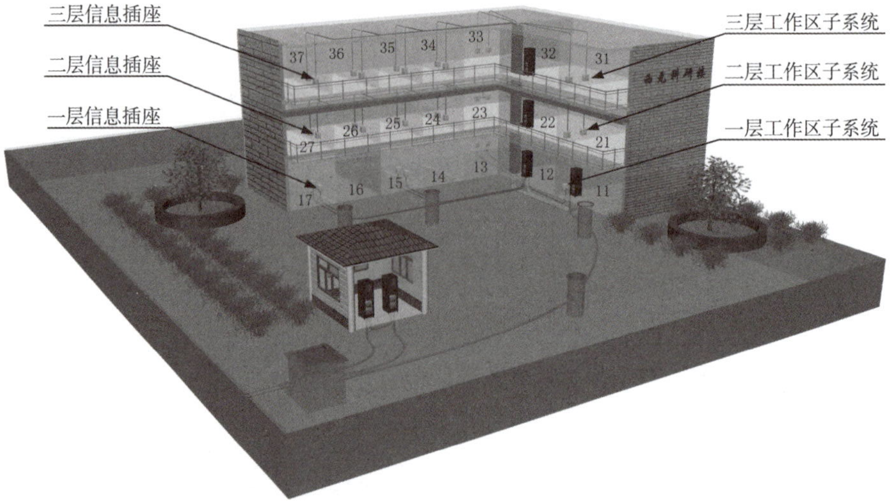

文件
图1-4
彩色高清图片

图1-4　建筑物工作区子系统和信息插座位置示意图

在日常使用中，我们能够看到或者接触到的就是工作区子系统，例如，墙面或者地面安装的网络插座或语音插座、设备跳线和终端设备等，终端设备包括计算机、打印机、扫描仪、摄像机、电话机等。

在实际工程应用中一个插口为一个独立的工作区，也就是一个网络或者语音模块对应一个工作区，而不是一个房间为一个工作区，在一个房间往往会有多个工作区。

1.2.2　配线子系统

根据实际工程设计、施工和运维流程，我们把配线子系统分为水平子系统和管理间子系统，下面分别进行介绍。

1. 水平子系统

图1-5所示为水平子系统组成和应用案例图。水平子系统遍布建筑物内部，应用范围广，布线距离长，不仅穿线管和缆线材料用量大，成本往往占工程总造价的50%以上，同时水平子系统布线拐弯多，施工复杂，也直接影响工程质量。

图1-5中，一层11~17号房间的水平缆线采用地面暗埋管布线方式，二层21~27号房间的水平缆线采用楼道桥架和墙体暗埋管布线方式，三层31~37号房间的水平缆线采用楼板/吊顶暗埋管布线方式。请扫描二维码观看或下载图1-5彩色高清图片。

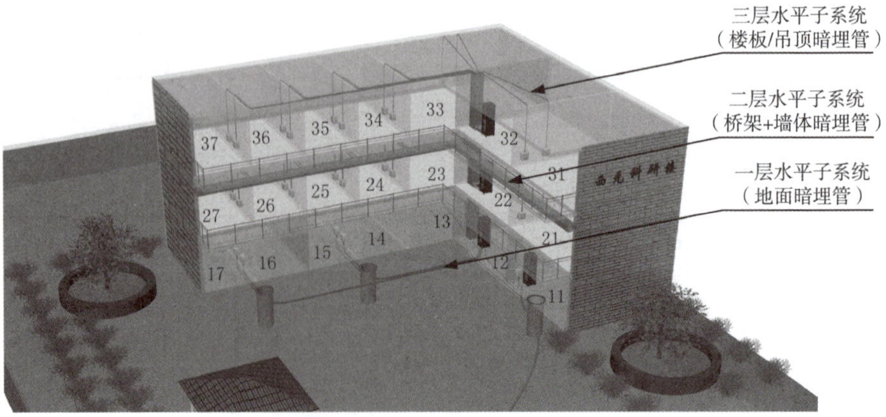

文件
图1-5
彩色高清图片

图1-5　水平子系统组成和应用案例图

水平子系统一般由工作区信息插座模块、水平缆线、配线架等组成。实现工作区信息插座和管理间子系统的连接，包括所有缆线和连接器件。水平子系统一般使用双绞线电缆，常用的连接器件有信息模块、面板、配线架、跳线架等配件。

图1-6所示为水平子系统原理图，实际上就是永久链路，它在建筑物土建阶段埋管，安装阶段首先穿线，然后安装信息模块和面板，最后在楼层管理间机柜内与配线架进行端接。

请扫描“图1-6Visio原图”二维码，下载Visio原图。

请扫描“图1-6彩色高清图片”二维码，观看或下载彩色高清图片。

文件

图1-6
Visio原图

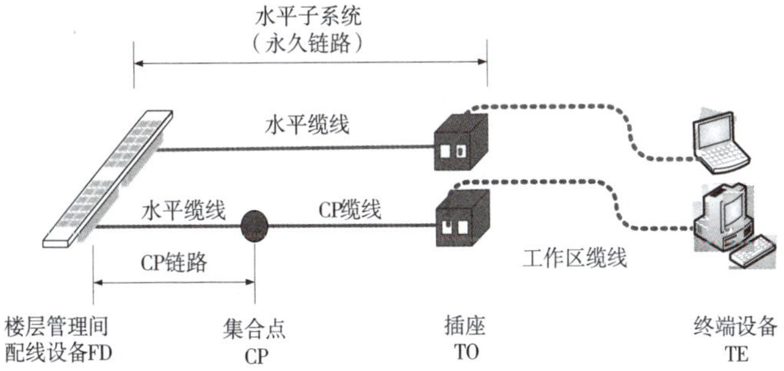

图1-6　水平子系统原理图

文件

图1-6
彩色高清图片

图1-7所示为水平子系统布线路由示意图，这种设计方式的优点是工作区信息插座与楼层管理间配线架在同一个楼层，穿线、安装模块和配线架等比较方便，检测和维护也很方便。缺点是穿线路由长、使用材料多、成本高、拐弯多、穿线时拉力大、对施工技术要求高。

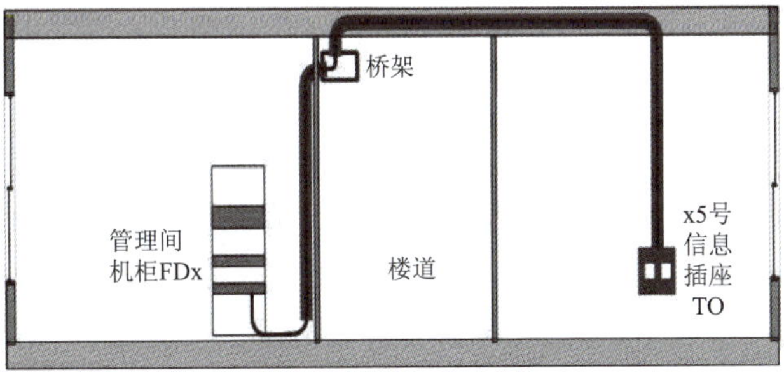

图1-7　水平子系统布线路由示意图

注意：为了完整地介绍工作区子系统和水平子系统的应用，在这两个子系统中重复包括了信息插座。在项目设计阶段，一般在工作区子系统中设计信息插座的位置，计算信息插座规格和数量等。

2. 管理间子系统

管理间子系统又称电信间或配线间，是专门安装楼层机柜、配线架、交换机的楼层管理间，一般设置在每个楼层的中间位置，主要安装楼层配线设备。当楼层信息点很多时，可以设置多个管理间。

新建建筑物弱电设计时应该考虑独立的弱电井，将综合布线系统的楼层管理间设置在弱电井中，各楼层之间用金属桥架连接。管理间应该有可靠的综合接地排，管理间门宽度大于0.9 m，外

文件
图1-8
彩色高清图片

文件
图1-9
彩色高清图片

开，同时考虑照明和设备电源插座。图1-8所示为独立式管理间示意图，图1-9所示为管理间子系统应用案例。请扫描二维码观看或下载图1-8和图1-9彩色高清图片。

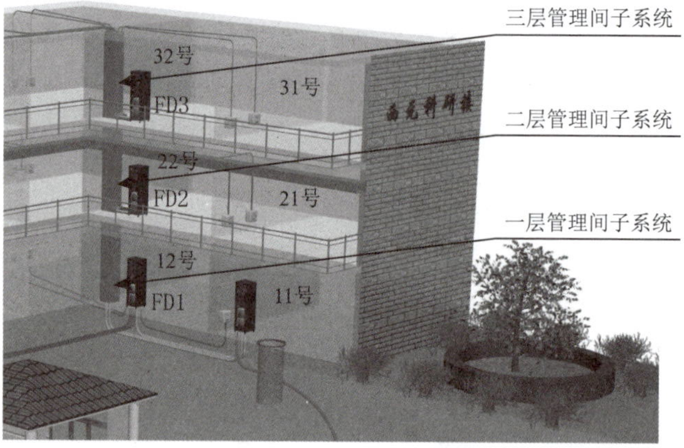

图1-8　独立式管理间示意图

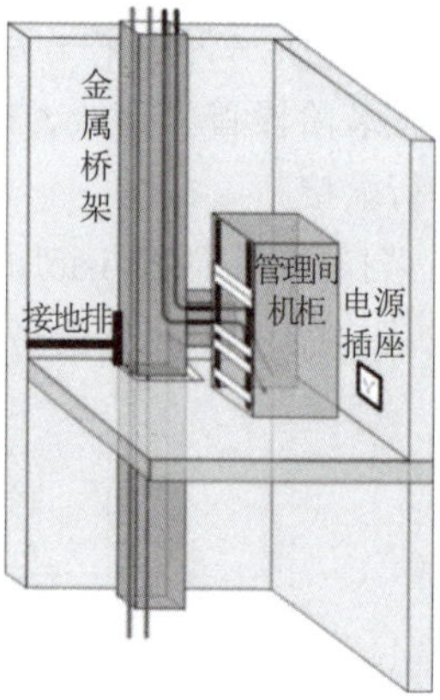

图1-9　管理间子系统应用案例

① 一层管理间位于12号房间，连接11号房间的设备间和一层水平子系统。

② 二层管理间位于22号房间，连接11号房间的设备间和二层水平子系统。

③ 三层管理间位于32号房间，连接11号房间的设备间和三层水平子系统。

管理间子系统既连接水平子系统，又连接设备间子系统。从水平子系统过来的电缆全部端接在管理间配线架中，然后通过跳线与楼层接入层交换机连接。因此必须有完整的缆线编号系统，如建筑物名称、楼层位置、区号、起始点和功能等标志。管理间的配线设备应采用色标区别各类用途的配线区。

文件
图1-10
彩色高清图片

1.2.3　垂直子系统

图1-10所示为垂直子系统示意图。垂直子系统从一层12号房间垂直向上，经过二层的22号房间，到达三层的32号房间的管理间FD3机柜。图1-11所示为建筑物竖井中安装的垂直子系统桥架图。请扫描二维码观看或下载图1-10彩色高清图片。

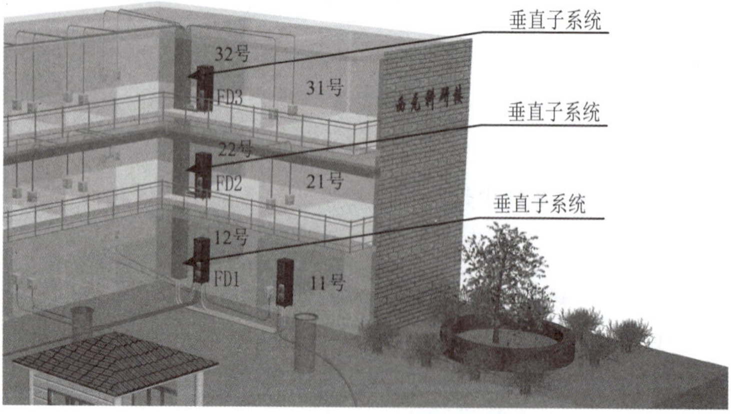

图1-10　垂直子系统示意图

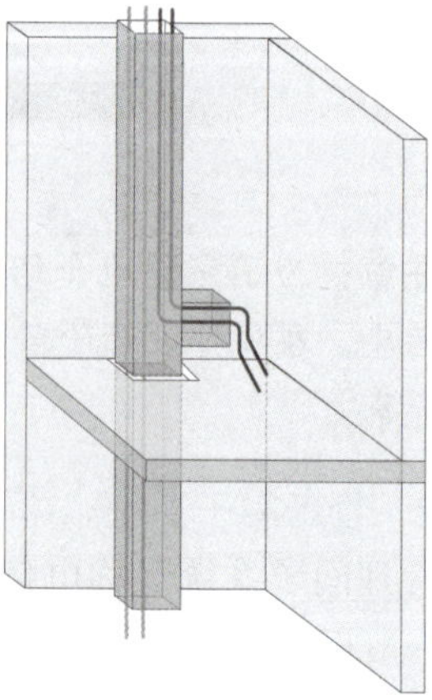

图1-11　建筑物垂直桥架

垂直子系统是把建筑物各个楼层管理间的配线架连接到建筑物设备间的配线架和缆线，也就是负责连接管理间子系统到设备间子系统，实现主配线架与中间配线架的连接。从图1-12和

图1-13可以看到，该子系统由管理间配线架FD、设备间配线架BD以及它们之间连接的缆线组成。这些缆线包括双绞线电缆和光缆，一般都是垂直安装的，因此，在工程中通常称为垂直子系统。

垂直子系统布线路由的走向必须选择缆线最短、最安全和最经济的路由，同时考虑未来扩展的需要。垂直子系统在系统设计和施工时，一般应该预留一定数量的缆线做冗余信道，这一点对于综合布线系统的可扩展性和可靠性来说是十分重要的。

请扫描“图1-12Visio原图”“图1-13Visio原图”二维码，下载Visio原图，自行设计更多布线方案。

请扫描“图1-12彩色高清图片”“图1-13彩色高清图片”二维码，观看或下载彩色高清图片。

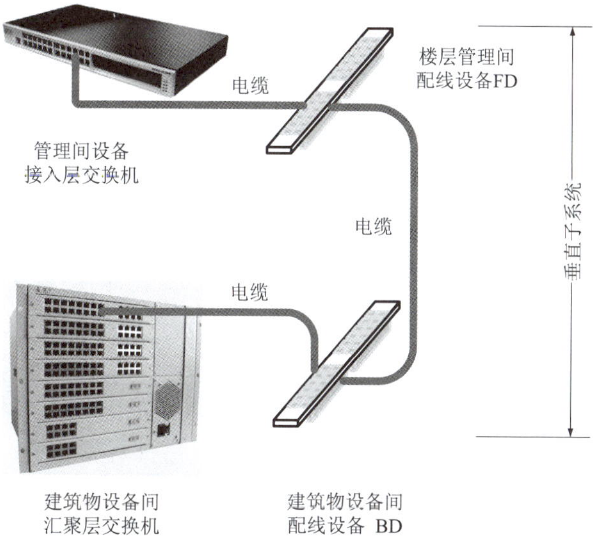

图1-12 垂直子系统原理图（电缆）

文件

图1-12
Visio原图

文件

图1-12
彩色高清图片

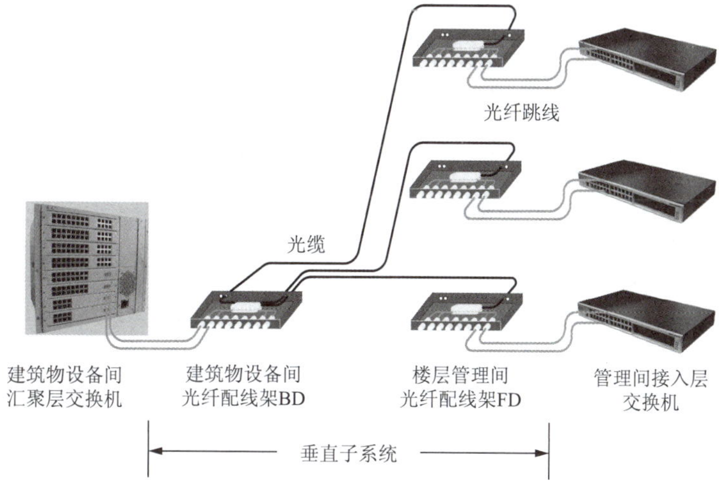

图1-13 垂直子系统原理图（光缆）

文件

图1-13
Visio原图

文件

图1-13
彩色高清图片

1.2.4 设备间子系统

设备间子系统就是建筑物的网络中心，又称建筑物机房。一般智能建筑都有一个独立的设备间，它是对建筑物的全部网络和布线进行管理和信息交换的地方。图1-14所示为设备间子系统原理图，从图中看到，建筑物设备间配线设备BD通过电缆连接建筑物各个楼层的管理间配线架FD1、FD2、FD3，同时连接建筑群汇聚层交换机。

图1-15所示为设备间子系统应用案例图，设备间位于建筑物一层右侧的11号房间，与一层管理间12号房间相邻，这样不仅布线距离短，而且维护和管理方便。设备间缆线通过11—12号房间的地埋管布线到一层管理间，再通过12—32号房间的垂直桥架系统分别布线到二层管理间和三层管理间。

文件

图1-14
Visio原图

请扫描“图1-14Visio原图”二维码，下载Visio原图，自行设计更多布线方案。

请扫描“图1-14彩色高清图片”“图1-15彩色高清图片”二维码，观看或下载彩色高清图片。

文件

图1-14
彩色高清图片

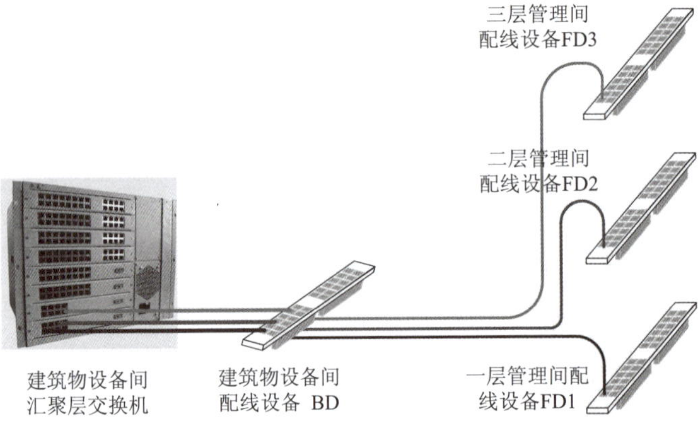

图1-14　设备间子系统原理图

文件

图1-15
彩色高清图片

图1-15　设备间子系统应用案例

综合布线系统设备间的位置设计非常重要，因为各个楼层管理间信息只有通过设备间才能与外界连接和交换，也就是全楼信息的出口和入口部位。如果设备间出现故障，将会影响全楼信息传输。设备间设计时一般应该预留一定数量的缆线做冗余信道，这对于综合布线系统的可扩展性和可靠性来说十分重要。

1.2.5　进线间子系统

进线间是建筑物外部通信和信息管线的入口部位，并可作为入口设施和建筑群配线设备的安装场地。进线间是GB 50311国家标准在系统设计内容中专门增加的，要求在建筑物前期系统设计中增加进线间，满足多家运营商需要，避免一家运营商自建进线间后独占该建筑物的宽带接入业务。进线间一般通过地埋管线进入建筑物内部，宜在土建阶段实施。

图1-16所示为进线间子系统原理图，从图中可以看到，入口光缆经过室外预埋管道，直接布线进入进线间，并且与尾纤熔接，端接到入口光纤配线架，然后用光缆跳线与汇聚层交换机连接。出口光缆的连接路由为，把与汇聚层交换机连接的光纤跳线端接到出口光纤配线架，然后用尾纤与出口光缆熔接，通过预埋的管道引出到其他建筑物。

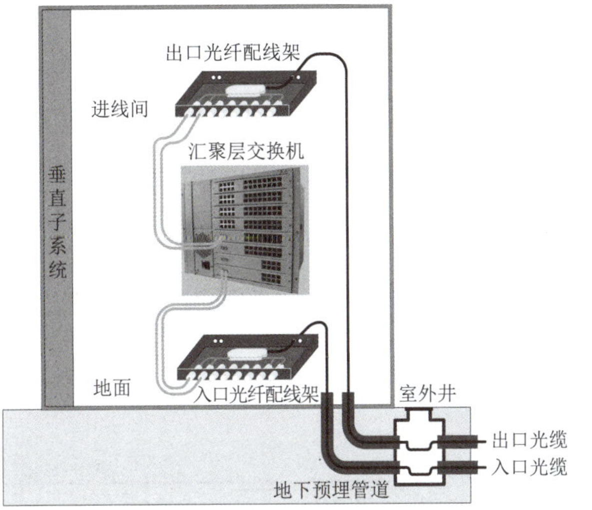

图1-16　进线间子系统原理图

建筑群主干电缆和光缆、公用网和专用网电缆、光缆及天线馈线等室外缆线进入建筑物时，应在进线间成端转换成室内电缆、光缆，并在缆线的终端处设置入口设施，入口设施中的配线设备应按引入的电缆、光缆容量配置。

电信业务经营者在进线间设置安装的入口配线设备应与BD或CD之间敷设相应的连接电缆、光缆实现路由互通。缆线类型与容量应与配线设备一致。

在进线间缆线入口处的管孔数量应满足建筑物之间、外部接入业务及多家电信业务经营者缆线接入的需求，并应留有2～4孔的余量。图1-17所示为进线间子系统实际应用案例。请扫描二维码观看或下载图1-17彩色高清图片。

文件

图1-17
彩色高清图片

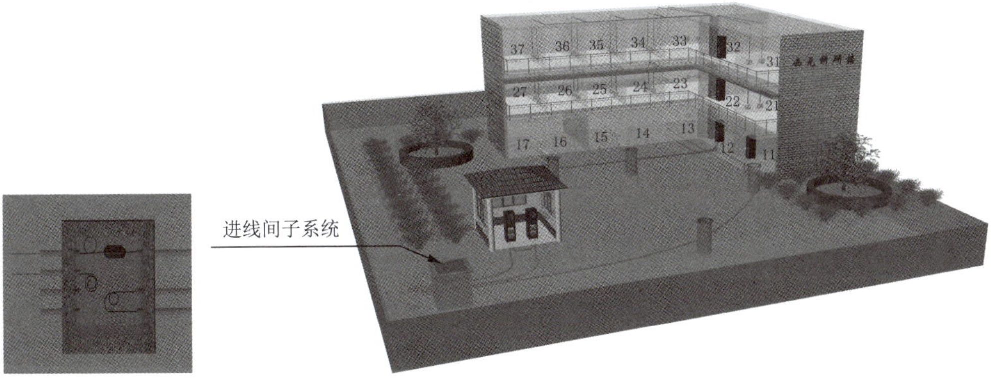

图1-17　进线间子系统应用案例

1.2.6 建筑群子系统

建筑群子系统又称楼宇子系统，主要实现建筑物与建筑物之间的通信连接，一般采用光缆并配置光纤配线架等相应设备，它支持楼宇之间通信所需的器件，包括缆线、端接设备和电气保护装置。设计时应考虑布线系统周围的环境，确定建筑物之间的传输介质和路由，并使线路长度符合相关网络标准规定。

从图1-18中可以清楚地看到，该园区三栋建筑物之间的建筑群子系统的连接关系。1号建筑物为园区网络中心，将入园光缆与建筑群光纤配线架连接，然后通过多模光缆跳线连接到核心层交换机光纤接口，再通过核心层交换机和多模光缆跳线分别连接到2号建筑物和3号建筑物设备间的光缆跳线架，最后通过多模光缆跳线分别连接到相应的汇聚层交换机。各个建筑物之间通过室外光缆连接。请扫描二维码观看或下载图1-18彩色高清图片。

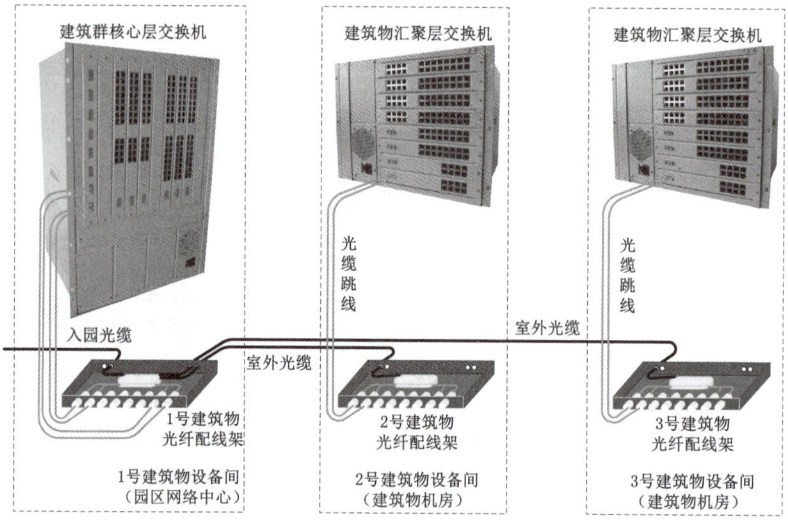

图1-18 建筑群子系统原理图

在建筑群子系统中，室外缆线敷设方式一般有管道、直埋、架空三种情况。下面介绍它们的优缺点。

1. 管道方式

在室外工程建设中，首先在地面开挖地沟，然后预设地埋管道，拐弯或者距离很长时在中间增加接线井，方便布线时拐弯或者拉线。两端通过接线井与建筑物进线间贯通。图1-19所示为建筑群子系统室外地埋管道应用案例图。请扫描二维码观看或下载图1-19彩色高清图片。

管道方式的优点是能够对缆线提供比较好的保护，敷设容易，后期更换和维修及扩充比较方便，可以抽出以前缆线，更换新的缆线。目前城镇建筑群子系统基本上采取这种方式。缺点是初期投资比较高。

2. 直埋方式

直埋方式就是将光缆直接埋在地下，首先在地面开挖沟槽，铺设沙子，安放光缆，再次铺设沙子保护光缆，然后铺设一层砖进行保护，最后填埋沟槽。这种方式的优点是前期投资低且美观，以前应用比较普遍。缺点是无法更换和扩充，维修时需要开挖地面，目前在城镇建筑群子系统中已经很少应用了，只在长距离的城际网或者要求降低成本的情况下应用。

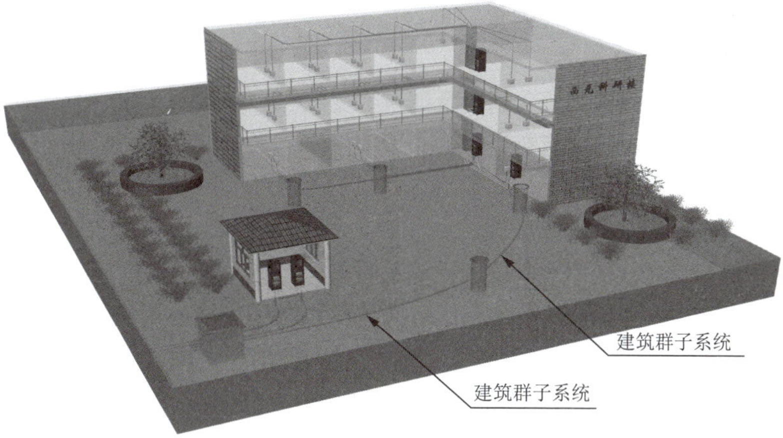

文件
图1-19
彩色高清图片

图1-19　建筑群子系统室外地埋管道应用案例

3. 架空方式

架空方式成本低、施工快，曾经非常普及，我们在园区、路边能够看到很多架空缆线。但是架空方式安全可靠性低，不美观，而且还需要有安装条件和路径。目前各大城市和园区都在开展架空缆线入地工程，因此架空方式一般不采用。

GB 50311《综合布线系统工程设计规范》强制性条文明确规定，“当电缆从建筑物外面进入建筑物时，应选用适配的信号线路浪涌保护器”。电缆配置浪涌保护器的目的是防止雷电通过室外电缆线路进入建筑物内部，击穿或者损坏网络系统设备。图1-20所示为适合超五类系统使用的浪涌保护器的外观。

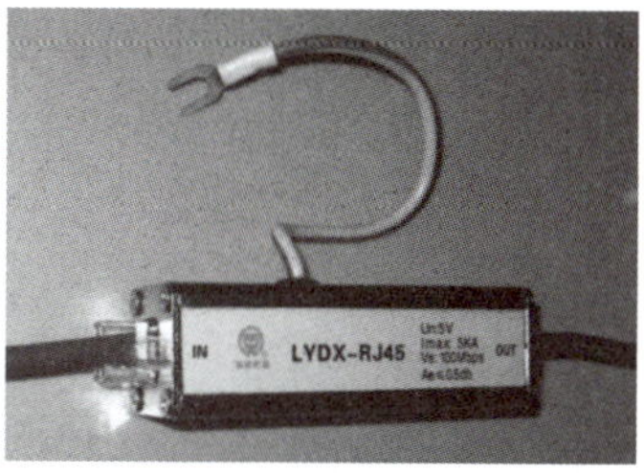

图1-20　浪涌保护器

1.2.7　管理子系统

GB 50311《综合布线系统工程设计规范》中，专门提出了综合布线系统工程的管理子系统要求，对设备间、管理间、进线间和工作区的配线设备、缆线、信息点等设施，应按一定的模式进行标识和记录，并应符合下列规定。

（1）综合布线系统工程宜采用计算机进行文档记录与保存。简单且规模较小的综合布线系统工程可按图纸资料等纸质文档进行管理。文档应做到记录准确、及时更新、便于查阅，文档资料应实现汉化。

（2）综合布线的每一个电缆、光缆、配线设备、终接点、接地装置、管线等组成部分均应给定唯一的标识符，并应设置标签。标识符应采用统一数量的字母和数字等标明。

（3）电缆和光缆的两端均应标明相同的标识符。

（4）设备间、管理间、进线间的配线设备宜采用统一的色标区别各类业务与用途的配线区。

（5）综合布线系统工程应制订系统测试的记录文档内容。

（6）所有标签应保持清晰，并应满足使用环境要求。

（7）综合布线系统工程规模较大以及用户有提高布线系统维护水平和网络安全的需要时，

宜采用智能配线系统对配线设备的端口进行实时管理，显示和记录配线设备的连接、使用及变更状况，并应具备下列基本功能：

①实时智能管理与监测布线跳线连接通断及端口变更状态。

②以图形化显示为界面，浏览所有被管理的布线部位。

③管理软件提供数据库检索功能。

④用户远程登录对系统进行远程管理。

⑤管理软件对非授权操作或链路意外中断提供实时报警。

（8）综合布线系统相关设施的工作状态信息应包括设备和缆线的用途、使用部门、组成局域网的拓扑结构、传输信息速率、终端设备配置状况、占用器件编号、色标、链路与信道的功能和各项主要指标参数及完好状况、故障记录等信息，还应包括设备位置和缆线走向等内容。

1.3 工程项目案例

本节以真实工程项目为案例，介绍西安西元电子科技集团有限公司（以下简称西元集团）西元科技园综合布线系统工程项目，介绍综合布线系统工程技术、项目设计与施工安装技术等，同时，介绍综合布线系统所涉及的建筑规划和设计方面的基本知识。

综合布线系统是智能建筑的基础设施，网络应用是智能建筑的灵魂。不了解建筑物的基本概况、企业业务、机构设置、生产流程和网络应用等知识，就无法进行规划和设计，也无法正确地施工和管理。

1.3.1 工程项目概况

1. 工程名称

西元集团西元科技园综合布线系统工程项目。

2. 企业简介

西元集团的前身为西安交通大学开元集团在1996年设立的专业网络技术公司，科研生产基地位于西安高新区西元科技园，注册了西安西元电子科技集团有限公司。

3. 企业投资规模

西元科技园占地面积14 666.7 m^2，一期建筑面积12 600 m^2，投资规模为8 500万元。

4. 生产能力

正式投产后年产值3.2亿元。

5. 工程项目总平面图介绍

西元科技园位于西安高新区草堂科技产业园秦岭四路西1号。如图1-21所示，该园区位于十字路口，南边为主入口大门，大门东边设计门卫室一座，往北依次为研发楼一栋、厂房二栋。一期三栋建筑物均为东西方向布置，楼间距为10 m，厂区地面南高北低，其中1号楼为研发楼，一层地面海拔为464.30 m，2号和3号楼为生产厂房，一层地面海拔为463.40 m，三栋楼的一层地面高度相差0.9 m，在综合布线建筑物子系统设计时必须考虑地面高度差问题。

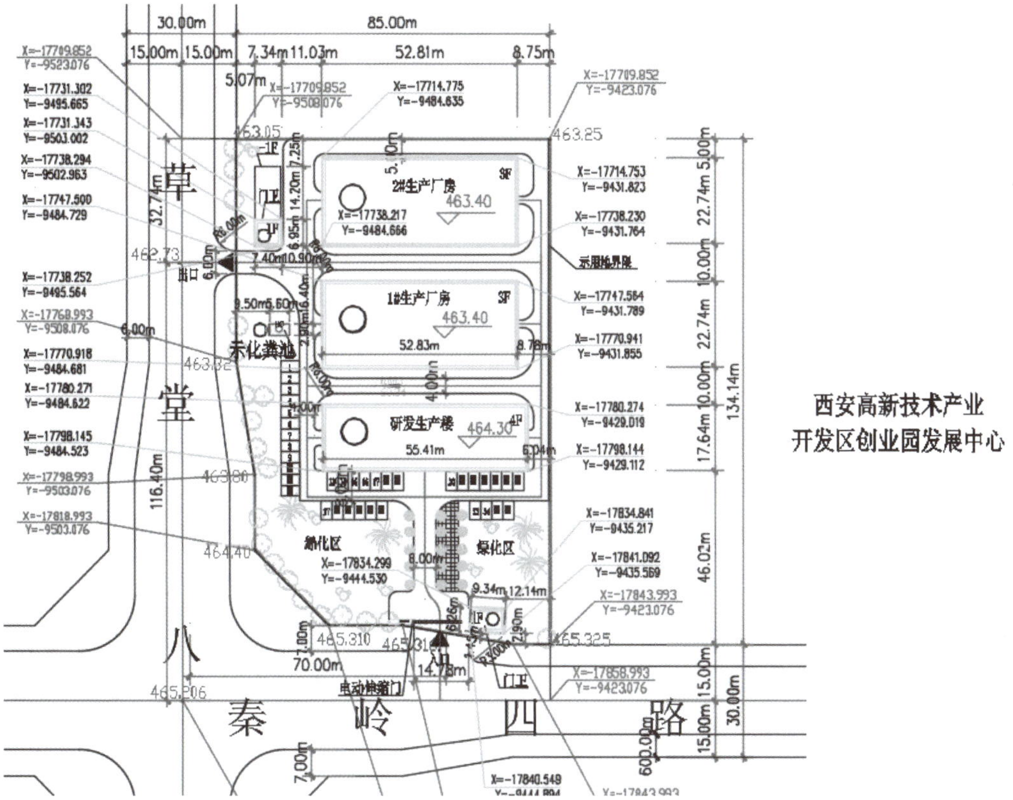

图1-21　西元科技园总平面图

6. 建筑物和面积介绍

一期工程在2010年开工，建设一栋研发楼和两栋厂房，全部为框架结构，总建筑面积为12 600 m^2，其中1号研发楼地上四层，地下一层，建筑面积为5 340 m^2；2号生产厂房为三层，建筑面积为3 300 m^2；3号生产厂房为三层，建筑面积都为3 300 m^2，门卫面积为60 m^2。

该项目的绿地面积为3 112 m^2，绿化率为29%，建筑密度为32.18%，停车位30辆，图1-22所示为西元科技园鸟瞰图。

7. 建筑物功能和综合布线系统需求

1号研发楼共五层，其中地上四层，地下一层，每层设计建筑面积为1 068 m^2。研发楼的主要用途为技术研发和新产品试制。其中地上一层为市场部和销售部，二层为管理层办公室，三层为研发室，四层为新产品试制。图1-23所示为1号建筑物立面图。

图1-22　西元科技园鸟瞰图

图1-23　1号建筑物立面图

图1-24所示为研发楼一层功能布局图，一层办公室主要有以下几个类型和信息化需求。

（1）经理办公室。市场部和销售部经理办公室等，有语音、数据和视频需求。

（2）集体办公室。市场部和销售部集体办公室等，有语音、数据和视频需求。

（3）会议室。市场部和销售部会议室等，有语音、数据和视频需求。

（4）展室。产品展室和公司历史展室，有数据和视频需求。

（5）接待室。行政部接待室，有语音、数据和视频需求。

（6）接待台。位于大厅中间位置，有传真、语音和数据需求。

（7）大厅。位于研发楼一层中间位置，有门警控制、电子屏幕、视频播放等需求。

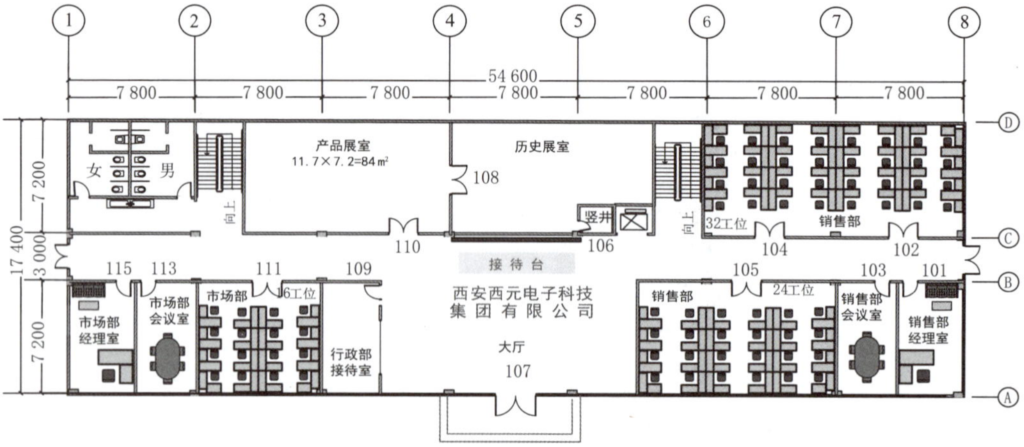

图1-24　研发楼一层功能布局图（单位：mm）

图1-25所示为研发楼二层功能布局图，二层办公室主要有以下几个类型和信息化需求。

（1）董事长办公室。有语音、数据、视频等需求。

（2）总经理办公室。有语音、数据、视频等需求。

（3）秘书室。有语音、数据、传真、复印等需求。

（4）高管办公室。生产副总、财务总监、销售总监、市场总监等办公室，有语音、数据和视频需求。

（5）集体办公室。市场部、供应部、财务部等办公室，有语音、数据需求。

（6）会议室。有语音、数据和视频需求。

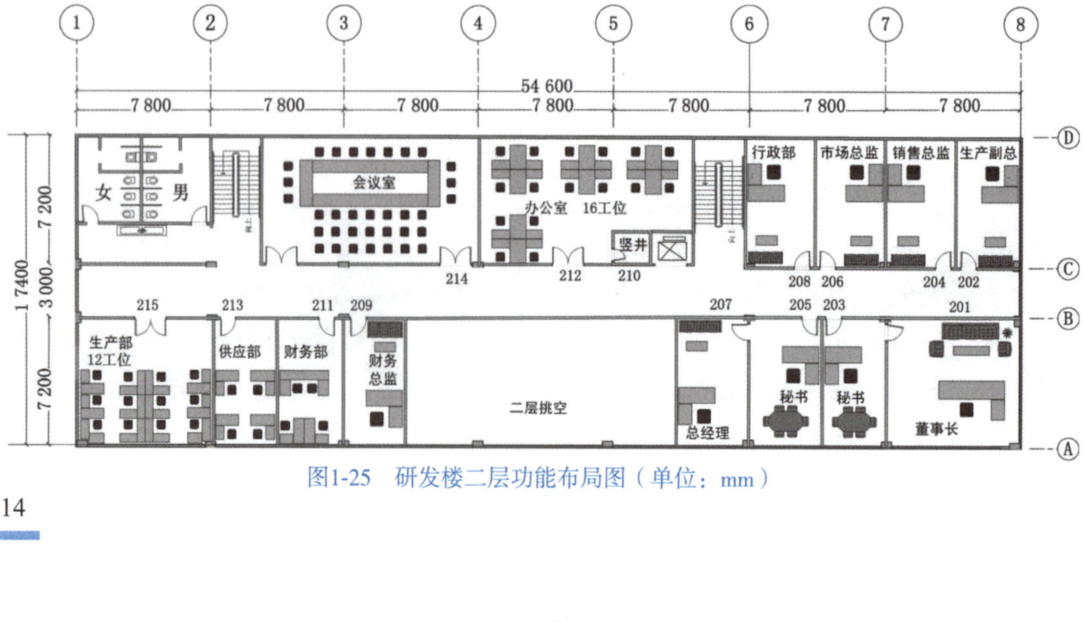

图1-25　研发楼二层功能布局图（单位：mm）

图1-26所示为研发楼三层功能布局图，三层办公室主要有以下几个类型和信息化需求。

（1）总工程师办公室。有语音、数据、视频等需求。

（2）技术总监办公室。有语音、数据、视频等需求。

（3）秘书室。有语音、数据、传真、复印等需求。

（4）资料室。有语音、数据、视频、复印、监控等需求。

（5）研发室7个。有语音、数据需求。

（6）会议室。有语音、数据和视频需求。

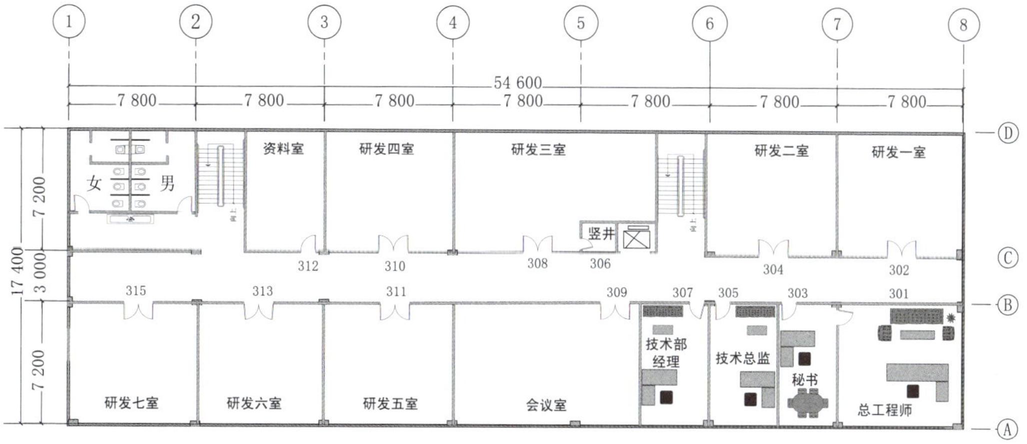

图1-26 研发楼三层功能布局图（单位：mm）

图1-27为研发楼四层功能布局图，四层办公室涉及以下几个类型和信息化需求。

（1）办公室。有语音、数据等需求。

（2）培训室。有语音、数据、视频、投影、音响等需求。

（3）装配调试室。大开间，有语音、数据、控制等需求。

（4）试制室五个。有语音、数据、视频、复印、监控等需求。

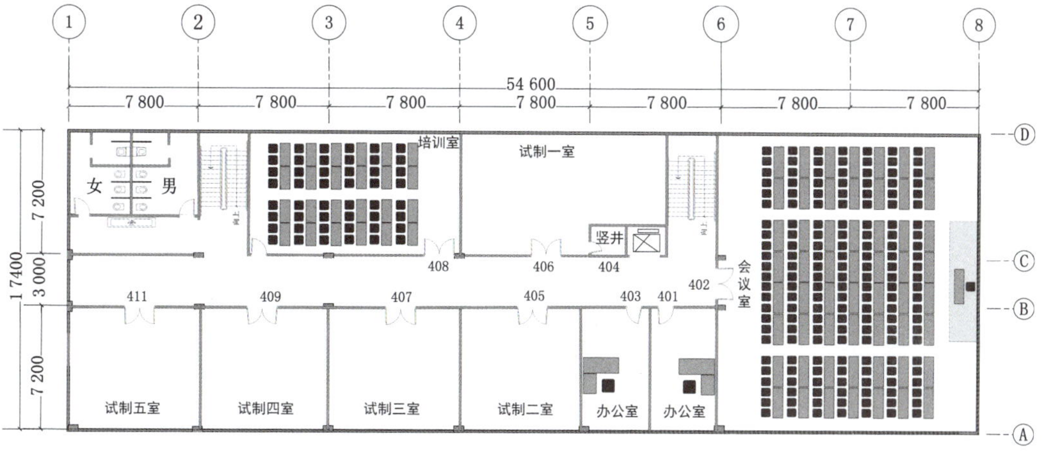

图1-27 研发楼四层功能布局图（单位：mm）

2号楼为生产厂房，图1-28所示为2号楼的立面图，共计三层，其中一层高度为7 m，二、三层高度3.6 m，每层建筑面积约为1 100 m^2。

图1-28　2号建筑物（厂房）立面图

厂房一层主要用途为库房、备货和发货，主要业务有货物入库、登记、保管、报表等入库业务，成品备货、封包、出库、发货、报表等出库业务，还有物流报表和管理等物流业务。在一层设置了经理办公室、库管员办公室等。

厂房二、三层主要用途为产品的电路板焊接、装配、检验、包装等生产业务，每层设置有管理室、技术室、质检室等办公室。

图1-29所示为2号建筑物二层功能布局图，其他楼层功能将在后续各单元中介绍。

图1-29中可以看到2号建筑物为生产车间，二层涉及以下几个类型和信息化需求。

（1）车间管理室。有语音和数据需求。

（2）车间技术室。有语音和数据需求。

（3）车间生产设备区。车间生产设备有数控设备，有与车间技术室计算机联网的需求。

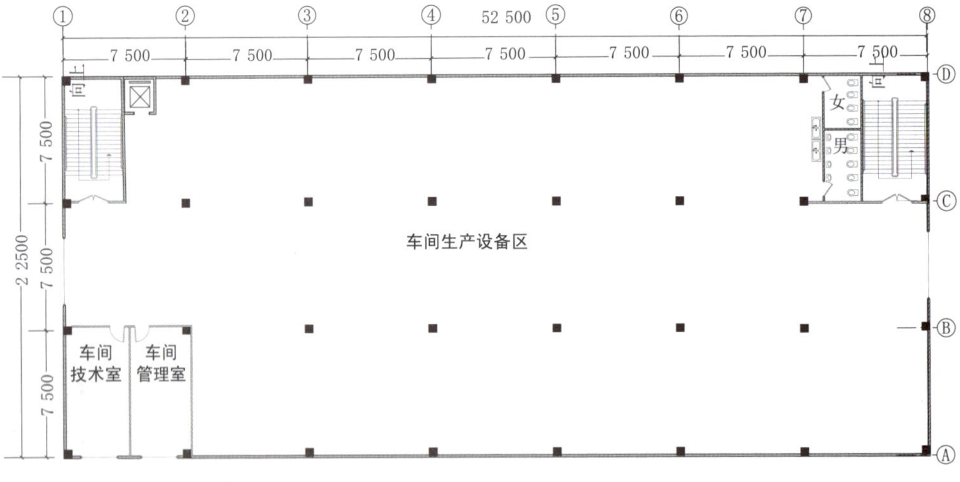

图1-29　2号建筑物（厂房）二层平面图（单位：mm）

3号建筑物为生产厂房，共计三层，其中一层高度7 m，二、三层高度3.6 m，每层建筑面积约为1 100 m^2。

厂房一层主要用途为金属零部件和机箱等钣金生产，安装了大型数控设备，需要与网络连接，传输数据。一层主要有计划、领料、生产、检验、入库等生产管理业务，技术管理业务，质量管理业务等。在一层设置有车间主任办公室、车间技术室、车间质检室等，这些办公室都有语音和数据业务需求。

厂房二层主要用途为产品装配、检验、包装工序，设置有管理室、技术室、质检室等办公室，这些办公室都有语音和数据业务需求。

厂房三层主要用途为员工宿舍和食堂，设置了宿舍管理员室、员工宿舍、食堂管理员室和食堂等，这些房间都有语音、数据和视频业务需求。

1.3.2　具体业务和机构设置

西元集团的主要业务为产品研发和试制、生产和质检、推广和销售、安装和服务、人员培训和管理等，图1-30所示为机构设置图。

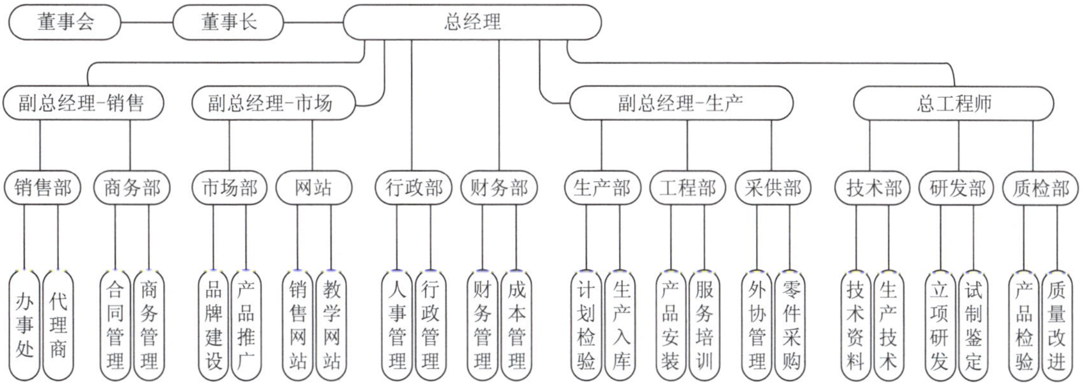

图1-30　西元集团公司机构设置图

1.3.3　产品生产流程

工业产品的研发和生产流程基本相同，一般都是从市场调研开始，经历研制、鉴定、批量生产、质量检验、销售和安装服务等流程。下面以西元信息技术技能实训装置产品为例，首先介绍产品基本技术指标，然后说明生产流程。

1. 产品名称与型号

西元信息技术技能实训装置，产品型号为KYPXZ-01-53。

2. 产品主要配置

该产品针对信息技术典型工作任务和关键岗位技能训练需求专门研制，配置了网络压接线实验装置、网络线制作与测量实验装置等，能够通过指示灯闪烁直观和持续显示链路通断和故障，包括跨接、反接、短路、开路等各种常见故障，图1-31所示为产品照片、永久链路和大对数电缆端接训练示意图。

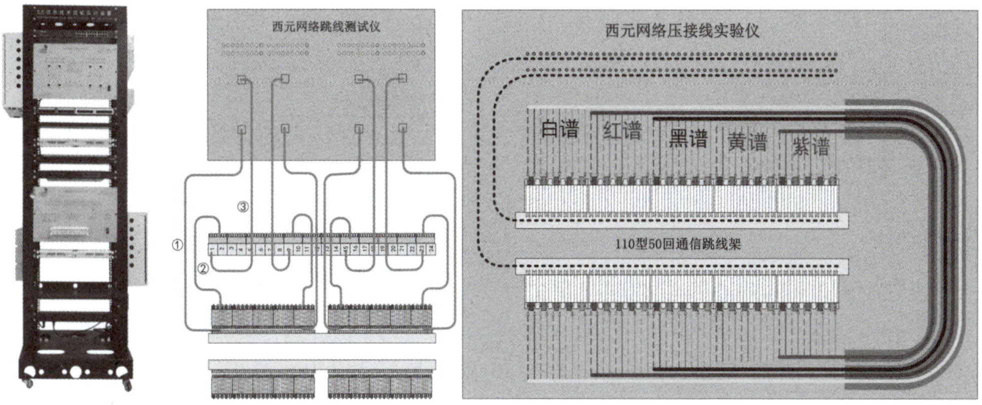

图1-31　信息技术技能实训装置产品照片、永久链路和大对数电缆端接训练示意图

3. 生产流程

图1-32所示为西元信息技术技能实训装置生产流程，即：市场调研→论证立项→研发试制→鉴定验收→批量生产→质量检验→推广销售→库存发货→安装服务等。在每个流程又分为多个生产工序，例如，批量生产流程包括电路板生产、机箱生产、包装箱生产等。

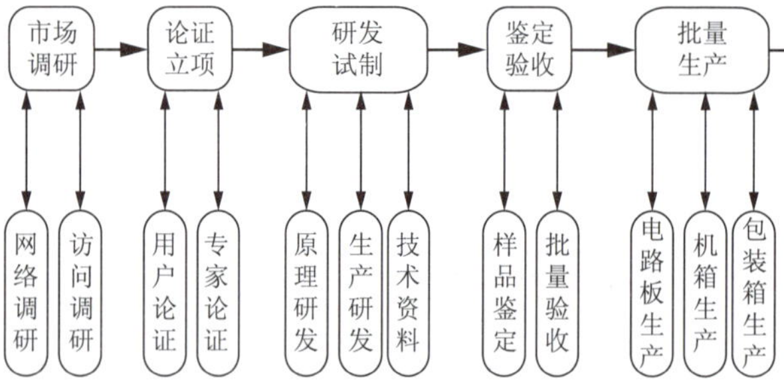

图1-32　信息技术技能实训装置生产流程图

1.3.4 西元集团网络应用需求

根据西元集团的主营业务和机构设置，首先分析和整理该企业网络系统应用需求模型图。从图1-33可以看到，这是一个具有典型意义的网络系统应用案例，涵盖了研究开发系统、生产制造系统、销售管理系统、物流运输系统等全产业链的企业网络系统的各个应用系统及其子系统，具有企业网络应用的代表性和普遍性。

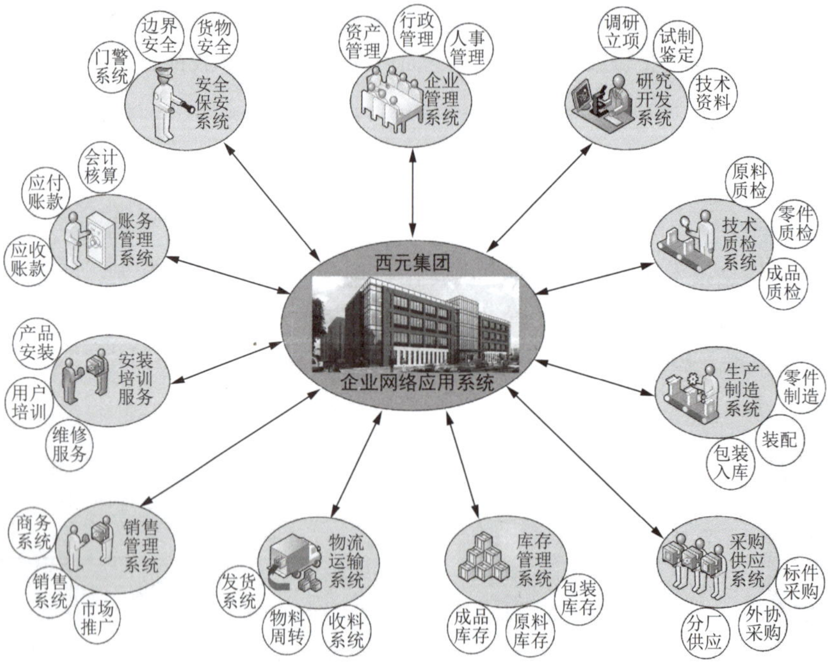

图1-33　西元集团企业网络应用需求图

主要网络应用系统如下：

（1）企业管理系统，包括行政管理子系统、人事管理子系统、资产管理子系统等。

（2）研究开发系统，包括新产品调研立项子系统、试制鉴定子系统、产品说明书和设计文件等技术资料子系统等。

（3）技术质检子系统，包括原材料入厂质量检验子系统、零部件制造质量检验子系统、成品质量检验子系统等。

（4）生产制造系统，包括零部件制造子系统、产品装配子系统、包装入库子系统等。

（5）采购供应系统，包括螺钉和电气零件等标准件采购子系统、按图加工等外协件采购子系统、分厂定点供应子系统等。

（6）库存管理子系统，包括钢材等原材料库存管理子系统、成品库存子系统、纸箱和木箱等包装材料库存子系统等。

（7）物流运输系统，包括原材料和标准件等原料物流子系统、厂内物流和半成品周转子系统、发货和物流查询等发货子系统。

（8）销售管理子系统，包括市场推广和品牌建设等市场推广子系统，办事处、分公司和代理商等销售管理子系统，签订合同和执行检查等商务子系统。

（9）安装培训子系统，包括人员派遣和上门安装等产品安装子系统、用户培训和指导等用户培训子系统、售后维修和服务等维修服务子系统等。

（10）财务管理子系统，包括应收账款管理子系统、应付账款管理子系统、成本分析等会计核算子系统等。

（11）安全保卫子系统，包括大门监控、库房监控、财务等监控和门禁子系统，基地和建筑物边界等边界安全子系统，原材料和成品、消防等固定资产和产品安全子系统。

1.3.5　西元集团综合布线系统图

根据以上应用需求，设计了图1-34所示的西元科技园综合布线系统图。

请扫描“图1-34Visio原图”二维码，下载Visio原图，自行设计更多综合布线系统图。

请扫描“图1-34高清图片”二维码，观看或下载高清图片。

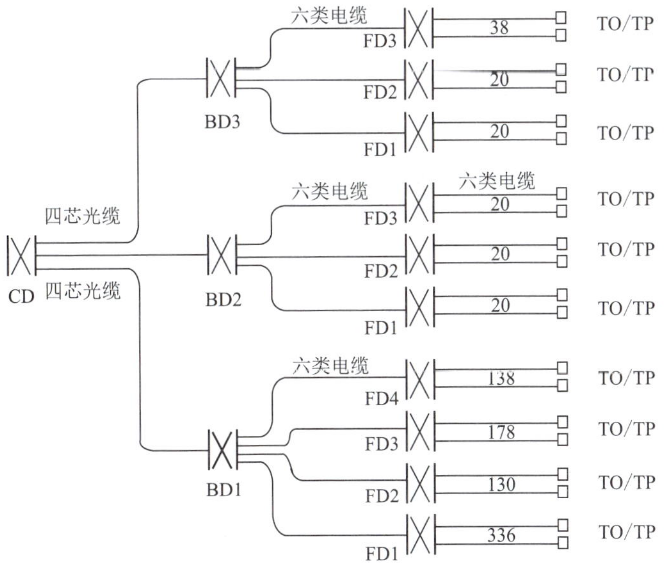

图1-34　西元集团综合布线系统图

文件

图1-34
Visio原图

文件

图1-34
高清图片

1.3.6　西元集团网络应用拓扑图

根据前面的总平面图、建筑物功能布局图、企业机构设置图、生产流程图、网络应用需求

文件

图1-35
Visio原图

文件

图1-35
彩色高清图片

图等资料，设计了图1-35所示的网络应用拓扑图，从图1-35中可以看到，该企业网络为星状结构，分布在3栋建筑物中，由1台核心层交换机、3台汇聚层交换机、14台接入层交换机和服务器、防火墙、路由器等设备组成，共设计了920个信息点，还有门禁、电子屏、监控系统等，并且通过互联网与总公司、各个分厂和驻外办事处等联系。

请扫描“图1-35Visio原图”二维码，下载Visio原图，自行设计更多综合布线系统图。

请扫描“图1-35彩色高清图片”二维码，观看或下载彩色高清图片。

为了方便教学和实训，把复杂和抽象的网络拓扑图变得简单和清晰，按照图1-36所示的西元网络拓扑图实物展示系统为例进行说明：右边机架为网络核心层，安装园区核心层交换机和光纤配线系统；中间机架为网络汇聚层，安装汇聚层交换机和光纤配线系统；左边机架为网络接入层，安装接入层交换机和电缆配线系统。

请扫描“图1-36彩色高清图片”二维码，观看或下载彩色高清图片。

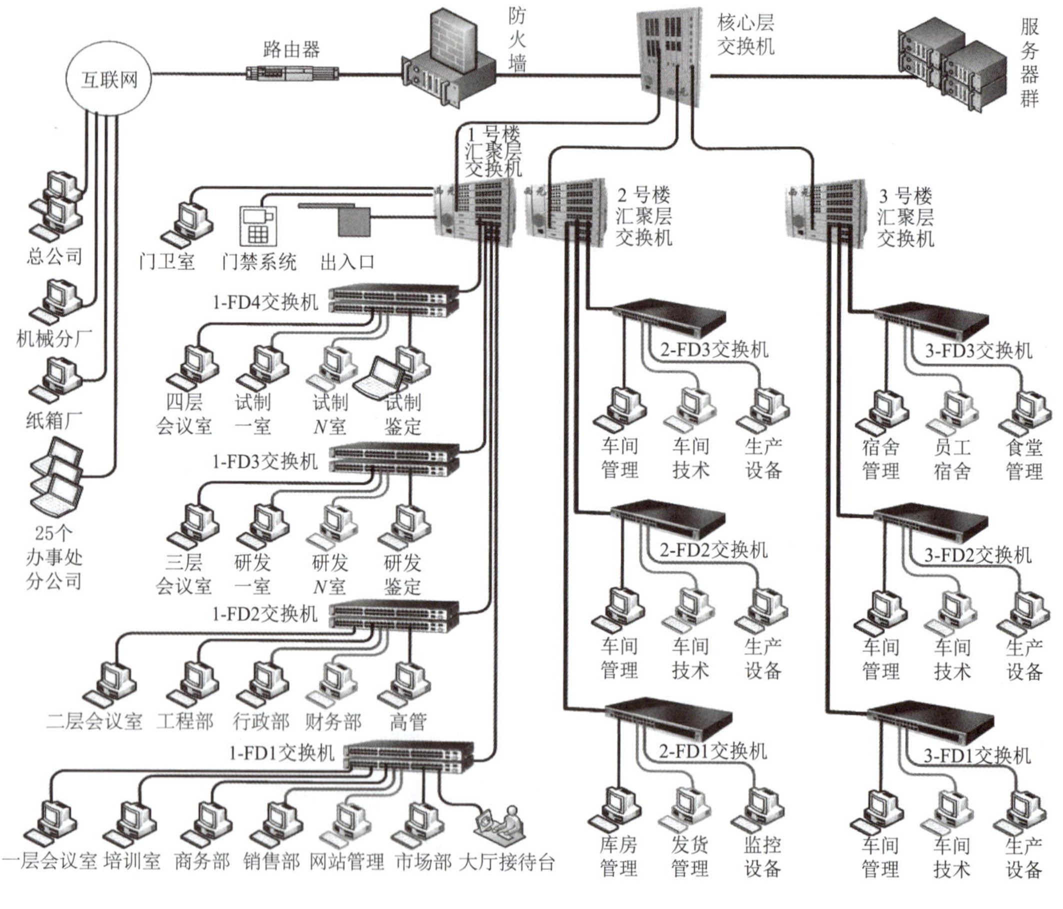

图1-35　西元集团网络应用拓扑图

图1-36 西元网络拓扑图实物展示系统

文件

图1-36
彩色高清图片

典型案例1——上海世博会中国馆综合布线系统

2010年世界博览会参观人数超过7 000万人，创造了很多世界第一。参观者都被各展馆的设计和高科技深深吸引，其中最让人期待的就是中国馆，作为整个世博园最受关注的场馆，其内部“中枢神经”综合布线系统是中国馆的重要组成部分，现在为大家揭开谜团。

中国馆总建筑面积约20 000 m^2。工程的总体目标是：建立一套先进、完善的大楼配线系统，为各种应用，包括语音、数据、多媒体等提供接入方式和配线，使系统达到配置灵活、易于管理、易于维护、易于扩充的目的。图1-37所示为中国馆设计效果图。

图1-37 中国馆3D效果图

1. 综合布线系统的总体设计

中国馆综合布线系统主要分两大部分，智能办公网及公众网，从物理上隔离。其中智能办公网提供其他弱电系统（如BA等）的通路及行政办公人员运用信息化资源。公众网主要提供参展商使用信息化资源。中国馆的网络应用系统分为核心层、汇聚层和接入层。建筑群数据配线架CD和建筑物数据配线架BD置于首层网络中心，建筑物语音配线架BD置于配线机房，楼层配线架FD置于弱电间，服务范围为至每个布线点的距离不超过90 m。中国馆共设计了3 362个非屏蔽六类双绞线电缆信息点和57个光缆信息点。

2. 工作区子系统

在中国馆综合布线系统的工作区子系统，主要考虑了三部分内容：

（1）语音：普通语音点。

（2）数据：智能办公网信息点，公众网信息点等。

（3）无线AP：在展厅、会议室以及公共场所部署无线AP点作为有线局域网的补充。

中国馆全部信息点采用的信息插座为电话和计算机通用设计，由用户自己决定接电话还是计算机。根据客户需求，为客户共设计了3 362个非屏蔽六类双绞线电缆点，光纤点57个。信息点模块安装采用墙装模式和沿柱安装的方式，即在墙上和柱上信息点位预埋管路及86型底盒，并用86型面板封装。

信息点配置是每个工作区设置1个语音点和1个数据点，适当预留备份信息点。

同时考虑到中国馆作为写字楼有着大量的大开间办公区域和展厅区域，因此在每个工作区域设置区域弱电箱，待二次装修完成，再从弱电箱敷设缆线至工作区信息出口。

国家馆展厅地坑和地方馆的地沟内按每12 m设置信息汇接箱，每个信息汇接箱设置2对信息点、部分加设1个光纤点。

中国馆B区为地区展示馆，共设置216个信息箱，每个信息箱设置4个语音点、4个数据点，其中31个信息箱还包括1个光纤信息点。信息箱安装在地沟中，信息出口直接采用86型面板安装在信息箱中，为用户提供标准RJ-45信息出口，为6类系统。开放式的6类RJ-45信息出口，可兼容并支持各种电话、传真、计算机网络及计算机系统。同时提供1 000 Mbit/s以上的传输速率，并满足多种高速数据应用的要求。

3. 水平子系统

水平子系统缆线延伸到用户工作区。语音点和数据点均采用6类的八芯非屏蔽双绞线电缆，带宽超过250 MHz。水平光缆采用50/125四芯室内光缆，水平语音和数据系统采用6类带十字骨架的UTP电缆和6类双孔或四孔信息插座，实现高速数据及语音信号的传输，满足250 MHz的传输特性，并根据需要跳接为语音或数据点。所有缆线采用不同颜色以区分数据点或语音点，水平光纤点采用四芯多模光纤。

4. 垂直子系统

垂直子系统提供了中国馆大楼主配线架（MDF）与楼层配线架（IDF）的连接路由。在本项目中话音点采用三类50对大对数电缆。数据主干公共网每个楼层配线间采用1根24芯10 Gbit/s多模光纤敷设，智能办公网在每个楼层配线间采用1根24芯10 Gbit/s多模光纤及2根12芯单模光纤敷设。其中传输话音的50对电缆属于3类传输介质，其数据传输速率在100 m范围内可保持在10 Mbit/s以上，它还可以传输各种70 V直流电压和16 MHz频率以内的弱电信号。

本设计中分配线间水平语音配线架采用110端接方式，水平数据配线架选用快接方式。语音配线架分水平和垂直两部分，水平配线架卡接水平缆线，垂直配线架卡接垂直大对数缆线。两部分采用跳线连接，以方便数据点及语音点的功能转换。每个分配线间的光纤到光纤配线架后通过光纤跳线连接到网络设备上，再通过数据跳线和数据的水平配线架连接，数据的水平配线架连接计算机点的水平缆线。配线架的数量也应适当考虑冗余，以便将来系统的扩容。

本设计中，在分配线间语音点、数据点均选用19英寸（1英寸=2.54 cm）机柜安装配线设备。

各子系统设计完成，最后到安装、测试，完成整个中国馆的综合布线系统工程。布线工程结束后，采用目前世界上最先进的网络测试仪，按照用户的要求，参照6类布线系统的相关规定，进行100%测试，测试结果完全超过国际标准的要求。

请扫描“典型案例1”的二维码观看或下载Word版。

文件

典型案例1

课程思政1　细微中显卓越，执着中见匠心

2020年荣获“西安市劳动模范”称号的纪刚技师用16年的时间书写了匠心与执着。2004年，中专毕业的纪刚被西安开元电子实业有限公司录用，从学徒工做起的他开始不断地学习和钻研，不懂就问，反复练习，业余时间就去图书馆、书店“充电”，反复琢磨消化师傅教授的知识，每天坚持写工作日志，记录并核算自己在工作当中的不足……（见图1-38和图1-39）

图1-38　纪刚劳模工作照片

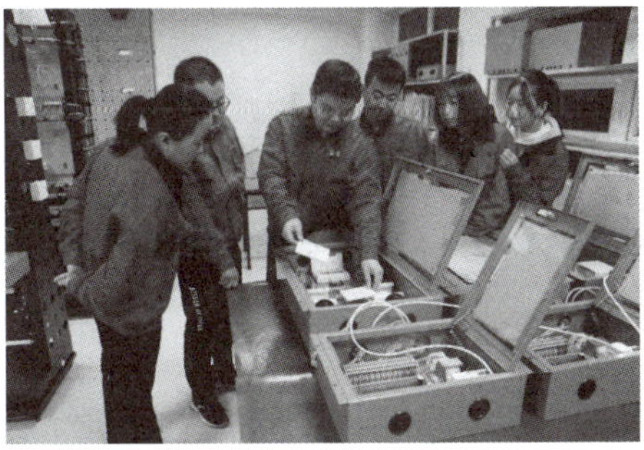

图1-39　纪刚劳模“传帮带”照片

16年的时间，纪刚从一名学徒成长为国家专利发明人，拥有国家发明专利4项、实用新型专利12项，精通16种光纤测试技术、200多种光纤故障设置和排查技术。先后被授予“西安市劳动模范”“西安市优秀党务工作者”“西安好人”“雁塔工匠”“中国计算机学会（CCF）高级会员”等荣誉称号。

技能改变了命运，也把不可能变成了可能。他说：“我只是一个普通的技术工人，能在自己的岗位上做好一颗螺丝钉，心里很踏实。”

请扫描二维码观看“百炼成‘刚’”微视频，该视频以“细微中显卓越，执着中见匠心”为主题介绍了西安市劳动模范纪刚技师的先进事迹。

更多纪刚劳模先进事迹的媒体报道和Word版介绍资料，请访问中国铁道出版社教育资源数字化平台（https://www.tdpress.com/51eds）下载。

视频

百炼成“刚”

习　题

1. 填空题（20分，每题2分）

（1）综合布线系统应为________结构。（参考1.1.1）

（2）工作区（work area）就是需要设置________的独立区域。（参考1.2.1）

（3）水平子系统的成本往往占工程总造价的________以上。（参考1.2.2）

（4）管理间门宽度大于________m。（参考1.2.2）

（5）垂直子系统是把建筑物各个楼层________的配线架连接到建筑物设备间的配线架。

（参考1.2.3）

（6）设备间子系统就是建筑物的________，有时也称为建筑物机房。（参考1.2.4）

（7）进线间是建筑物外部通信和________的入口部位。（参考1.2.5）

（8）建筑群子系统也称为________子系统，主要实现建筑物与建筑物之间的通信连接。（参考1.2.6）

（9）GB 50311《综合布线系统工程设计规范》国家标准强制性条文，明确规定“当电缆从建筑物外面进入建筑物时，应选用适配的信号线路________”。（参考1.2.6）

（10）设备间、管理间、进线间的配线设备宜采用________的色标区别各类业务与用途的配线区。（参考1.2.7）

2. 选择题（30分，每题3分）

（1）布线（cabling）是能够支持电子信息设备相连的各种（　　）、（　　）、接插软线和连接器件组成的系统。（参考1.1.1）

A. 线缆　　B. 缆线　　C. 连接线　　D. 跳线

（2）综合布线系统能使（　　）、（　　）、图像、通信设备、交换设备和其他信息管理系统彼此相连接。（参考1.1.2）

A. 语音　　B. 声音　　C. 数据　　D. 数字

（3）工作区子系统是由信息插座的（　　）、（　　）或语音模块、跳线组成的子系统。（参考1.2.1）

A. 安装盒与面板　　B. 底盒与面板

C. 网络模块　　D. 网络交换机

（4）水平子系统一般由工作区信息插座模块、（　　）、（　　）等组成。（参考1.2.2）

A. 水平缆线　　B. 电源插座　　C. 配线架　　D. 交换机

（5）管理间子系统也称为电信间或配线间，是专门安装楼层（　　）、（　　）、交换机的楼层管理间。（参考1.2.2）

A. 机柜　　B. 汇聚交换机

C. 核心交换机　　D. 配线架

（6）垂直子系统布线路由的走向必须选择缆线（　　）、最安全和（　　）的路由。（参考1.2.3）

A. 最长　　B. 最短　　C. 最贵　　D. 最经济

（7）各个楼层管理间信息只有通过（　　）设备间才能与外界连接和信息交换，它就是全楼信息的出口和入口部位。（参考1.2.4）

A. 工作区　　B. 管理间　　C. 设备间　　D. 进线间

（8）建筑群主干电缆和光缆等室外缆线进入建筑物时，应在进线间成端转换成（　）、（　　）。（参考1.2.5）

A. 信息插座　　B. 室内电缆　　C. 室内光缆　　D. 无线信号

（9）在建筑群子系统中室外缆线敷设方式，一般有架空、（　　）、（　　）三种情况。（参考1.2.6）

A. 桥架　　B. 直埋　　C. 地上管道　　D. 地下管道

（10）综合布线的每一电缆、光缆等组成部分均应给定（　　）的标识符，并应设置（　　）。（参考1.2.7）

A. 唯一　　B. 确定　　C. 标志　　D. 标签

3. 简答题（50分，每题10分）

（1）请给出综合布线系统的定义。（参考1.1.1）

（2）综合布线系统工程可包括哪七个子系统？分别对应GB 50311《综合布线系统工程设计规范》中的哪些部分？（参考1.2）

（3）人们日常接触最多的是哪个子系统？结合实际简述一个工作区与一个房间的区别。

（4）简述建筑群子系统室外管道工程建设流程。（参考1.2.6）

（5）综合布线系统工程采用智能配线系统时，应具备哪些基本功能？（参考1.2.7）

请扫描“单元1习题”二维码下载Word版。

文件

单元1习题

实训1　认识综合布线系统

1. 实训任务来源

认识综合布线系统，掌握综合布线系统的七个子系统。

2. 实训任务

每人独立完成综合布线系统工程的各个子系统名称的标注，并简述各子系统的作用和特点。

3. 技术知识点

熟悉GB 50311《综合布线系统工程设计规范》国家标准对综合布线系统定义和构成的相关规定。

（1）“布线（cabling）”的定义是“能够支持电子信息设备相连的各种缆线、跳线、接插软线和连接器件组成的系统”。

（2）综合布线系统应为开放式网络拓扑结构，应能支持语音、数据、图像、多媒体等业务信息传递的应用。

（3）综合布线系统工程的七个子系统。

4. 实训课时

（1）该实训课时为1课时，其中技术讲解7分钟，视频演示8分钟，学员操作25分钟，实训总结5分钟。

（2）课后作业2课时，学生独立完成实训报告，提交合格的实训报告。

5. 实训指导视频

实训1-认识综合布线系统（7分23秒）。请扫描二维码观看。

视频

实例1 认识综合布线系统

6. 实训步骤

（1）预习和播放视频：课前应预习，初学者提前预习，请多次认真观看实操视频，熟悉主要关键技能和评判标准，熟悉线序。

实训时，教师首先讲解技术知识点和关键技能7分钟，然后播放视频8分钟。更多可参考教材单元1相关内容。

（2）实训内容：完成图1-40中各个子系统名称的标注，并简述各子系统的作用和特点。

① 完成各子系统名称的正确标注。

② 简述各子系统的作用和特点。

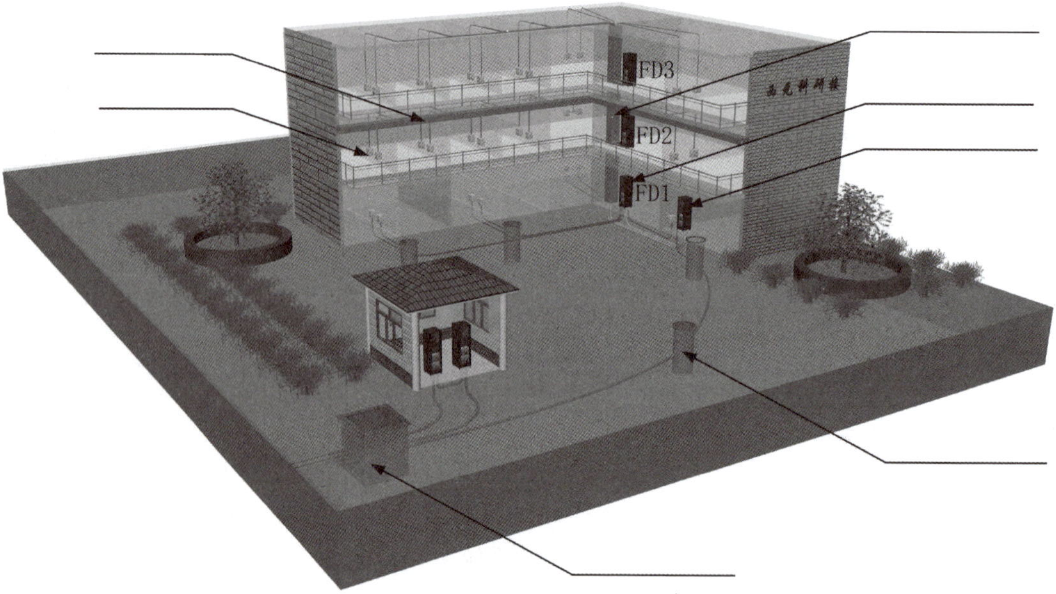

图1-40　西元综合布线系统工程教学模型示意图

7. 实训报告

按照表1-1所示的实训报告模板（或学校模板）独立完成实训报告，2课时。

为了通过实训报告训练读者的文案编写能力，训练工程师等专业人员的严谨工作态度、职业素养与岗位技能，作者对本书的全部实训报告提出如下具体要求，请教师严格评判。

（1）实训报告应该是1项工作任务，日事日毕，必须按照规定时间完成，教师评判成绩时，未按时提交者直接扣减10分（百分制）。

（2）实训报告必须提交打印版或电子版，要求页面和文字排版合理规范，图文并茂，没有错别字。建议教师评判时，出现1个错别字直接扣5分。

（3）全部栏目内容填写完整，内容清楚、正确。表格为A4幅面，按照填写内容调整。

（4）“实训步骤和过程描述”栏，必须清楚叙述主要实训操作步骤和过程，总结关键技能，增加实训过程照片、作品照片、测试照片等，至少有一张本人出镜的正面照片。

（5）“实训收获”栏描述本人完成工作的实训收获及掌握的实践技能和熟练程度等。

表1-1　实训报告模板

学校名称		学 院/系		专　　业	
班　　级		姓　　名		学　　号	
课程名称		实训项目		日　　期	年　　月　　日
实训报告类别	成绩/分	实训报告内容			
1.实训任务来源和应用	5				
2.实训任务	5				
3.技术知识点	5				
4.关键技能	5				
5.实训时间（按时完成）	5				
6.实训材料	5				
7.实训工具和设备	5				
8.实训步骤和过程描述	30				
9.作品测试结果记录	20				
10. 实训收获	15				
11.教师评判与成绩					

请扫描“实训1”二维码下载实训1的Word版。

请扫描“实训报告”二维码下载全书实训报告模板。

文件

实训1

文件

实训报告

单元2

综合布线系统工程常用标准

图纸是工程师的语言，标准是工程图纸的语法，本单元学习任务就是学习和掌握有关综合布线技术相关国家标准。

学习目标

- 重点掌握GB 50311—2016《综合布线系统工程设计规范》国家标准的主要内容。
- 掌握GB/T 50312—2016《综合布线系统工程验收规范》国家标准的主要内容。
- 熟悉和了解综合布线系统工程相关国家标准。

2.1 标准的重要性和分类

2.1.1 标准的重要性

GB/T 20000.1—2014《标准化工作指南 第1部分：标准化和相关活动的通用术语》国家标准中，对于标准的定义为“通过标准化活动，按照规定的程序经协商一致制定，为各种活动或其结果提供规则、指南或特性，供共同使用和重复使用的文件”。

综合布线系统的设计能够直接提升建筑物的使用功能，也直接影响工程总造价和工程质量。因此，在实际工程项目设计中，设计人员必须依据相关国家标准和地方标准等进行设计。丰富的设计经验不仅能保障建筑物的使用功能，也能提高建筑物的智能化应用水平和环保节能与管理水平，还能提高设计速度和效率。

图纸等设计文件中使用的图形符号一般按照相关国家标准和设计图册的规定，使用统一的图形符号，设计图纸是给建筑单位、业主和技术人员阅读的技术文件，必须让大家能够看懂，这点非常重要。俗话说“图纸是工程师的语言”，就是这个道理。作者认为“标准就是工程图纸的语法”“设计图册就是典型语句”。因此，一个合格的设计师应该非常熟悉这些标准和图册，也必须能够熟练应用这些标准和图册。

2.1.2 标准的分类

中国标准分为国家标准、行业标准、团体标准、技术白皮书、设计图册等技术文件。近年来，我国非常重视国家标准的制定和发布，在网络技术领域和综合布线系统行业已经建立了比较完善的国家标准体系。

在实际综合布线系统工程中，各国都是参照国际标准，制定出适合自己国家的国家标准。因此，不再对国际标准进行阐述，而是重点介绍我国综合布线行业的国家标准。

2.2　《综合布线系统工程设计规范》国家标准简介

现行国家标准为GB 50311—2016《综合布线系统工程设计规范》，在2016年8月26日发布，2017年4月1日开始实施。共分为8章，第1章总则；第2章术语和缩略语；第3章系统设计；第4章光纤到用户单元通信设施；第5章系统配置设计；第6章性能指标；第7章安装工艺要求；第8章电气防护及接地；第9章防火；附录A、B、C；本规范用词说明；引用标准名录。图2-1所示为该标准封面和发布公告。

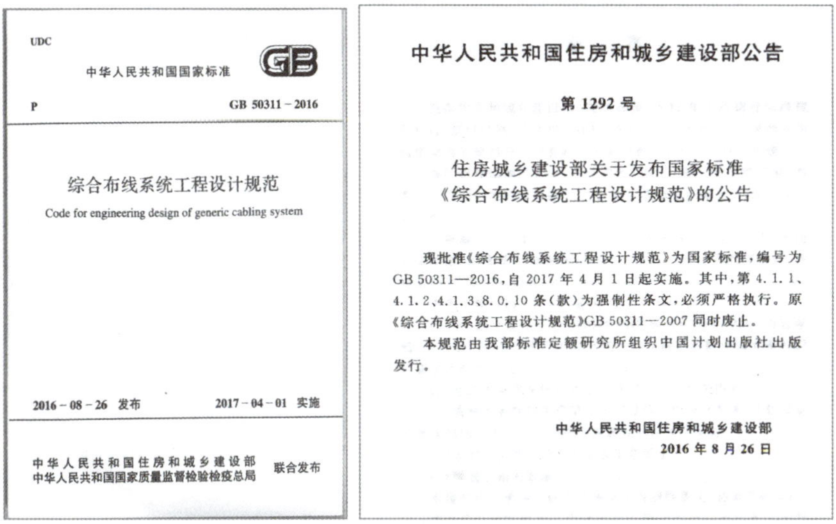
UDC
中华人民共和国国家标准
GB
P　GB 50311－2016
综合布线系统工程设计规范
Code for engineering design of generic cabling system
2016－08－26　发布　2017－04－01　实施
中华人民共和国住房和城乡建设部
中华人民共和国国家质量监督检验检疫总局　联合发布

中华人民共和国住房和城乡建设部公告
第 1292 号
住房城乡建设部关于发布国家标准
《综合布线系统工程设计规范》的公告
现批准《综合布线系统工程设计规范》为国家标准，编号为GB 50311—2016，自 2017 年 4 月 1 日起实施。其中，第 4.1.1、4.1.2、4.1.3、8.0.10 条（款）为强制性条文，必须严格执行。原《综合布线系统工程设计规范》GB 50311—2007 同时废止。
本规范由我部标准定额研究所组织中国计划出版社出版发行。
中华人民共和国住房和城乡建设部
2016 年 8 月 26 日

图2-1　GB 50311—2016《综合布线系统工程设计规范》封面和发布公告

下面我们按照计算机科学与技术类、计算机网络工程类、计算机应用类、智能建筑类等专业的教学实训需要，重点介绍该标准的主要内容，并将比较生涩的标准用语进行解读，方便读者快速、正确地理解和应用。

2.2.1　总则

（1）本标准规范了建筑与建筑群的语音、数据、图像及多媒体业务综合网络建设，适用于新建、扩建、改建建筑与建筑群综合布线系统工程设计。

本条规定主要解决了早年各种网络不兼容的问题，特别是不同缆线的插头、插座等均无法互相兼容。例如，早年用户电话交换机通常使用对绞电话线，计算机局域网络（LAN）则使用双绞线，相互不兼容，扩展性差。

国家标准规定的综合布线系统，采用了标准的缆线与连接器件，将所有语音、数据、图像及多媒体业务系统设备的布线，组合在一套标准的布线系统中。其开放的结构可以作为各种不同工业产品标准的基准，使得综合布线系统具有更大的适用性、灵活性、通用性，实现以最低成本随时对工作区域的配线设施重新规划，也为智能建筑与智慧城市信息化的建设提供了统一和通用的通道。

（2）综合布线系统设施的建设，应纳入建筑与建筑群相应的规划设计之中。根据工程项目的性质，功能，环境条件和近、远期用户需求进行设计，应考虑施工和维护方便，确保综合布线系统工程的质量和安全，做到技术先进、经济合理。

这条规定要求进行城区和园区的综合布线基础设施规划时，应考虑满足信息化、智能化发展要求的布线设施和管道，力求资源共享，避免今后重复开挖地面，给人们带来生活的不便和资金的浪费。

（3）综合布线系统宜与信息网络系统、安全技术防范系统、建筑设备监控系统等的配线做好统筹规划，同步设计，并应按照各系统对信息的传输要求，做到合理优化设计。

这条规定把综合布线系统作为建筑的通信基础设施，明确要求在建设期应考虑一次性投资建设，在管道与设施安装场地等方面，工程设计中应充分满足资源合理应用的要求，并能适应各种通信与信息业务服务接入的需求。综合布线系统与智能建筑应同步设计，可以避免造成将来建筑物内管网的重复建设，影响建筑物的安全与环保。

2.2.2　综合布线系统设计

1. 综合布线系统构成

综合布线系统的构成应符合下列规定：

（1）综合布线系统的基本构成应包括建筑群子系统、垂直子系统和配线子系统，如图2-2所示。在工程设计中配线子系统中不允许设置集合点（CP），在安装施工阶段因为管路不通时，可以设置集合点。

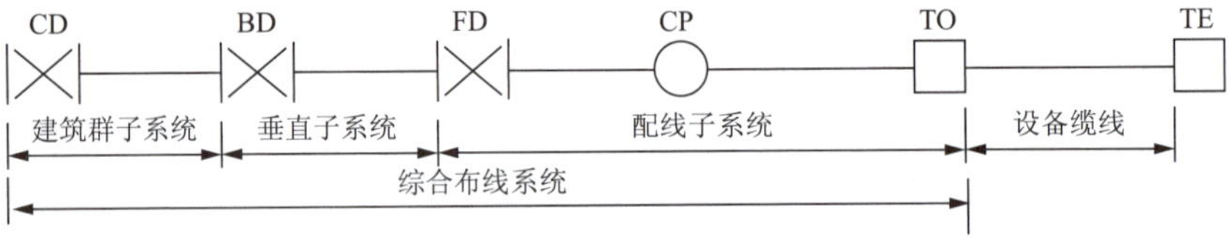

图2-2　综合布线系统基本构成

（2）综合布线各子系统中，也可以建立下列直达路由：

①如图2-3所示，建筑物内楼层配线设备（FD）之间可建立直达路由（虚线连接）。

这是一种特殊应用，其目的就是提高接入层网络交换机的利用率，减少交换机数量和提高端口利用率，降低成本。例如常用网络交换机一般都是24口，如果x层有30个信息点，就需要配置两台24口网络交换机，合计48口，实际使用30口，网络交换机的端口利用率为30/48=62.5%；x-1层只有16个信息点，也需要配置一台24口网络交换机，实际使用16口，网络交换机的端口利用率为16/24=67%。如果利用标准的这条规定，将x层的6个信息点转接到x-1层的网络配线架，再用跳线连接到x-1层的网络交换机，x层就只有24个信息点，只需要配置一台24口网络交换机，其端口利用率为24/24=100%，x-1层信息点就成为16+6=22个，也只需要配置一台24口网络交换机，其端口利用率为22/24=92%，也将原来的三台网络交换机减少为两台了，直接降低设备成本33%。

②如图2-3所示，不同建筑物的配线设备（BD）之间可建立直达路由（虚线连接）。

这是一种特殊应用，其目的就是提高汇聚层网络交换机的利用率，减少数量和提高端口利用率，降低成本。

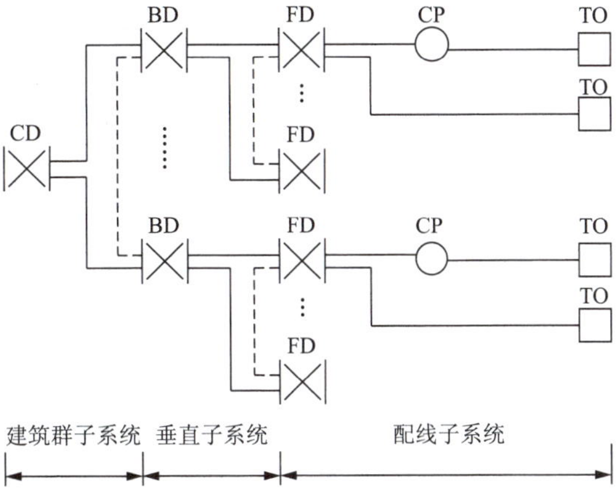

图2-3　FD之间、BD之间可建立直达路由

③如图2-4所示，工作区信息插座（TO）可以直接连接至建筑物配线设备，可不经过楼层配线设备。

这是一种特殊应用，其目的就是减少楼层配线设备和管理间数量，降低成本，适合配线设备所在楼层的信息点，充分利用汇聚层交换机的冗余网络口。

④如图2-4所示，楼层配线设备也可不经过建筑物配线设备直接与建筑群配线设备（CD）互连。

这是一种特殊应用，其目的就是减少建筑物配线设备和设备间数量，降低成本，适合园区网络中心所在的建筑物，不再建设专门的设备间，而是将各个楼层管理间的交换机直接连接到网络中心的核心交换机中，充分利用核心交换机的冗余网络口。

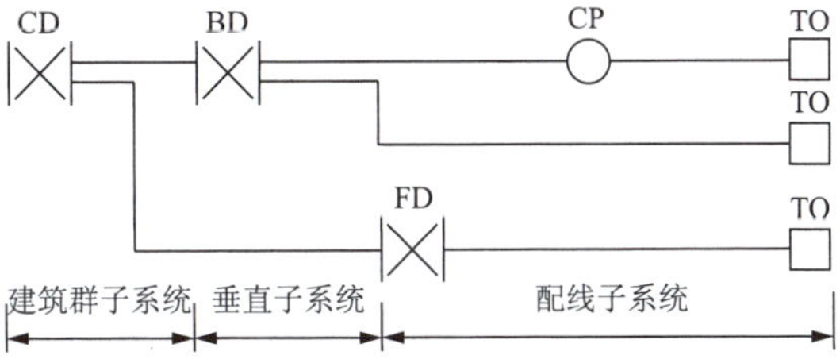

图2-4　综合布线子系统构成

（3）如图2-5所示，综合布线系统入口设施连接外部网络和其他建筑物的引入缆线，应通过缆线和BD或CD进行互连。对设置了设备间的建筑物，设备间所在楼层配线设备可以和设备间中的建筑物配线设备或建筑群配线设备（BD/CD）及入口设施安装在同一场地。

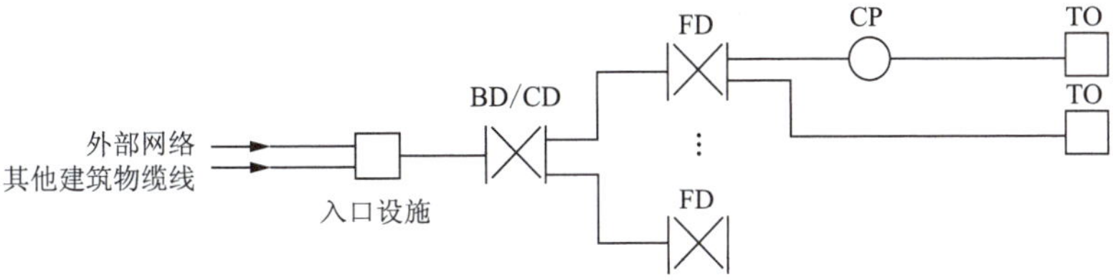

图2-5　综合布线系统引入部分构成

（4）如图2-6所示，综合布线系统典型应用中，配线子系统信道应由4对对绞电缆和电缆连接器件构成，垂直子系统信道和建筑群子系统信道应由光缆和连接器件组成。其中建筑物配线设备和建筑群配线设备处的配线模块和网络设备之间可采用互连或交叉的连接方式，建筑物配

线设备处的光纤配线模块可仅对光纤进行互连。

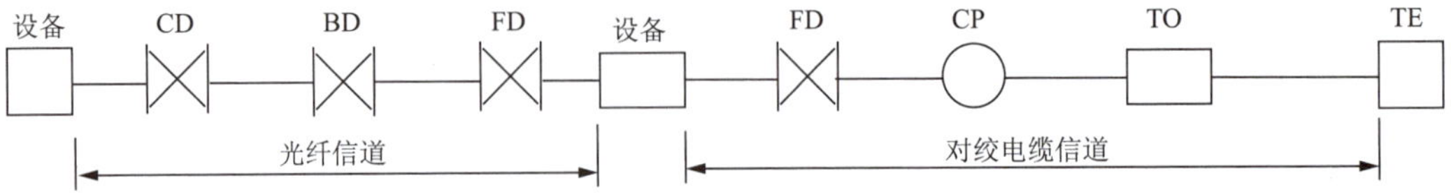

图2-6　综合布线系统应用典型连接与组成

2. 系统分级与组成

综合布线电缆布线系统的分级与类别划分，应符合表2-1的规定，并且5、6、6_A、7、7_A类布线系统应能支持向下兼容的应用。

如图2-7所示，布线系统信道应由长度不大于90 m的水平缆线、10 m的跳线和设备缆线，以及最多4个连接器件组成。永久链路则应由长度不大于90 m水平缆线，以及最多3个连接器件组成。

表2-1　电缆布线系统的分级与类别

系统分级	系统产品类别	支持最高带宽/MHz	支持应用器件	
			电　缆	连接硬件
A	—	0.1	—	—
B	—	1	—	—
C	3类（大对数）	16	3类	3类
D	5类（屏蔽和非屏蔽）	100	5类	5类
E	6类（屏蔽和非屏蔽）	250	6类	6类
E_A	6_A类（屏蔽和非屏蔽）	500	6_A类	6_A类
F	7类（屏蔽）	600	7类	7类
F_A	7_A类（屏蔽）	1 000	7_A类	7_A类

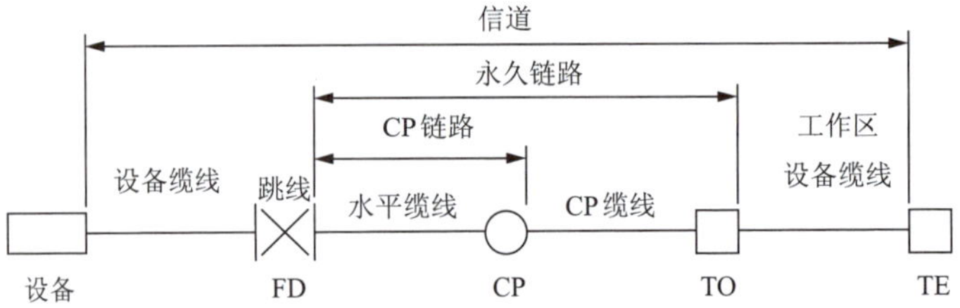

图2-7　布线系统信道、永久链路、CP链路构成

光纤信道构成方式应符合以下规定：

（1）水平光缆和主干光缆可在楼层电信间的光配线设备处，经光纤跳线连接构成信道，如图2-8所示。

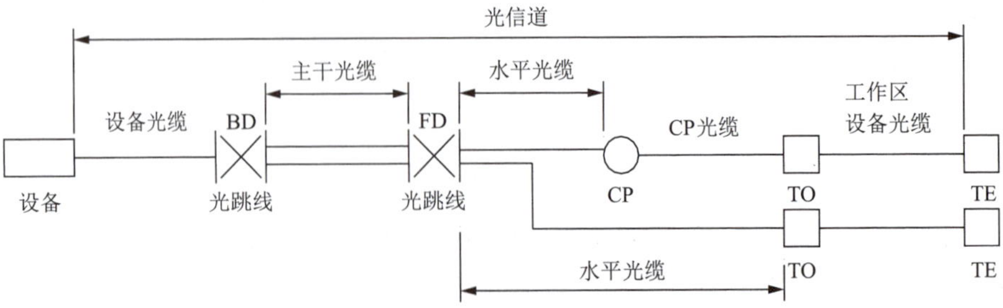

图2-8　光纤信道构成1

（2）水平光缆和主干光缆可在楼层电信间处，经过接续互通构成光纤信道，主干光缆接续宜采用熔接，水平光缆可以采用熔接或机械连接，如图2-9所示。

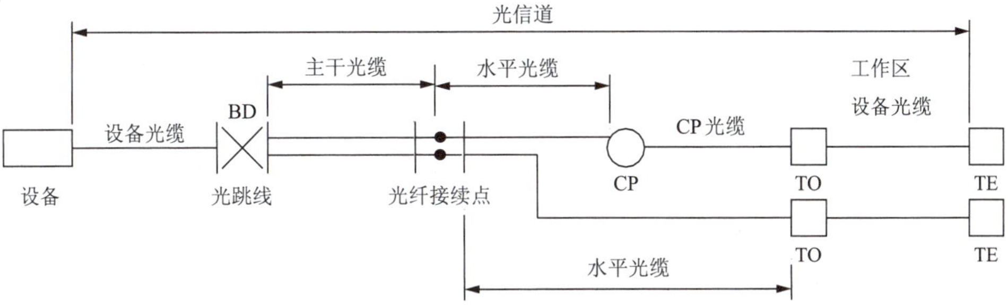

图2-9 光纤信道构成2

（3）电信间可只作为主干光缆或水平光缆的路径场所，如图2-10所示。

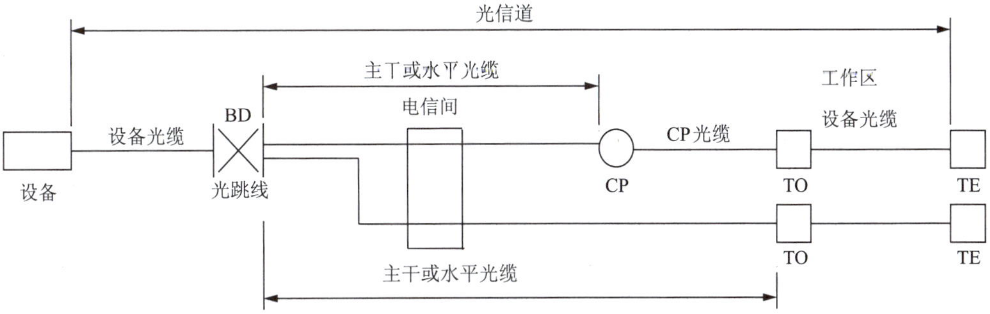

图2-10 光纤信道构成3

当工作区用户终端设备或某区域网络设备须直接与公用通信网进行互通时，宜将光缆从工作区直接布放至电信业务经营者提供的入口设施处的光配线设备。

3. 系统应用

（1）综合布线系统工程的产品类别及链路、信道等级的确定应综合考虑建筑物的性质、功能、应用网络、业务对传输带宽及缆线长度的要求、业务终端的类型、业务的需求及发展、性能价格、现场安装条件等因素，应符合表2-2的要求。

表2-2 布线系统等级与类别的选用

业务种类		配线子系统		垂直子系统		建筑群子系统	
		等　级	类　别	等　级	类　别	等　级	类　别
语音		D/E	5/6（4对）	C/D	3/5（大对数）	C	3（室外大对数）
数据	电缆	D、E、E_A、F、F_A	5、6、6_A、7、7_A（4对）	E、E_A、F、F_A	6、6_A、7、7_A（4对）	—	—
	光纤	OF-300 OF-500 OF-2000	OM1、OM2、OM3、OM4多模光缆；OS1、OS2单模光缆及相应等级连接器件	OF-300 OF-500 OF-2000	OM1、OM2、M3、OM4多模光缆；OS1、OS2单模光缆及相应等级连接器件	OF-300 OF-500 OF-2000	OS1、OS2单模光缆及相应等级连接器件
其他应用		可采用5/6/6_A类4对对绞电缆和OM1/OM2/OM3/OM4多模、OS1/OS2单模光缆及相应等级连接器件					

（2）同一布线信道及链路的缆线、跳线和连接器件应保持系统等级与阻抗的一致性。

（3）综合布线系统光纤信道应采用标称波长为850 nm和1 300 nm的多模光纤（OM1、OM2、OM3、OM4），标称波长为1 310 nm和1 550 nm（OS1），1 310 nm、1 383 nm和1 550 nm（OS2）的单模光纤。

（4）单模和多模光缆的选用应符合网络的构成方式、业务的互连方式、以太网交换机端口类型及网络规定的光纤应用传输距离。

（5）配线设备之间互连的跳线宜选用产业化制造的产品，跳线的类别应符合综合布线系统的等级要求。

（6）工作区信息点为电端口时应采用8位模块通用插座，光端口应采用SC或LC光纤连接器件及适配器。

（7）FD、BD、CD配线设备应根据支持的应用业务、布线的等级、产品的性能指标选用，并应符合相关规定。

（8）CP集合点安装的连接器件应选用卡接式配线模块或8位模块通用插座或各类光纤连接器件和适配器。

（9）综合布线系统产品的选用应考虑缆线与器件的类型、规格、尺寸对安装设计与施工造成的影响。

4. 屏蔽布线系统

屏蔽布线系统的选用应符合下列规定。

（1）当综合布线区域内存在的电磁干扰场强高于3 V/m时，宜采用屏蔽布线系统。

（2）用户对电磁兼容性有电磁干扰和防信息泄漏等较高的要求时，或有网络安全保密的需要时，宜采用屏蔽布线系统。

（3）安装现场条件无法满足对绞电缆的间距要求时，宜采用屏蔽布线系统。

（4）当布线环境温度影响到非屏蔽布线系统的传输距离时，宜采用屏蔽布线系统。

屏蔽布线系统应选用相互适应的屏蔽电缆和连接器件，采用的电缆、连接器件、跳线、设备电缆都应是屏蔽的，并应保持信道屏蔽层的连续性与导通性。

5. 综合布线在弱电系统中的应用

综合布线系统应支持具有TCP/IP通信协议的视频安防监控系统、出入口控制系统、停车库（场）管理系统、访客对讲系统、智能卡应用系统、建筑设备管理系统、能耗计量及数据远传系统、公共广播系统、信息导引（标识）及发布系统等弱电系统的信息传输。

综合布线系统支持弱电各子系统应用时，应满足各子系统提出的具体要求。

2.2.3 光纤到用户单元通信设施

为了满足光纤入户的普遍需求，2016版标准特别增加了这部分内容，比较详细地规定了光纤到用户单元通信设施的技术要求，主要包括一般规定、用户接入点设置、配置原则、缆线与配线设备的选择、传输指标等内容。

1. 一般规定

（1）在公用电信网络已实现光纤传输的地区，建筑物内设置用户单元时，通信设施工程必须采用光纤到用户单元的方式建设。

（2）光纤到用户单元通信设施工程的设计，必须满足多家电信业务经营者平等接入，用户可自由选择电信业务经营者的要求。

（3）新建光纤到用户单元通信设施工程的地下通信管道、配线管网、电信间、设备间等通信设施，必须与建筑工程同步建设。

（4）用户接入点应是光纤到用户单元工程特定的一个逻辑点，设置应符合标准规定。

（5）通信设施工程建设应以用户接入点为界面，电信业务经营者和建筑物建设方各自承担相关的工程量。工程实施应符合下列规定：

①规划红线范围内，建筑群通信管道，以及建筑物内的配线管网，应由建筑物建设方负责建设。

②建筑群及建筑物内通信设施的安装空间，以及房屋（设备间）应由建筑物建设方负责提供。

③用户接入点设置的配线设备建设分工应符合下列规定：

- 电信业务经营者和建筑物建设方共用配线箱时，由建设方提供箱体并安装，箱体内连接配线光缆的配线模块，应由电信业务经营者提供并安装，连接用户光缆的配线模块应由建筑物建设方提供并安装；
- 电信业务经营者和建筑物建设方分别设置配线柜时，应各自负责机柜及机柜内光纤配线模块的安装。

④配线光缆应由电信业务经营者负责建设，用户光缆应由建筑物建设方负责建设，光跳线应由电信业务经营者安装。

⑤光分路器及光网络单元应由电信业务经营者提供。

⑥用户单元信息配线箱及光纤适配器应由建筑物建设方负责建设。

⑦用户单元区域内的配线设备、信息插座、用户缆线应由单元内的用户或房屋建设方负责建设。

（6）地下通信管道的设计应与建筑群及园区其他设施的地下管线进行整体布局，并应符合标准规定。

地下通信管道的设计应符合现行国家标准《通信管道与通道工程设计标准》（GB 50373）的有关规定。

2. 用户接入点设置

（1）每个光缆配线区所辖用户数量，宜为70～300个用户单元。

（2）光纤用户接入点的设置地点，应依据不同类型的建筑形成的配线区以及所辖的用户密度和数量确定，并应符合下列规定：

①当单栋建筑物作为一个独立配线区时，用户接入点应设于本建筑物综合布线系统设备间或通信机房内，但电信业务经营者应有独立的设备安装空间，如图2-11所示。

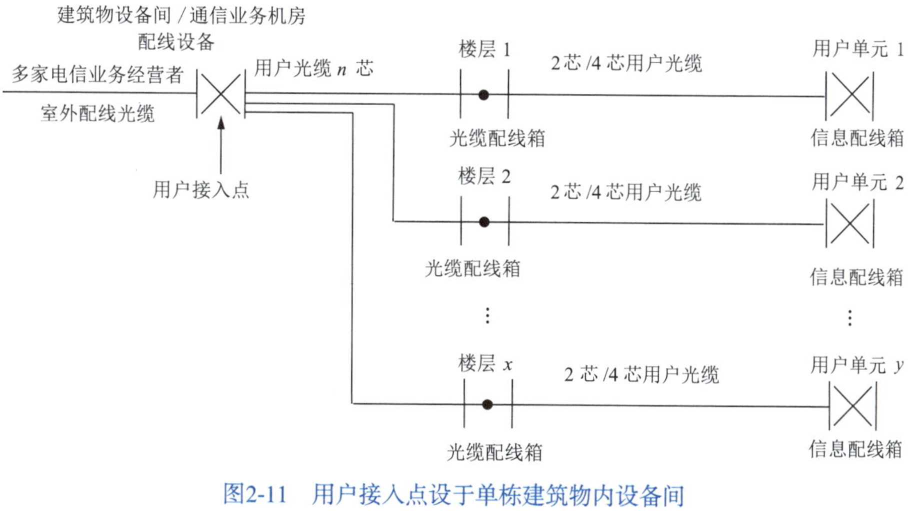

图2-11　用户接入点设于单栋建筑物内设备间

②当大型建筑物或超高层建筑物划分为多个光纤配线区时，用户接入点应按照用户单元分布情况，均匀地设于建筑物不同区域的楼层设备间内，如图2-12所示。

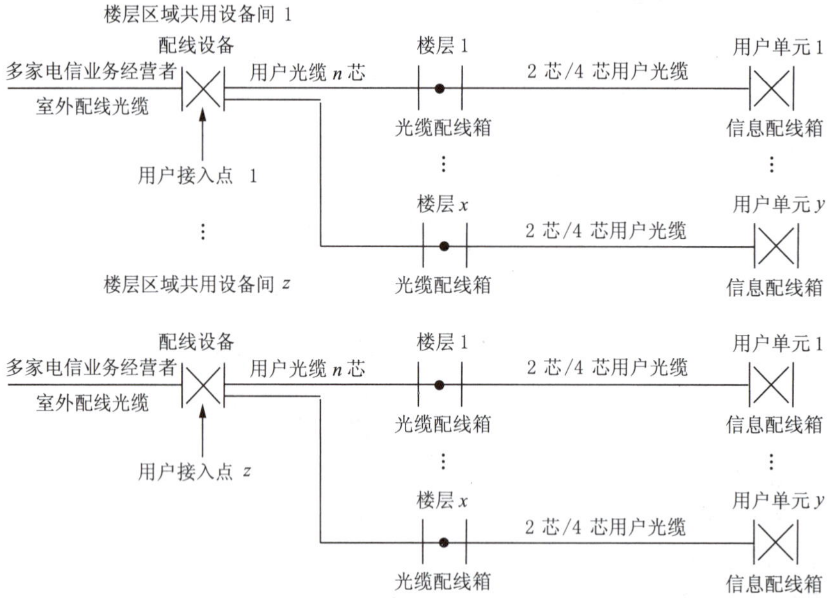

图2-12 用户接入点设于建筑物楼层区域共用设备间

③当多栋建筑物形成的建筑群组成一个配线区时，用户接入点应设于建筑群物业管理中心机房、综合布线设备间或通信机房内，但电信业务经营者应有独立的设备安装空间，如图2-13所示。

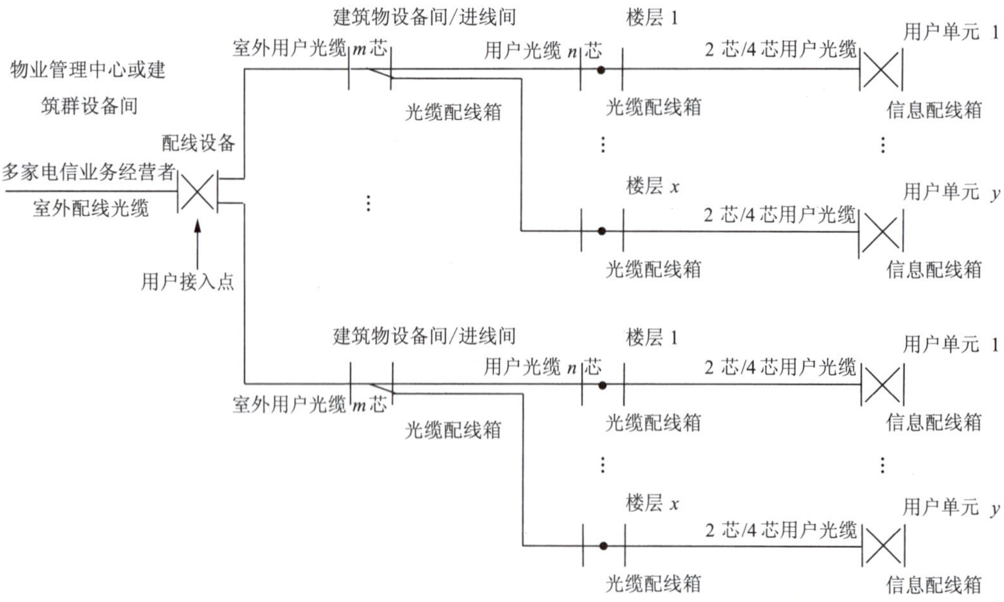

图2-13 用户接入点设于建筑群物业管理中心机房、综合布线设备间或通信机房

④每栋建筑物形成的一个光纤配线区，并且用户单元数量不大于30个（高配置）或70个（低配置）时，用户接入点应设于建筑物的进线间、综合布线设备间或通信机房内，用户接入点应采

用设置共用光缆配线箱的方式，但电信业务经营者应有独立的设备安装空间，如图2-14所示。

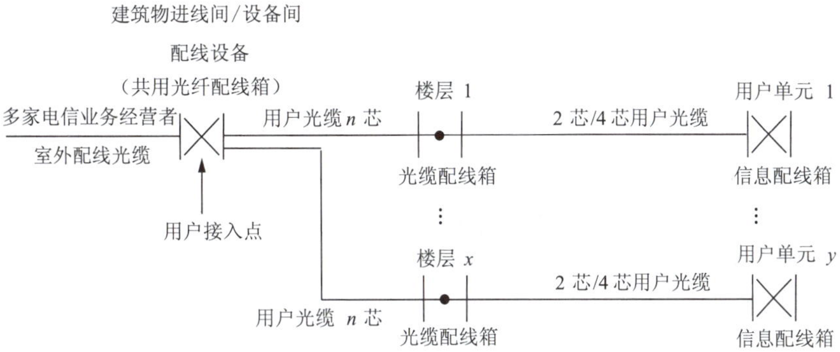

图2-14　用户接入点设于进线间、综合布线设备间或通信机房

3. 配置原则

（1）建筑红线范围内敷设配线光缆，所需的室外通信管道管孔与室内管槽的容量、用户接入点处预留的配线设备安装空间及设备间的面积，均应满足不少于二家电信业务经营者通信业务接入的需要。

（2）光纤到用户单元所需的室外通信管道，与室内配线管网的导管与槽盒应单独设置，管槽的总容量与类型，应根据光缆敷设方式及终期容量确定，并应符合标准规定。

（3）用户光缆采用的类型与光纤芯数，应根据光缆敷设的位置、方式及所辖用户数计算，并应符合下列规定：

①用户接入点至用户单元信息配线箱的光缆光纤芯数，应根据用户单元对通信业务的需求及配置等级确定，配置应符合表2-3的规定。

表2-3　光纤与光缆配置

配　　置	光纤/芯	光缆/根	备　　注
高配置	2	2	考虑光纤与光缆的备份
低配置	2	1	考虑光纤的备份

②楼层光缆配线箱至用户单元信息配线箱之间应采用2芯光缆。

③用户接入点配线设备至楼层光缆配线箱之间应采用单根多芯光缆，光纤容量应满足用户光缆总容量需要，并应根据光缆的规格预留不少于10%的余量。

（4）用户接入点外侧光纤模块类型与容量，应按引入建筑物的配线光缆的类型及光缆的光纤芯数配置。

（5）用户接入点用户侧光纤模块类型与容量，应按用户光缆的类型及光缆的光纤芯数的50%或工程实际需要配置。

（6）设备间面积不应小于10 m^2。

（7）每个用户单元区域内应设置1个信息配线箱，并应安装在柱子或承重墙上不被变更的建筑物部位。

4. 缆线与配线设备的选择

（1）光缆光纤选择应符合下列规定：

①用户接入点至楼层光缆配线箱（分纤箱）之间的室内用户光缆应采用G.652光纤。

②楼层光缆配线箱（分纤箱）至用户单元信息配线箱之间的室内用户光缆应采用G.657光纤。

（2）室内外光缆选择应符合下列规定：

①室内光缆宜采用干式、非延燃外护层结构的光缆。

②室外管道至室内的光缆，宜采用干式、防潮层、非延燃外护层结构的室内外用光缆。

（3）光纤连接器件宜采用SC和LC类型。

（4）用户接入点应采用机柜或共用光缆配线箱，配置应符合下列规定：

①机柜宜采用600 mm或800 mm宽的19英寸标准机柜。

②共用光缆配线箱体，应满足不少于144芯光纤的终接。

（5）用户单元信息配线箱的配置应符合下列规定：

①配线箱应根据用户单元区域内信息点数量、引入缆线类型、缆线数量、业务功能需求选用。

②配线箱箱体尺寸，应充分满足各种信息通信设备摆放、配线模块安装、光缆终接与盘留、跳线连接、电源设备和接地端子板安装以及业务应用发展的需要。

③配线箱的选用和安装位置，应满足室内用户无线信号覆盖的需求。

④当超过50 V的交流电压接入箱体内电源插座时，应采取强弱电安全隔离措施。

⑤配线箱内应设置接地端子板，并应与楼层局部等电位端子板连接。

2.2.4 系统配置设计

1. 工作区子系统

（1）工作区适配器的选用应符合下列规定。

①设备的连接插座应与连接电缆的插头匹配，不同的插座与插头之间互通时应加装适配器。

②在连接使用信号的数模转换、光电转换、数据传输速率转换等相应的装置时，应采用适配器。

③对于网络规程的兼容，应采用协议转换适配器。

④各种不同的终端设备或适配器均应安装在工作区的适当位置，并应考虑现场的电源与接地。

（2）每个工作区的服务面积应按不同的应用功能确定。

2. 配线子系统

配线子系统的规定详见单元6、单元7。

3. 垂直子系统

（1）垂直子系统所需要的对绞电缆根数，大对数电缆总对数及光缆光纤总芯数，应满足工程的实际需求与缆线的规格，并应留有备份容量。

（2）垂直子系统主干缆线宜设置电缆或光缆备份及电缆与光缆互为备份的路由。

（3）当电话交换机和计算机设备设置在建筑物内不同的设备间时，宜采用不同的主干缆线来分别满足语音和数据的需要。

（4）在建筑物若干设备间之间，设备间与进线间及同一层或各层电信间之间宜设置干线路由。

（5）主干电缆和光缆所需的容量要求及配置应符合下列规定：

①对语音业务，大对数主干电缆的对数应按每个电话8位模块通用插座配置1对线，并应在总需求线对的基础上预留不小于10%的备用线对。

②对数据业务，应按每台以太网交换机设置一个主干端口和一个备份端口配置。当主干端口为电接口时，应按4对线对容量配置；当主干端口为光端口时，应按1芯或2芯光纤容量配置。

③当工作区至电信间的水平光缆需延伸至设备间的光配线设备（BD/CD）时，主干光缆的容量应包括所延伸的水平光缆光纤的容量。

④配线设备处各类设备缆线和跳线的配置，应符合电信间FD采用的设备缆线和各类跳线，宜根据计算机网络设备的使用端口容量，以及电话交换系统的安装容量、业务的实际需求，或信息点总数的比例进行配置，比例范围宜为25%～50%。

（6）设备间配线设备所需的容量要求及配置应符合下列规定：

①主干缆线侧的配线设备容量应与主干缆线的容量相一致。

②设备侧的配线设备容量应与设备应用的光、电主干端口容量相一致或与干线侧配线设备容量相同。

③外线侧的配线设备容量应满足引入缆线的容量需求。

4. 建筑群子系统

（1）建筑群配线设备内线侧的容量，应与各建筑物引入的建筑群主干缆线容量一致。

（2）建筑群配线设备外线侧的容量，应与建筑群外部引入的缆线的容量一致。

（3）建筑群配线设备各类设备缆线和跳线的配置，应符合电信间FD采用的设备缆线和各类跳线，宜根据计算机网络设备的使用端口容量和电话交换系统的安装容量、业务的实际需求或信息点总数的比例进行配置，比例范围宜为25%～50%。

5. 进线间子系统

（1）建筑群主干电缆和光缆、公用网和专用网电缆、光缆等室外缆线进入建筑物时，应在进线间由器件成端转换成室内电缆、光缆。缆线的终接处设置的入口设施外线侧配线模块，应按出入的电、光缆容量配置。

（2）综合布线系统和电信业务经营者设置的入口设施内线侧配线模块，应与建筑物配线设备或建筑群配线设备之间敷设的缆线类型和容量相匹配。

（3）进线间的缆线引入管道管孔数量，应满足建筑物之间、外部接入各类信息通信业务、建筑智能化业务及多家电信业务经营者缆线接入的需求，并应留有不少于4孔的余量。

6. 管理子系统

（1）对设备间、电信间、进线间和工作区的配线设备、缆线、信息点等设施，应按一定的模式进行标识和记录，并应符合标准规定。

（2）所有标签应保持清晰，并应满足使用环境要求。

（3）综合布线系统工程规模较大，以及用户有提高布线系统维护水平和网络安全的需要时，宜采用智能配线系统对配线设备的端口进行实时管理，显示和记录配线设备的连接、使用及变更状况。

（4）综合布线系统相关设施的工作状态信息，应包括设备和缆线的用途、使用部门、组成局域网的拓扑结构、传输信息速率、终端设备配置状况、占用器件编号、色标、链路与信道的功能和各项主要指标参数及完好状况、故障记录等信息，还应包括设备位置和缆线走向等内容。

2.2.5 性能指标

1. 缆线与连接器件性能指标

（1）D级、E级、F级的对绞电缆布线信道器件的标称阻抗应为100 Ω，A、B、C级可为100 Ω或120 Ω。

（2）对绞电缆基本电气特性应符合下列规定：

①信道每个线对中的两个导体之间的直流环路电阻（d.c.）不平衡度对所有类别不应超过3%。

②电缆在所有的温度下应用时，D、E、E_A、F、F_A级信道每一导体最小载流量应为0.175 A（d.c.）。

③布线系统在工作环境温度下，D、E、E_A、F、F_A级信道应支持任意导体之间72 V（d.c.）的工作电压。

④布线系统在工作环境温度下，D、E、E_A、F、F_A级信道每个线对应支持承载10 W的功率。

⑤对绞电缆的性能指标参数应包括衰减、等电平远端串音衰减、等电平远端串音衰减功率和、衰减远端串音比、衰减远端串音比功率和、耦合衰减、转移阻抗、不平衡衰减（近端），近端串音功率和、外部串音（E_A、F_A）。

⑥2 m、5 m对绞电缆跳线的指标参数值应包括回波损耗、近端串音。

（3）对绞电缆连接器件基本电气特性应符合下列规定：

①配线设备模块工作环境的温度应为-10 ~ +60 ℃。

②应具有唯一的标记或颜色。

③连接器件应支持0.4 ~ 0.8 mm线径导体的连接。

④连接器件的插拔率不应小于500次。

⑤器件连接应符合下列规定：

RJ-45的8位模块通用插座，可按T568A或T568B的方式进行连接；

4对对绞电缆与非RJ-45模块终接时，应按线序号和组成的线对进行卡接。

⑥连接器件的性能指标参数，应包括回波损耗、插入损耗、近端串音、近端串音功率和、远端串音、远端串音功率和、输入阻抗、不平衡输入阻抗、 直流回路电流、时延、时延偏差、横向转换损耗、横向转换转移损耗、耦合衰减（屏蔽布线）、转移阻抗（屏蔽布线）、绝缘电阻、外部近端串音功率和、外部远端串音功率和。

2. 系统性能指标

（1）对绞电缆布线系统永久链路、CP链路及信道的回波损耗、插入损耗、近端串音、近端串音功率和、衰减远端串音比、衰减远端串音比功率和、衰减近端串音比、衰减近端串音比功率和、直流环路电阻、时延、时延偏差，外部近端串音功率和、外部远端串音比功率和等性能指标参数的规定值，应符合GB 50311附录A的规定。

（2）在工程的安装设计中，应考虑综合布线系统产品的缆线结构，直径、材料、承受拉力、弯曲半径等机械性能指标。

（3）光纤布线系统OF-300、OF-500、OF-2000各等级的光纤信道衰减值应符合GB 50311附录A的规定。

2.2.6 安装工艺要求

1. 工作区

（1）工作区信息插座的安装应符合下列规定：

①暗装在地面上的信息插座盒，应满足防水和抗压要求。

②工业环境中的信息插座可带有保护壳体。

③暗装或明装在墙体或柱子上的信息插座盒底，距地高度宜为300 mm。

④安装在工作台侧隔板面及临近墙面上的信息插座盒底，距地高度宜为1.0 m。

⑤信息插座模块宜采用标准86系列面板安装，安装光纤模块的底盒深度不应小于60 mm。

（2）工作区的电源应符合下列规定：

①每个工作区宜配置不少于两个单相交流220 V/10 A电源插座盒。

②电源插座应选用带保护接地的单相电源插座。

③工作区电源插座宜嵌墙暗装，高度应与信息插座一致。

（3）CP集合点箱体，多用户信息插座箱体宜安装在导管的引入侧，以及便于维护的柱子及承重墙上等处，箱体底边距地高度宜为500 mm，当在墙体、柱子的上部或吊顶内安装时，距地高度不宜小于1 800 mm。

（4）每个用户单元信息配线箱附近水平70 ~ 150 mm处，宜预留设置两个单相交流220 V/10 A电源插座，并应符合下列规定：

①每个电源插座的配电线路均应装设保护器，电源插座宜嵌墙暗装，底部距地高度应与信息配线箱一致。

②用户单元信息配线箱内应引入单相交流220 V电源。

2. 设备间

（1）设备间的设置位置应根据设备的数量、规模、网络构成等因素综合考虑。

（2）每栋建筑物内应设置不小于一个设备间，并应符合下列规定：

①当电话交换机与计算机网络设备分别安装在不同的场地、有安全要求或有不同业务应用需要时，可设置两个或两个以上配线专用的设备间。

②当综合布线系统设备间与建筑内信息接入机房、信息网络机房、用户电话交换机房、智能化总控室等合设时，房屋使用空间应作分隔。

（3）设备间内的空间应满足布线系统配线设备的安装需要，其使用面积不应小于10 m^2。当设备间内需安装其他信息通信系统设备机柜或光纤到用户单元通信设施机柜时，应增加使用面积。

（4）设备间的设计应符合下列规定：

①设备间宜处于垂直子系统的中间位置，并应考虑主干缆线的传输距离、敷设路由与数量。

②设备间宜靠近建筑物布放主干缆线的竖井位置。

③设备间宜设置在建筑物的首层或楼上层。当地下室为多层时，也可设置在地下一层。

④设备间应远离供电变压器、发动机和发电机、X射线设备、无线射频或雷达发射机等设备以及有电磁干扰源存在的场所。

⑤设备间应远离粉尘、油烟、有害气体以及存有腐蚀性、易燃、易爆物品的场所。

⑥设备间不应设置在厕所、浴室或其他潮湿、易积水区域的正下方或毗邻场所。

⑦设备间室内温度应保持在10～35 ℃，相对湿度应保持在20%～80%，并应有良好的通风。当室内安装有源的信息通信网络设备时，应采取满足设备可靠运行要求的对应措施。

⑧设备间内梁下净高不应小于2.5 m。

⑨设备间应采用外开双扇防火门。房门净高不应小于2.0 m，净宽不应小于1.5 m。

⑩设备间的水泥地面应高出本层地面不小于100 mm或设置防水门槛。

⑪室内地面应具有防潮措施。

（5）设备间应防止有害气体侵入，并应有良好的防尘措施。

（6）设备间应设置不少于两个单相交流220 V/10 A电源插座盒，每个电源插座的配电线路均应装设保护器。设备供电电源应另行配置。

3. 进线间

（1）进线间内应设置管道入口，入口的尺寸应满足不少于3家电信业务经营者，通信业务接入及建筑群布线系统和其他弱电子系统的引入管道管孔容量的需求。

（2）在单栋建筑物或由连体的多栋建筑物构成的建筑群体内应设置不少于一个进线间。

（3）进线间应满足室外引入缆线的敷设与成端位置及数量、缆线的盘长空间和缆线的弯曲半径等要求，并应提供安装综合布线系统及不少于3家电信业务经营者入口设施的使用空间及面积。进线间面积不宜小于10 m^2。

（4）进线间宜设置在建筑物地下一层临近外墙、便于管线引入的位置，其设计应符合标准规定。

（5）与进线间安装设备无关的管道不应在进线间室内通过。

（6）进线间安装信息通信系统设施应符合设备安装设计的要求。

（7）综合布线系统进线间不应与数据中心使用的进线间合设，建筑物内各进线间之间应设置互通的管槽。

（8）进线间应设置不少于两个单相交流220 V/10 A电源插座盒，每个电源插座的配电线路均应装设保护器。设备供电电源应另行配置。

4. 导管与桥架安装

（1）布线导管或桥架的材质、性能、规格及安装方式的选择应考虑敷设场所的温度、湿度、腐蚀性、污染以及自身耐水性、耐火性、承重、抗挠、抗冲击等因素对布线的影响，并应符合安装要求。

（2）缆线敷设在建筑物的吊顶内时，应采用金属导管或槽盒。

（3）布线导管或槽盒在穿越防火分区楼板、墙壁、天花板、隔墙等建筑构件时，其空隙或空闲的部位应按等同于建筑构件耐火等级的规定封堵。塑料导管或槽盒及附件的材质应符合相应阻燃等级的要求。

（4）布线导管或桥架在穿越建筑结构伸缩缝、沉降缝、抗震缝时，应采取补偿措施。

（5）布线导管或槽盒暗敷设于楼板时不应穿越机电设备基础。

（6）暗敷设在钢筋混凝土现浇楼板内的布线导管或槽盒最大外径宜为楼板厚的1/4～1/3。

（7）建筑物室外引入管道设计应符合建筑结构地下室外墙的防水要求。引入管道应采用热浸镀锌厚壁钢管，外径50～63.5 mm钢管的壁厚度不应小于3 mm，外径76～114 mm钢管的壁厚度不应小于4 mm。

（8）建筑物内采用导管敷设缆线时，导管选用应符合相关标准规定。

（9）槽盒的直线连接、转角、分支及终端处宜采用专用附件连接。

（10）在明装槽盒的路由中设置吊架或支架宜设置在下列位置：

①直线段不大于3 m及接头处；

②首尾端及进出接线盒0.5 m处；

③转角处。

（11）布线路由中每根暗管的转弯角不应多于两个，且弯曲角度应大于90°。

（12）过线盒宜设置于导管或槽盒的直线部分，并宜设置在下列位置：

①槽盒或导管的直线路由每30 m处；

②有一个转弯，导管长度大于20 m时；

③有两个转弯，导管长度不超过15 m时；

④路由中有反向（U形）弯曲的位置。

（13）导管管口伸出地面部分应为25～50 mm。

5. 缆线布放

（1）建筑物内缆线的敷设方式应根据多种因素综合确定，包括建筑物构造、环境特征、使用要求、需求分布以及所选用导体与缆线的类型、外形尺寸及结构等，并应符合下列规定：

①水平缆线敷设时，应采用导管、桥架的方式，并应符合下列规定：

- 从槽盒、托盘引出至信息插座，可采用金属导管敷设；
- 吊顶内宜采用金属托盘、槽盒的方式敷设；
- 吊顶或地板下缆线引入至办公家具桌面，宜采用垂直槽盒方式及利用家具内管槽敷设；
- 墙体内应采用穿导管方式敷设；
- 大开间地面布放缆线时，根据环境条件宜选用架空地板下或网络地板内的托盘、槽盒方式敷设。

②垂直子系统垂直通道宜选用穿楼板电缆孔、导管或桥架、电缆竖井三种方式敷设。

（2）建筑群之间的缆线宜采用地下管道或电缆沟方式敷设。

（3）明敷缆线应符合室内或室外敷设场所环境特征要求，并应符合下列规定：

①采用线卡沿墙体、顶棚、建筑物构件表面或家具上直接敷设，固定间距不宜大于1 m。

②缆线不应直接敷设于建筑物的顶棚内、顶棚抹灰层、墙体保温层及装饰板内。

③明敷缆线与其他管线交叉或贴邻时，应按防护要求采取保护隔离措施。

④敷设在易受机械损伤的场所时，应采用钢管保护。

（4）综合布线系统管线的弯曲半径应符合表2-4的规定。

表2-4 管线敷设弯曲半径

缆 线 类 型	弯 曲 半 径
2芯或4芯水平光缆	大于25 mm
其他芯数和主干光缆	不小于光缆外径的10倍
4对非屏蔽电缆	不小于电缆外径的4倍
4对屏蔽电缆	不小于电缆外径的4倍
大对数主干电缆	不小于电缆外径的10倍
室外光缆、电缆	不小于缆线外径的10倍

注：当缆线采用电缆桥架布放时，桥架内侧的弯曲半径不应小于300 mm。

（5）缆线布放在导管与槽盒内的管径与截面利用率，应符合下列规定：

①管径利用率和截面利用率应按下列公式计算

$$管径利用率 = d/D$$

式中 d——缆线外径，mm；

D——管道内径，mm。

$$截面利用率 = A_1/A$$

式中 A_1——穿在管内的缆线总截面积，mm^2；

A——管径的内截面积，mm^2。

②弯导管的管径利用率应为40% ~ 50%。

③导管内穿放大对数电缆或4芯以上光缆时，直线管路的管径利用率应为50% ~ 60%。

④导管内穿放4对对绞电缆或4芯及以下光缆时，截面利用率应为25% ~ 30%。

⑤槽盒内的截面利用率应为30% ~ 50%。

（6）用户光缆敷设与接续应符合下列规定：

①用户光缆光纤接续宜采用熔接方式。

②在用户接入点配线设备及信息配线箱内宜采用熔接尾纤方式终接，不具备熔接条件时可采用现场组装光纤连接器件终接。

③每一光纤链路中宜采用相同类型的光纤连接器件。

④采用金属加强芯的光缆，金属构件应接地。

⑤室内光缆预留长度应符合下列规定：

- 光缆在配线柜处预留长度应为3 ~ 5 m。
- 光缆在楼层配线箱处光纤预留长度应为1 ~ 1.5 m。
- 光缆在信息配线箱终接时预留长度不应小于0.5 m。
- 光缆纤芯不做终接时，应保留光缆施工预留长度。

⑥光缆敷设安装的最小静态弯曲半径宜符合表2-5的规定。

表2-5　光缆敷设安装的最小静态弯曲半径

光缆类型		静态弯曲
室内外光缆		15*D*/15*H*
微型自承式通信用室外光缆		10*D*/10*H*且不小于30 mm
管道入户光缆	G.652D光纤	10*D*/10*H*且不小于30 mm
蝶形引入光缆	G.657A光纤	5*D*/5*H*且不小于15 mm
室内布线光缆	G.657B光纤	5*D*/5*H*且不小于10 mm

注：*D*为缆芯处圆形护套外径，*H*为缆芯处扁形护套短轴的高度。

（7）缆线布放的路由中不应有连接点。

6. 设备安装设计

（1）综合布线系统宜采用标准19英寸机柜，安装应符合下列规定：

①机柜数量规划应计算配线设备、网络设备、电源设备及理线等设施的占用空间，并考虑设备安装空间冗余和散热需要。

②机柜单排安装时，前面净空不应小于1 000 mm，后面及机柜侧面净空不应小于800 mm；多排安装时，列间距不应小于1 200 mm。

（2）在公共场所安装配线箱时，暗装箱体底边距地面不宜小于1.5 m。明装式箱体底面距地面不宜小于1.8 m。

（3）机柜、机架、配线箱等设备的安装宜采用螺栓固定。在抗震设防地区，设备安装应采取减震措施，并应进行基础抗震加固。

7. 电气防护及接地

（1）综合布线电缆与附近可能产生高电平电磁干扰的电动机、电力变压器、射频应用设备等电器设备之间应保持间距，与电力电缆的间距应符合标准规定。

（2）综合布线系统应远离高温和电磁干扰的场地，根据环境条件选用相应的缆线和配线设备或采取防护措施，并应符合相关标准规定。

（3）在建筑物电信间、设备间、进线间及各楼层信息通信竖井内均应设置局部等电位联结端子板。

（4）综合布线系统应采用建筑物共用接地的接地系统。当必须单独设置系统接地体时，其接地电阻不应大于4 Ω。

（5）配线柜接地端子板应采用两根不等长度，且截面不小于6 mm^2的绝缘铜导线接至就近的等电位联结端子板。

（6）屏蔽布线系统的屏蔽层应保持可靠连接、全程屏蔽，在屏蔽配线设备安装的位置应就近与等电位联结端子板可靠连接。

（7）综合布线的电缆采用金属管槽敷设时，管槽应保持连续的电气连接，并应有不少于两点的良好接地。

（8）当缆线从建筑物外引入建筑物时，电缆、光缆的金属护套或金属构件应在入口处就近与等电位联结端子板连接。

（9）当电缆从建筑物外面进入建筑物时，应选用适配的信号线路浪涌保护器。

2.3 《综合布线系统工程验收规范》国家标准简介

GB/T 50312—2016《综合布线系统工程验收规范》国家标准共分为10章：第1章总则；第2章缩略语；第3章环境检查；第4章器材及测试仪表工具检查；第5章设备安装检验；第6章缆线的敷设和保护方式检验；第7章缆线终接；第8章工程电气测试；第9章管理系统验收；第10章工程验收。内容详见单元11。

2.4 《信息技术 住宅通用布缆》简介

GB/T 29269—2012《信息技术 住宅通用布缆》国家标准由全国信息技术标准化技术委员会提出并归口，起草单位有西安开元电子实业有限公司等。

该标准规定了住宅通用布缆的设计和配置等要求，共分为11章及5个附录：第1章范围；第2章规范性引用文件；第3章术语和定义、缩略语；第4章符合性；第5章支持ICT/BCT应用的通用布缆系统结构；第6章支持CCCB应用的布缆；第7章性能；第8章参考实现；第9章线缆要求；第10章连接硬件；第11章安全性要求和屏蔽实践；附录A BCT信道等级；附录B 链路性能；附录C BCT等级：信道和链路性能及实现；附录D应用及相关布缆；附录E电视、广播应用的参考实现—平衡—不平衡阻抗变换器用法。

该标准用以规范支持以下三种应用的住宅通用布缆：

- 信息和通信技术（ICT）。
- 广播和通信技术（BCT）。
- 建筑物内的指令、控制和通信（CCCB）。

住宅通用布缆概况如图2-15所示，用于指导在新建筑及翻新建筑中布缆的安装。该标准设计涵盖了这三种应用，因此在确定所选择的特定应用之前就可以提前进行布缆安装。该标准所指的住宅可能由一栋或多栋建筑组成，也可能一栋建筑中包含多个住宅。

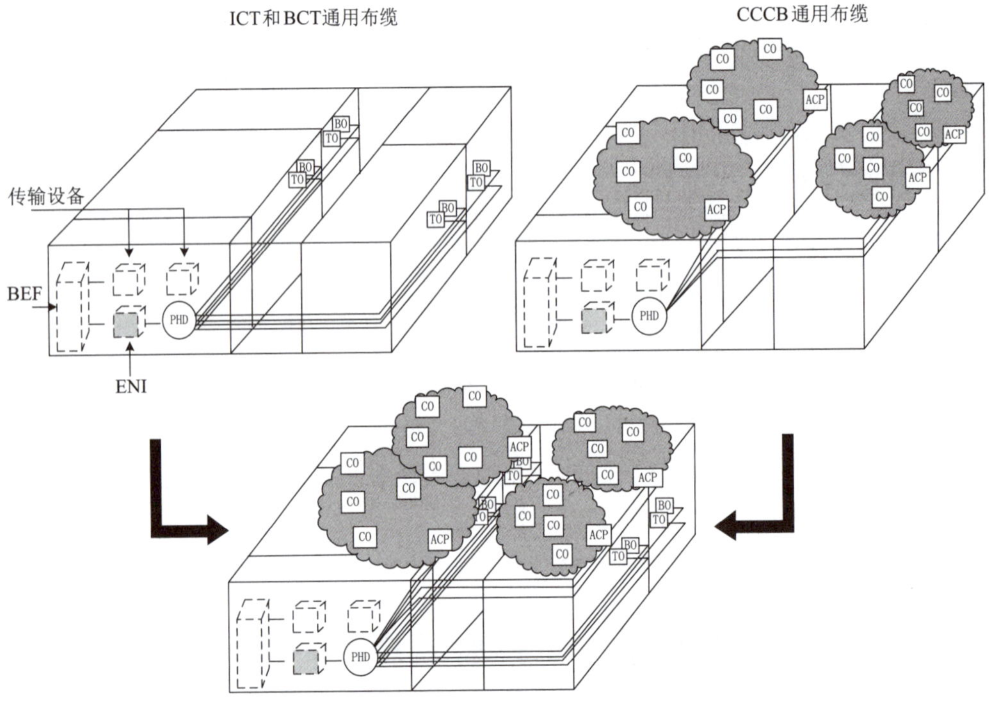

图2-15　住宅通用布缆概况

2.5　综合布线系统相关标准简介

下列标准对于综合布线行业的设备和器材生产、工程规划设计、项目安装调试和长期运维的应用是必不可少的。鉴于标准经常更新，请读者在使用时，注意查询最新发布的标准。一般标准更新时，相同标准的编号不会改变，只改变后缀的年号，下面的标准取消了颁布的具体年号。一般中国国家标准都有对应的国际标准，在标准中一般都会给出对应的IEC（Intenational Electro technical Commission，国际电工委员会标准）等国际标准的编号。本节内容为研究型学者提供一些参考资料清单，需要时请查询原始文本或者联系本书作者。

2.5.1　综合布线相关中国国家标准

（1）GB/T 5095.3 电子设备用机电元件 基本试验规程及测量方法 第3部分：载流容量试验。

（2）GB/T 11313.1 射频连接器 第1部分：总规范 一般要求和试验方法。

（3）GB/T 11313.2 射频连接器 第2部分：9.52型射频同轴连接器分规范。

（4）GB/T 11327.1 聚氯乙烯绝缘聚氯乙烯护套低频通信电缆电线 第1部分：一般试验和测量方法。

（5）GB/T 15157.7 频率低于3 MHz的印制板连接器 第7部分：有质量评定的具有通用插合特性的8位固定和自由连接器详细规范 。

（6）GB/T 16895.21 低压电气装置 第4-41部分：安全防护 电击防护。

（7）GB/T 17045 电击防护 装置和设备的通用部分。

（8）GB/T 18015.1 数字通信用对绞或星绞多芯对称电缆 第1部分：总规范。

（9）GB/T 18015.5 数字通信用对绞或星绞多芯对称电缆 第5部分：具有600 MHz及以下传输特性的对绞或星绞对称电缆 水平层布线电缆 分规范。

（10）GB/T 18233.1 信息技术 用户建筑群的通用布缆 。

（11）GB/T 18290.3 无焊连接 第3部分：可接触无焊绝缘位移连接 一般要求、试验方法和使用导则。

（12）GB/T 18290.4 无焊连接 第4部分：不可接触无焊绝缘位移连接 一般要求、试验方法和使用导则。

2.5.2 综合布线相关国际组织标准

（1）IEC 60352-6 无焊连接 第6部分：绝缘刺破连接 一般要求、试验方法和使用指南。

（2）IEC 60512-2 电子设备用机电元件 基本试验规程及测量方法 第2部分：一般检查、电连续性和接触电阻测试、绝缘试验和电压应力试验。

（3）IEC 60512-25-1 电子设备用连接器 试验和测量 第25-1部分：试验25a 串扰比。

（4）IEC 60512-25-2 电子设备用连接器 试验和测量 第25-2部分：试验25b 衰减（插入损耗）。

（5）IEC 60512-25-4 电子设备用连接器 试验和测量 第25-4部分：试验25d 传播时延。

（6）IEC 60512-25-5 电子设备用连接器 试验和测量 第25-5部分：试验25e 回波损耗。

（7）IEC 60603-7-1：2011 电子设备用连接器 第7-1部分：8路屏蔽自由式和固定式连接器的详细规范。

（8）IEC 60603-7-2 电子设备用连接器 第7-2部分：最大频率为100 MHz数据传输用8路非屏蔽的活动和固定连接器的详细规范。

（9）IEC 60603-7-3 电子设备用连接器 第7-3部分：频率＜100 MHz的数据传输用8路非屏蔽和固定式连接器的详细规范。

（10）IEC 60603-7-4 电子设备连接器 第7-4部分：数据传输频率250 MHz及以下的8位非屏蔽自由和固定连接器的详细规范（6类，非屏蔽）。

（11）IEC 60603-7-5 电子设备用连接器 第7-5部分：最大频率为250 MHz数据传输用8路屏蔽的活动和固定连接器的详细规范（6类，屏蔽）。

（12）IEC 60603-7-7：2010 电子设备用连接器 第7-7部分：有最大频率为600 MHz的（7类屏蔽）数据传输用8路屏蔽的固定和自由连接器的详细规范。

（13）IEC 60728（所有部分）电视和声音信号用电缆分布系统。

（14）IEC 60966-2-4 射频和同轴电缆组件 第2-4部分：无线电和电视接收机的电缆组件用详细规范 频率范围为0～3 000 MHz的IEC 61169-2连接器。

（15）IEC 60966-2-5 射频和同轴电缆组件 第2-5部分：无线电和电视接收机的电缆组件用详细规范 频率范围为0-1 000 MHz的IEC 61169-2连接器。

（16）IEC 60966-2-6 射频和同轴电缆组件 第2-6部分：无线电和电视接收机的电缆组件用详细规范 频率范围为0～3000 MHz的IEC60169 -24连接器。

（17）IEC 61024系列 建筑物的雷电保护。

（18）IEC 61076-3-104 电器设备连接器 第3-104部分：矩形连接器 频率为2 000 MHz以下的数据传输用活动和固定式无屏蔽8路连接器详细规范 。

（19）IEC 61156（所有部分） 数字通信用对绞/星绞多芯对称电缆 。

（20）IEC 61156-6 数字通信用对绞/星绞多芯对称电缆 第6部分：小于1 000 MHz的有传输特性的对绞/星绞对称电缆 工作场所布线 分规范。

（21）IEC 61156-7 数字通信用对绞/星绞多芯对称电缆 第7部分：1 200 MHz及以下传输特性的对绞对称电缆 数字和模拟通信电缆的分规范。

（22）IEC 61169-24 射频连接器 第24部分：分规范 螺纹连接射频同轴连接器 典型的用于75 Ω电缆分配系统（F型）。

（23）IEC 61935-1：2019 通用布线系统 根据ISO/IEC 11801对对称通信布线进行检验的规范 第1部分：电缆敷设 修正案（2002）。

（24）EN 50289-1-14 通信电缆 试验方法规范 第1-14部分：连接硬件的耦合衰减或屏蔽衰减。

2.6 智能建筑相关标准

综合布线系统是智能建筑的主要基础设施，因此在综合布线系统工程的设计、施工安装和运维中，也必须熟悉智能建筑的相关标准，智能建筑主要国家标准如下：

- GB 50314—2015《智能建筑设计标准》；
- GB 50606—2010《智能建筑工程施工规范》；
- GB 50339—2013《智能建筑工程质量验收规范》；
- GB 50348—2018《安全防范工程技术标准》。

本节我们简单介绍智能建筑相关的国家标准，研究型读者需要时，请查询原始文本或者联系本书作者。

2.6.1 《智能建筑设计标准》简介

GB 50314—2015《智能建筑设计标准》由住房和城乡建设部和原国家质量监督检验检疫总局联合发布，由住房和城乡建设部在2015年3月8日公告，公告号为778号，从2015年11月1日起开始实施。该标准是为了规范智能建筑工程设计，提高和保证设计质量专门制定，适用于新建、扩建和改建的民用建筑及通用工业建筑等的智能化系统工程设计，民用建筑包括住宅、办公、教育、医疗等。标准要求智能建筑工程的设计应以建设绿色建筑为目标，做到功能实用、技术适时、安全高效、运营规范和经济合理，在设计中应增强建筑物的科技功能和提升智能化系统的技术功效，具有适用性、开放性、可维护性和可扩展性。图2-16所示为该标准的封面，图2-17所示为标准的公告页。

UDC
中华人民共和国国家标准
GB
P　GB 50314－2015
智能建筑设计标准
Standard for design of intelligent building
2015－03－08　发布　2015－11－01　实施
中华人民共和国住房和城乡建设部
中华人民共和国国家质量监督检验检疫总局　联合发布

图2-16　GB 50314—2015标准封面

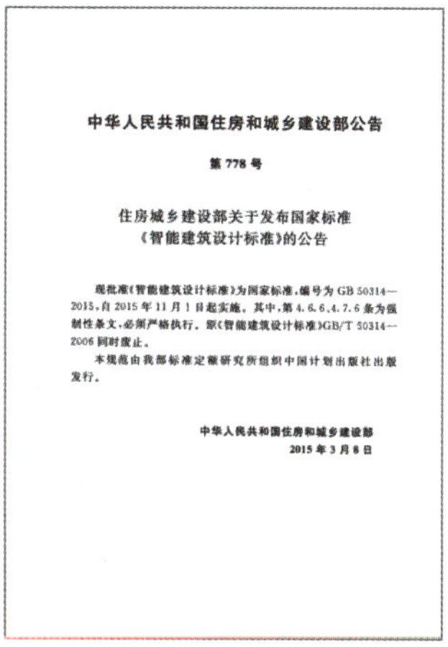
中华人民共和国住房和城乡建设部公告
第778号
住房城乡建设部关于发布国家标准
《智能建筑设计标准》的公告
现批准《智能建筑设计标准》为国家标准，编号为GB 50314—2015，自2015年11月1日起实施。其中，第4.6.6、4.7.6条为强制性条文，必须严格执行。原《智能建筑设计标准》GB/T 50314—2006同时废止。
本规范由我部标准定额研究所组织中国计划出版社出版发行。
中华人民共和国住房和城乡建设部
2015年3月8日

图2-17　GB 50314—2015标准公告页

2.6.2　《智能建筑工程施工规范》简介

GB 50606—2010《智能建筑工程施工规范》由住房和城乡建设部和原国家质量监督检验检疫总局联合发布，由住房和城乡建设部在2010年7月15日公告，公告号为668号，从2011年2月1日起开始实施。该标准是为了加强智能建筑工程施工过程的管理，提高和保证施工质量专门制定，适用于新建、改建和扩建工程中的智能建筑工程施工。标准要求智能建筑工程的施工要做到技术先进、工艺可靠、经济合理、管理高效。图2-18所示为该标准的封面，图2-19所示为该标准的公告页。

UDC
中华人民共和国国家标准
GB
P　GB 50606－2010
智能建筑工程施工规范
Code for installation of intelligent building systems
2010－07－15　发布　2011－02－01　实施
中华人民共和国住房和城乡建设部
中华人民共和国国家质量监督检验检疫总局　联合发布

图2-18　GB 50606—2010标准封面

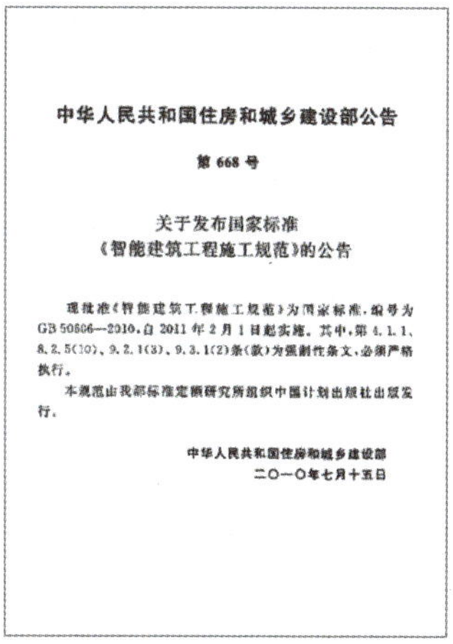
中华人民共和国住房和城乡建设部公告
第668号
关于发布国家标准
《智能建筑工程施工规范》的公告
现批准《智能建筑工程施工规范》为国家标准，编号为GB 50606—2010，自2011年2月1日起实施。其中，第4.1.1、8.2.5(10)、9.2.1(3)、9.3.1(2)条(款)为强制性条文，必须严格执行。
本规范由我部标准定额研究所组织中国计划出版社出版发行。
中华人民共和国住房和城乡建设部
二〇一〇年七月十五日

图2-19　GB 50606—2010标准公告页

2.6.3　《智能建筑工程质量验收规范》简介

GB 50339—2013《智能建筑工程质量验收规范》由住房和城乡建设部和原国家质量监督检验检疫总局联合发布，由住房和城乡建设部在2013年6月26日公告，公告号为83号，从2014年2月1日起开始实施。该标准是为了加强智能建筑工程质量管理，规范智能建筑工程质量验收，保证工程质量专门制定，适用于新建、改建和扩建工程中的智能建筑工程的质量验收。标准要求智能建筑工程的质量验收，要坚持“验评分离、强化验收、完善手段、过程控制”的指导思想。图2-20所示为该标准的封面，图2-21所示为该标准的公告页。

UDC
中华人民共和国国家标准 GB
P GB 50339-2013

智能建筑工程质量验收规范
Code for acceptance of quality of intelligent building systems

2013-06-26 发布 2014-02-01 实施

中华人民共和国住房和城乡建设部
中华人民共和国国家质量监督检验检疫总局 联合发布

图2-20 GB 50339—2013标准封面

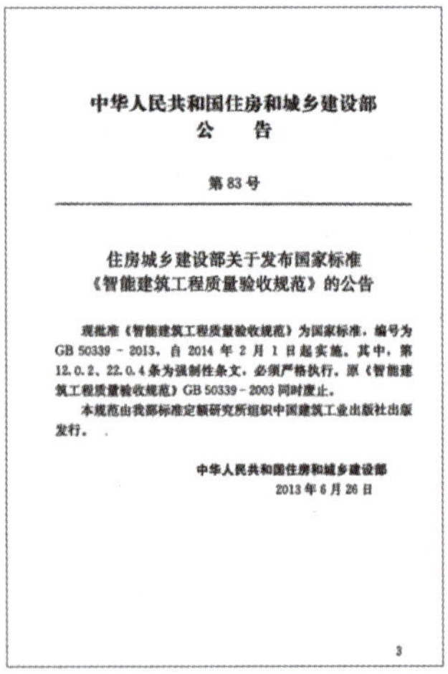

中华人民共和国住房和城乡建设部
公 告

第83号

住房城乡建设部关于发布国家标准
《智能建筑工程质量验收规范》的公告

现批准《智能建筑工程质量验收规范》为国家标准，编号为GB 50339 - 2013，自2014年2月1日起实施。其中，第12.0.2、22.0.4条为强制性条文，必须严格执行。原《智能建筑工程质量验收规范》GB 50339 - 2003同时废止。

本规范由我部标准定额研究所组织中国建筑工业出版社出版发行。

中华人民共和国住房和城乡建设部
2013年6月26日

3

图2-21 GB 50339—2013标准公告页

2.6.4 《安全防范工程技术标准》简介

GB 50348—2018《安全防范工程技术标准》由住房和城乡建设部和原国家质量监督检验检疫总局联合发布，由住房和城乡建设部在2018年5月14日公告，公告号为84号，从2018年12月1日起开始实施。本标准是智能建筑安全防范工程建设的基础性通用标准，是保证安全防范工程建设质量，维护国家、集体和个人财产与生命安全的重要技术措施，其属性为强制性国家标准。本标准的主要内容包括12章：总则、术语、基本规定、规划、工程建设程序、工程设计、工程施工、工程监理、工程检验、工程验收、系统运行与维护、咨询服务。图2-22所示为该标准的封面，图2-23为该标准的公告页。

UDC
中华人民共和国国家标准 GB
P GB 50348 - 2018

安全防范工程技术标准
Technical standard for security engineering

2018 - 05 - 14 发布 2018 - 12 - 01 实施

中华人民共和国住房和城乡建设部
国家市场监督管理总局 联合发布

图2-22 GB 50348—2018标准封面

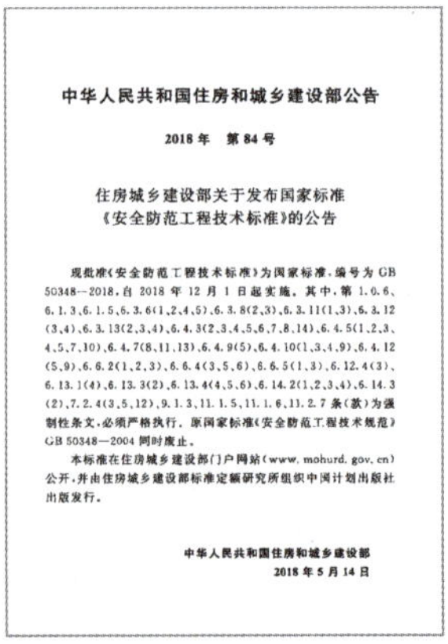

中华人民共和国住房和城乡建设部公告

2018年 第84号

住房城乡建设部关于发布国家标准
《安全防范工程技术标准》的公告

现批准《安全防范工程技术标准》为国家标准，编号为GB 50348—2018，自2018年12月1日起实施。其中，第1.0.6、6.1.3、6.1.5、6.3.6(1、2、4、5)、6.3.8(2、3)、6.3.11(1、3)、6.3.12(3、4)、6.3.13(2、3、4)、6.4.3(2、3、4、5、6、7、8、14)、6.4.5(1、2、3、4、5、7、10)、6.4.7(8、11、13)、6.4.9(5)、6.4.10(1、3、4、9)、6.4.12(5、9)、6.6.2(1、2、3)、6.6.4(3、5、6)、6.6.5(1、3)、6.12.4(3)、6.13.1(4)、6.13.3(2)、6.13.4(4、5、6)、6.14.2(1、2、3、4)、6.14.3(2)、7.2.4(3、5、12)、9.1.3、11.1.5、11.1.6、11.2.7条(款)为强制性条文，必须严格执行。原国家标准《安全防范工程技术规范》GB 50348—2004同时废止。

本标准在住房城乡建设部门户网站（www.mohurd.gov.cn）公开，并由住房城乡建设部标准定额研究所组织中国计划出版社出版发行。

中华人民共和国住房和城乡建设部
2018年5月14日

图2-23 GB 50348—2018标准公告页

课程思政2 宝剑锋从磨砺出——记西安雁塔工匠纪刚

记者见到西安开元电子实业有限公司新产品试制组组长纪刚时，他正在整理手中的资料。

公司董事长王公儒说，纪刚是踏实肯干的好员工。

1. 学习是成长的必需品

纪刚从学徒成长为技师，从技师再到雁塔工匠、劳模、研发团队的骨干。谈到学习，纪刚说，自己学历不高，想要取得成绩，就只能自己努力学习，靠自己奋斗来实现。技校毕业后，纪刚就来到了西安开元电子实业有限公司当学徒。在师傅的指点下，纪刚白天学习技术，晚上学习理论。每天完成8小时的工作后，都给自己加班，每周末还会去书店买书，有时在书店一待就是一天。

一次，公司派纪刚去培训，对方是一位常带研究生的老教授，第一次见面，对方因学历就否定了纪刚。那时的纪刚是个技工，听到对方回答后，他并没有气馁，继续努力，很多粗活纪刚都抢着干，慢慢地，老教授开始指点纪刚，在老教授的指点下纪刚进步很快。

2012年，纪刚参与了专业书籍《计算机应用电工技术》的编写，为了跟上大家的步伐，他对很多理论又进行了一次重温，对于很多新的技术，他还会向年轻人请教或问问徒弟。

纪刚在工作的同时，还继续提高着自己的学历，他说有机会还想当一名在职研究生。同事谈起纪刚这样说："别看纪工平时很少说话，谈起他新学的知识，会滔滔不绝。"

2. 公司技术的核心人物

宝剑锋从磨砺出，梅花香自苦寒来。15年的勤奋努力和执着追求,纪刚在技术上已成为公司的"领头羊"。提起他的名字，公司里人人交口称赞。西安开元电子实业有限公司主要从事高教和职教行业教学实训装备的创新研发、生产和销售，每一项新产品的研发和创新，纪刚都参与其中。他参与的技术创新，专利技术产品的营业收入占公司总营业收入的70%。

2012年以来，纪刚利用公司为第42届世界技能大赛官方赞助商和设备提供商的机会，努力学习和钻研世界技能大赛的先进技能，带领团队改进了10项操作方法和生产工艺，提高生产效率两倍，直接降低生产成本超百万元。

工作研发中，纪刚先后获得14项国家专利。其中在研发光纤配线端接实验仪时，他自费购买了专业的资料，利用节假日勤奋钻研。一年的时间，四次修改电路板，五次改变设计图纸和操作工艺，最终获得国家发明专利，产品使用寿命超过5 000次，每年实现营收约500万元。

[本文摘录自2019年3月13日《劳动者报》，进行了缩减改编。原文作者《劳动者报》记者殷博华。更多纪刚劳模先进事迹的媒体报道和Word版介绍资料，请访问中国铁道出版社教育资源数字化平台（https://www.tdpress.com/51eds）。]

扩展知识1 PoE供电技术应用的优缺点

1. PoE供电

PoE（power over ethernet）指的是在现有的以太网Cat.5布线基础架构不作任何改动的情况下，在为一些基于IP的终端（如IP电话、无线AP、网络摄像机等）传输数据信号的同时，还能为此类设备提供直流供电的技术。

一个完整的PoE系统包括供电端设备（power sourcing equipment，PSE）和受电端设备（powered device，PD）两部分。PSE设备是为以太网客户端设备供电的设备，同时也是整个PoE以太网供电过程的管理者，如PoE交换机。PD设备是接受供电的PSE负载，即PoE系统的客户端设备，如网络摄像机、无线AP、IP PHONE等。

PD设备在接入PSE系统时，其获取电源的流程如图2-24所示。

图2-24　获取电源的流程

在上述过程中，主要涉及以下几个过程：

（1）信号检测阶段：PSE检测PD是否存在。PSE通过检测电源输出线对之间的阻容值来判断PD是否存在，只有检测到PD，PSE才会进行下一步操作。

（2）分级阶段：PSE确定PD功耗。PSE通过检测电源输出电流来确定PD功率等级。

（3）供电阶段：PSE给PD稳定供电。当检测到端口下挂设备属于合法的PD设备时，并且PSE完成对此PD的分类，PSE开始对该设备进行供电，输出48 V的电压。

（4）监测阶段：实时监控，电源管理。供电期间，PSE还要对每个端口的供电情况进行监视，提供欠压和过流保护。

（5）断电阶段：PSE检测PD是否断开，PSE会通过特定的检测方法判断PD是否断开。PD断开，PSE将关闭端口输出电压，端口状态返回到信号检测阶段。

2. PoE供电标准

表2-6所示为IEEE国际标准参数表。

2003年发布的国际标准IEEE 802.3af要求：PSE能达到15.4 W的输出功率，到达受电设备的功率是12.95 W。

2009年发布的国际标准IEEE 802.3at要求：PSE能达到30 W的输出功率，到达受电设备的功率是25.5 W。

随着时间的推移，这两种标准的功率已经不能满足现在更大功率的PD的供电要求。因此，2018年最新的国际标准IEEE 802.3bt推出了两种要求：

（1）要求PSE能达到60 W的输出功率，到达受电设备的功率是51~60 W。

（2）要求PSE能达到90 W的输出功率，到达受电设备的功率是71~90 W。

表2-6　IEEE国际标准参数表

Type	Standard	PSE minimum output power	PD minimum input power	Cable category	Cable length	Power over
Type1	IEEE 802.3af	15.4 W	12.95 W	Cat5e	100 m	2 pairs
Type2	IEEE 802.3at	30 W	25.5 W	Cat5e	100 m	2 pairs
Type3	IEEE 802.3bt	60 W	51 ~ 60 W	Cat5e	100 m	2 pairs class0-4 4 pairs class0-4 4 pairs class5-6
Type4	IEEE 802.3bt	90 W	71 ~ 90 W	Cat5e	100 m	4 pairs class7-8

3. PoE供电技术的优缺点

（1）优点：

①简单，方便。PoE只需要安装和支持一条电缆，简单且节省空间，并且设备可随意移动。

②节约成本。许多带电设备，如视频监视摄像机等，都需要安装在难以部署AC电源的地方，PoE使其不再需要昂贵电源和安装电源所耗费的时间，节省了费用和时间，同时减少了电力线的物料成本和人工布线成本。

③实时监控。像数据传输一样，PoE可以通过使用简单网管协议（SNMP）来监督和控制该设备。

④安全性。PoE供电端设备只会为需要供电的设备供电，只有连接了需要供电的设备，以太网电缆才会有电压存在，因而消除了线路上漏电的风险。

⑤集中供电。一个单一的UPS就可以提供相关所有设备在断电时的供电。

⑥兼容性。用户可以自动、安全地在网络上混用原有设备和PoE设备，这些设备能够与现有以太网电缆共存。

（2）缺点：

①传输距离有限。PoE交换机最大传输距离主要取决于数据传输距离，当传输距离超过100 m时可能会发生数据延迟、丢包等现象。因此在实际施工过程中传输距离最好不超过100 m。

②“不稳定性”。在实际施工和应用中，经常会出现PoE交换机不能供电或者供电不稳定的情况，事实上，PoE技术发展多年，目前已经处于非常成熟的阶段，标准PoE供电足够稳定安全。大多数状况是由于选用的非标准PoE交换机或者线材品质过于低劣，或方案设计本身不合理等。

③风险过于集中。通常来说，一台PoE交换机同时会给多个前端设备进行供电，交换机的PoE供电模块任何故障都会导致所有的摄像机无法工作，风险过于集中。

请扫描“扩展知识1”二维码下载Word版。

文件

扩展知识1

习　题

1. 填空题（20分，每题2分）

（1）《综合布线系统工程设计规范》规范了________的语音、数据、图像及多媒体业务综合网络建设，适用于新建、扩建、改建建筑与建筑群综合布线系统工程设计。（参考2.2.1）

（2）综合布线系统入口设施连接外部网络和其他建筑物的引入缆线，应通过缆线和________进行互连。（参考2.2.2）

（3）综合布线系统典型应用中，配线子系统信道应由________和电缆连接器件构成，垂直子系统信道和建筑群子系统信道应由________和光连接器件组成。（参考2.2.2）

（4）光纤信道应分为OF-300、OF-500和OF-2000三个等级，各等级光纤信道应支持的应用长度不应小于________、________及________。（参考2.2.2）

（5）屏蔽布线系统采用的电缆、连接器件、跳线、设备电缆都应是________，并应保持信道屏蔽层的连续性与导通性。（参考2.2.2）

（6）在公用电信网络已实现光纤传输的地区，建筑物内设置用户单元时，通信设施工程必须采用________的方式建设。（参考2.2.3）

（7）每一个光纤配线区所辖用户数量，宜为________个用户单元。（参考2.2.3）

（8）2 m、5 m对绞电缆跳线的指标参数值应包括________、________。（参考2.2.5）

（9）缆线敷设在建筑物的吊顶内时，应采用________。（参考2.2.6）

（10）《综合布线系统工程验收规范》的标准号是________。（参考2.3）

2. 选择题（30分，每题3分）

（1）《综合布线系统工程设计规范》的标准号是（　　），该标准在2016年8月26日发布，2017年4月1日开始实施。（参考2.2）

A. GB 50311　　B. GB 50312　　C. GB 50313　　D. GB 50314

（2）综合布线系统的基本构成应包括（　　）、（　　）和配线子系统。（参考2.2.2）

A. 建筑群子系统　　B. 垂直子系统　　C. 管理子系统　　D. 工作区子系统

（3）布线系统信道应由长度不大于（　　）的水平缆线、（　　）的跳线和设备缆线段，以及最多4个连接器件组成。（参考2.2.2）

A. 10 m　　B. 50 m　　C. 90 m　　D. 100 m

（4）综合布线系统光纤信道采用的多模光纤标称波长为（　　），单模光纤标称波长为（　　）。（参考2.2.2）

A. 850 nm和1 300 nm　　B. 1 310 nm和1 550 nm

C. 1 383 nm和1 550 nm　　D. 850 nm和1 550 nm

（5）用户接入点用户侧光纤模块类型与容量，应按用户光缆的类型及光缆的光纤芯数的（　　）或工程实际需要配置。（参考2.2.3）

A. 30%　　B. 50%　　C. 80%　　D. 100%

（6）当超过（　　）的交流电压接入用户单元信息配线箱体内电源插座时，应采取强弱电安全隔离措施。（参考2.2.3）

A. 36 V　　B. 50 V　　C. 110 V　　D. 220 V

（7）D级、E级、F级的对绞电缆布线信道器件的标称阻抗应为（　　），A、B、C级可为（　　）。（参考2.2.5）

A. 100 Ω　　B. 120 Ω　　C. 100 Ω或120 Ω　　D. 100 Ω和120 Ω

（8）建筑物室外引入管道应采用热浸镀锌厚壁钢管，外径50 ~ 63.5 mm钢管的壁厚度不应小于（　　）。（参考2.2.6）

A. 2 mm　　B. 3 mm　　C. 4 mm　　D. 5 mm

（9）建筑物内水平缆线敷设时，应采用（　　）方式。（参考2.2.6）

A. 导管　　B. 电缆孔　　C. 桥架　　D. 地下管道

（10）综合布线系统应采用建筑物共用接地的接地系统。当必须单独设置系统接地体时，其接地电阻不应大于（　　）。（参考2.2.6）

A. 2 Ω　　B. 4 Ω　　C. 5 Ω　　D. 10 Ω

3. 简答题（50分，每题10分）

（1）绘制综合布线系统的基本构成图。（参考2.2.2）

（2）绘制电缆布线系统信道、永久链路、CP链路构成图，并作简要说明。（参考2.2.2）

（3）屏蔽布线系统的选用应符合哪些规定？（参考2.2.2）

（4）综合布线系统支持弱电各子系统应用时，应满足各子系统提出的哪些条件？

（5）用户接入点应是光纤到用户单元工程特定的一个逻辑点，设置应符合哪些规定？（参考2.2.3）

请扫描“单元2习题”二维码下载Word版。

文件

单元2习题

实训2　网络跳线制作训练

1. 实训任务来源

笔记本、PC、打印机、网络摄像机等终端设备与信息插座的网络连接需求。

2. 实训任务

每人独立完成4根5e类网络跳线制作。要求采用T568B线序，每根长度300 mm，长度误差±5 mm。

3. 技术知识点

（1）熟悉GB 50311《综合布线系统工程设计规范》国家标准第6.1.3条，对绞电缆连接器件电气特性。

①应具有唯一的标记或颜色。

②连接器件应支持0.4 ~ 0.8 mm线径的连接。

③连接器件的插拔不应小于500次。

（2）熟悉双绞线电缆色谱知识。

568A线序：白绿、绿、白橙、蓝、白蓝、橙、白棕、棕。

568B线序：白橙、橙、白绿、蓝、白蓝、绿、白棕、棕。

（3）掌握RJ-45型8位模块通用插座T568A、T568B连接方式，如图2-25所示。

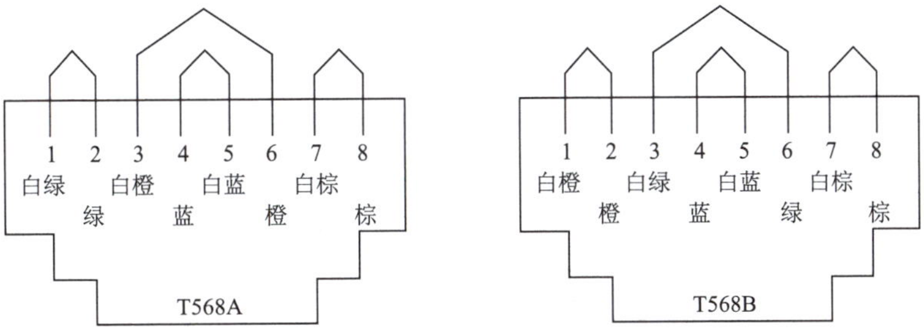

图2-25　8位模块通用插座连接

4. 关键技能

（1）掌握双绞线电缆的剥线方法，包括拆开扭绞长度、整理线序。

（2）插入RJ-45水晶头内长度不大于13 mm，前端10 mm不能有缠绕或交叉。

（3）线芯插到前端，三角块压住护套2 mm。

（4）掌握网线钳的正确使用方法。

5. 实训课时

（1）该实训共计2课时完成，其中技术讲解10分钟，视频演示30分钟，学员实际操作30分钟，跳线测试与评判10分钟，实训总结、整理清洁现场10分钟。

（2）课后作业2课时，独立完成实训报告，提交合格的实训报告。

视频

西元铜缆跳线制作

视频

网络跳线制作与网络模块端接训练

6. 实训指导视频

（1）A117-西元铜缆跳线制作（16分56秒)。

（2）网络跳线制作与网络模块端接训练（12分41秒）。

7. 实训设备

西元信息技术技能实训装置，产品型号：KYPXZ-01-53。

本实训装置按照典型工作任务和关键技能实训专门研发，配置有网络压接线实验装置、网络线制作与测量实验装置等，仿真典型工作任务，能够通过指示灯闪烁直观和持续地显示永久链路通断等故障，包括跨接、反接、短路、开路等各种常见故障。

8. 实训材料

名　　称	规 格 说 明	数　　量	器 材 照 片
西元XY786 电缆端接材料包	（1）5e类网线7根； （2）RJ-45水晶头8个； （3）RJ-45模块6个； （4）使用说明书1份	1包	

9. 实训工具

名　　称	规 格 说 明	数　　量	工 具 照 片
电缆剥线器	旋转式双刀同轴剥线器，用于剥除外护套	1个	
网线钳	支持RJ-45与RJ-11水晶头压接	1把	
水口钳	6寸水口钳，用于剪齐线端	1把	
钢卷尺	2 m钢卷尺，用于测量跳线长度	1个	

10. 实训步骤

（1）预习和播放视频：课前应预习，初学者提前预习，请多次认真观看网络跳线制作与网络模块端接训练实操视频，熟悉主要关键技能和评判标准，熟悉线序。

实训时，教师首先讲解技术知识点和关键技能10分钟，然后播放视频30分钟。更多可参考教材4.2相关内容。

（2）器材工具准备：建议在播放视频期间，教师准备和分发。

①发放西元XY786电缆端接材料包，每个学员1包，本实训只使用RJ-45水晶头与5e类网线。

②学员检查材料包规格数量合格。

③发放工具。

④每个学员将工具、材料摆放整齐，开始端接训练。

⑤本实训要求学员独立完成，优先保证质量，掌握方法。

（3）水晶头的端接步骤和方法：

第一步：调整剥线器。调整剥线器刀片进深高度，保证划破护套的60%～90%，避免损伤线芯，并且试剥2次，使用水口钳剪掉撕拉线。

第二步：剥除护套。初学者剥除网线外护套长度宜为20 mm，并且沿轴线方向取下护套，不要严重折叠网线。

第三步：拆开线对。分开蓝橙绿棕四对线，绿线朝向自己、蓝线朝外、橙线朝左、棕线朝右。

第四步：捋直线芯。按照T568B线序排好捋直，剪掉线端，保留13 mm，线端至少10 mm没有缠绕。

第五步：插入水晶头。左手拿好水晶头，刀片朝向自己，将捋直的线对插入水晶头。再次仔细检查线序，保证线序正确，并且插到底。

第六步：压接水晶头。将水晶头放入网线钳，并且将网线向前推，然后用力压紧即可。

第七步：质量检查。检查刀片是否压入线芯，线序正确，注意水晶头三角压块翻转后必须压紧护套。测量跳线长度正确。

提高材料利用率建议：初学者按照上述第一~五步，反复练习至少5次，牢记线序，熟练掌握基本操作方法后，再压接水晶头。

（4）水晶头端接关键步骤与技能照片如图2-26所示。

①剪掉撕拉线，剥除护套　②拆开4个线对，按 568B线序捋直　③剪齐线端，留13 mm　④将刀口向上，网线插到底　⑤放入网线钳，用力压紧　⑥保证线序正确，检查压住护套

图2-26　水晶头端接关键步骤与技能照片

11. 评判标准

每根跳线100分，4根跳线400分。测试线序不合格，直接给0分，操作工艺不再评价。操作工艺评价详见表2-7。

表2-7　RJ-45水晶头跳线实训评判表

姓名/跳线编号	跳线测试（合格100分；不合格0分）	操作工艺评价（每处扣5分）					评判结果得分	排　名
		未剪掉撕拉线	拆开线对>13 mm	没有压紧护套	线芯没有插到顶端	跳线长度不正确		

12. 跳线通断测试

将跳线两端RJ-45水晶头分别插入测试仪上下对应的端口中，观察测试仪指示灯闪烁顺序，如图2-27所示。

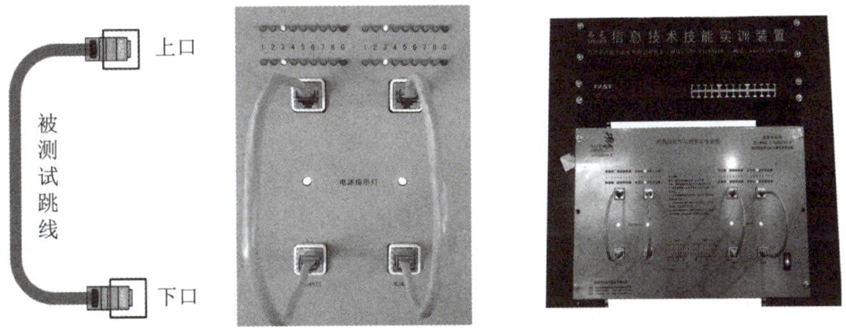

图2-27　RJ-45水晶头-RJ-45水晶头跳线测试示意图与照片

（1）当跳线线序压接正确时，上下对应的指示灯会按照1-1、2-2、3-3、4-4、5-5、6-6、7-7、8-8顺序轮流重复闪烁。

文件

实训2

（2）如果有一芯或者多芯没有压接到位，对应的指示灯不亮。

（3）如果有一芯或者多芯线序错误时，对应的指示灯将显示错误的线序。

13. 实训报告

请按照单元1表1-1所示的实训报告模板要求，独立完成实训报告，2课时。

请扫描“实训2”二维码下载Word版。

实训3　网络模块端接训练

1. 实训任务来源

工作区信息插座模块（TO）安装需求。

2. 实训任务

每人独立完成3根5e类网络跳线制作，共计端接5e类网络模块6个。要求采用T568B线序，每根长度300 mm/根，长度误差±5 mm。

3. 技术知识点

（1）熟悉GB 50311《综合布线系统工程设计规范》国家标准第6.1.3条，对绞电缆连接器件电气特性。

①应具有唯一的标记或颜色。

②连接器件应支持0.4～0.8 mm线径的连接。

③连接器件的插拔不应小于500次。

（2）掌握工作区信息插座模块的基本概念。

（3）掌握网络模块的机械结构与电气工作原理。

（4）掌握网络模块的色谱标识。

4. 关键技能

视频

西元铜缆跳线制作与模块端接

（1）掌握双绞线电缆的剥线方法，包括拆开扭绞长度、整理线序。

（2）RJ-45网络模块，应按照模块色谱标识线序进行端接。

（3）剪断线端，小于1 mm。

（4）掌握免打线网络模块的端接方法。

5. 实训课时

（1）该实训共计2课时完成，其中技术讲解10分钟，视频演示25分钟，学员实际操作35分钟，跳线测试与评判10分钟，实训总结、整理清洁现场10分钟。

视频

网络跳线制作与网络模块端接训练

（2）课后作业2课时，独立完成实训报告，提交合格实训报告。

6. 实训指导视频

（1）A113-西元铜缆跳线制作与模块端接（9分16秒）。

（2）网络跳线制作与网络端接端接训练（12分41秒）。

7. 实训设备

西元数实融合综合布线实训装置（型号KYPXZ-01-55）或西元信息技术技能实训装置（型号KYPXZ-01-53）。

本实训装置按照典型工作任务和关键技能实训专门研发，配置有网络压接线实验装置、网络线制作与测量实验装置等，仿真典型工作任务，能够通过指示灯闪烁直观和持续地显示永久链路通断等故障，包括跨接、反接、短路、开路等各种常见故障。

8. 实训材料

名　　称	规格说明	数　　量	器材照片
西元XY786电缆端接材料包	（1）5e类网线7根； （2）RJ-45水晶头8个； （3）RJ-45模块6个； （4）使用说明书1份	1包	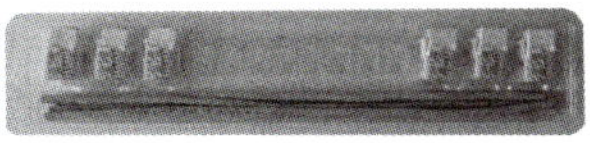

9. 实训工具

名　　称	规格说明	数　　量	工具照片
电缆剥线器	旋转式双刀同轴剥线器，用于剥除外护套	1个	
水口钳	6寸水口钳，用于剪齐线端	1把	
钢卷尺	2 m钢卷尺，用于测量跳线长度	1个	

10. 实训步骤

（1）预习和播放视频：课前应预习，初学者提前预习，请多次认真观看网络跳线制作与网络模块制作训练实操视频，熟悉主要关键技能和评判标准，熟悉线序。

实训时，教师首先讲解技术知识点和关键技能10分钟，然后播放视频30分钟。更多可参考教材4.2及5.5.2相关内容。

（2）器材工具准备：建议在播放视频期间，教师准备和分发器材工具。

①发放西元XY786电缆端接材料包，每个学员1包，本实训只使用RJ-45网络模块与5e类网线。

②学员检查材料包规格数量合格。

③发放工具。

④每个学员将工具、材料摆放整齐，开始端接训练。

⑤本实训要求学员独立完成，优先保证质量，掌握方法。

（3）网络模块的端接步骤和方法：

第一步：调整剥线器。调整剥线器刀片进深高度，保证划破护套的60%～90%，避免损伤线芯，并且试剥2次，使用水口钳剪掉撕拉线。

第二步：剥除护套。初学者剥除网线外护套长度宜为30 mm，并且沿轴线方向取下护套，不要严重折叠网线。

第三步：分开线对。分开蓝橙绿棕四对线，按照网络模块色谱标识排列线对。

第四步：压接线芯。按照网络模块色谱标识568B线序拆开线对，将线芯用手或者110打线刀压入对应线柱内。

第五步：压接防尘盖。将防尘盖扣在网络模块上，缺口向内，使用双手用力将防尘盖压到底。

第六步：剪掉线头。使用水口钳，剪掉多余线端，线端长度应小于1 mm。

第七步：质量检查。检查压盖是否压到底，压盖方向是否正确，线序端接正确，测量跳线长度正确。

提高材料利用率建议：初学者按照上述第一~四步，反复练习至少5次，熟练掌握基本操作方法后，再压接网络模块。

（4）网络模块端接关键步骤与技能照片如图2-28所示。

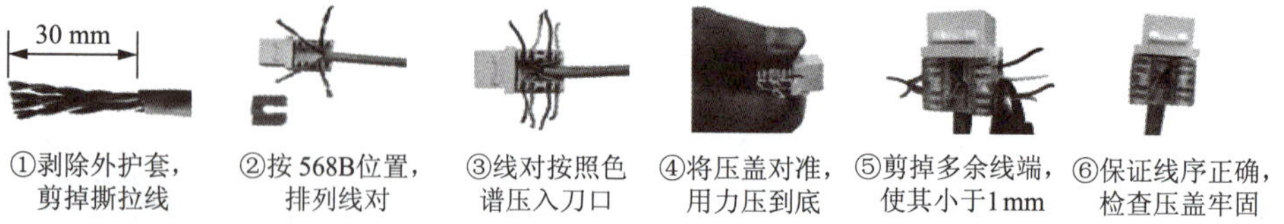

图2-28　网络模块端接关键步骤与技能照片

11. 评判标准

每根跳线100分，4根跳线400分。测试线序不合格，直接给0分，操作工艺不再评价。操作工艺评价详见表2-8。

表2-8　RJ-45模块端接实训评分表

姓名/跳线编号	跳线测试（合格100分；不合格0分）	操作工艺评价（每处扣5分）					评判结果得分	排　名
		未剪掉撕拉线	压盖方向不正确	压盖没有压到底	线端>1 mm	跳线长度不正确		

12. 跳线通断测试

（1）RJ-45模块-RJ-45模块跳线的通断测试。

在RJ-45模块-RJ-45模块跳线的两端分别插入2根合格的RJ-45水晶头跳线，接入测试仪上下对应的端口中，观察测试仪指示灯闪烁顺序，如图2-29所示，逐一完成3根跳线测试。

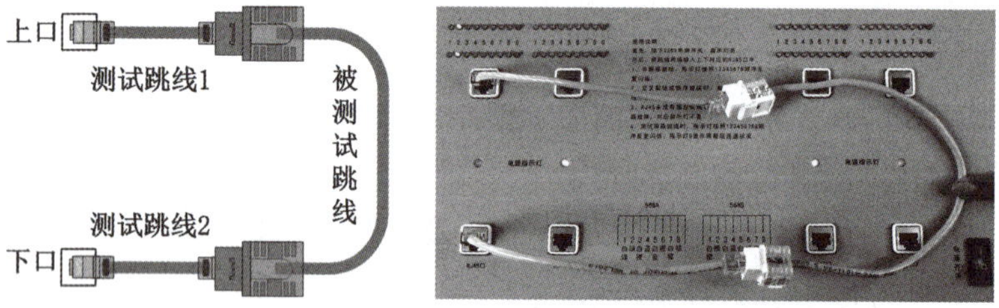

图2-29　RJ-45模块-RJ-45模块跳线的通断测试示意图与照片

① 如果全部线序压接正确时，上下对应的指示灯会按照1-1、2-2、3-3、4-4、5-5、6-6、7-7、8-8顺序轮流重复闪烁。

② 如果有1芯或者多芯没有压接到位，对应的指示灯不亮。

③ 如果有1芯或者多芯线序错误时，对应的指示灯将显示错误的线序。

（2）链路测试。

将实训2所做的4根跳线（RJ-45水晶头-RJ-45水晶头）和实训所做的3根跳线（RJ-45模块-RJ-45模块）头尾相连插在一起，形成1个经过14次端接的电缆链路，进行通断测试，如图2-30所示。

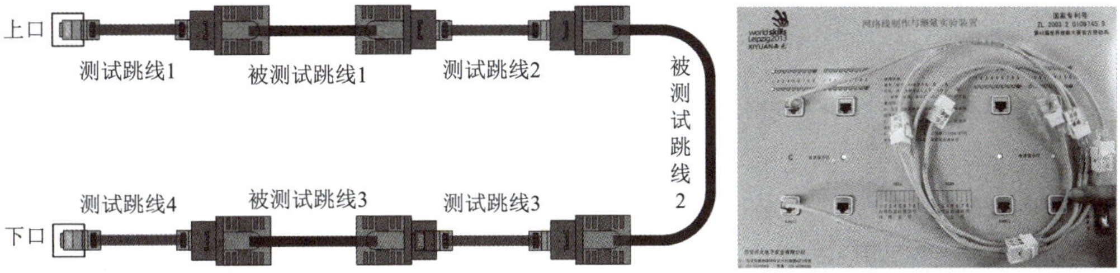

图2-30　链路测试示意图和照片

13. 故障检测与维修

（1）故障检测的重要性。

①网络系统的故障70%发生在综合布线系统。综合布线系统的故障90%发生在配线端接（来自《世界职业技能标准（WSSS）信息网络布线项目技术文件》）。

②智能建筑系统的故障约80%发生在布线和配线端接中。

③网络综合布线系统的端接正确率，必须保证在1 000‰。

举例1：99%的正确率将造成88%的信息点故障。如笔记本上网的故障分析。

设备跳线端接2次+墙面插座模块1次+110型配线架模块2次+接入层交换机跳线2次+汇聚层交换机跳线2次+核心交换机跳线2次=11次，每次端接8芯，合计11次 × 8=88芯。

如果是99%正确率，也就是1%的端接故障 × 88芯=88%的故障。这当然无法接受，也无法验收。

举例2：999‰的正确率，也就是1‰的错误，也将造成8.8%的信息点故障。

（2）华罗庚优选法。

华罗庚优选法就是我国知名数学家华罗庚先生，运用黄金分割法发明的一种可以尽可能减少做试验次数，尽快地找到最优方案的方法。

例如，进行某工艺时，温度的最佳点介于1 000 ℃和2 000 ℃之间。如果隔一度做一个试验，那需要做1 000次试验。我们可以预备一个纸条，假定这是有刻度的纸条，刻了1 000 ℃到2 000 ℃。第一个试点在总长度的0.618处做，也就是说第一点在1 618 ℃，做出结果记下。把纸条对折，在1 382 ℃处做第二次试验。比较第一、二试点结果，在较差点处将纸条撕下不要。对剩下的纸条重复上述的处理方法，这样就能很快找出最好点。

同样在综合布线工程中进行故障检测时，也可采用华罗庚优选法。例如，实训中完成的链路有故障时，可以将该链路一分为二，先测试其中一段链路是否有故障，如果没问题，表明故障在另一端链路。然后再把另一端链路再次一分为二，继续使用刚才的方法，很快就能准确地找到故障点，进行维修即可。

14. 实训报告

请按照单元1表1-1所示的实训报告模板要求，独立完成实训报告，2课时。

请扫描“实训3”二维码下载Word版。

文件

实训3

单元3

综合布线系统工程设计

以综合布线系统工程教学模型为案例，逐步掌握综合布线系统工程的基本设计方法，为后续真实项目的设计准备知识。

学习目标

独立完成以下7项设计任务，掌握综合布线系统工程设计项目和设计方法。

- 点数统计表设计。
- 系统图设计。
- 端口对应表设计。
- 施工图设计。
- 编制材料表。
- 编制工程预算表。
- 编制施工进度表。

本单元首先介绍综合布线系统工程常用专业名词术语和符号，因为这些名词术语和符号是相关国际和国家标准的规定，经常出现在工程技术文件和图纸中，是工程设计和读图的基础，也是工程师的语言。然后以综合布线系统工程教学模型为案例，详细介绍设计步骤和基本方法。

3.1 综合布线系统工程常用名词术语

名词术语是全世界行业工程师的专用语言，能够准确表达该行业的设备与器材的专业名称，避免产生混乱和误解，在工程设计文件、图纸、产品说明书、技术交流等资料中经常应用，如果不熟悉名词术语，往往不能快速正确地理解和看懂技术文件与图纸，因此作为一名专业工程师必须熟练掌握行业名词术语。在GB 50311—2016《综合布线系统工程设计规范》中明确规定了下列名词术语。

（1）布线（cabling）：是能够支持信息电子设备相连的各种缆线、跳线、接插软线和连接器件组成的系统。

这里的缆线既包括光缆也包括电缆。跳线就是带连接器的电缆，包括两端带连接器的电缆、一端带连接器的电缆和两端不带连接器的电缆。连接器件包括光模块和电模块、配线架等，这些都是不需要电源就能正常使用的无电源设备，业界简称为“无源设备”。由此可见这个国家标准规定的综合布线系统里没有交换机、路由器等有电源设备，因此我们常说“综合布线系统是一个无源系统”。图3-1所示为楼层配线子系统电缆布线示意图，其中虚线框内的为布线系统，左边的交换机和右边的终端设备不属于布线系统。请扫描二维码观看或下载图3-1彩色高清图片。

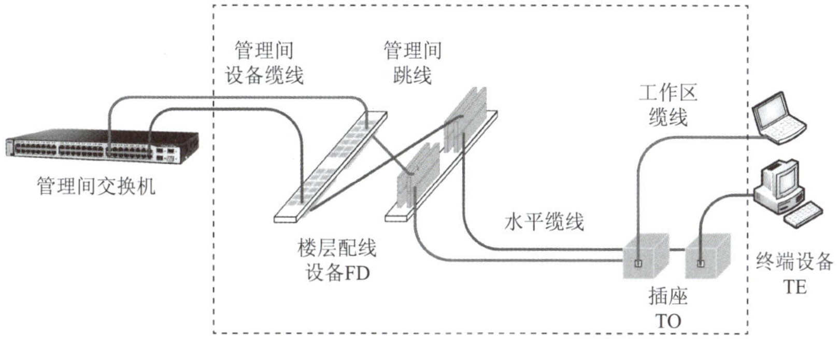

图3-1 楼层配线子系统电缆布线示意图

文件
图3-1
彩色高清图片

（2）建筑群子系统（campus subsystem），由配线设备、建筑物之间的干线电缆或光缆、设备缆线、跳线等组成。

这里的配线设备主要包括网络配线架和配线机柜，在这里网络配线架一般都是光缆配线架，特殊情况下也可能是电缆配线架。建筑群子系统实际上就是园区网络中心的配线架、机柜及与建筑物子系统之间连接的光缆或电缆组成，一般使用光缆和配套的光缆配线架。图3-2所示为建筑群子系统光缆布线示意图，其中虚线框内的为建筑群子系统，左边的核心层交换机和右边的汇聚层交换机设备不属于建筑群子系统。请扫描二维码观看或下载图3-2彩色高清图片。

文件
图3-2
彩色高清图片

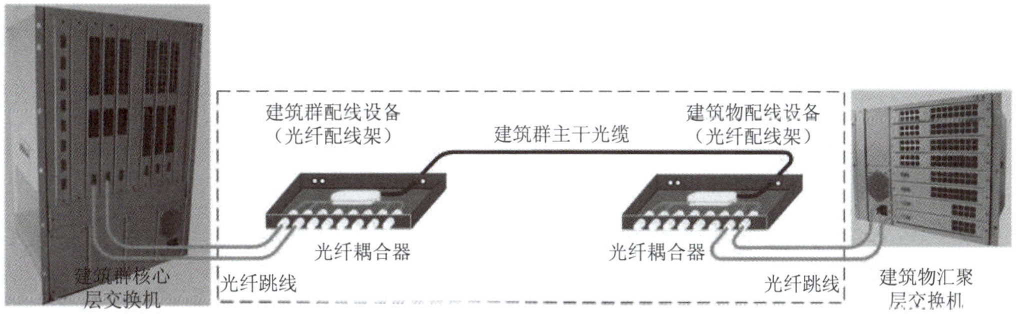

图3-2 建筑群子系统光缆布线示意图

（3）电信间（telecommunications room）：是放置电信设备、缆线终接的配线设备，并进行缆线交接的一个空间。在本书中统称为管理间。

（4）工作区（work area）：是需要设置终端设备的独立区域。这里的工作区是指需要安装计算机、打印机、复印机、考勤机等网络终端设备的一个独立区域。在实际工程应用中也就是一个网络插口为一个独立的工作区，而不是一个房间为一个工作区，在一个房间往往会有多个工作区。

（5）信道（channel）：是连接两个应用设备的端到端的传输通道。信道包括设备缆线和工作区缆线。

在实际工程中，信道就是从管理间交换机端口到终端设备端口之间的连线及配线设备，信道测试时必须包括管理间设备缆线、水平缆线和工作区缆线三段路由，如图3-3和图3-4所示。请扫描二维码观看或下载图3-3彩色高清图片。

文件

图3-3
彩色高清图片

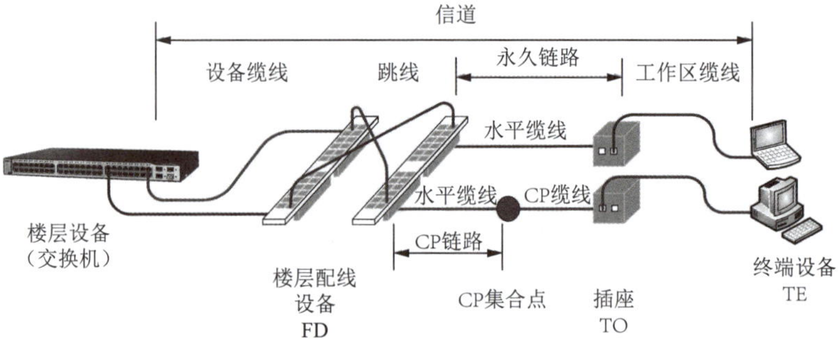

图3-3　综合布线系统信道、CP链路、永久链路示意图

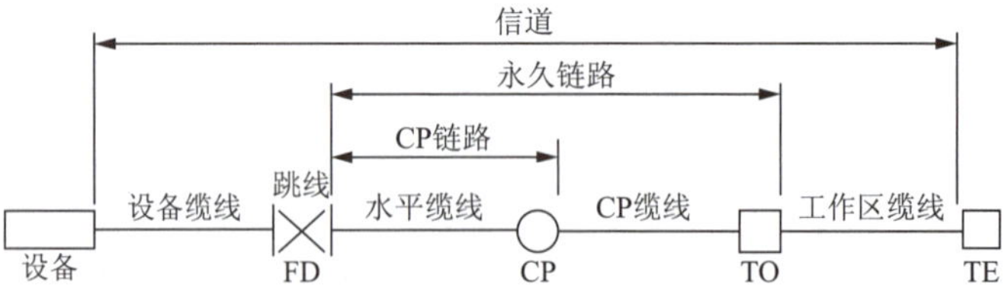

图3-4　综合布线系统信道、链路、永久链路构成图

（6）链路（link）：指一个CP链路或一个永久链路，如图3-3和图3-4所示。

（7）永久链路（permanent link）：信息点与楼层配线设备之间的传输线路，不包括工作区缆线和连接楼层配线设备的设备缆线、跳线，但可以包括一个CP链路，如图3-3和图3-4所示。

（8）CP集合点（consolidation point）：楼层配线设备与工作区信息点之间，水平缆线路由中的连接点。如图3-3中台式计算机永久链路中标注的“CP集合点”和图3-4中标注的“CP”所示。

注： GB 50311《综合布线系统工程设计规范》标准中专门定义和允许CP集合点，其目的就是解决工程实际布线施工中遇到管路堵塞、缆线长度不够等特殊情况而无法重新布线时，允许使用网络模块进行一次端接，也就是说允许在永久链路实际施工中增加一个中间接头。注意不允许在设计中出现集合点。

图3-4来自GB 50311《综合布线系统工程设计规范》，允许在水平缆线安装施工中增加CP集合点。在实际工程安装施工中，一般很少使用CP集合点，因为增加CP集合点可能影响工程质量，增加施工成本，也会影响施工进度。

（9）CP链路（CP link）：是楼层配线设备与CP集合点之间，包括两端的连接器件在内的永久性的链路，如图3-3和图3-4所示。

（10）CP缆线（CP cable）：是连接CP集合点至工作区信息点的缆线，如图3-3和图3-4所示。

（11）水平缆线（horizontal cable）：是楼层配线设备至信息点之间的连接缆线，如图3-3和图3-4所示。

（12）设备电缆（equipment cable）：是通信设备连接到配线设备的缆线，也就是交换机、路由器等网络通信设备连接到配线架等配线设备的电缆，又称设备跳线，如图3-3和图3-4所示。

（13）跳线（patch cord/jumper）：是不带连接器件或带连接器件的电缆线对，用于配线设备之间的连接。图3-5所示为电缆跳线，分为以下三类，图3-6所示为电缆跳线应用案例图。

①两端均带连接器件的跳线。适用于网络配线架与网络交换机之间的连接。

②一端带连接器件，一端不带连接器件的跳线。适用于110型通信跳线架与网络交换机之间的连接。

③两端都不带连接器件的跳线。适用于110通信跳线架与网络配线架模块之间的连接。

图3-5　电缆跳线三种类型

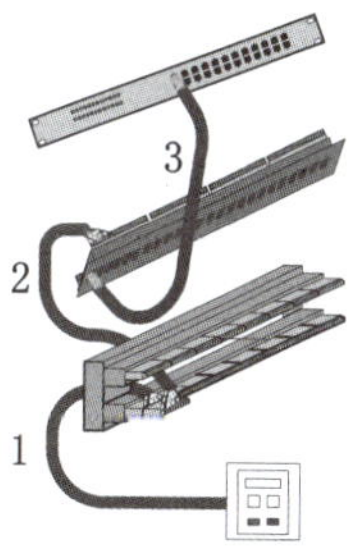

图3-6　电缆跳线应用案例

带连接器件的光纤，用于配线设备之间的连接。图3-7所示为光纤跳线，分为SC-SC、ST-ST等多种，适合不同设备使用。图3-8所示为光纤跳线应用案例。

注：在实际光纤熔接应用中，大量使用尾纤，尾纤一般都是成对使用，直接将光纤跳线从中间剪断，就有两根尾纤了，尾纤适用光缆熔接，给光缆增加连接器件，可以插入光纤耦合器使用。

SC-SC 单模光纤跳线

ST-ST 单模光纤跳线

图3-7　光纤跳线

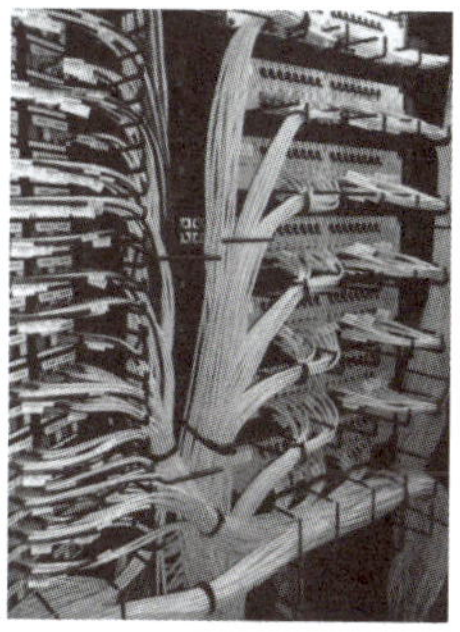

图3-8　光纤跳线应用案例

（14）信息点（telecommunications outlet，TO）：是缆线终接的信息插座模块，也就是各类电缆或光缆终接的信息插座模块，注意这里定义的“信息点”只是安装后的模块，而不是整个信息插座，也不是信息面板。

（15）建筑群配线设备（campus distributor）：是终接建筑群主干缆线的配线设备。

（16）建筑物配线设备（ building distributor）：是为建筑物主干缆线或建筑群主干缆线终接的配线设备。

（17）楼层配线设备（floor distributor）：是终接水平缆线和其他布线子系统缆线的配线设备。

（18）入口设施（building entrance facility）：提供符合相关规范的机械与电气特性的连接器件，使得外部网络缆线引入建筑物内。

（19）连接器件（connecting hardware）：是用于连接电缆线对的一个器件或一组器件。常用的电缆连接器件有RJ-45水晶头、屏蔽RJ-45水晶头、五对连接块、鸭嘴接头、RJ-45模块等，如图3-9所示。

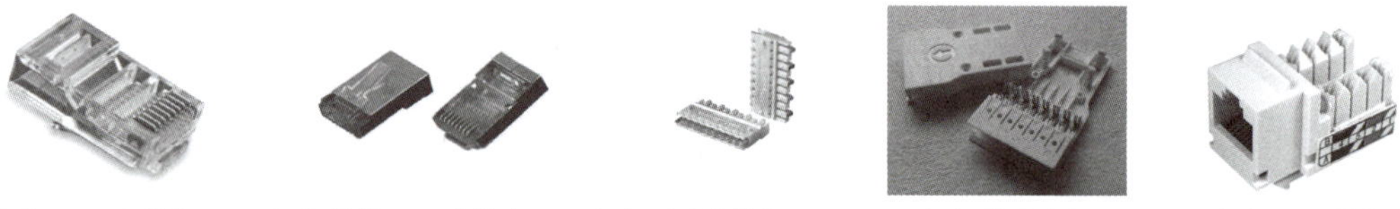

（a）RJ-45水晶头　（b）屏蔽RJ-45水晶头　（c）五对连接块　（d）鸭嘴接头　（e）RJ-45模块

图3-9　常用电缆连接器件

常用的光纤光缆连接器件有ST接头、SC接头、FC接头、冷接子、冷接连接器等，如图3-10所示。

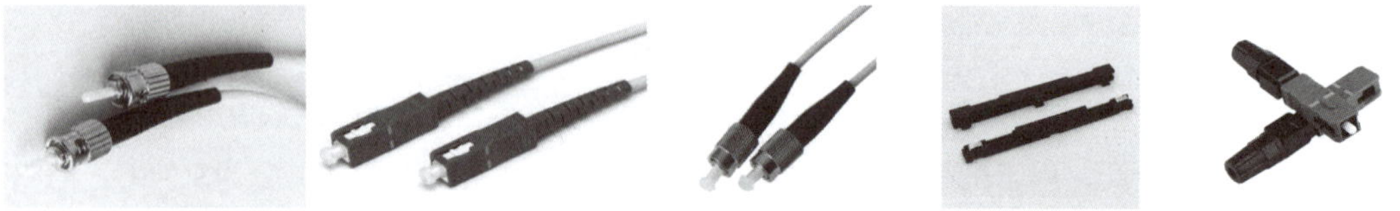

（a）ST接头　（b）SC接头　（c）FC接头　（d）冷接子　（e）冷接连接器

图3-10　常用光纤光缆连接器件

（20）光纤适配器（optical fiber adapter）：是将光纤连接器实现光学连接的器件，业界也称为光纤耦合器，分为ST圆口、SC方口、LC小方口、FC方座圆口等，如图3-11所示。图3-12所示为西元光纤配线架安装的8个SC口+8个ST口光纤适配器。

（a）ST圆口光纤适配器　（b）SC方口光纤适配器　（c）LC小方口光纤适配器　（d）F方座圆口光纤适配器

图3-11　常用光纤适配器

图3-12　西元8个SC口+8个ST口光纤适配器

（21）建筑群主干缆线（campus backbone cable）：是用于在建筑群内连接建筑群配线设备与建筑物配线设备的缆线。

（22）建筑物主干缆线（building backbone cable）：是入口设施至建筑物配线设备、建筑物配线设备至楼层配线设备，建筑物内楼层配线设备之间相连接的缆线。

（23）缆线（cable）：是电缆和光缆的统称。在设计图纸中，是经常会标注缆线，用户进行二次专业设计时，可以确定选用电缆或者光缆。

（24）光缆（optical cable）：是由单芯或多芯光纤构成的缆线。图3-13所示为室外光缆，常用的室外光缆都有多层护套和铠装层保护，图3-14所示为室内光缆，比较柔软，没有专门的铠装层。

图3-13　室外光缆

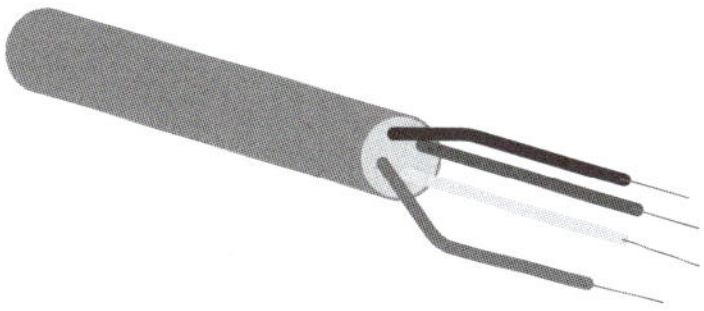

图3-14　四芯多模室内光缆

（25）线对（pair）：由两个相对绝缘的导体对绞组成，通常是一个对绞线对，如图3-15所示。

图3-15　一个对绞的线对

（26）对绞电缆（balanced cable）：是由一个或多个金属导体线对组成的对称电缆。

（27）屏蔽对绞电缆（screened balanced cable）：是含有总屏蔽层的对绞电缆（见图3-16）及含有总屏蔽层和每线对屏蔽层的对绞电缆（见图3-17）。

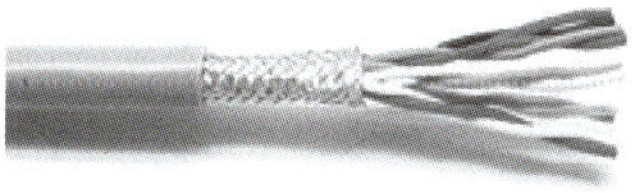

图3-16　含有总屏蔽层的对绞电缆

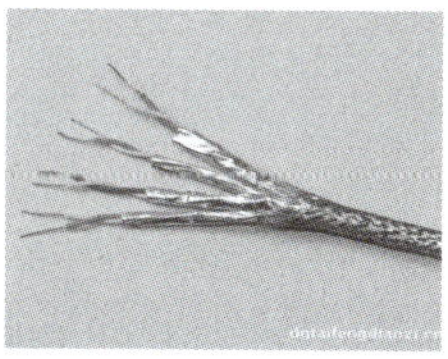

图3-17　含有总屏蔽层和每线对屏蔽层的对绞电缆

（28）非屏蔽对绞电缆（unscreened balanced cable）：是不带有任何屏蔽物的对绞电缆，如图3-18所示。

（29）接插软线（patch cord）：是一端或两端带有连接器件的软电缆，工程实际应用中也称软跳线。接插软线电缆跳线一般使用多线芯的双绞软线制作，比较柔软，两端带连接器的软电缆作为跳线，通常用于工作区信息插座与设备之间，一端带连接器的软电缆跳线通常用于配线子系统机柜内。

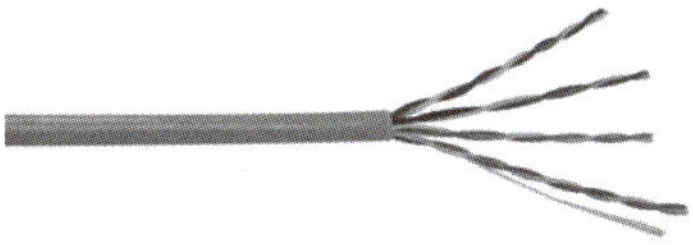

图3-18　不带有任何屏蔽物的对绞电缆

（30）多用户信息插座（multi-user telecom-munication outlet）：是工作区内若干信息插座模块的组合装置，在工程实际应用中通常为双口插座，有时为双口网络模块，有时为双口语音模块，有时为一口网络模块和一口语音模块组合成的多用户信息插座。

（31）配线区（the wiring zone）：是根据建筑物的类型、规模、用户单元的密度，以单栋或若干栋建筑物的用户单元组成的配线区域。

（32）配线管网（the wiring pipeline network）：是由建筑物外线引入管、建筑物内的竖井，以及管道、桥架等组成的管网。

（33）用户接入点（the subscriber access point）：是多家电信业务经营者的电信业务共同接入的部位，是电信业务经营者与建筑建设方的工程界面。

（34）用户单元（subscriber unit）：是建筑物内占有一定空间，使用者或使用业务会发生变化的，需要直接与公用电信网互联互通的用户区域。

（35）光纤到用户单元通信设施（fiber to the subscriber unit communication facilities）：是光纤到用户单元工程中，建筑规划用地红线内地下通信管道、建筑内管槽及通信光缆、光配线设备，用户单元信息配线箱及预留的设备间等设备安装空间。

（36）配线光缆（wiring optical cable）：是用户接入点至园区或建筑群光缆的汇聚配线设备之间，或用户接入点至建筑规划用地红线范围内与公用通信管道互通的人（手）孔之间的互通光缆。

（37）用户光缆（subscriber optical cable）：是用户接入点配线设备至建筑物内用户单元信息配线箱之间相连接的光缆。

（38）户内缆线（indoor cable）：是用户单元信息配线箱至用户区域内信息插座模块之间相连接的缆线。

（39）信息配线箱（information distribution box）：是安装于用户单元区域内的完成信息互通与通信业务接入的配线箱体。图3-19所示为第42届世界技能大赛（德国）信息网络布线项目使用的西元住宅信息箱。

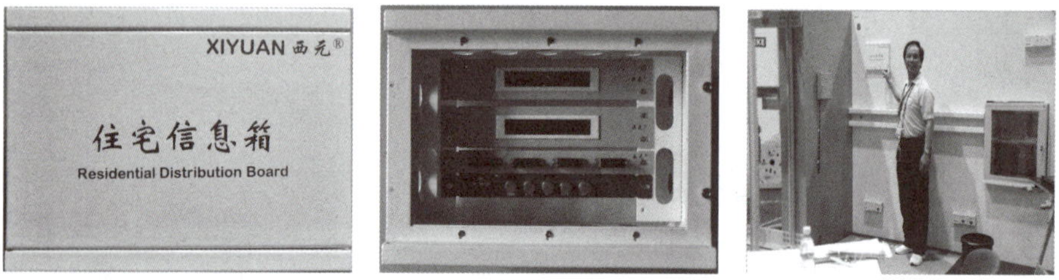

图3-19　第42届世界技能大赛（德国）信息网络布线项目使用的西元住宅信息箱

（40）桥架（cable tray）：是梯架、托盘及槽盒的统称。图3-20所示为西元桥架展示系统产品照片。

请扫描二维码观看或下载图3-20彩色高清图片。

文件

图3-20
彩色高清图片

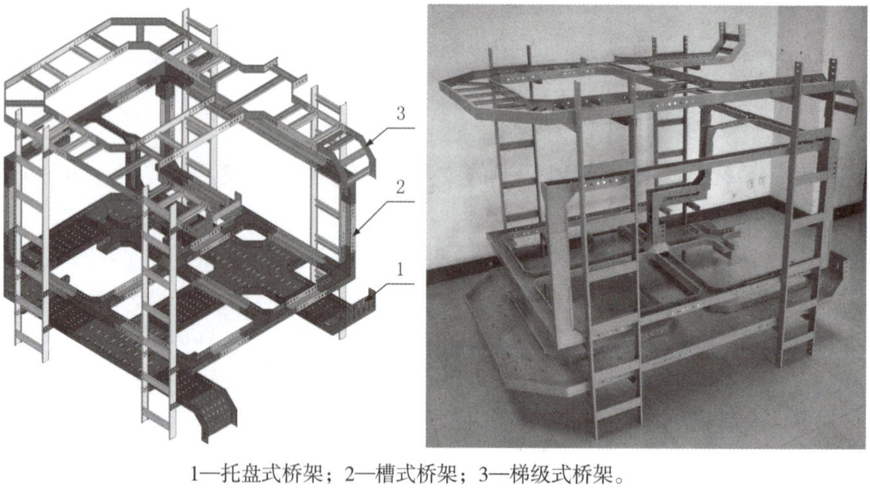

1—托盘式桥架；2—槽式桥架；3—梯级式桥架。

图3-20　西元桥架展示系统照片

3.2　《综合布线系统工程设计规范》规定的缩略词

缩略词是全世界行业工程师的专用语言，常用英文字头或者简写表述，能够简短和准确地表达该行业的专业技术参数和组织机构名称等信息，避免产生混乱和误解，在行业产品、仪器设备、测试报告、检验报告、设计文件、图纸和说明书中经常应用，如果不熟悉缩略词，往往不能快速正确地理解和看懂设备的技术参数、技术文件和图纸等专业资料，因此作为一名专业工程师必须熟练掌握行业缩略词。在GB 50311《综合布线系统工程设计规范》中明确规定了常用缩略词，详见表3-1。

表3-1　GB 50311《综合布线系统工程设计规范》缩略词

序　号	英文缩略词	中 文 名 称	英 文 名 称
1	ACR-F	衰减远端串音比	attenuation to crosstalk ratio at the far-end
2	ACR-N	衰减近端串音比	attenuation to crosstalk ratio at the near-end
3	BD	建筑物配线设备	building distributor
4	CD	建筑群配线设备	campus distributor
5	CP	集合点	consolidation point
6	d.c.	直流环路电阻	direct current loop resistance
7	ELTCTL	两端等效横向转换损耗	equal level TCTL
8	FD	楼层配线设备	floor distributor
9	FEXT	远端串音	far end crosstalk attenuation（loss）
10	ID	中间配线设备	intermediate distributor
11	IEC	国际电工技术委员会	international electrotechnical commission
12	IEEE	美国电气及电子工程师学会	the institute of electrical and electronics engineers
13	IL	插入损耗	insertion loss
14	IP	因特网协议	internet protocol
15	ISDN	综合业务数字网	integrated services digital network
16	ISO	国际标准化组织	international organization for standardization
17	MUTO	多用户信息插座	multi-user telecom-munications outlet
18	MPO	多芯推进锁闭光纤连接器件	multi-fiber push on
19	NI	网络接口	network interface
20	NEXT	近端串音	near end crosstalk attenuation（loss）
21	OF	光纤	optical fibre
22	POE	以太网供电	power over ethernet
23	PS NEXT	近端串音功率和	power sum near end crosstalk attenuation（loss）
24	PS AACR-F	外部远端串音比功率和	power sum attenuation to alien crosstalk ratio at the far-end
25	PS AACR-Favg	外部远端串音比功率和平均值	average power sum attenuation to alien crosstalk ratio at the far-end
26	PS ACR-F	衰减远端串音比功率和	power sum attenuation to crosstalk ratio at the far-end
27	PS ACR-N	衰减近端串音比功率和	power sum attenuation to crosstalk ratio at the near-end
28	PS ANEXT	外部近端串音功率和	power sum alien near-end crosstalk（loss）
29	PS ANEXTavg	外部近端串音功率和平均值	average power sum alien near-end crosstalk（loss）
30	PS FEXT	远端串音功率和	power sum far end crosstalk（loss）
31	RL	回波损耗	return loss

续上表

序　　号	英文缩略词	中 文 名 称	英 文 名 称
32	SC	用户连接器件（光纤活动连接器件）	subscriber connector（optical fibre connector）
33	SW	交换机	switch
34	SFF	小型光纤连接器件	small form factor connector
35	TCL	横向转换损耗	transverse conversion loss
36	TCTL	横向转换转移损耗	transverse conversion transfer loss
37	TE	终端设备	terminal equipment
38	TO	信息点	telecommunications outlet
39	TIA	美国电信工业协会	Telecommunications Industry Association
40	UL	美国保险商实验所安全标准	Underwriters Laboratories
41	Vr.m.s	电压有效值	vroot.mean.square

3.3　“智能建筑设计与施工系列图集”简介

设计与施工图集是行业工程师的常用工具书，一般由国家权威专业机构、行业龙头企业牵头，联合行业优秀组织和企业共同编制，也是相应国家和行业标准的专业化解读和典型应用案例汇集，一般都会给出各种常用的典型设计案例和范本，也是行业工程师的案头必备资料和参考书。设计工程师和施工人员如果熟悉设计与施工图集，就能事半功倍，甚至直接选用图集中的典型案例，只要给出图集中的编号即可，不再需要重新设计和画图，施工、验收、运维人员直接按照图集规定实施即可。图3-21所示为“智能建筑设计与施工系列图集”中的几种，其他更多图集请根据行业特点选用。

图3-21　“智能建筑设计与施工系列图集”3例

3.4　综合布线系统工程设计

智能建筑实际工程设计中，有土建设计、水暖设计、强电设计和弱电设计等多个专业，经常出现水暖管道和设施、强电管路和设施、弱电管路和设施的多种交叉和位置冲突。例如，GB 50311《综合布线系统工程设计规范》中明确规定，网络双绞线电缆的布线路由不能与380 V或220 V交流线路并行或交叉，如果确实需要并行或交叉时，必须保留一定的距离或采取专门的屏蔽措施。为了减少和避免这些冲突，降低设计成本和工程总造价，因此土建设计、水暖设计、强电和弱电设计等专业不能同时进行，一般设计流程如图3-22所示。综合布线系统的设计一般在弱电设计阶段进行。

图3-22　建筑设计流程图

结构设计主要设计建筑物的基础和框架结构，例如楼层高度、柱间距、楼面荷载等主体结构内容，平常所说的大楼封顶，实际上也只完成了大楼的主体结构。结构设计主要依据业主提供的项目设计委托书、地质勘察报告和相关建筑设计国家标准及图集。

土建设计依据结构设计图纸，主要设计建筑物的隔墙、门窗、楼梯、卫生间等，决定建筑物内部的使用功能和区域分割。土建设计主要依据建筑物的使用功能、项目设计委托书和相关国家标准及图集。

水暖设计依据土建设计图纸，主要设计建筑物的上水和下水管道的直径、阀门和安装路由等。在我国北方地区还要设计冬季暖气管道的直径、阀门和安装路由等。

强电设计主要设计建筑物内部380 V或220 V电力线的直径、插座位置、开关位置和布线路由等，确定照明、空调等电气设备插座位置等。强电设计阶段也不需要再画建筑物的楼层图纸，只需要在前面设计阶段完成的图纸中添加强电设计内容。

弱电设计主要包括计算机网络系统、通信系统、广播系统、门禁系统、监控系统等智能化系统缆线规格、接口位置、机柜位置、布线埋管路由等，这些均属于综合布线系统的设计内容。

在智能建筑项目的设计中，弱电系统的布线设计一般为最后一个阶段，这是因为弱电系统属于智能建筑的基础设施，也直接关系到建筑物的实际使用功能，设计也非常重要，也最为复杂。其原因是：①弱电系统缆线比较柔软，比较容易低成本地规避其他水暖和电气管道及设施；②弱电系统缆线易受强电干扰，必须符合相关标准的规定；③弱电系统的交换机、服务器等设备对环境使用温度、湿度等有要求；④计算机网络技术和智能化管理系统技术发展快，产品更新也快，例如，近年来物联网、人工智能、5G技术的发展与应用；⑤用户需求多样化，不同用户在不同时期的需求都在变化。

3.4.1　综合布线系统工程基本设计项目

在智能建筑设计中，必须包括计算机网络系统、通信系统、广播系统、门禁系统、视频监控系统等众多智能化系统，为了清楚地讲述这些设计知识，下面将以计算机网络系统的综合布线系统设计为重点，介绍设计知识和方法。一般设计项目包括以下主要内容：

- 点数统计表编制。
- 系统图设计。
- 端口对应表设计。
- 施工图设计。
- 材料表编制。
- 预算表编制。
- 施工进度表编制。

文件

图3-23
彩色高清图片

下面围绕上述这些具体设计内容，讲述如何正确地完成设计任务。综合布线系统的设计离不开建筑物的结构和用途，为了清楚地讲授设计知识，以图3-23综合布线系统工程教学模型为实例展开。它集中展示了建筑物中综合布线系统的各个子系统，包括了一栋园区网络中心建筑，一栋三层综合楼建筑物。下面将围绕这个建筑模型讲述设计的基本知识和方法。

请扫描二维码观看或下载图3-23彩色高清图片。

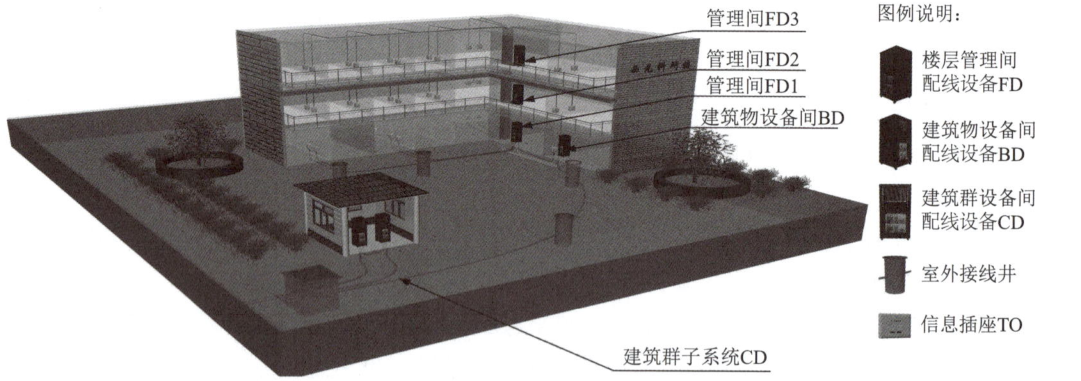

图3-23　网络综合布线系统工程教学模型

3.4.2　综合布线工程设计

1. 点数统计表编制

编制信息点数量统计表的目的是快速准确地统计建筑物的信息点。设计人员为了快速合计和方便制表，一般使用Microsoft Excel工作表软件进行。编制点数统计表的要点如下：

- 表格设计合理。要求表格打印成文本后，表格的宽度和文字大小合理，特别是文字不能太大或太小。
- 数据正确。每个工作区都必须填写数字，要求数量正确，没有遗漏信息点和多出信息点。对于没有信息点的房间填写数字0，表明已经分析过该房间。
- 文件名称正确。作为工程技术文件，文件名称必须准确，能够直接反映该文件内容。
- 签字和日期正确。作为工程技术文件，编写、审核、审定、批准等人员签字非常重要，如果没有签字就无法确认该文件的有效性，也没有人对文件负责，更没有人敢使用。日期直接反映文件的有效性，因为在实际应用中，可能会经常修改技术文件，一般是最新日期的文件替代以前日期的文件。

下面通过点数统计表实际编制过程来学习和掌握编制方法，具体编制步骤和方法如下。

1）创建工作表

首先打开Microsoft Excel 工作表软件，创建一个通用表格，同时必须给文件命名，文件命名应该直接反映项目名称和文件主要内容，使用西元网络综合布线系统工程教学模型项目学习和掌握编制点数表的基本方法，将该文件命名为“01-西元教学模型点数统计表”，如图3-24所示。

2）编制表格，填写栏目内容

需要把这个通用表格编制为适合我们使用的点数统计表，通过合并行、列进行。图3-25所示为已经编制好的空白点数统计表。

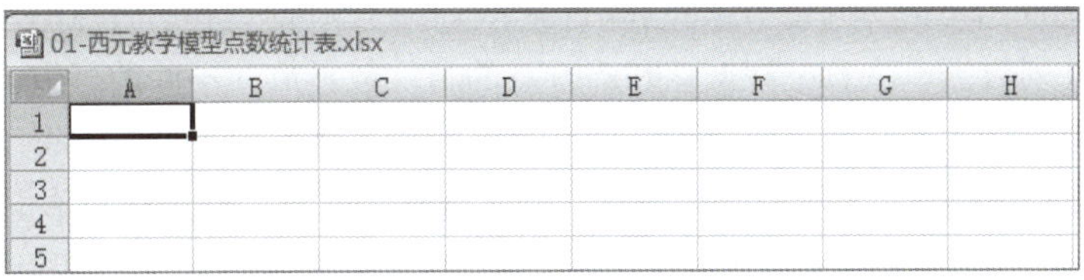

图3-24　创建点数统计表初始图并命名

西元网络综合布线工程教学模型点数统计表																		
房间号		x1		x2		x3		x4		x5		x6		x7		合计		
楼层号		TO	TP	TO	TP	TO	TP	TO	TP	TO	TP	TO	TP	TO	TP	TO	TP	总计
三层	TO																	
	TP																	
二层	TO																	
	TP																	
一层	TO																	
	TP																	
合计	TO																	
	TP																	
总计																		
编写：		审核：			审定：			西安开元电子实业有限公司						20 年 月 日				

图3-25　空白点数统计表图

首先在表格第一行填写项目名称，第二行填写房间或区域编号，第三行填写数据点TO和语音点TP。一般数据点在左栏，语音点在右栏，其余行对应楼层，注意每个楼层按照两行，其中一行为数据点，一行为语音点，同时填写楼层号，楼层号一般按照第一行为顶层，最后一行为一层，最后两行为合计。然后编制列，第一列为楼层号，其余为房间号，最右边两列为合计。

3）填写数据和语音信息点数量

按照图3-23网络综合布线工程教学模型，把每个房间的数据点和语音点数量填写到表格中。填写时逐层逐房间进行，从楼层的第一个房间开始，逐间分析应用需求和划分工作区，确认信息点数量。

在每个房间或区域首先确定网络数据信息点的数量，然后考虑语音信息点的数量，同时还要考虑其他智能化和控制设备的需要，例如，在门厅要考虑考勤机、门禁系统等网络接口。表格中对于不需要设置信息点的位置不能空白，而是填写0，表示已经考虑过这个点。图3-26所示为已经填写好的表格。

西元网络综合布线工程教学模型点数统计表																		
房间号		x1		x2		x3		x4		x5		x6		x7		合计		
楼层号		TO	TP	TO	TP	TO	TP	TO	TP	TO	TP	TO	TP	TO	TP	TO	TP	总计
三层	TO	2		2		4		4		4		4		2				
	TP		2		2		4		4		4		4		2			
二层	TO	2		2		4		4		4		4		2				
	TP		2		2		4		4		4		4		2			
一层	TO	1		1		2		2		2		2		2				
	TP		1		1		2		2		2		2		2			
合计	TO																	
	TP																	
总计																		
编写：		审核：			审定：			西安开元电子实业有限公司						20 年 月 日				

图3-26　填写好信息点数量统计表

4）合计数量

首先按照行统计出每个房间的数据点和语音点，注意把数据点和语音点的合计数量放在不同的列中。然后统计列数据，注意把数据点和语音点的合计数量放在不同的行中，最后进行合计。这样就完成了点数统计表，既能反映每个房间或者区域的信息点，也能看到每个楼层的信息点，还有垂直方向信息点的合计数据，全面清楚地反映了全部信息点。最后注明单位及时间。

如图3-27所示，该教学模型共计有112个信息点，其中数据点56个，语音点56个。一层数据点12个，语音点12个；二层数据点22个，语音点22个；三层数据点22个，语音点22个。

西元网络综合布线工程教学模型点数统计表																		
房间号		x1		x2		x3		x4		x5		x6		x7		合计		
楼层号		TO	TP	TO	TP	TO	TP	TO	TP	TO	TP	TO	TP	TO	TP	TO	TP	总计
三层	TO	2		2		4		4		4		4		2		22		
	TP		2		2		4		4		4		4		2		22	
二层	TO	2		2		4		4		4		4		2		22		
	TP		2		2		4		4		4		4		2		22	
一层	TO	1		1		2		2		2		2		2		12		
	TP		1		1		2		2		2		2		2		12	
合计	TO	5		5		10		10		10		10		6		56		
	TP		5		5		10		10		10		10		6		56	
总计																		112
编写：			审核：			审定：				西安开元电子实业有限公司 20 年 月 日								

图3-27　完成的信息点数量统计表

5）打印和签字盖章

完成信息点数量统计表编制后，打印该文件，并且签字确认，如果正式提交时必须盖章。图3-28所示为打印出来的点数统计表。

西元网络综合布线工程教学模型点数统计表																		
房间号		x1		x2		x3		x4		x5		x6		x7		合计		
楼层号		TO	TP	TO	TP	TO	TP	TO	TP	TO	TP	TO	TP	TO	TP	TO	TP	总计
三层	TO	2		2		4		4		4		4		2		22		
	TP		2		2		4		4		4		4		2		22	
二层	TO	2		2		4		4		4		4		2		22		
	TP		2		2		4		4		4		4		2		22	
一层	TO	1		1		2		2		2		2		2		12		
	TP		1		1		2		2		2		2		2		12	
合计	TO	5		5		10		10		10		10		6		56		
	TP		5		5		10		10		10		10		6		56	
总计																		112
编写：			审核：			审定：				西安开元电子实业有限公司 20 年 月 日								

图3-28　打印和签字的点数统计表

点数统计表在工程实践中是常用的统计和分析方法，也适合监控系统、楼控系统等设备比较多的各种工程应用。

2. 综合布线系统图设计

点数统计表非常全面地反映了该项目的信息点数量和位置，但是不能反映信息点的连接关系，这样就需要通过设计网络综合布线系统图来直观反映。

综合布线系统图非常重要，它直接决定网络应用拓扑图，因为网络综合布线系统是在建筑物建设过程中预埋的管线，后期无法改变，所以网络应用系统只能根据综合布线系统来设置和规划，作者认为“综合布线系统图直接决定网络拓扑图”。

综合布线系统图是智能建筑设计蓝图中必有的重要内容，一般在电气施工图册的弱电图纸部分的首页。

综合布线系统图的设计要点如下：

1）图形符号必须正确

在系统图设计时，必须使用规范的图形符号，保证其他技术人员和现场施工人员能够快速读懂图纸，并且在系统图中给予说明，不要使用奇怪的图形符号。GB 50311—2016《综合布线系统工程设计规范》中使用的图形符号如下：

⊠代表网络设备和配线设备，左右两边的竖线代表网络配线架，如光纤配线架、铜缆配线架，中间的×代表跳线。

□ 代表网络插座，如单口网络插座、双口网络插座等。

—— 线条代表缆线，如室外光缆、室内光缆、双绞线电缆等。

2）连接关系清楚

设计系统的目的是规定信息点的连接关系，因此必须按照相关标准规定，清楚地给出信息点之间的连接关系，信息点与管理间、设备间配线架之间的连接关系，也就是清楚地给出CD—BD、BD—FD、FD—TO之间的连接关系，这些连接关系实际上决定网络拓扑图。

3）缆线型号标记正确

在系统图中要将CD—BD、BD—FD、FD—TO之间设计的缆线规定清楚，特别要标明是光缆还是电缆。就光缆而言，有时还需要标明室外光缆和室内光缆，更详细的还要标明是单模光缆还是多模光缆，这是因为如果布线系统设计了多模光缆，在网络设备配置时就必须选用多模光纤模块的交换机。系统中规定的缆线也直接影响工程总造价。

4）说明完整

系统图设计完成后，必须在图纸的空白位置增加设计说明。设计说明一般是对图的补充，帮助理解和阅读图纸，对系统图中使用的符号给予说明。例如，增加图形符号说明，对信息点总数和个别特殊需求给予说明等。

5）图面布局合理

任何工程图纸都必须注意图面布局合理，比例合适，文字清楚。一般布置在图纸中间位置。在设计前根据设计内容，选择图纸幅面，一般有A4、A3、A2、A1、A0等标准规格，例如，A4幅面高297 mm，宽210 mm；A0幅面高841 mm，宽1 189 mm。在智能建筑设计中也经常使用加长图纸。

6）标题栏完整

标题栏是任何工程图纸都不可缺少的内容，一般在图纸的右下角。

3. 系统图设计方法

在综合布线系统图的设计中，工程技术人员一般使用AutoCAD软件完成，下面以AutoCAD软件和教学模型为例，介绍系统图的设计方法，具体步骤如下：

1）创建AutoCAD绘图文件

首先打开程序，创建一个AutoCAD绘图文件，同时给该文件命名，例如命名为“02-西元网络综合布线工程教学模型系统图”。

（1）打开AutoCAD文件：单击“开始”按钮，依次选择“所有程序”→“Autodesk”→“AutoCAD 2010-Simplified Chinese”→“AutoCAD 2010”命令，如图3-29所示。

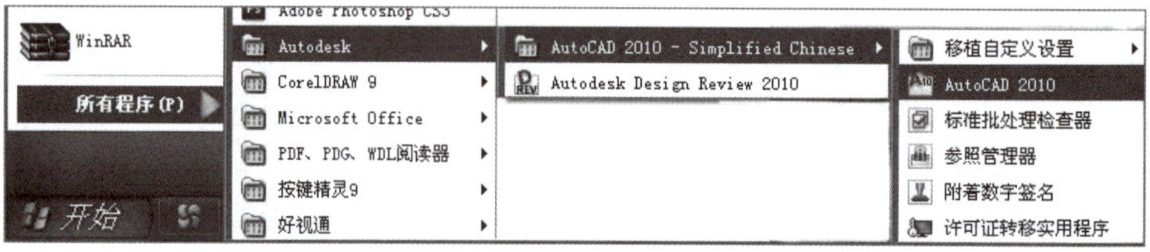

图3-29　启动AutoCAD

（2）在AutoCAD 2010中，创建新图形文件，具体方法有三种：

①在命令行中输入new，按【Enter】键。

②在菜单栏中选择“文件”→“新建”命令。

③在快速访问工具栏中单击“新建”按钮。

执行“新建”命令后，弹出“选择样板”对话框，如图3-30所示。选择对应的样板后，单击“打开”按钮，即可建立新的图形。

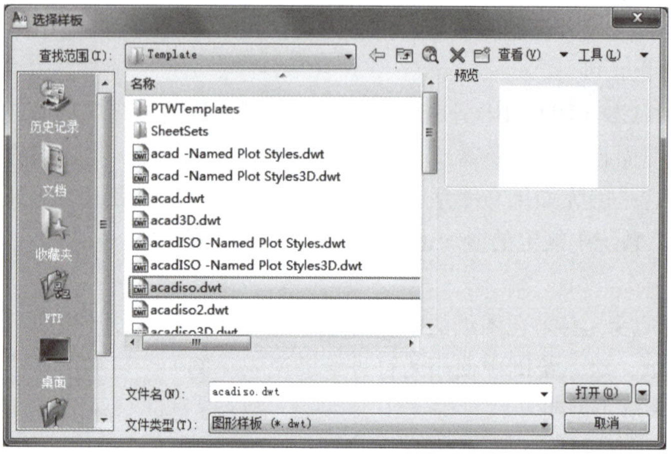

图3-30　“选择样板”对话框

2）绘制配线设备图形

具体绘制图形步骤如下：

（1）将图层转换为“虚线”层，绘制两个正方形作为辅助线，并移动到同心位置，如图3-31所示。

（2）将图层转换为“设备”层，绘制两条直线，与外围正方形两侧边重合，再绘制出内部正方形的两条对角线，如图3-32所示。

（3）删除“虚线”层的辅助线，即完成配线设备的绘制，如图3-33所示。

图3-31　绘制配线设备-添加虚线

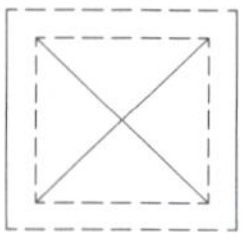

图3-32　绘制配线设备-绘制实线

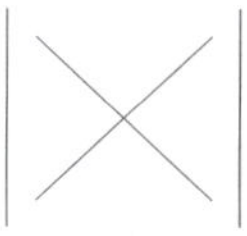

图3-33　绘制配线设备

（4）利用W命令将其保存为“配线设备”模块，如图3-34所示。

（5）将图层转换为“设备”层，绘制正方形，如图3-35所示。利用W命令将其保存为“网络插座”模块。

3）插入设备图形

切换到“设备层”，通过“插入块”命令将设计好的 “配线设备”与“网络插座”块插入到图形中，通过“复制”和“移动”命令将图中建筑群配线设备图形、建筑物配线设备图形、楼层管理间配线设备图形和工作区网络插座图形进行排列，如图3-36所示。

图中的⊠代表网络设备，左右两边的竖线代表网络配线架，例如，光纤配线架或者电缆配线架，中间的⊠代表网络交互设备，如交换机。

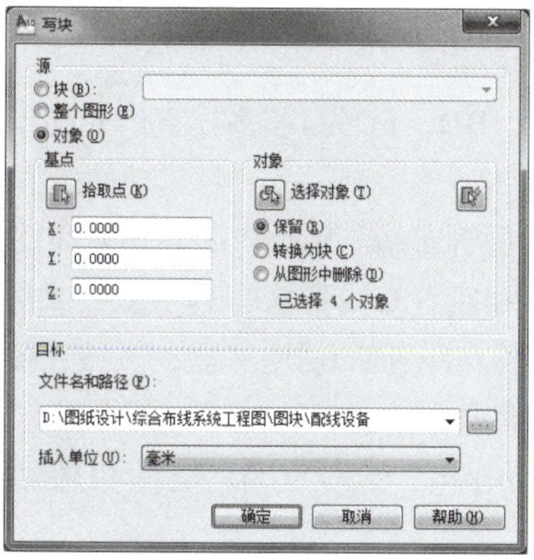

图3-34　写块保存图形

图3-35　绘制网络插座

4）设计网络连接关系

切换到“缆线层”，利用“直线”命令， 将CD、BD、BD、FD、FD、TO符号连接起来，这样就清楚地给出了CD、BD、BD、FD、FD、TO之间的连接关系，这些连接关系实际上决定网络拓扑图，如图3-37所示。

图3-36　绘制设备图形

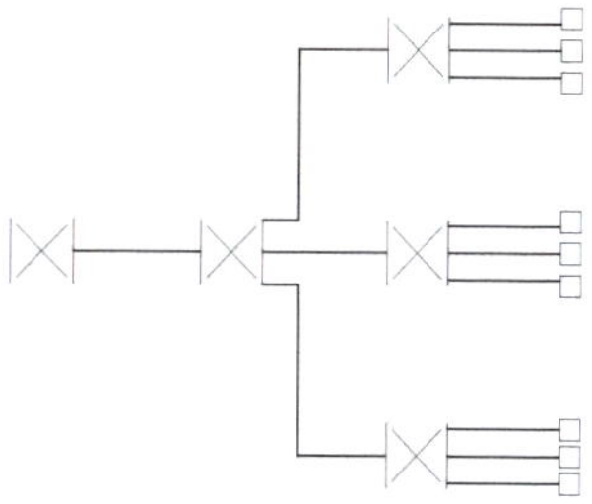

图3-37　绘制缆线连接设备

5）添加设备图形符号和说明

为了方便快速地阅读图纸，一般需要在图纸中添加图形符号和缩略词的说明，通常使用英文缩略语，再把图中的线条用中文标明。如图3-38所示，切换到“符号标注”层，利用“多行文字”命令对各设备进行标注。

6）设计说明

为了更加清楚地说明设计思想，帮助读者快速阅读和理解图纸，减少对图纸的误解，一般要在图纸的空白位置增加设计说明，重点说明特殊图形符号和设计要求，切换到“文

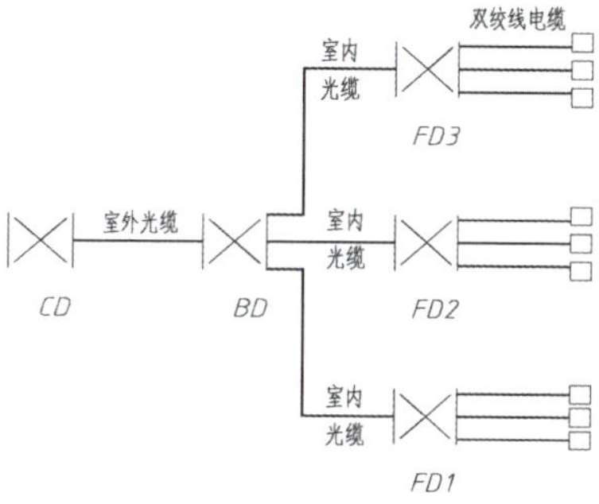

图3-38　综合布线系统图

字层”，对系统图添加“设计说明”。例如，教学模型的设计说明内容如下，需对照图3-39来看。

设计说明：

（1）CD表示建筑群配线设备。

（2）BD表示建筑物配线设备。

（3）FD表示管理间配线设备。

（4）TO表示网络信息插座。

（5）TP表示语音信息插座。

（6）⊠表示配线设备。CD和BD为光纤配线架，FD为光纤配线架或电缆配线架。

（7）□表示网络插座，可以选择单口或者双口网络插座。

（8）—表示缆线，CD—BD为4芯单模室外光缆，BD—FD为4芯多模室内光缆或者双绞线电缆，FD—TO为双绞线电缆。

（9）CD—BD：室外埋管布线。BD—FD1：地板埋管布线。BD—FD2、BD—FD3：建筑物墙面埋管布线。FD—TO：一层为地面埋管布线，沿隔墙暗管布线到TO插座底盒；二层为明槽暗管布线方式，楼道为明装线槽或者桥架，室内沿墙暗管布线到TO插座底盒；三层在楼板中隐蔽埋管或在吊顶上暗装桥架，沿隔墙暗管布线到TO插座底盒。

（10）在两端预留缆线，方便端接。在TO底盒内预留0.2 m，在CD、BD、FD配线设备处预留2 m。

请扫描二维码观看或下载图3-39高清图片。

文件

图3-39
高清图片

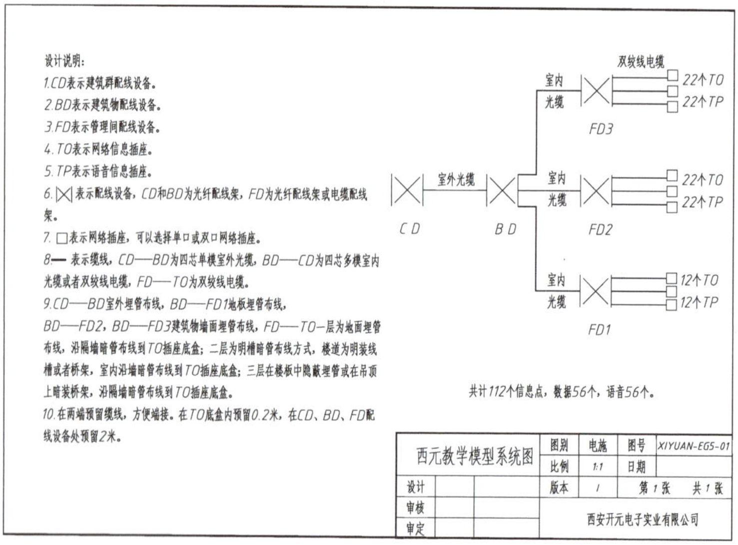

图3-39　网络综合布线系统图

7）设计标题栏

标题栏是工程图纸都不可缺少的内容，一般在图纸的右下角。图3-39中标题栏为一个典型应用实例，它包括以下内容：

（1）项目名称：图3-39中为西元教学模型系统图。

（2）图纸类别：图3-39中为电施。

（3）图纸编号：图3-39中为XIYUAN-EG5-01。

（4）设计单位：西安开元电子实业有限公司。

（5）设计人签字：图3-39中为于琴。

（6）审核人签字：图3-39中为蒋晨。

（7）审定人签字：图3-39中为王公儒。

8）AutoCAD保存图形

在菜单栏中选择“文件”→“另存为”命令，将当前图形保存到新的位置，系统弹出“图形另存为”对话框，如图3-40所示。输入新文件名，单击“保存”按钮。

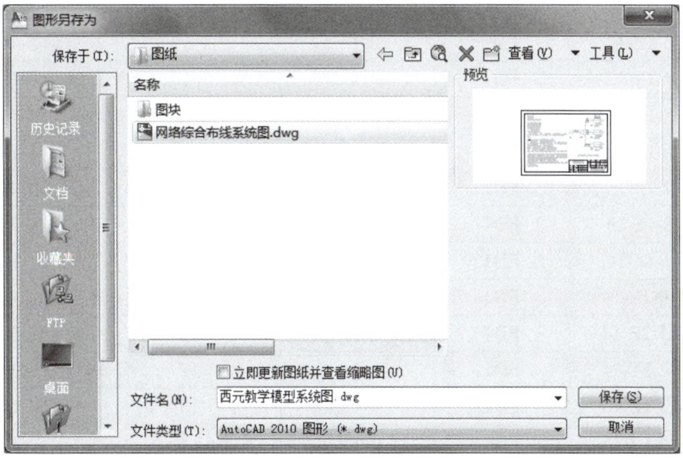

图3-40　“图形另存为”对话框

4. 综合布线工程信息点端口对应表的编制

综合布线工程信息点端口对应表应该在进场施工前完成，并且打印带到现场，方便现场施工编号。端口对应表是综合布线施工必需的技术文件，主要规定房间编号，每个信息点的编号、配线架编号、端口编号、机柜编号等，主要用于系统管理、施工方便和后续日常维护。

端口对应表编制要求如下：

（1）表格设计合理。一般使用A4幅面竖向排版的文件，要求表格打印后，表格宽度和文字大小合理，编号清楚，特别是编号数字不能太大或太小，一般使用小四或者五号字。

（2）编号正确。信息点端口编号一般由数字+字母串组成，编号中必须包含工作区位置、端口位置、配线架编号、配线架端口编号、机柜编号等信息，能够直观地反映信息点与配线架端口的对应关系。

（3）文件名称正确。端口对应表可以按照建筑物编制，也可以按照楼层编制，或者按照FD配线机柜编制，无论采取哪种编制方法，都要在文件名称中直接体现端口的区域，因此文件名称必须准确，能够直接反映该文件内容。

（4）签字和日期正确。

5. 端口对应表的编制步骤

端口对应表的编制一般使用Microsoft Word软件或Microsoft Excel软件，下面以图3-23所示的综合布线教学模型为例，选择一层信息点，使用Microsoft Word软件说明编制方法和要点。

1）文件命名和表头设计

首先打开Microsoft Word软件，创建一个A4幅面的文件，同时给文件命名，例如，“02-综合布线教学模型端口对应表”。然后编写文件题目和表头信息，见表3-2，文件题目为“综合布线教学模型端口对应表”，项目名称为教学模型，建筑物名称为2号楼，楼层为一层FD1机柜，文件编号为XY03-2-1。

表3-2　综合布线教学模型端口对应表

项目名称：教学模型　建筑物名称：2号楼　楼层：一层FD1机柜　文件编号：XY03-2-1

序　　号	信息点编号	机 柜 编 号	配线架编号	配线架端口编号	插座底盒编号	房 间 编 号
1	FD1-1-1-1Z-11	FD1	1	1	1	11
2	FD1-1-2-1Y-11	FD1	1	2	1	11
3	FD1-1-3-1Z-12	FD1	1	3	1	12
4	FD1-1-4-1Y-12	FD1	1	4	1	12
5	FD1-1-5-1Z-13	FD1	1	5	1	13
6	FD1-1-6-1Y-13	FD1	1	6	1	13
7	FD1-1-7-1Z-13	FD1	1	7	2	13
8	FD1-1-8-1Y-13	FD1	1	8	2	13
9	FD1-1-9-1Z-14	FD1	1	9	1	14
10	FD1-1-10-1Y-14	FD1	1	10	1	14
11	FD1-1-11-2Z-14	FD1	1	11	2	14
12	FD1-1-12-2Y-14	FD1	1	12	2	14
13	FD1-1-13-1Z-15	FD1	1	13	1	15
14	FD1-1-14-1Y-15	FD1	1	14	1	15
15	FD1-1-15-1Z-15	FD1	1	15	2	15
16	FD1-1-16-1Y-15	FD1	1	16	2	15
17	FD1-1-17-1Z-16	FD1	1	17	1	16
18	FD1-1-18-1Y-16	FD1	1	18	1	16
19	FD1-1-19-1Z-16	FD1	1	19	2	16
20	FD1-1-20-1Y-16	FD1	1	20	2	16
21	FD1-1-21-1Z-17	FD1	1	21	1	17
22	FD1-1-22-1Y-17	FD1	1	22	1	17
23	FD1-1-23-1Z-17	FD1	1	23	2	17
24	FD1-1-24-1Y-17	FD1	1	24	2	17

编制人签字：　　　　审核人签字：　　　　审定人签字：

编制单位：西安开元电子实业有限公司　　　　时间：　　年　月　日

2）设计表格

设计表格前，首先分析端口对应表需要包含的主要信息，确定表格列数量，如表3-2中为7列，第一列为“序号”，第二列为“信息点编号”，第三列为“机柜编号”，第四列为“配线架编号”，第五列为“配线架端口编号”，第六列为“插座底盒编号”，第七列为“房间编号”。其次确定表格行数，一般第一行为类别信息，其余按照信息点总数量设置行数，每个信息点一行。再次填写第一行类别信息。最后添加表格的第一列序号。这样一个空白的端口对应表就编制好了。

3）填写机柜编号

图3-23所示的综合布线教学模型中2号楼为三层结构，每层有一个独立的楼层管理间。一层的信息点全部布线到一层的这个管理间，而且一层管理间只有一个机柜，图中标记为FD1，该层

全部信息点将布线到该机柜，因此在表格中“机柜编号”栏全部行填写“FD1”。

如果每层信息点很多，也可能会有几个机柜，工程设计中一般按照FD11、FD12等顺序编号，FD1表示一层管理间机柜，后面1、2为该管理间机柜的顺序编号。

4）填写配线架编号

根据前面的点数统计表，知道教学模型一层共设计有24个信息点。设计中一般会使用一个24口配线架，就能够满足全部信息点的配线端接要求了，把该配线架命名为1号，该层全部信息点将端接到该配线架，因此在表格中“配线架编号”栏全部行填写“1”。

如果信息点数量超过24个时，就会有多个配线架，如25~48点时，需要两个配线架，就把两个配线架分别命名为1号和2号，一般将最上边的配线架命名为1号。

5）填写配线架端口编号

配线架端口编号在生产时都印刷在每个端口的下边，在工程安装中，一般每个信息点对应一个端口，一个端口只能端接一根双绞线电缆，因此在表格中“配线架端口编号”栏从上向下依次填写“1”“2”…“24”数字。

在数据中心和网络中心因为信息点数量很多，经常会用到36口或者48口高密度配线架，也是按照端口编号的数字填写。

6）填写插座底盒编号

在实际工程中，每个房间或者区域往往设计有多个插座底盒，对这些底盒编号，一般按照顺时针方向从1开始编号。一般每个底盒设计和安装双口面板插座，因此在表格中“插座底盒”栏从上向下依次填写“1”或者“1”“2”数字。

7）填写房间编号

设计单位在实际工程前期设计图纸中，每个房间或者区域都没有数字或用途编号，弱电设计时首先给每个房间或区域编号。一般用二位或者三位数字编号，第一位表示楼层号，第二位或第二、三位为房间顺序号。图3-23的教学模型中每层只有7个房间，所以就用二位数编号，例如，一层分别为“11”“12”…“17”。因此在表格中“房间编号栏”填写对应的房间号数字，11号房间两个信息点就在第2行中填写“11”。

8）填写信息点编号

完成上面的七步后，编写信息点编号就容易了。按照图3-41的编号规定，就能顺利完成端口对应表了，把每行第3~7栏的数字或者字母用“—”连接起来填写在“信息点编号”栏。特别注意双口面板一般安装两个信息模块，为了区分这两个信息点，一般左边用“Z”，右边用“Y”标记和区分。为了安装施工人员快速读懂端口对应表，也需要把下面的编号规定作为编制说明设计在端口对应表文件中。

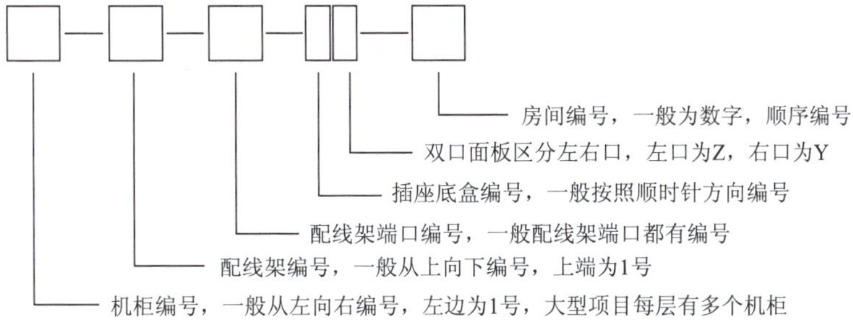

图3-41　信息点编号规定

9）填写编制人和单位等信息

在端口对应表的下面必须填写“编制人”“审核人”“审定人”“编制单位”“时间”等信息，见表3-2。

6. 施工图设计

完成前面的点数统计表、系统图和端口对应表以后，综合布线系统的基本结构和连接关系已经确定，需要进行布线路由设计了，因为布线路由取决于建筑物结构和功能，布线管道一般安装在建筑物楼板、立柱和墙体中。施工图设计的目的就是规定布线路由在建筑物中安装的具体位置，一般使用平面图。

施工图设计的一般要求如下：

（1）图形符号必须正确。施工图中的图形符号，应符合相关建筑设计标准和图集规定。

（2）布线路由合理正确。施工图设计了全部缆线和设备等器材的安装管道、安装路径、安装位置等，也直接决定工程项目的施工难度和成本。例如水平子系统中电缆的长度和拐弯数量等，电缆越长，拐弯可能就越多，布线难度就越大，对施工技术就有较高的要求。

（3）位置设计合理正确。在施工图中，对穿线管、网络插座、桥架等的位置设计要合理，符合相关标准规定。例如网络插座安装高度，一般为距离地面300 mm。但是对于学生宿舍等特殊应用场合，为了方便接线，网络插座一般设计在桌面高度以上位置。

在实际施工图设计中，综合布线部分属于弱电设计工种，不需要画建筑物结构图，只需要在前期土建和强电设计图中添加综合布线设计内容。下面用Microsoft Visio软件，以教学模型二层为例，介绍施工图的设计方法，具体步骤如下：

（1）创建Visio绘图文件。首先打开程序，选择创建一个Visio绘图文件，同时给该文件命名，例如命名为“教学模型二层施工图”。把图面设置为A4横向，比例为1∶10，单位为mm。

（2）绘制建筑物平面图。按照教学模型实际尺寸，绘制出建筑物二层平面图，如图3-42所示。

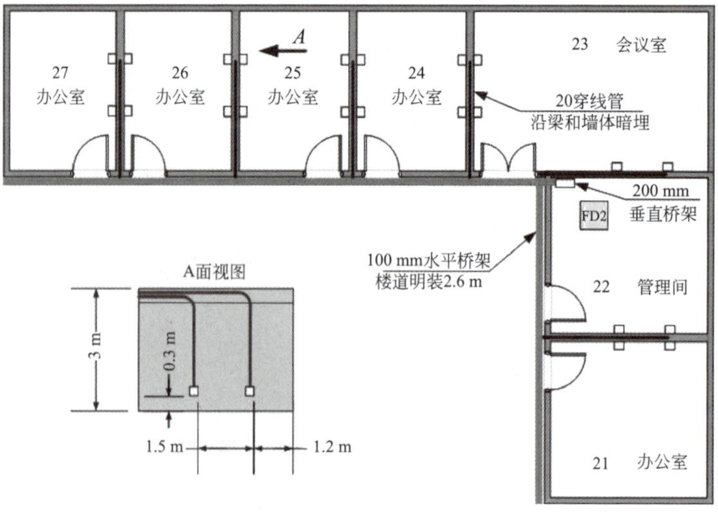

图3-42　教学模型二层施工图

（3）设计信息点位置。根据图3-28点数统计表中每个房间的信息点数量，设计每个信息点的位置。例如，25号房间有4个数据点和4个语音点。就在两个墙面分别安装2个双口信息插座，每个信息插座1个数据口，1个语音口。如图3-42中25号办公室A面视图所示，标出了信息点距离墙面的水平尺寸以及距离地面的高度。为了降低成本，墙体两边的信息插座设计为背对背安装。

（4）设计管理间位置。楼层管理间的位置一般紧靠建筑物设备间，该教学模型的建筑物设备间在一层11号房间，一层管理间在隔壁的12号房间，垂直子系统桥架也在12号房间，因此把二层的管理间安排在22号房间。

（5）设计水平子系统布线路由。二层采取楼道明装100 mm水平桥架，过梁和墙体暗埋20穿线管到信息插座。墙体两边房间的插座共用穿线管，在插座处分别引到两个背对背的插座。

（6）设计垂直子系统路由。该建筑物的设备间位于一层的12号房间，使用200 mm桥架，沿墙垂直安装到二层22号房间和三层32号房间。并且与各层的管理间机柜连接。如图3-42中的FD2机柜所示。

（7）设计局部放大图。由于建筑物体积很大，往往在图纸中无法绘制出局部细节位置和尺寸，这就需要在图纸中增加局部放大图。如图3-42中，设计了25号房间A面视图，标注了具体的水平尺寸和高度尺寸。

（8）添加文字说明。设计中的许多问题需要通过文字来说明，如图3-42中，添加了“100 mm水平桥架楼道明装2.6 m”“20穿线管沿梁和墙体暗埋”，并且用箭头指向说明位置。

7. 编制材料表

材料表主要用于工程项目材料采购和现场施工管理，实际上就是施工方内部使用的技术文件，必须详细地写清楚全部主材、辅助材料和消耗材料等。下面我们以二层施工图为例来说明材料表的编制。

编制材料表的一般要求如下：

1）表格设计合理

一般使用A4幅面竖向排版的文件，要求表格打印后，表格宽度和文字大小合理，编号清楚，特别是编号数字不能太大或者太小，一般使用小四或者五号字（见表3-3）。

表3-3　综合布线教学模型二层布线材料表

项目名称：教学模型　建筑物名称：2号楼　楼层：二层　文件编号：XY03-2-2

序　号	材料名称	型号或规格	数　量	单　位	品　牌	说　明
1	网络电缆	超5类非屏蔽电缆	2	箱	西元	305 m/箱
2	信息插座底盒	86型透明	22	个	西元	
3	信息插座面板	双口86型透明	22	个	西元	带螺丝2个
4	网络模块	超5类非屏蔽	22	个	西元	
5	语音模块	RJ-11	22	个	西元	
6	线槽	39 × 18/20 × 10	3.5/4	米	西元	
7	线槽直角	39 × 18/20 × 10	0/4	个	西元	
8	线槽堵头	39 × 18/20 × 10	2/1	个	西元	
9	线槽阴角	39 × 18/20 × 10	1/1	个	西元	
10	线槽阳角	39 × 18/20 × 10	1/0	个	西元	
11	线槽三通	39 × 18/20 × 10	0/1	个	西元	
12	安装螺丝	M6 × 16	20	个	西元	

编制人签字：　　　　审核人签字：　　　　审定人签字：

编制单位：西安开元电子实业有限公司　　　　时间：　　年　月　日

2）文件名称正确

材料表一般按照项目名称命名，要在文件名称中直接体现项目名称和材料类别等信息，文件名称为“综合布线教学模型二层布线材料表”。

3）材料名称和型号准确

材料表主要用于材料采购和现场管理。因此材料名称和型号必须正确，并且使用规范的名词术语。例如，双绞线电缆不能只写“网线”，必须清楚地标明是超5类电缆还是6类电缆，是屏蔽电缆还是非屏蔽电缆，是室内电缆还是室外电缆，重要项目甚至要规定电缆的外观颜色和品牌。因为每个产品的型号不同，往往在质量和价格上有很大差别，对工程质量和竣工验收有直接的影响。

4）材料规格齐全

综合布线工程实际施工中，涉及缆线、配件、辅助材料、消耗材料等很多品种或者规格，材料表中的规格必须齐全。如果缺少一种材料就可能影响施工进度，也会增加采购和运输成本。例如，信息插座面板就有双口和单口的区别，有平口和斜口两种，不能只写信息插座面板多少个，必须写出双口面板多少个，单口面板多少个。

5）材料数量满足需要

在综合布线工程实际施工中，现场管理和材料管理非常重要，管理水平低材料浪费就大，管理水平高，材料浪费就比较少。例如，网络电缆每箱为305 m，标准规定永久链路的最大长度不宜超过90 m，而在实际布线施工中，多数信息点的永久链路长度在20~40 m，往往将305 m的网络电缆裁剪成20~40 m使用，这样每箱都会产生剩余的短线，这就需要有人专门整理每箱剩余的短线，首先用在比较短的永久链路。因此在布线材料数量方面必须结合管理水平的高低，规定合理的材料数量，考虑一定的余量，满足现场施工需要。同时还要特别注明每箱电缆的实际长度要求，不能只写多少箱，因为市场上有很多产品长度不够，往往标注的是305 m，实际长度不到300 m，甚至只有260 m，如果每件产品缺尺短寸，就会造成材料数量短缺。因此在编制材料表时，电缆和光缆的长度一般按照工程总用量的5%~8%增加余量。

6）考虑低值易耗品

在综合布线工程施工和安装中，大量使用RJ-45模块、水晶头、安装螺钉、标签纸等这些小件材料，这些材料不仅容易丢失，而且管理成本也较高，因此对于这些低值易耗材料，适当增加数量，不需要每天清点数量，增加管理成本。一般按照工程总用量的10%增加。

7）签字和日期正确

编制的材料表必须有签字和日期，这是工程技术文件不可缺少的。

下面以图3-23所示的综合布线教学模型和图3-42二层施工图为例，说明编制材料表的方法和步骤。

（1）文件命名和表头设计。创建1个A4幅面的Word文件，填写基本信息和表格类别，同时给文件命名。基本信息填写在表格上面，内容为“项目名称：教学模型，建筑物名称：2号楼，楼层：二层，文件编号：XY03-2-2”，表格类别填写在第一行，内容为“序号、材料名称、型号或规格、数量、单位、品牌或厂家、说明”，文件名称为“综合布线教学模型二层布线材料表”（见表3-3）。

（2）填写序号栏。序号直接反应该项目材料品种的数量，一般自动生成，使用“1、2”等数字，不要使用“一、二”等汉字。

（3）填写材料名称栏。材料名称必须正确，并且使用规范的名词术语。例如表3-3中，第1行填写“网络电缆”，不能只写“电缆”或者“缆线”等，因为在工程项目中还会用到220 V或者380 V交流电缆，容易混淆，“缆线”的概念是光缆和电缆的统称，也不准确。

（4）填写材料型号或规格栏。名称相同的材料，往往有多种型号或规格，就网络电缆而言，就有5类、超5类和6类，屏蔽和非屏蔽，室内和室外等多个规格。例如表3-3中，第1行就填写“超5类非屏蔽室内电缆”。

（5）填写材料数量栏。材料数量中必须包括网络电缆、模块等余量，对有独立包装的材料，一般按照最小包装数量填写，数量必须为“整数”。例如，网络电缆每箱为305 m，就填写“10箱”，而不能写“9.5箱”或“2 898 m”。对规格比较多，不影响现场使用的材料，可以写成总数量要求，例如，市场销售的穿线管长度规格有4 m、6 m等，写成“200 m”，能够满足总数量要求就可以了。

（6）填写材料单位栏。材料单位一般有“箱”“个”“件”等，必须准确，也不能没有材料单位或填写错误。没有单位时，采购人员就不知道是200 m，还是200箱。

（7）填写材料品牌或厂家栏。同一种型号和规格的材料，不同的品牌或厂家，产品制造工艺往往不同，质量也不同，价格差别也很大，因此必须根据工程需求，在材料表中明确填写品牌和厂家，基本上就能确定该材料的价格，这样采购人员就能按照材料表的要求准确地供应材料，保证工程项目质量和施工进度。

（8）填写说明栏。说明栏主要是把容易混淆的内容说明清楚，例如，表3-3中第1行网络电缆说明“每箱305 m/箱”。

（9）填写编制者信息。在表格的下边需要增加文件编制者信息，文件打印后签名，对外提供时还需要单位盖章。

8. 编制预算表

工程项目预算表是确认总造价的依据，也是工程项目合同的附件，更是甲乙双方最为关注和纠结的技术文件。一般分为IT预算法和国家定额预算法两种，将在后续章节中详细介绍。

9. 编制施工进度表

施工进度表用于安排和控制施工进度，合理安排作业工序，保质保量地完成施工任务。

综合布线系统工程一般分为如下五个施工阶段：

第一阶段为施工前的准备工作，包括现场测量、图纸深化设计会审。

第二阶段为基础施工阶段，包括敷设户外管道、手井、立杆；楼内插座底盒安装、线管敷设与安装；网络中心管道敷设等。

第三阶段为机柜、缆线安装敷设阶段，包括设备安装、敷设缆线等。

第四阶段为设备安装、缆线终接阶段，包括电缆终接和光纤熔接任务等。

第五阶段为系统测试和试运行阶段，主要包括永久链路测试和开通运营，配合网络设备供应商进行网络系统的试运行等。

根据土建施工顺序，设计施工进度表的主要设计要求如下：

（1）表格设计合理。一般使用A4幅面横向排版的文件，要求表格打印后，表格宽度和文字大小合理，编号清楚，特别是编号数字不能太大或太小，一般使用小四或五号字。

（2）文件名称正确。一般按照项目名称命名，要在文件名称中直接体现项目名称和表格类别等信息。

（3）工序和工种齐全、正确。按照工程各施工阶段施工顺序，详细设计和给出每个施工种类，不能漏项。

（4）施工进度安排合理。依据施工现场的物料和器材供应情况、施工条件、工时定额、人力资源、工具数量、管理水平、工作日等，合理安排施工进度，编制施工进度表。

（5）签字和日期正确。作为工程技术文件，编写、审核、审定、批准等人员签字，以及签字日期等非常重要，必须规范完整，没有遗漏。

表3-4为综合布线系统工程教学模型的施工进度表。

表3-4　综合布线系统工程教学模型施工进度表

施工进度表																	
项目名称：西元综合布线工程教学模型项目																	
序号	工种工序	工期	开始时间	截止时间	2021年1月												
					9	10	11	12	13	14	15	16	17	18	19	20	21
1	施工准备（材料准备）	2	1.9	1.1	—	—											
2	基础施工（模型搭建）	3	1.11	1.13			—	—	—								
3	机柜、缆线安装敷设（模型安装）	2	1.14	1.15						—	—						
4	设备安装（模型安装）、缆线终接	4	1.16	1.19								—	—	—	—		
5	系统测试、试运行	2	1.20	1.21												—	—
编制：		审核：	审定：				西安开元电子实业有限公司							20　年　月　日			

典型案例2——信息点端口对应表编制与应用

综合布线系统端口对应表，就是记录配线架端口与信息点位置对应关系的二维表，它是施工安装、测试验收和日常运维必备的主要技术文件，用于永久链路、信道正确连接，端口定位和故障查找与维修等。信息点端口对应表必须在工程施工之前编制完成。下面我们引入真实工程项目来介绍信息点端口对应表的实际应用。

1. 项目简介

西元科技园占地14 666.7 m²，建筑面积12 600 m²，建设有一栋研发楼和两栋厂房，设计有信息点562个，该项目信息点均已开通使用。

下面以研发楼一层为例，介绍信息点端口对应表在实际工程中的编制与应用案例。图3-43所示为研发楼一层网络综合布线施工图。研发楼一层设计了一个管理间，位于建筑物的竖井内，编号为网络机柜F12，同时设计了三个分管理间，每个分管理间设计了一个网络机柜，分别位于101室的网络机柜F13、106室的网络机柜F14和110室的网络机柜F11，共计有四个网络机柜。

在图3-43中，“⊏”符号代表信息插座底盒，每个底盒配置一个双口网络面板，安装了两个模块，也就是两个信息点，分别为一个网络模块，一个语音模块，一层信息点总数合计为190个。

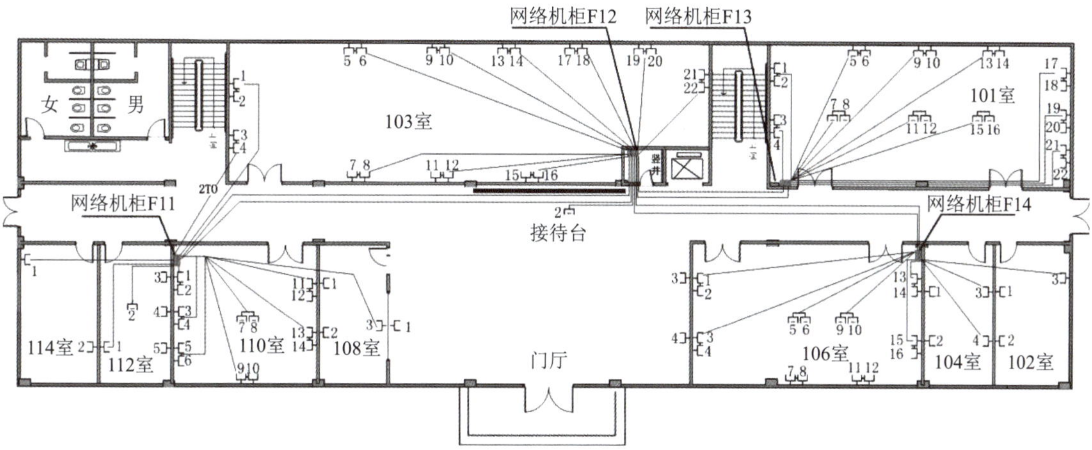

图3-43　研发楼一层网络综合布线施工图

2. 编制端口对应表

下面按照3.4.2节第4条“综合布线工程信息点端口对应表的编制”的规定完成一层分管理间网络机柜F11涉及的信息点端口对应表。

1）文件名称正确

该信息点端口对应表，包括西元科技园研发楼一层分管理间网络机柜F11管理的信息点，因此把文件命名为“西元科技园研发楼一层分管理间网络机柜F11信息点端口对应表”（以下简称F11端口对应表），见表3-5。从图3-43中可以看到，表3-5的F11端口对应表信息点编号涉及的房间为103室部分信息点、108室、110室、112室、114室全部信息点。

表3-5　西元科技园研发楼一层分管理间网络机柜F11信息点端口对应表

项目名称：西元科技园　　建筑物名称：研发楼　　楼层：一楼FD11机柜　　文件编号：XY-01-1-1

序号	信息点编号	机柜编号	110跳线架编号	110跳线架连接块下层编号	110跳线架连接块上层编号	网络配线架编号	网络配线架端口编号	插座底盒编号/端口编号	信息点类型	房间编号
1	FD11-1-1-18-1-1-1Z-TO-103	FD11	1	1	18	1	1	1Z	TO	103
2	FD11-1-2-12-0-0-1Y-TP-103	FD11	1	2	12	0	0	1Y	TP	103
3	FD11-1-3-18-0-0-2Z-TO-103	FD11	1	3	18	0	0	2Z	TO	103
4	FD11-1-2-78-0-0-2Y-TP-103	FD11	1	2	78	0	0	2Y	TP	103
5	FD11-1-4-18-0-0-3Z-TO-103	FD11	1	4	18	0	0	3Z	TO	103
6	FD11-1-5-12-0-0-3Y-TP-103	FD11	1	5	12	0	0	3Y	TP	103
7	FD11-1-6-18-0-0-4Z-TO-103	FD11	1	6	18	0	0	4Z	TO	103
8	FD11-1-5-78-0-0-4Y-TP-103	FD11	1	5	78	0	0	4Y	TP	103
9	FD11-1-7-18-0-0-1Z-TO-108	FD11	1	7	18	0	0	1Z	TO	108
10	FD11-1-10-56-0-0-1Y-TP-108	FD11	1	10	56	0	0	1Y	TP	108
11	FD11-1-8-18-1-2-11Z-TO-110	FD11	1	8	18	1	2	11Z	TO	110
12	FD11-1-10-12-0-0-11Y-TP-110	FD11	1	10	12	0	0	11Y	TP	110
13	FD11-1-9-18-1-3-12Z-TO-110	FD11	1	9	18	1	3	12Z	TO	110
14	FD11-1-10-78-0-0-12Y-TP-110	FD11	1	10	78	0	0	12Y	TP	110
15	FD11-1-11-18-1-4-2Z-TO-112	FD11	1	11	18	1	4	2Z	TO	112

续上表

序号	信息点编号	机柜编号	110跳线架编号	110跳线架连接块下层编号	110跳线架连接块上层编号	网络配线架编号	网络配线架端口编号	插座底盒编号/端口编号	信息点类型	房间编号
16	FD11-1-12-12-0-0-2Y-TP-112	FD11	1	12	12	0	0	2Y	TP	112
17	FD11-1-13-18-1-5-2Z-TO-108	FD11	1	13	18	1	5	2Z	TO	108
18	FD11-1-16-56-0-0-2Y-TP-108	FD11	1	16	56	0	0	2Y	TP	108
19	FD11-1-14-18-1-6-13Z-TO-110	FD11	1	14	18	1	6	13Z	TO	110
20	FD11-1-16-12-0-0-13Y-TP-110	FD11	1	16	12	0	0	13Y	TP	110
21	FD11-1-15-18-1-7-14Z-TO-110	FD11	1	15	18	1	7	14Z	TO	110
22	FD11-1-16-78-0-0-14Y-TP-110	FD11	1	16	78	0	0	14Y	TP	110
23	FD11-1-17-18-1-8-1Z-TO-114	FD11	1	17	18	1	8	1Z	TO	114
24	FD11-1-18-15-0-0-1Y-TP-114	FD11	1	18	15	0	0	1Y	TP	114
25	FD11-1-19-18-1-9-3Z-TO-108	FD11	1	19	18	1	9	3Z	TO	108
26	FD11-1-20-12-0-0-3Y-TP-108	FD11	1	20	12	0	0	3Y	TP	108
27	FD11-1-21-18-1-10-1Z-TO-MT	FD11	1	21	18	1	10	1Z	TO	MT
28	FD11-1-20-78-0-0-1Y-TP-MT	FD11	1	20	78	0	0	1Y	TP	MT
29	FD11-1-22-18-1-11-9Z-TO-110	FD11	1	22	18	1	11	9Z	TO	110
30	FD11-1-23-12-0-0-9Y-TP-110	FD11	1	23	12	0	0	9Y	TP	110
31	FD11-1-23-18-1-12-10Z-TO-110	FD11	1	23	18	1	12	10Z	TO	110
32	FD11-1-23-78-0-0-10Y-TP-110	FD11	1	23	78	0	0	10Y	TP	110

编制人：　　审核人：　　审定人：　　编制单位：西安开元电子实业有限公司　　时间：　　年　月　日

2）设计表格

第一步：设计表头。表头一般应包括项目名称、建筑物名称、楼层、文件编号等信息。

第二步：确定表格列数量。每个永久链路都有多次端接，每个端接点都应该有设备编号和端接位置编号，并且占用一列，具体有机柜编号、110跳线架编号、110跳线架连接块下层编号、110跳线架连接块上层编号、网络配线架编号、网络配线架端口编号、插座底盒编号/端口编号、信息点类型、房间编号等，把这些端接点分别设置为一列，就确定了表格列数量。

3）编制表格

为了快速编制F11端口对应表，可按照下列步骤进行。

第一步：填写机柜编号。鉴于本表中信息点全部位于F11机柜，因此“机柜编号”栏全部填写为F11。

第二步：填写110跳线架编号。FD11机柜共有58个信息点，设计了两个110跳线架，把这两个110跳线架分别命名为1、2，因此“110跳线架编号”栏根据信息点对应的110跳线架编号填写。

第三步：填写110跳线架连接块下层编号。如图3-44所示，110跳线架端接有24个4对连接块，对其进行编号：1、2、3、⋯、23、24，连接块下层与信息点相对应，因此“110跳线架连接块下层编号”栏填写对应的连接块编号。

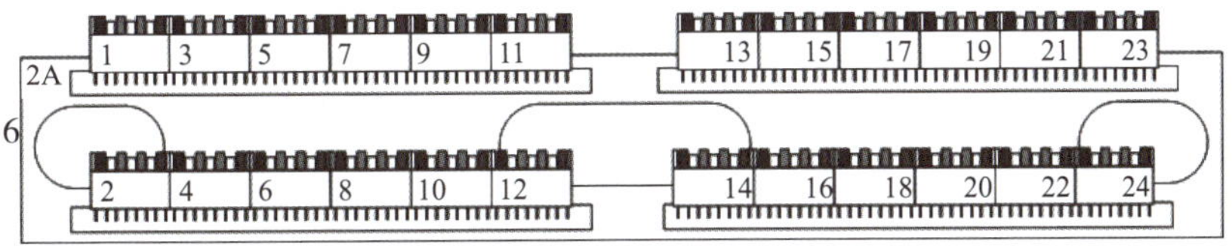

图3-44　24个4对连接块编号

第四步：填写110跳线架连接块上层编号。为了便于区分网络与语音，110跳线架连接块上层按照端接线芯进行编号。

（1）双绞线电缆的8芯全部端接在18号，则编号填写为18，表示110跳线架连接块上层1~8芯全部端接在18号连接块。

（2）语音只端接两芯，例如信息插座语音模块端接蓝、白蓝，即4、5线芯，则编号填写45，表示110跳线架连接块上层只端接4、5两芯。

第五步：填写网络配线架编号。FD11机柜设计了1个24口网络配线架，将该网络配线架命名为“1”，因此“网络配线架编号”栏填写“1”，如果未端接至网络配线架，则填“0”。

第六步：填写网络配线架端口编号。网络配线架出厂时，每个端口都丝印有编号，每个端口对应1个信息点，因此“网络配线架端口编号”栏依次填写数字1、2、3、…、23、24。

第七步：填写插座底盒编号/端口编号。如图3-43所示，每个房间内有多个信息插座底盒，每个信息插座底盒都具有编号，一般按照顺时针方向，从1开始编号。信息底盒安装了双口面板，安装两个信息模块，为了区分这两个信息点，方便施工人员识别，一般采用汉语拼音的字头，左边用“Z”，右边用“Y”，也可以使用英文字头。例如，108室1号信息插座左边信息点编号为“1Z”。

第八步：填写信息点类型。双口面板安装了一个网络模块，一个语音模块，即一个网络信息点、一个语音信息点。网络信息点使用“TO”表示，语音信息点使用“TP”表示。

第九步：填写房间编号。如图3-43所示，网络机柜F11涉及的房间为103、108、110、112、114，因此在“房间编号”栏填写对应的房间号数字。

第十步：填写信息点编号。完成上述9步后，按照图3-45所示的编号规定，完成端口对应表。上述每个编号之间使用“-”连接。

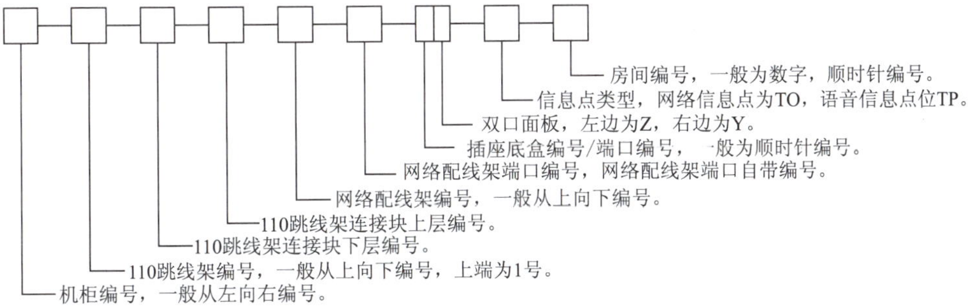

图3-45　信息点编号规定

第十一步：填写编制人和单位等信息。端口对应表下面必须填写“编制人”“审核人”“审定人”“编制单位”“时间”等信息（见表3-5）。

文件

典型案例2

3. 拓展练习

按照上述方法，完成西元科技园研发楼一层分管理间网络机柜F13信息点端口对应表。要求表格设计合理、编号正确、文件名称正确、签字和日期完整。请扫描“典型案例2”二维码下载Word版。

课程思政3　立足岗位、刻苦钻研、技能改变命运——西安开元电子实业有限公司新产品试制组组长

国家发明专利4项，实用新型专利10项，全国技能大赛和师资培训班实训指导教师，精通16种光纤测试技术，200多种光纤故障设置和排查技术，5次担任全国职业院校技能大赛和世界技能大赛网络布线赛项安装组长，改进、推广了10项操作方法和生产工艺，提高生产效率两倍，5年内降低生产成本约580万元……作为雁塔区西安开元电子实业有限公司新产品试制组组长纪刚，拥有着一份不凡的成绩单。

15年的时间，纪刚从一名学徒成长为国家专利发明人、技师和西安市劳动模范，他说：“技能首先是一种工作态度，技能就是标准与规范，技能的载体就是图纸和工艺文件，现代技能需要创造思维、技能能够改变命运。”

为了实现目标，降低成本，纪刚自费购买专业资料，利用节假日勤奋钻研，多次上门拜访西安交通大学教授，边做边学，历时一年，先后四次修改电路板，五次改变设计图纸和操作工艺，最终获得国家发明专利。同时，在不断提高自身素质的同时，积极发挥劳模引领作用，参与拍摄制作了30多部技能操作教学视频。这些视频被上传到工信部全国产业工人学习网平台，同时还被全国3 000多所高校和职业院校广泛使用，为全国培养高技能人才做出了突出贡献。

[本文摘录自2020年4月29日《西安日报》。更多纪刚劳模先进事迹的媒体报道和Word版介绍资料，请访问中国铁道出版社教育资源数字化平台（https://www.tdpress.com/51eds）。]

习　题

1. 填空题（20分，每题2分）

（1）信道是连接两个应用设备的端到端的传输通道，包括________和________。（参考3.1）

（2）缆线是________和________的统称。（参考3.1）

（3）建筑物配线设备的缩略词是________，建筑群配线设备的缩略词是________。（参考3.2）

（4）智能建筑实际工程设计中，有土建设计、水暖设计、强电设计和________设计等多个专业，综合布线系统的设计一般在________电设计阶段进行。（参考3.4）

（5）综合布线工程设计中，编制信息点数量统计表的目的是快速准确地统计________。（参考3.4.2）

（6）________直接决定综合布线系统网络拓扑图。（参考3.4.2）

（7）________是综合布线施工必需的技术文件，主要规定房间编号，每个信息点的编号，

配线架编号，端口编号，机柜编号等。（参考3.4.2）

（8）材料表主要用于工程项目________和现场施工管理。（参考3.4.2）

（9）________是确认总造价的依据，也是工程项目合同的附件，更是甲乙双方最为关注和纠结的技术文件。（参考3.4.2）

（10）________用于安排和控制施工进度，合理安排作业工序。（参考3.4.2）

2. 选择题（30分，每题3分）

（1）（　　）属于永久链路。（参考3.1）

A. 设备缆线　B. 跳线　C. 水平缆线　D. CP缆线

（2）（　　）是楼层配线设备至信息点之间的连接缆线。（参考3.1）

A. 设备缆线　B. 跳线　C. 水平缆线　D. CP缆线

（3）（　　）是用户接入点配线设备至建筑物内用户单元信息配线箱之间相连接的光缆。（参考3.1）

A. 配线光缆　B. 用户光缆　C. 户内缆线　D. 建筑物主干缆线

（4）请选择下列名词术语对应的缩略词。（参考3.2）

光纤（　　）　交换机（　　）　信息点（　　）　终端设备（　　）

A. TE　B. OF　C. TO　D. SW

（5）下列（　　）选项属于弱电设计内容。（参考3.4）

A. 摄像机缆线规格　B. 空调插座位置

C. 办公区位置　D. 网络接口位置

（6）（　　）在综合布线工程实践中是常用的统计和分析方法，也适合监控系统、楼控系统等设备比较多的各种工程应用。（参考3.4.2）

A. 端口对应表　B. 点数统计表　C. 施工图　D. 系统图

（7）（　　）可以反映综合布线系统的主要组成部分和连接关系。（参考3.4.2）

A. 点数统计表　B. 系统图　C. 材料表　D. 施工图

（8）工程图纸标题栏包括（　　）。（参考4.3.2）

A. 项目名称　B. 图纸编号

C. 设计人签字　D. 建筑工程名称

（9）（　　）设计的目的就是规定布线路由在建筑物中安装的具体位置。（参考4.3.2）

A. 点数统计表　B. 系统图　C. 材料表　D. 施工图

（10）下列（　　）信息属于材料表。（参考4.3.2）

A. 名称　B. 型号　C. 价格　D. 数量

3. 简答题（50分，每题10分）

（1）简述信道、永久链路、CP链路之间的区别与关系。（参考3.1）

（2）网络综合布线工程一般设计项目包括哪些主要内容？（参考3.4.1）

（3）综合布线系统图设计有哪些要点？（参考3.4.2）

（4）简述信息点FD3-2-7-10Z-15的各部分含义。（参考3.4.2）

（5）简述综合布线系统工程一般的五个施工阶段。（参考3.4.2）

请扫描“单元3习题”二维码下载Word版。

文件

单元3习题

实训4　综合布线系统设计实训

1. 实训任务来源

综合布线系统工程设计项目和设计方法训练。

2. 实训任务

图3-46所示为综合布线系统模型，每人独立完成其综合布线系统设计的7项设计任务，要求内容正确、完善。

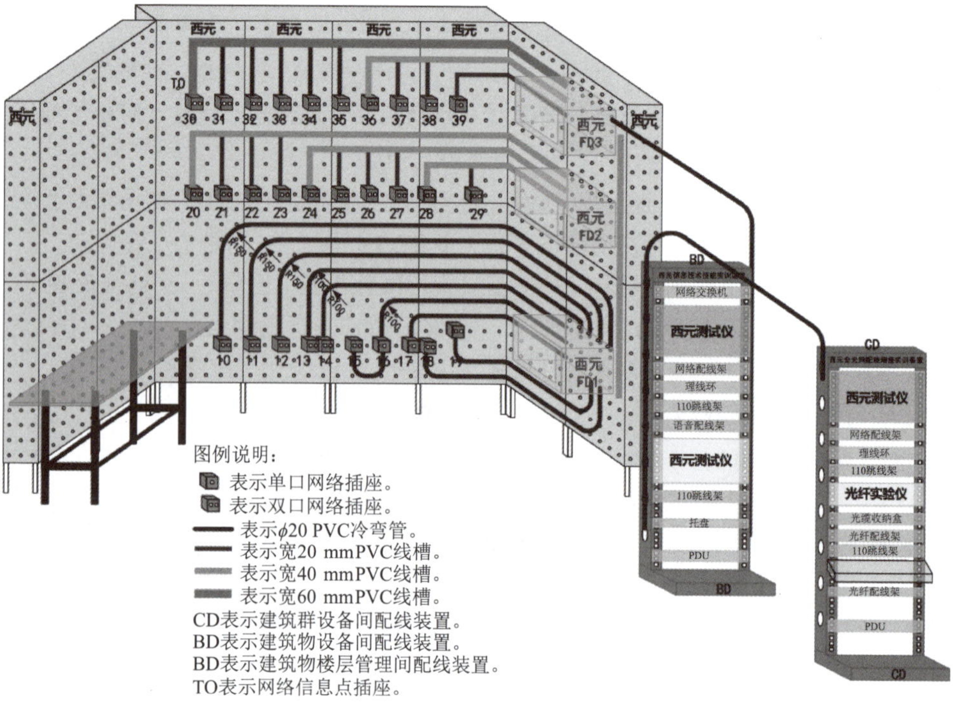

图3-46　综合布线系统模型

3. 技术知识点

（1）掌握综合布线系统的7个子系统。

（2）熟悉综合布线相关标准对工程设计的相关规定，如系统基本构成、系统配置设计等。

（3）明确综合布线系统工程工程设计的7项设计任务。

①点数统计表编制；②系统图设计；③端口对应表设计；④施工图设计；⑤材料表编制；⑥预算表编制；⑦施工进度表编制

4. 关键技能

（1）掌握点数统计表的编制方法，表格设计合理，数据正确。

（2）掌握系统图的设计方法，图形符号必须正确，连接关系清楚。

（3）掌握端口对应表的编制方法，表格设计合理，编号正确。

（4）掌握施工图的设计方法，图形符号必须正确，布线路由合理。

（5）掌握材料表的编制方法，表格设计合理，材料名称和型号、数量准确。

（6）掌握预算表的编制方法，表格设计合理，材料名称和型号、数量、价格准确。

（7）掌握施工进度表的编制方法，施工工序正确，施工时间合理。

5. 实训课时

（1）该实训共计2课时完成，其中技术讲解10分钟，视频演示20分钟，学员设计50分钟，实训总结10分钟。

（2）课后作业2课时，独立完成实训报告，提交合格实训报告。

6. 实训指导视频

实训4-综合布线系统设计实训（18分36秒），请扫描二维码观看。

视频

综合布线系统设计实训

7. 实训工具

计算机及相关设计软件。

8. 实训步骤

1）预习和播放视频

课前应预习，初学者提前预习，请多次认真观看综合布线系统设计实训实操视频。

实训时，教师首先讲解技术知识点和关键技能10分钟，然后播放视频20分钟。更多内容可参考本书单元1、2、3相关内容。

2）设计实训内容

第一步：编制点数统计表。使用Microsoft Excel工作表软件完成点数统计表的编制，注意表格设计合理，数据正确。

第二步：系统图设计。使用CAD或Visio软件完成系统图的设计，注意图形符号必须正确，连接关系清楚。

第三步：编制端口对应表。使用Microsoft Word软件完成端口对应表的编制，注意表格设计合理，编号正确。

第四步：施工图设计。使用CAD或Visio软件完成施工图的设计，注意图形符号必须正确，布线路由合理。

第五步：编制材料表。使用Microsoft Word软件完成材料表的编制，注意表格设计合理，材料名称和型号、数量准确。

第六步：编制施工进度表。使用Microsoft Excel工作表软件完成施工进度表的编制，注意施工工序正确，施工时间合理。

9. 评判标准

综合布线系统的设计评判项目建议见表3-6~表3-11。

表3-6　综合布线系统信息点数量统计表评判项目表

姓　名	表格设计合理 10分	数据正确 60分	文件名称正确 10分	签字和日期正确 10分	按时完成 10分	合　计

表3-7　综合布线系统图设计评判项目表

姓　名	图形符号 正确 10分	连接关系 正确 40分	缆线型号 正确 10分	图例说明 完整 10分	图面布局 合理 10分	标题栏 完整 10分	按时完成 10分	合　计

表3-8　综合布线系统端口对应表评判项目表

姓　　名	图形符号正确10分	连接关系正确30分	缆线型号正确10分	图例说明完整20分	图面布局合理10分	标题栏完整10分	按时完成10分	合计

表3-9　综合布线系统施工图评判项目表

姓　　名	图形符号正确10分	布线路由合理正确40分	位置设计合理正确10分	说明完整10分	图面布局合理10分	标题栏完整10分	按时完成10分	合　　计

表3-10　综合布线系统工程材料统计表评判项目表

姓　　名	表格设计合理10分	文件名称正确10分	材料名称型号准确20分	规格齐全10分	数量正确20分	易耗品齐全10分	签字日期正确10分	按时完成10分	合　　计

表3-11　综合布线系统工程施工进度表评判项目表

姓　　名	表格设计合理10分	文件名称正确10分	工序工种齐全正确30分	进度安排合理30分	签字日期正确10分	按时完成10分	合　　计

综合布线系统设计实训项目成绩统计表见表3-12。

表3-12　综合布线系统设计实训项目成绩统计表

姓　　名	点数量统计表	系统图设计	端口对应表	施　工　图	工程材料统计表	工程施工进度表	合　　计

10. 实训报告

文件

实训4

请按照单元1表1-1所示的实训报告要求和模板，独立完成实训报告，2课时。具体设计任务作为实训报告的附件。

请扫描“实训4”二维码下载Word版。

单元4

综合布线工程常用器材和工具

在综合布线工程设计中，离不开电缆和光缆等各种传输介质、连接器件等各种器材，在施工安装中离不开工具。因此本单元将重点学习和掌握这些传输介质、连接器件、设备器材和常用工具的专业知识和使用方法，为后续工程设计和施工做好技术准备。

学习目标

- 了解网络传输介质及其分类，掌握常用器材的性能和用途。
- 掌握双绞线电缆、光缆的规格型号、技术性能和用途。
- 掌握综合布线工程常用连接器件的机械结构、电气工作原理以及常用规格。
- 掌握常用工具的使用方法和要求。

在各种网络信息系统中，最基础的就是通信线路和传输问题。网络通信分为有线通信和无线通信两种，有线通信是利用电缆或光缆来充当传输介质，无线通信是利用卫星、微波、红外线来传输信号。目前，在通信线路上使用的传输介质有双绞线电缆、大对数双绞线电缆、光缆等。

随着智慧城市、智能建筑、智能家居、智能制造和5G的快速发展应用，综合布线系统越来越重要和普及，特别是对光缆、双绞线电缆、连接器件等传输介质的技术性能和质量要求越来越高，没有高质量的传输介质，就没有高质量的综合布线系统。为了做到理实合一，直观快速掌握本单元内容，我们以图4-1所示的综合布线工程常用的电缆、光缆、工具和管槽器材实物展示柜为例展开介绍。请扫描二维码观看或下载图4-1彩色高清图片。

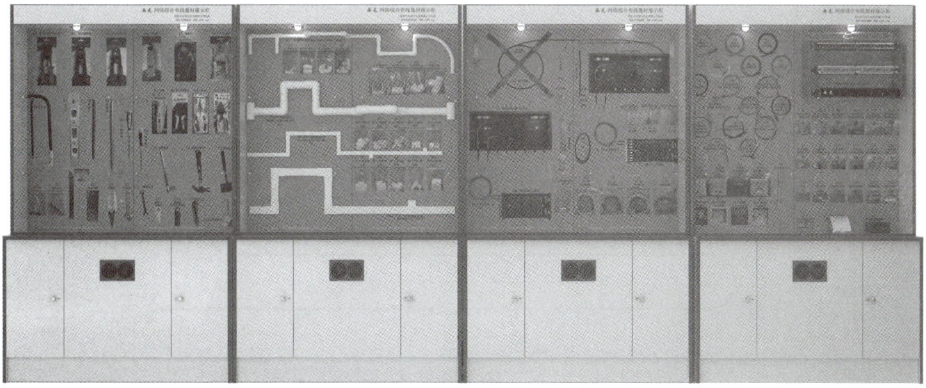

图4-1　综合布线工程常用器材和工具展示柜

文件

图4-1
彩色高清图片

4.1 双绞线电缆

4.1.1 双绞线电缆基本电气特性规定

GB 50311—2016《综合布线系统工程设计规范》国家标准第6章性能指标中，明确提出双绞线电缆基本电气特性应符合下列规定：

（1）信道每个线对中，两个导体之间的交流环路电阻，不平衡度不应超过3%。

在实际生产中，每个线对是由两根独立的导体绞绕而成的，每根导体都存在直径、均匀度等误差，可能造成两根导体之间的电阻不平衡。在实际工程应用中接触不良也会导致电阻不平衡。图4-2所示为两个导体之间的交流环路电阻不平衡度测试方法示意图。

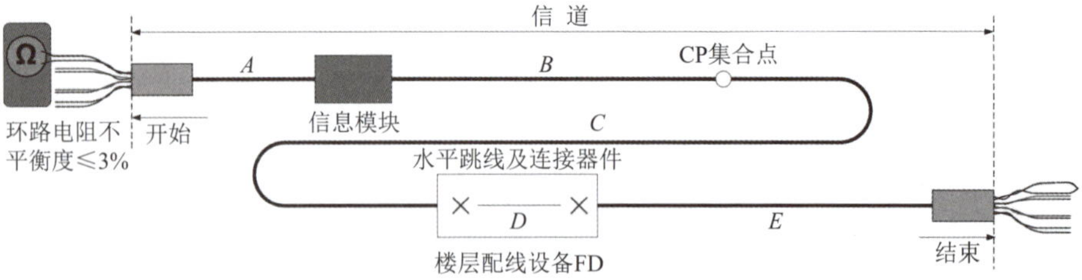

图4-2 环路电阻不平衡度测试方法示意图

（2）电缆在所有的温度下应用时，信道每一导体最小载流量应为0.175 A（直流），每根电缆的最大载流量应为0.175 × 4=0.7 A，在PoE++应用中，八芯电缆分配为四出四进。图4-3所示为导体最小载流量测试方法示意图。

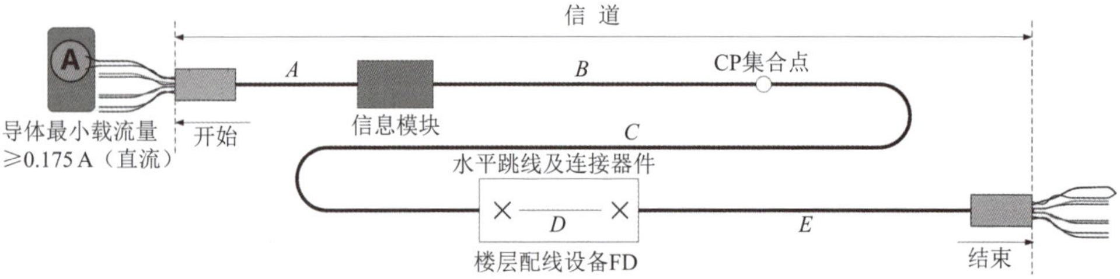

图4-3 导体最小载流量测试方法示意图

（3）布线系统在工作环境温度下，信道应支持任意导体之间72 V（直流）的工作电压。在PoE++应用中，普遍使用的为48 V工作电压，也有少部分设备可提供最高72 V工作电压。图4-4所示为导体之间工作电压测试方法示意图。

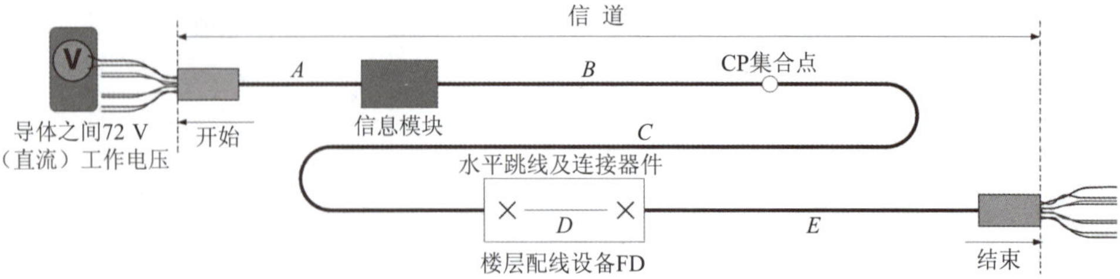

图4-4 导体之间工作电压测试方法示意图

（4）布线系统在工作环境温度下，信道每个线对应支持承载相应的功率。

2019年最新的PoE++标准应用中，平均每对线承载22.5 W功率，考虑到电缆的八芯分配为四出四进时，即每根电缆应能承载约22.5 W的标称功率值。四根芯线承载22.5 × 4=90 W。图4-5所示为每个线对支持承载功率测试方法示意图。

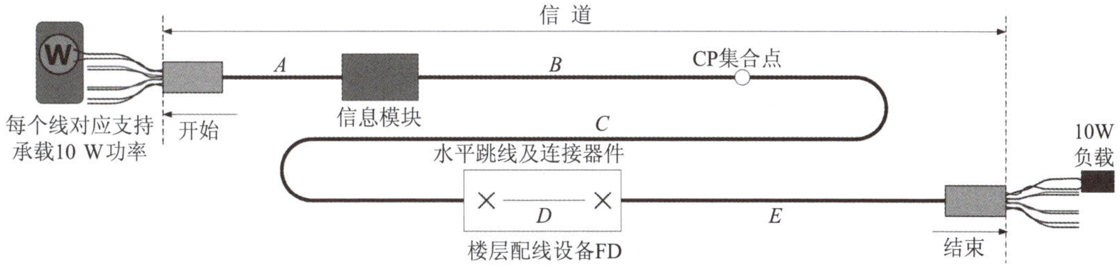

图4-5　每个线对支持承载功率测试方法示意图

说明：图4-2至4-5中，*A*为工作区终端设备电缆长度，*B*为CP缆线长度，*D*为配线设备连接跳线长度，*E*为配线设备到设备连接电缆长度，$B+C \leqslant 90$ m，$A+D+E \leqslant 10$ m。

（5）2 m、5 m对绞电缆跳线的指标参数值应包括回波损耗、近端串音。

4.1.2　双绞线电缆传输距离规定

GB 50311《综合布线系统工程设计规范》附录C规定，电缆在通信业务网中的应用等级与传输距离应符合表4-1的规定。

表4-1　双绞线电缆应用传输距离

应用网络	布线类别				应用距离/m	备　注
10BASE-T以太网	3	5e	6	6_A	100	—
100BASE-TX以太网	—	5e	6	6_A	100	—
1000BASE-T以太网	—	5e	6	6_A	100	—
10GBASE-T以太网	—	—	—	6_A	100	—
ADSL	3	5e	6	6_A	5 000	1.5 ~ 9 Mbit/s
VDSL	3	5e	6	6_A	5 000	1 500 m时，12.9 Mbit/s；300 m时，52.8 Mbit/s
模拟电话	3	5e	6	6_A	800	—
FAX传真	3	5e	6	6_A	5 000	—
ATM 25.6	3	5e	6	6_A	100	—
ATM 51.84	3	5e	6	6_A	100	—
ATM 155.52	—	5e	6	6_A	100	—
ATM 1.2G	—	—	6	6_A	100	—
ISDN BRI	3	5e	6	6_A	5 000	128 kbit/s
ISDN PRI	3	5e	6	6_A	5 000	1.472 Mbit/s

以太网（EtherNet）采用的是CSMA/CD访问控制法，它们都符合IEEE 802.3，规定了包括物理层的缆线、电信号和介质访问层协议的内容。以太网为1980年DEC、Intel和Xerox三家公司联合开发的一个标准，是应用最为广泛的局域网，包括标准以太网（10 Mbit/s）、快速以太网（100 Mbit/s）和10G（10 Gbit/s）以太网。

ATM（Asynchronous Transfer Mode）为异步传输模式，ATM是一项数据传输技术，它适用于局域网和广域网，具有高速数据传输率，支持多种类型的通信协议，包括声音、数据、传真、图像、实时视频等。

从表4-1可看到，在以太网和ATM网络中，双绞线电缆的最大应用传输距离为100 m，这就是在综合布线系统中，信道不超过100 m，永久链路不超过90 m的理论依据。在实际工程设计中，一般按照“设备缆线≤5 m；永久链路≤90 m；工作区设备缆线≤5 m”的原则，这样就能保证信道不超过100 m。

ADSL（asymmetric digital subscriber line）因为上行和下行带宽不对称，因此称为非对称数字用户线环路。它采用频分复用技术把普通的电话线分成了电话、上行和下行三个相对独立的信道，从而避免了相互之间的干扰。即使边打电话边上网，也不会发生上网速率和通话质量下降的情况。通常ADSL在不影响正常电话通信的情况下可以提供最高3.5 Mbit/s的上行速度和最高24 Mbit/s的下行速度。

VDSL（very high speed digital subscriber line，超高速数字用户线路），短距离内的最大下载速率可达55 Mbit/s，上传速率可达19.2 Mbit/s。简单地说，VDSL就是ADSL的快速版本。

ISDN（integrated services digital network，综合业务数字网），它是一种典型的电路交换网络系统，也是一个数字电话网络国际标准。ISDN是一种在数字电话网IDN的基础上发展起来的通信网络，ISDN能够支持多种业务，包括电话业务和非电话业务。

从表4-1我们看到，在ADSL、VDSL、ISDN、FAX等采用电话线的网络应用中，最大应用传输距离为5 000 m。

4.1.3 双绞线电缆的分级与类别

综合布线电缆布线系统的分级与类别划分应符合表4-2的规定。其中5、6、6_A、7、7_A类布线系统应能支持向下兼容的应用。

表4-2 电缆布线系统的分级与类别

系统分级	系统产品类别	支持最高带宽/MHz	支持应用器件	
			电缆	连接器件
A	—	0.1	—	—
B	—	1	—	—
C	3类（大对数）	16	3类	3类
D	5类（屏蔽和非屏蔽）	100	5类	5类
E	6类（屏蔽和非屏蔽）	250	6类	6类
E_A	6_A类（屏蔽和非屏蔽）	500	6_A类	6_A类
F	7类（屏蔽）	600	7类	7类
F_A	7_A类（屏蔽）	1 000	7_A类	7_A类

4.1.4 双绞线电缆的制造生产工序和检验

我们以非屏蔽双绞线电缆为例,介绍制造过程和检验项目，一般制造生产工序为：铜棒拉丝→单芯覆盖绝缘层→两芯绞绕→4对绞绕→覆盖外绝缘层→印刷标记→成卷。

首先将铜棒拉制成直径为0.50 mm（5类）或0.55 mm（6类）的铜导线，然后在铜导线外均匀覆盖绝缘层；接着将两根导线绞绕在一起，再将4对单绞线按照一定的节距进行第二次绞绕；最后在经过两次绞绕的4对双绞线外，覆盖保护绝缘外套。工厂专业化大规模生产非屏蔽5类双绞线电缆的生产工艺流程如图4-6所示，分为铜棒拉丝、绝缘、绞对、成缆、护套五项。

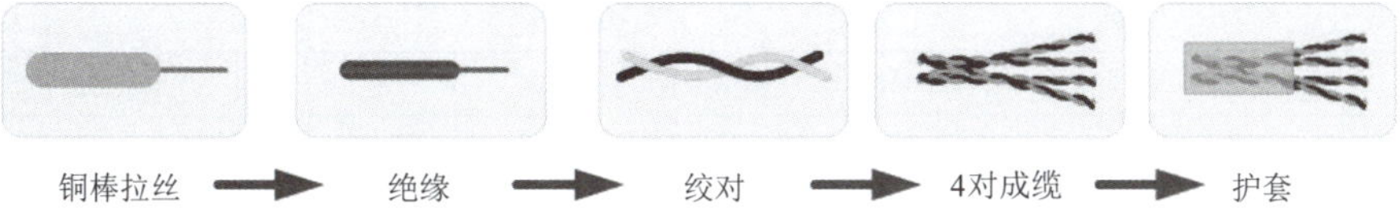

图4-6　非屏蔽5类双绞线电缆生产工艺流程

下面详细介绍主要生产流程和产品出厂检验技术指标：

生产工序1：铜棒拉丝

拉丝工艺是一种金属拉丝工艺，在对金属的压力加工过程中，使金属强行通过模具，金属横截面积被压缩，并获得所要求的横截面积形状和尺寸的金属丝。现代化生产中使用专业拉丝机进行拉丝，其生产过程如图4-7所示。

拉丝工艺是将铜棒拉制成直径为0.50 mm的铜导线，如果导线直径小于0.50 mm时，成缆后检验将不合格；如果导线直径太粗时，将增加生产成本。因此生产企业一般都把铜棒拉制成直径为0.50 mm ~ 0.52 mm的铜导线，使用激光测径仪精确测量导线直径。

生产工序2：导线覆盖绝缘层

在这个生产工序中，要特别注意保证绝缘外径、同轴度和延伸率。图4-8所示为线芯覆盖绝缘层工序，表4-3所示为绝缘线检测项目、指标和方法。

图4-7　铜棒拉丝生产工序

图4-8　线芯覆盖绝缘层生产工序

表4-3　绝缘线检测项目、指标和方法

序　号	检测项目	指　标	方　法
1	导体直径	0.511/mm	激光测径仪
2	绝缘外径	0.92/mm	激光测径仪
3	绝缘最大偏心	≤0.020/mm	激光测径仪
4	导体伸长率	20% ~ 25%	伸长试验仪
5	同轴电容	228/（pF·m^{-1}）	电容测试仪
6	火花击穿数	≤2个（3 500 V直流电压）	火花记录器
7	颜色	孟塞尔色标	比色

生产工序3：电缆绞对

双绞线电缆制造过程中，将绝缘线芯绞合成线组，除了保持回路传输参数稳定，增加电缆弯曲性能便于使用，还可以减少电缆组间的电磁耦合，利用其交叉效应来减小线对/组间的串音。线对绞对的节距大小及节距的配合情况，直接影响电缆的串音指标。可用线组绞合节距的相互配合，来减少组间的直接系统性耦合，以达到减小串音的目的。电缆绞对工序如图4-9所示，检测项目、指标和方法要求见表4-4。

表4-4　绞对检测项目、指标和方法

序　　号	检 测 项 目	指　　标	方　　法
1	节距	白蓝10 mm，白橙15.6 mm，白绿12.5 mm，白棕18 mm	直尺测量
2	绞向	Z向（右向）	目测
3	单根导线直流电阻	≤93 Ω	电阻表
4	绞对前后电阻不平衡	≤2%	（大电阻值-小电阻值）/（大电阻值+小电阻值）×100%
5	耐高压	2 kV直流，3 s，无击穿	高压发生器

生产工序4：成缆

为提高生产效率和产量，多数厂家常用群绞设备，群绞机在成缆时联动了绞对和成缆，缩短了绞对工序与成缆工序之间的等待时间，减少了生产周期，提高了生产效率。

4对非屏蔽双绞线电缆的成缆相对比较简单，束绞或S-Z绞都是可以采用的工艺方式，以一定的成缆节距，减小线对间的串音等。图4-10所示为成缆生产工序。

生产工序5：护套

护套工序在生产中类似于电缆的绝缘工序，该工序为已经绞绕好的8芯电缆覆盖一层保护外套，如图4-11和图4-12所示，分别是覆盖保护套和护套印字生产工序。

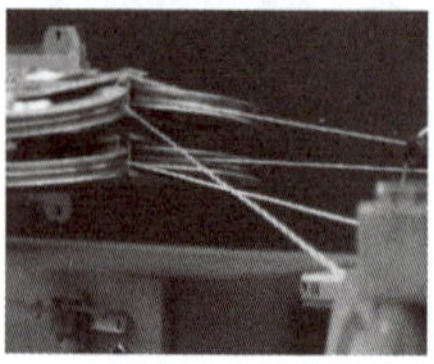

图4-9　电缆绞对工序

图4-10　成缆生产工序

图4-11　覆盖保护套

图4-12　护套印字

电缆护套一般分为屏蔽或非屏蔽，阻燃或非阻燃，室内或室外等多种规格。表4-5为5e类非屏蔽室内双绞线电缆护套检测项目、指标和方法。

表4-5　护套检测项目、指标和方法

序　　号	检 测 项 目	指　　标	方　　法
1	外观检测	光滑、圆整、无孔洞、无杂质	目测
2	最小护套厚度	标称：0.6 mm	游标卡尺
3	偏心	≤0.20 mm（在电缆同一截面上测量）	游标卡尺
4	电缆外径	标称：5.4 mm	纸带法
5	记米长度误差	≤0.5%	卷尺

4.1.5　双绞线电缆的命名方式

GB 50311《综合布线系统工程设计规范》国家标准条文说明中，给出了双绞线电缆的命名方式，这个命名方式来自于国际标准，因此在全世界都是统一的。双绞线电缆的命名方式一般参照国际标准《用户建筑通用布线系统》ISO/IEC 11801—2010.4的相关规定。

综合布线系统推荐的电缆统一命名方法使用XX/Y ZZ编号表示，如图4-13所示，其中：

（1）XX表示电缆整体结构，U为非屏蔽、F为金属箔屏蔽、S为金属编织物屏蔽、SF为金属编织物+金属箔屏蔽；

（2）Y表示线对屏蔽状况，U为非屏蔽，F为金属箔屏蔽；

（3）ZZ表示线对状态，TP为两芯对绞线对，TQ为四芯对绞线对。

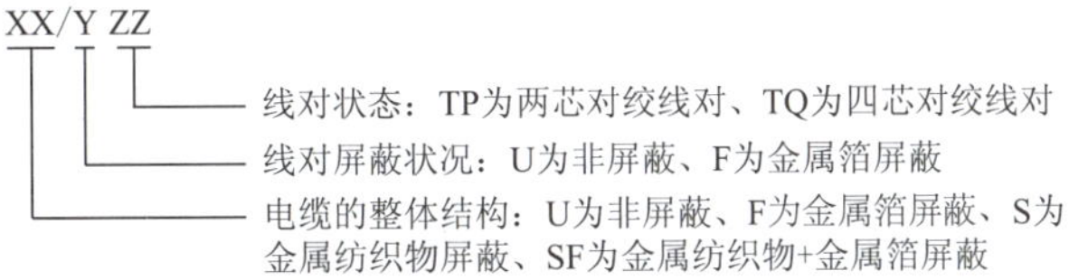

图4-13 双绞线电缆的命名方式

按照该规定，双绞线电缆的型号可以分为以下8种类型：

（1）U/UTP，表示非屏蔽外护套结构，非屏蔽的两芯对绞线对电缆，简称非屏蔽电缆。

（2）F/UTP，表示金属箔屏蔽外护套结构，非屏蔽的两芯对绞线对电缆，简称屏蔽电缆，该电缆外护套有金属箔屏蔽层。

（3）U/FTP，表示非屏蔽外护套结构，金属箔屏蔽的两芯对绞线对电缆，简称屏蔽电缆，该电缆线对有金属箔屏蔽层。

（4）SF/UTP，表示金属编织物+金属箔屏蔽外护套结构，非屏蔽的两芯对绞线对电缆，简称双屏蔽电缆，该电缆外护套有1层金属编织物屏蔽层和1层金属箔屏蔽层。

（5）S/FTP，表示金属编织物屏蔽外护套结构，金属箔屏蔽的两芯对绞线对电缆，简称双屏蔽电缆，该电缆外护套有金属编织物屏蔽层，线对有金属箔屏蔽层。

视频

电缆展示柜介绍

（6）U/UTQ，表示非屏蔽外护套结构，非屏蔽的四芯对绞线对电缆，简称非屏蔽电缆，该电缆为四芯对绞电缆。

（7）U/FTQ，表示非屏蔽外护套结构，金属箔屏蔽的四芯对绞线对电缆，简称屏蔽电缆，该电缆线对有金属箔屏蔽层。

（8）S/FTQ，表示金属编织物屏蔽外护套结构，金属箔屏蔽的四芯对绞线对电缆，简称双屏蔽电缆，该电缆外护套有金属编织物屏蔽层，线对有金属箔屏蔽层。

音频

电缆展示柜介绍

为了直观地介绍双绞线电缆的型号和规格，方便教学和学生参观实训，快速掌握常用双绞线电缆知识，认识产品和积累工程经验，我们以电缆展示柜为例，展开介绍和说明。电缆展柜精选了电缆传输系统的典型缆线和设备进行展示和介绍，如图4-14所示。请在本单元教学实训中，扫描“电缆展示柜介绍”二维码观看或下载配套的教学视频和音频文件，对照实物反复学习和熟悉更多双绞线电缆。

4.1.6 非屏蔽双绞线电缆

目前，非屏蔽双绞线电缆的市场占有率高达90%以上，主要用于建筑物楼层管理间到工作区信息插座等配线子系统部分的布线，也是综合布线系统工程中施工最复杂，材料用量最大，质量最重要的部分。

常用的非屏蔽双绞线电缆种类为U/UTP，非屏蔽外护套结构，非屏蔽的两芯对绞线对电缆，简称非屏蔽电缆。非屏蔽双绞线电缆的色谱由1个主色白色，4个副色蓝、橙、绿、棕组成，具体色谱如下：

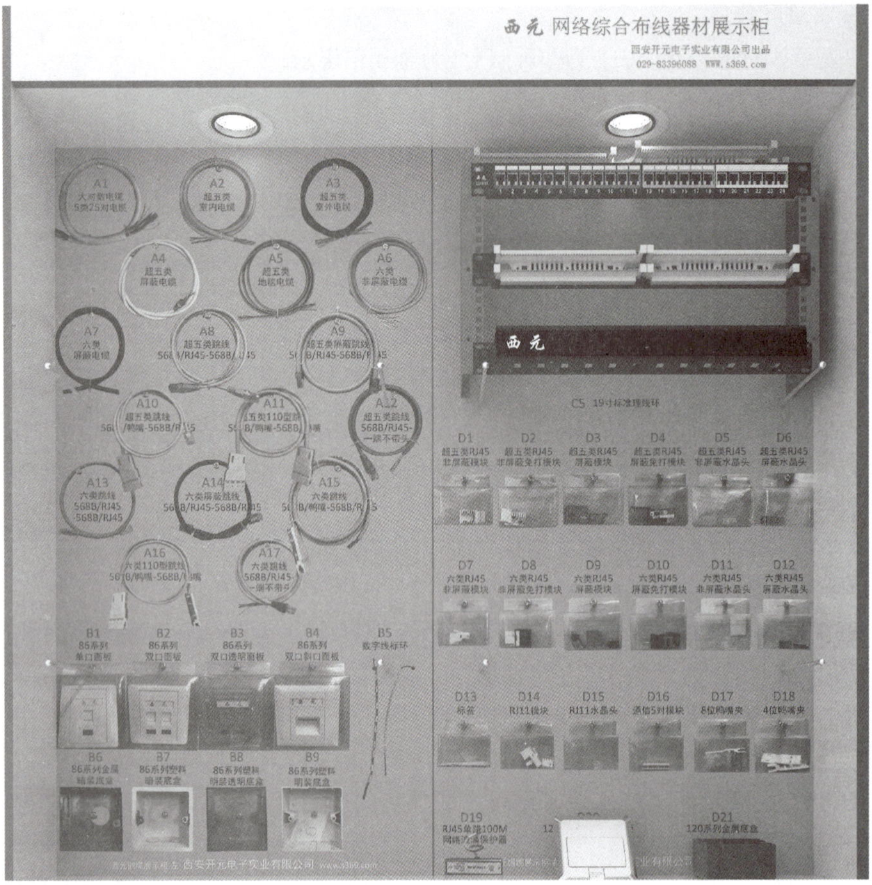

图4-14　电缆展示柜

白橙、橙，白蓝、蓝，白绿、绿，白棕、棕。

非屏蔽电缆规格又分为5类，5e类，6类，6_A等。图4-15所示为常用5e类非屏蔽双绞线电缆（5e U/UTP）线对示意图，分别由外护套和蓝、橙、绿、棕4对双绞线扭绞组成。

图4-16所示为5e类非屏蔽双绞线电缆（5e U/UTP）包装箱，包装箱外形尺寸为长350 mm，宽208 mm，高355 mm，体积为26 dm^3，整箱毛重为10 kg。包装箱侧面设计有出线孔，正面设计有手提孔，方便搬运。包装箱外面应该印刷有企业Logo，产品名称、规格、数量等信息，没有这些信息时，可能为不合格产品或假冒产品。箱外的“Pull Wire Here”英文翻译为“在这里拉线”，“Structured Cabling Solutions”英文翻译为“结构化布线解决方案”。

图4-17所示为包装箱侧面出线孔和电缆固定夹，以及预留的线端插入十字孔，保护线端不受损伤，同时满足电缆曲率半径的要求。

图4-18所示为线端长度标记，在收货验收时，首先查看箱外标签与线端标志，合格产品应为“305 m”，没有标记或者不是305 m时属于不合格产品。5e类非屏蔽双绞线电缆（5e U/UTP）一般每箱长度为305 m。图4-19为包装箱标签照片，应清楚标注产品规格、长度、颜色以及品牌Logo、出厂日期、厂家名称、地址、电话等信息。产品收货时，检查产品规格、长度、颜色等信息应与标识的信息一致，没有这些信息或者产品与标注不一致时，应判定为三无或假冒产品。

图4-15　5e线对

图4-16　包装箱

图4-17　出线孔

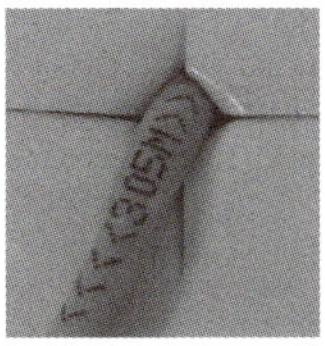

图4-18　305 m标记

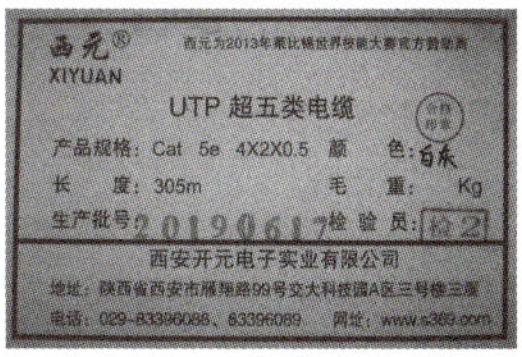

图4-19　包装箱标签

图4-20所示为6类非屏蔽双绞线电缆（6U/UTP）的线对，图4-21所示为6U/UTP线对扭绞结构示意图，在图4-20基础上增加了塑料十字骨架。图4-22所示为包装轴照片，图4-23所示为放线盘应用照片。

图4-20　6U/UTP线对

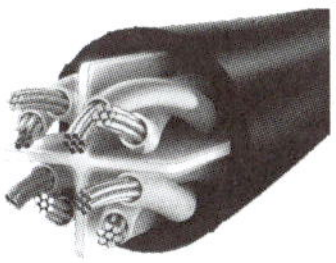

图4-21　6U/UTP扭绞结构

图4-22　包装轴照片

图4-23　放线盘应用照片

4.1.7　屏蔽双绞线电缆

常用的屏蔽双绞线电缆规格分为6类、6_A类、7类、7_A类等。

屏蔽双绞线电缆的屏蔽层结构分为三类，具体如下：

（1）外护套屏蔽结构，在4对双绞线外增加屏蔽层，常见型号如下：

①F/UTP，如图4-24所示，金属箔屏蔽外护套结构。

②SF/UTP，如图4-25所示，金属编织物+金属箔屏蔽外护套结构。

（2）线对屏蔽结构，在每组线对外增加屏蔽层，常见型号如下：

U/FTP，如图4-26所示，非屏蔽外护套结构，金属箔屏蔽的两芯对绞线对结构。

（3）外护套屏蔽+线对屏蔽结构，也叫双屏蔽结构，常见型号如下：

S/FTP，如图4-27所示，金属编织物屏蔽外护套+金属箔屏蔽的两芯对绞线对结构。

常用的屏蔽双绞线电缆的色谱与非屏蔽双绞线电缆的色谱相同，也是由1个主色白色，4个副色蓝、橙、绿、棕组成，如图4-24至图4-27所示，具体色谱如下。

白橙、橙，白蓝、蓝，白绿、绿，白棕、棕。

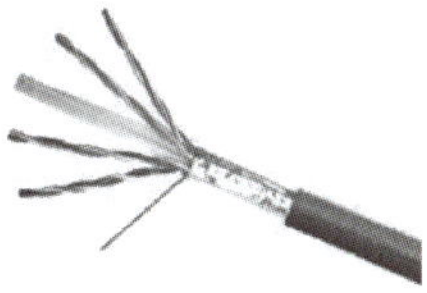

图4-24　F/UTP屏蔽结构

图4-25　SF/UTP屏蔽结构

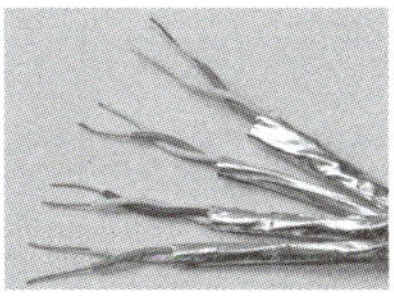

图4-26　U/FTP屏蔽结构

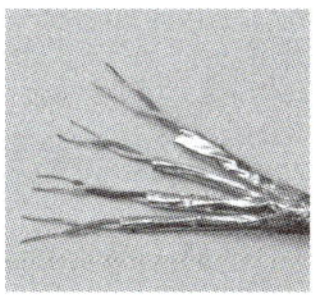

图4-27　S/FTP屏蔽结构

4.1.8　大对数电缆

（1）大对数电缆的组成。大对数电缆由25对具有绝缘保护层的铜导线组成，一般有3类25对大对数电缆和5类25对大对数电缆，可为用户提供更多的可用线对。大对数电缆一般常用于垂直子系统，替代多根4对双绞线电缆，也用于电话系统。

（2）大对数电缆的规格。大对数电缆的规格分为屏蔽大对数电缆和非屏蔽大对数电缆，如图4-28、图4-29所示。其中，非屏蔽大对数电缆主要用于综合布线工程中的垂直子系统，作为建筑物的干线电缆，负责连接管理间子系统到设备间子系统。屏蔽大对数电缆则是在缆线护套增加了一层铝箔屏蔽层，减小电磁干扰，起到更好的屏蔽作用。

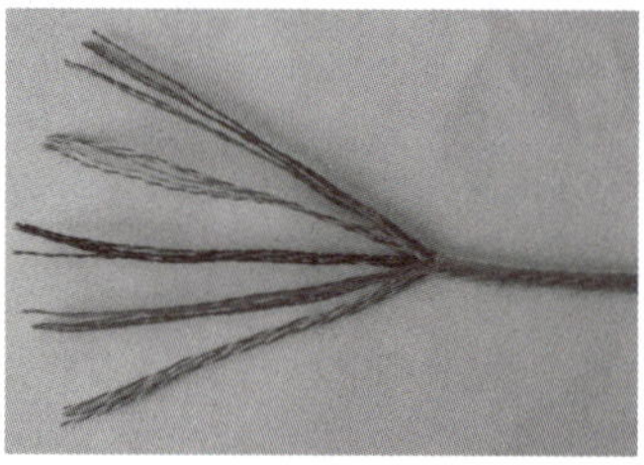

图4-28　非屏蔽大对数电缆

图4-29　屏蔽大对数电缆

（3）大对数电缆的色谱。大对数电缆的色谱必须符合相关国际标准和中国标准，共有10种颜色组成，见表4-6。主色为白、红、黑、黄、紫5种，副色为蓝、橙、绿、棕、灰5种。

表4-6　大对数电缆色谱表

主色	白	红	黑	黄	紫
副色	蓝	橙	绿	棕	灰

5种主色和5种副色组成25种色谱，其色谱如下：

白谱：白蓝，白橙，白绿，白棕，白灰；

红谱：红蓝，红橙，红绿，红棕，红灰；

黑谱：黑蓝，黑橙，黑绿，黑棕，黑灰；

黄谱：黄蓝，黄橙，黄绿，黄棕，黄灰；

紫谱：紫蓝，紫橙，紫绿，紫棕，紫灰。

50对电缆由2个25对组成，100对电缆由4个25对组成，以此类推。每组25对再用副色标识，例如，蓝、橙、绿、棕、灰。

4.2　双绞线电缆连接器件

为了直观地介绍电缆连接器件，方便教学和学生参观实训，快速掌握常用电缆连接器件，认识产品和积累工程经验，我们以电缆展柜为例，逐一介绍和说明。

4.2.1　双绞线电缆连接器件性能指标规定

GB 50311《综合布线系统工程设计规范》国家标准第6章性能指标中，明确提出了双绞线电缆连接器件基本电气特性应符合下列规定：

（1）D级、E级、F级的对绞电缆布线信道器件的标称阻抗应为100 Ω，具体支持最高带宽和应用器件如下：

D级对应5类产品，支持最高带宽为100 MHz，支持5类电缆和连接器件；

E级对应6类产品，支持最高带宽为250 MHz，支持6类电缆和连接器件；

F级对应7类产品，支持最高带宽为600 MHz，支持7类电缆和连接器件。

（2）配线设备模块工作环境的温度应为-10～+60 ℃。

（3）连接器件模块应具有唯一的标记或颜色。

（4）连接器件应支持0.4 mm～0.8 mm线径导体的连接。如果导线线径小于0.5 mm，或者大于0.65 mm时，应考虑与连接器件的兼容性。

（5）连接器件的插拔次数不应小于500次。

4.2.2　双绞线电缆器件的连接方式规定

（1）RJ-45型8位模块通用插座，可按T568A或T568B的方式进行连接，如图4-30所示。

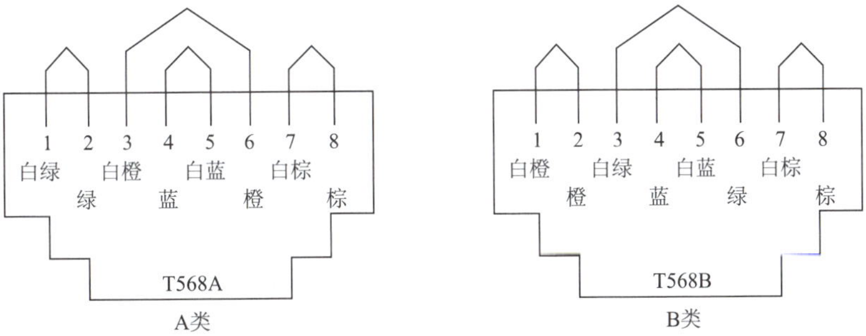

图4-30　RJ-45型8位模块式通用插座连接

（2）T568A连接图中的线对支持业务应用。

1号线对（蓝）普通电话。

1号线对（蓝）BRI（2B+D）U接口ISDN（综合业务数字网）。

1号线、2号线对（蓝-橙）BRI（ 2B+D） S/T接口lSDN（综合业务数字网）。

3号线、4号线对（绿-棕）56 bit/s、64 kbit/s传输速率接口。

1号线、3号线对（蓝-绿）E1/T1（2 Mbit/s、155 Mbit/s传输速率接口）。

2号线、3号线对（橙-绿）10/100 Mbit/s（以太网接口）。

（3）T568B连接图中线对支持业务应用。

1号线对（蓝）普通电话。

1号线对（蓝）BRI（2B+D）U接口ISDN（综合业务数字网）。

1号线、3号线对（蓝-绿）BRI（2B+D） S/T接口ISDN（综合业务数字网）。

2号线、4号线对（橙-棕）56 bit/s、64 kbit/s传输速率接口。

1号线、2号线对 （蓝-橙）E1/T1（2 Mbit/s、155 Mbit/s传输速率接口）。

2号线、3号线对（橙-绿）10/100 Mbit/s（以太网接口）。

（4）4对对绞电缆与非RJ-45模块终接时，应按线序号和组成的线对进行卡接，如图4-31和图4-32所示。7类布线系统的插座采用非RJ-45连接方式，图4-31所示的$7/7_A$模块插座连接方式1应符合IEC60603-7标准的描述，当插座使用插针1、2、3、4、5、6、7、8时，能够支持5类、6类和6_A类布线应用；当使用插针1、2、3'、4'、5'、6'、7、8时，能够支持7类和7_A类布线应用。

图4-32所示的$7/7_A$插座连接方式2应符合IEC 61076-7标准类的模块连接图要求，模块可以使用转换跳线兼容IEC 60603-7标准类型模块。

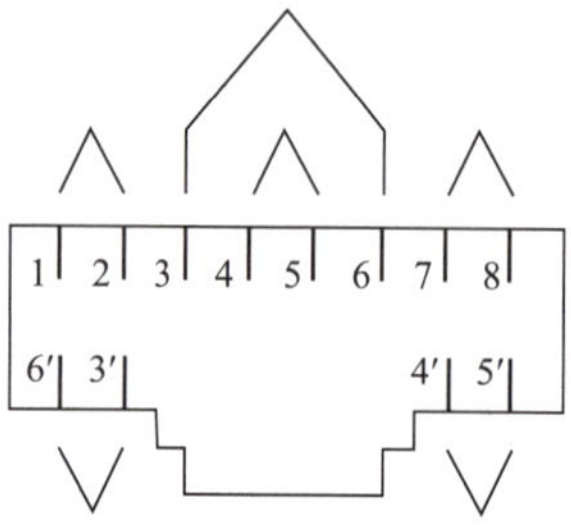

图4-31 7/7_A模块插座连接（正视）方式1

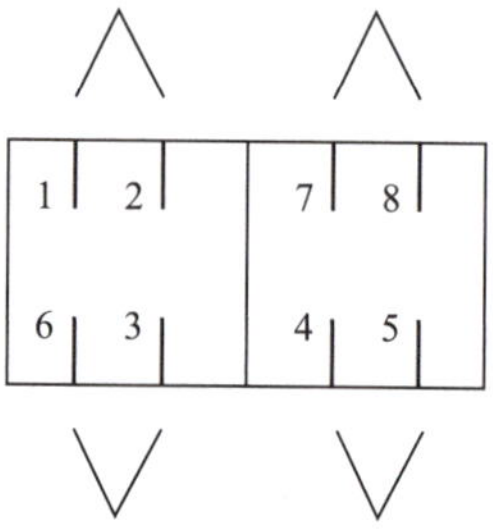

图4-32 7/7_A插座连接（正视）方式2

4.2.3 双绞线电缆连接器件相关国际标准

双绞线电缆连接器件的性能指标参数应符合表4-7所示的相关国际标准，这些性能指标参数包括回波损耗、插入损耗、近端串音、近端串音功率和、远端串音、远端串音功率和、输入阻抗、不平衡输入阻抗、 直流回路电流、时延、时延偏差、横向转换损耗、横向转换转移损耗、耦合衰减（屏蔽布线）、转移阻抗（屏蔽布线）、绝缘电阻、外部近端串音功率和、外部远端串音功率和等。

表4-7 双绞线电缆连接器件相关国际标准

布线系统类别		符合的标准	布线系统类别		符合的标准
非屏蔽布线系统	3类非屏蔽布线系统	IEC 60603-7	屏蔽布线系统	3类屏蔽布线系统	IEC 60603-7-1
	5类非屏蔽布线系统	IEC 60603-7-2		5类屏蔽布线系统	IEC 60603-7-3
	6类非屏蔽布线系统	IEC 60603-7-4		6类屏蔽布线系统	IEC 60603-7-5
	6_A类非屏蔽布线系统	IEC 60603-7-41		6_A类屏蔽布线系统	IEC 60603-7-51
	无			7类屏蔽布线系统	IEC 60603-7-7
	无			7_A类屏蔽布线系统	IEC 60603-7-71 IEC 61076-3-104 IEC 61076-3-110

从表4-7可以看到，目前7类、7_A类都是屏蔽布线系统，没有非屏蔽布线系统。

4.2.4 双绞线电缆永久链路的性能指标参数规定值

由双绞线电缆和连接器件组成的永久链路，其性能指标参数的规定值应符合GB 50311《综合布线系统工程设计规范》国家标准附录A的规定。具体包括永久链路、CP链路及信道的回波损耗、插入损耗、近端串音、近端串音功率和、衰减远端串音比、衰减远端串音比功率和、衰减近端串音比、衰减近端串音比功率和、直流环路电阻、时延、时延偏差，外部近端串音功率和、外部远端串音比功率和等。

同时在工程的安装设计中，还应考虑综合布线系统产品的缆线结构、直径、材料、承受拉力、弯曲半径等机械性能指标。

附录A规定的性能指标参数的计算公式、指标值与说明等，来自国际标准《用户建筑通用布线系统》ISO/IEC 11801—2008.4与ISO /IEC 11801—2010.4的内容。

4.2.5 8位模块式通用插座端子支持的通信业务

GB 50311《综合布线系统工程设计规范》国家标准附录B规定，8位模块式通用插座端子支持的通信业务应符合表4-8的规定。

表4-8　8位模块式通用插座端子支持的通信业务

应用通信业务	1、2端子	3、6端子	4、5端子	7、8端子
PBX	A级①	A级①	A级	A级①
X.21	—	A级	A级	—
V.11	—	A级	A级	—
SO-Bus（扩展的）	②	B级	B级	②
SO（点到点）	②	B级	B级	②
S1/S2	B级	③	B级	②
以太网10BASE-T	C级	C级	②	②
令牌网4 Mbit/s	—	C级	C级	—
ATM-25 3次群	C级	—	—	C级
ATM-51 3次群	C级	—	—	C级
ATM-155 3次群	C级	—	—	C级
令牌网16 Mbit/s	—	D级	D级	—
ATM-155 5次群	D级	—	—	D级
以太网100BASE-TX	D级	D级	—	—
令牌网16 Mbit/s	—	D级	D级	—
以太网1000BASE-T	D级	D级	D级	D级
1G FCBase-T	D级	D级	D级	D级
ATM-1200 6次群	E级	E级	E级	E级
以太网10GBASE-T	E_A级	E_A级	E_A级	E_A级
1G FCBase-T	E_A级	E_A级	E_A级	E_A级
1G FCBase-T	E_A级	E_A级	E_A级	E_A级
FC-100-DF-EL-S④	F级	F级	—	—

注：①根据设备的要求；②可选择的电源；③可选择的连续的屏蔽电缆；④选择范围为ISO/IEC 14165-114—2014指定的IEC 61076-3-104标准。

4.2.6　非屏蔽网络模块

1. 非屏蔽网络模块的机械结构与电气工作原理

目前，非屏蔽网络模块的常用规格包括5类、5e类、6类、6_A类等，其机械结构和电气原理基本相同，下面以最常见的非屏蔽5类网络模块为例进行介绍。如图4-33所示，其外形尺寸为长31 mm，宽19 mm，高19 mm，图4-34为实物照片。每个网络模块由6个部件组成，分别是：塑料线柱、刀片、水晶头插口、电路板、压盖、色谱标识。

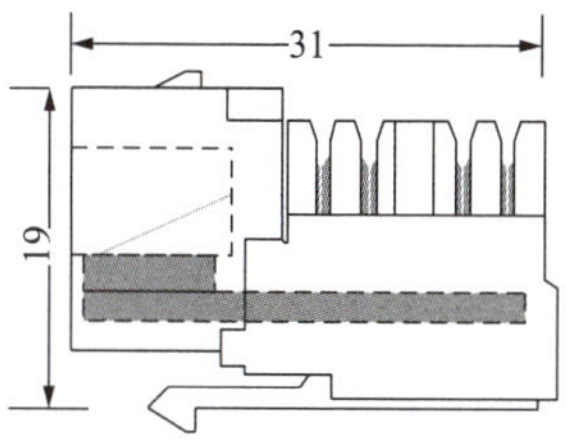

图4-33　非屏蔽5类网络模块示意图

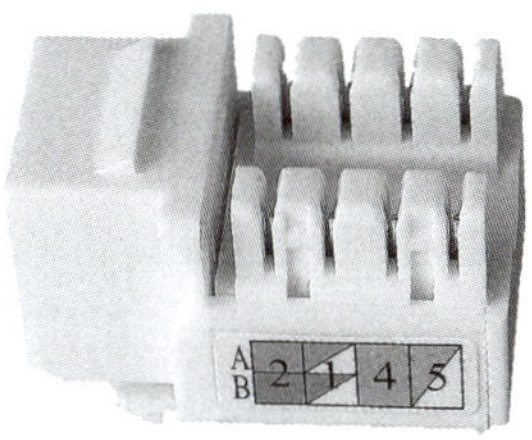

图4-34　非屏蔽5类网络模块实物照片

（1）塑料线柱。塑料线柱的结构如图4-35所示，每个塑料线柱内嵌有一个弹性刀片，塑料线柱应能满足工作环境温度-10～+60 ℃永久不变形的可靠工作需要。

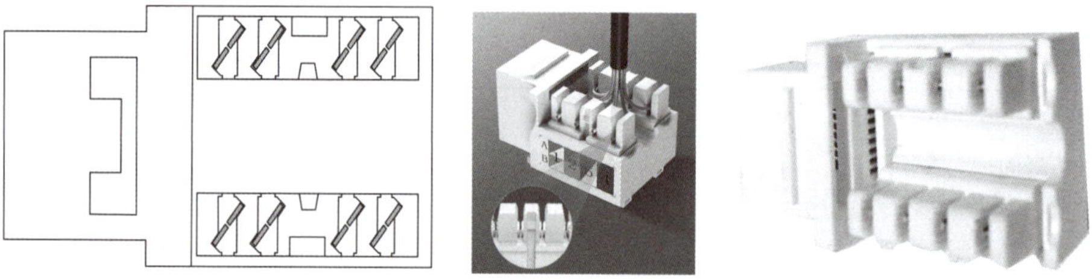

图4-35　塑料线柱结构图

（2）刀片。刀片的结构和形状如图4-36所示，刀片高12 mm，宽4 mm，具有弹性。图4-37所示为刀片实物照片图，刀片下端焊接固定在电路板上。如图4-38所示，刀片上端穿入塑料线柱中，线芯压入塑料线柱时，被刀片划破绝缘层，刀片夹紧铜导体，实现电气连接功能。刀片应具有合适的硬度和弹性，既能划破绝缘层，夹紧铜导体，又不能夹断铜导体，还要保持永久的弹性，实现电气连接，满足不少于500次端接的需要。

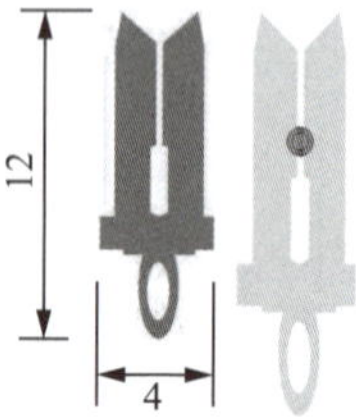

图4-36　弹簧刀片

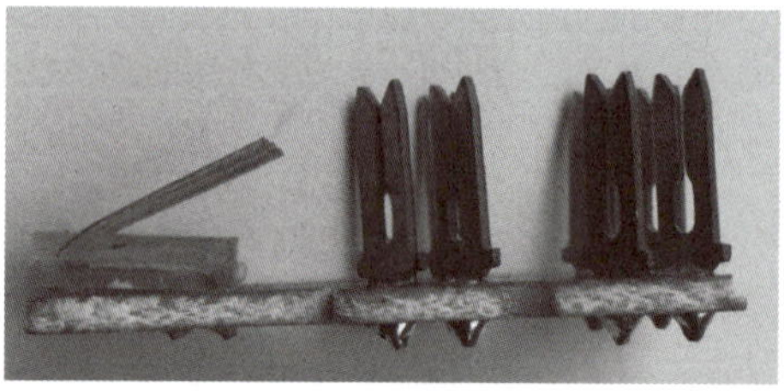

图4-37　刀片实物照片

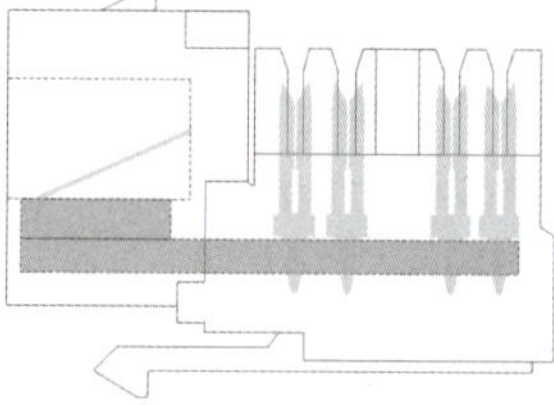

图4-38　照片安装位置图

（3）模块插口。模块插口结构和形状如图4-39、图4-40所示，插口内有8个弹簧插针，弹簧插针一端焊接固定在电路板上，通过电路板与刀片连通，另一端与电路板成30度，水晶头插入后，8个弹簧插针与水晶头上的8个刀片紧密接触，实现水晶头与模块的电气连接。弹簧插针应能满足不少于500次的插拔。

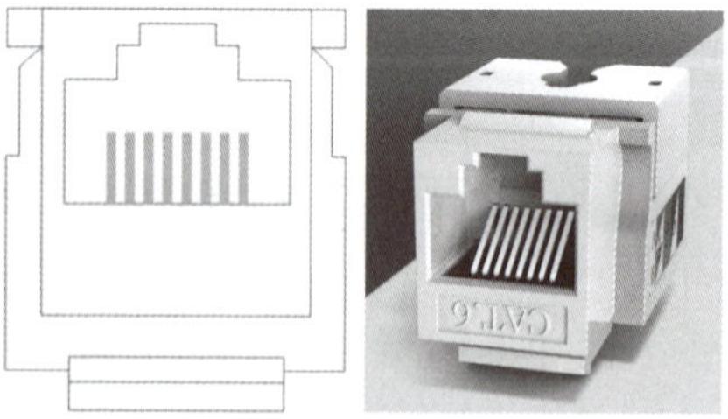

图4-39　水晶头插口

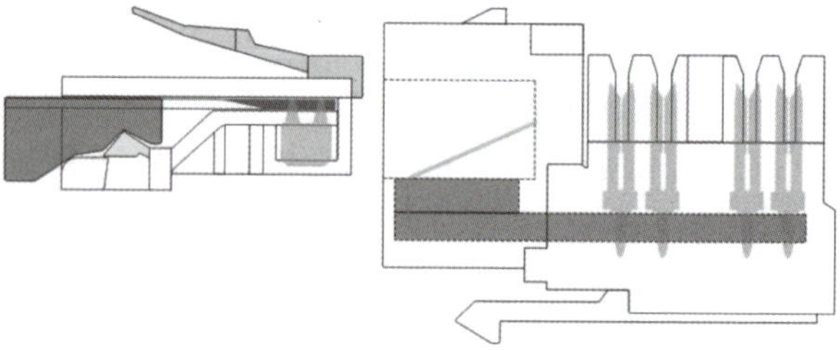

图4-40　水晶头与网络模块连接示意图

（4）电路板。图4-41所示为电路板实物照片，图4-42所示为电路板在模块中的安装位置图。电路板为网络模块中的核心部件，采用单层电路板，分别焊接有8个刀片和8根弹簧插针，电路板中每条连接线路需要满足最小载流量为0.175 A（直流）的需要，两条连接线路需要满足之间应支持72 V（直流）的工作电压需要。

（5）压盖。图4-43所示为模块压盖实物照片，模块压盖一般都是透明塑料材质，能够看见压接后的线对。模块端接时，通过压盖将线芯压入刀片内。常用网络模块都是免打设计，如

图4-44所示，都是用力将压盖向下压，直接将线芯压入刀片内，要求压盖与网络模块卡台之间的间隙不大于0.5 mm。也可以使用模块钳压紧，如图4-45所示。

图4-41　电路板照片

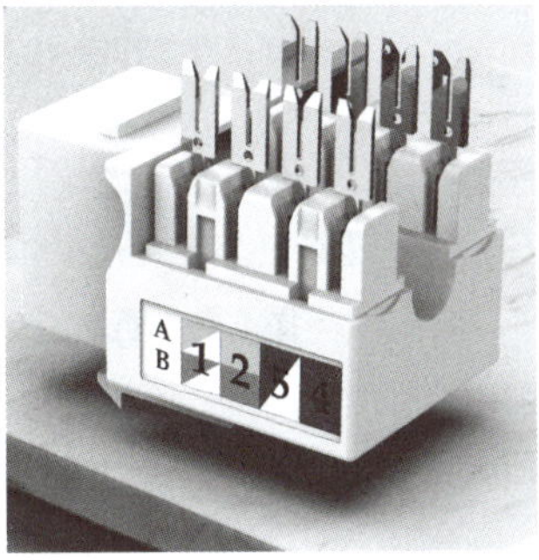

图4-42　电路板嵌入在模块中

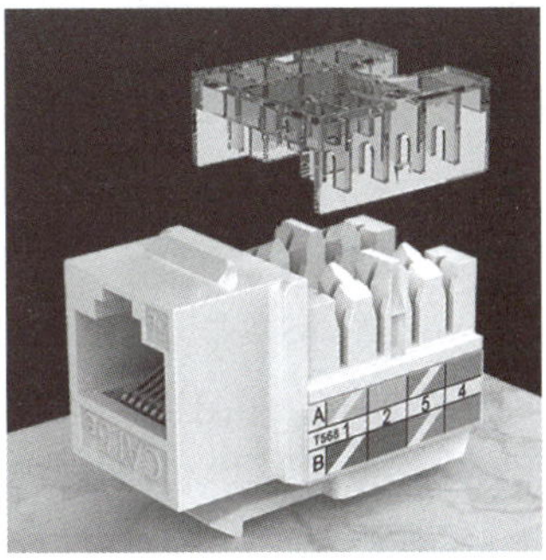

图4-43　模块与压盖

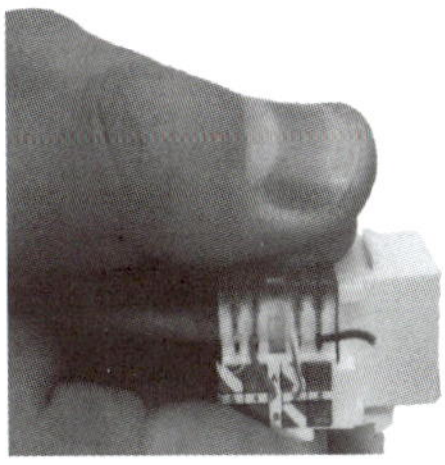

图4-44　免打压线方法（手压）

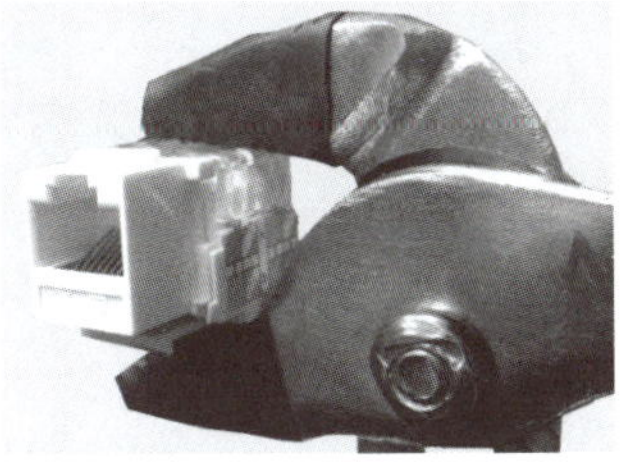

图4-45　模块钳压线方式

（6）色谱标识。不同厂家网络模块的线序不同，模块端接时，必须按照产品的线序色谱标识进行。图4-46所示为一种模块线序色谱标识的实物照片，左面为绿色和橙色两个线对，上排为T568A线序标识，顺序为绿、白绿和橙、白橙；下排为T568B线序标识，顺序为橙、白橙和绿、白绿。右面为蓝色和棕色两个线对，上排T568A和下排T568B线序标识相同，顺序都是白蓝、蓝和白棕、棕。

图4-47所示为另一种模块线序色谱标识的实物照片，左面上排为T568A线序标识，顺序为白绿、绿和白蓝、蓝；下排为T568B线序标识，顺序为白橙、橙和白蓝、蓝。右面上排为T568A线序标识，顺序为橙、白橙和棕、白棕，下排为绿、白绿和棕、白棕。

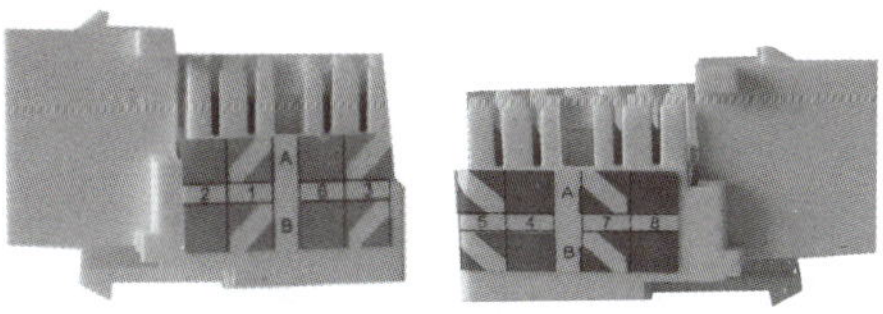

（a）色谱标识（左面）（b）色谱标识（右面）

图4-46　网络模块线序色谱标识1

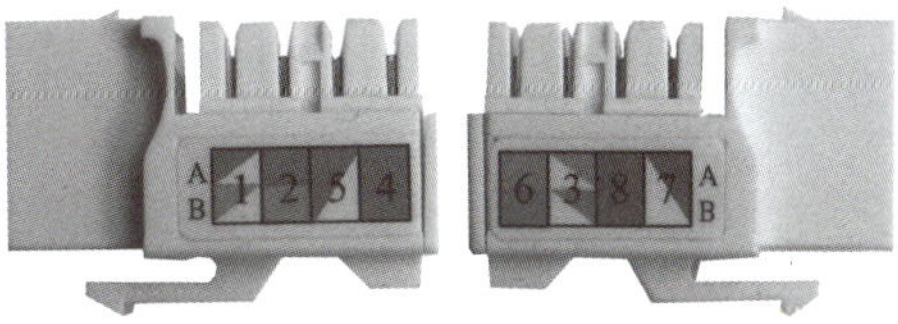

（a）色谱标识（左面）（b）色谱标识（右面）

图4-47　网络模块线序色谱标识2

2. 常用非屏蔽网络模块种类

常用的非屏蔽网络模块主要有5类、5e类、6类、6_A类等。图4-48所示为非屏蔽模块包装盒，每盒24个模块，刚好满足24口配线架使用，出厂时一般将同类模块独立包装1盒。图4-49所示为XY24 网络模块使用说明书，请扫描二维码观看或下载图4-48、图4-49彩色高清图片。

文件

图4-48、
图4-49
彩色高清图片

图4-48　非屏蔽模块包装盒

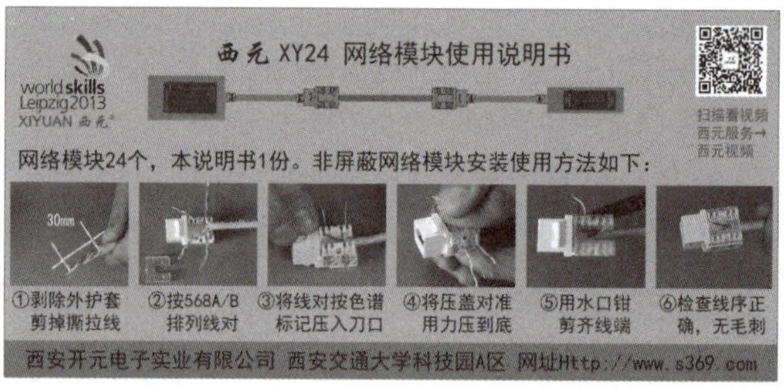

图4-49　西元 XY24 网络模块使用说明书

网络模块有多种结构和形状，下面用图片形式分别介绍。使用前请仔细阅读厂家产品说明书，特别注意线序色谱标识，按照产品说明书进行安装。网络模块的重复端接次数应该不少于500次。

（1）图4-50所示为普通非屏蔽5类网络模块，简称5类模块。

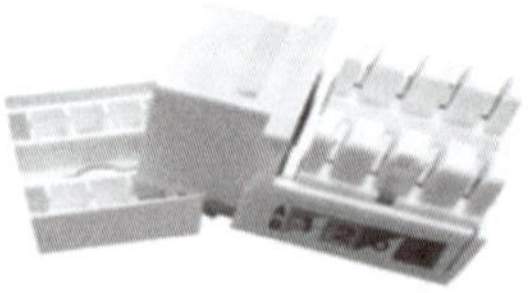

（a）5类网络模块与压盖

（b）网络模块卡装图示意图

（c）网络面板安装图

图4-50　五类模块

（2）图4-51所示为常见的非屏蔽5e类网络模块，简称5e类模块。

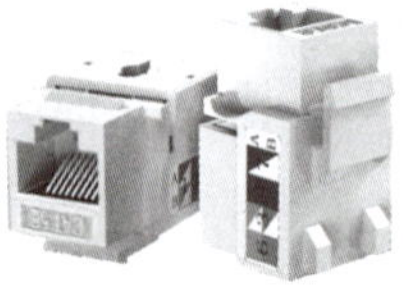

（a）5e类直通非屏蔽模块

（b）免打模块1

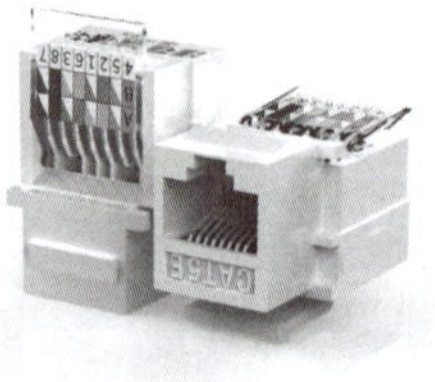

（c）免打模块2

图4-51　5e类非屏蔽网络模块

（3）图4-52所示为非屏蔽6类网络模块，简称6类模块。

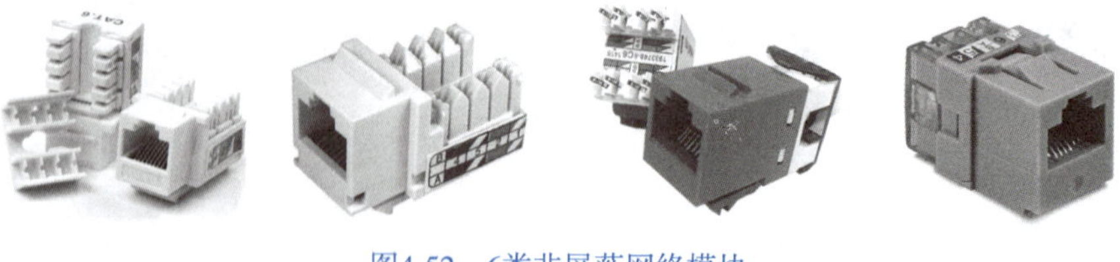

图4-52　6类非屏蔽网络模块

4.2.7　屏蔽网络模块

1. 屏蔽网络模块的机械结构与电气工作原理

目前，屏蔽网络模块的结构有多种，不同品牌的产品结构也不尽相同。下面选择了一种锌合金外壳的6类屏蔽网络模块，介绍其基本机械结构和电气工作原理。如图4-53所示，该屏蔽网络模块，由3个部件和6个零件组成，外形尺寸为长41 mm，宽17 mm，高26 mm。

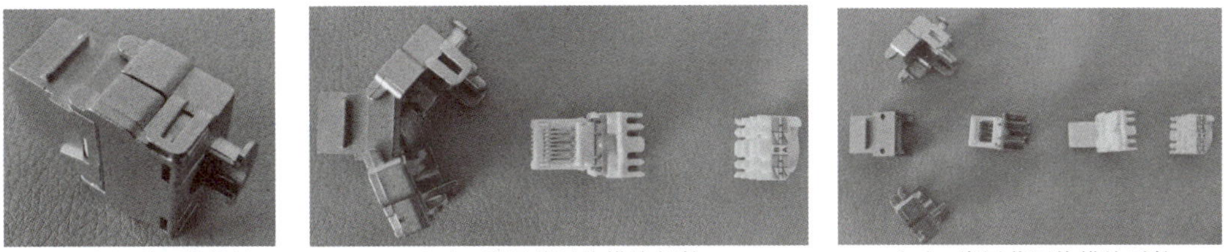

（a）6类屏蔽网络模块　（b）6类屏蔽网络模块部件　（c）6类屏蔽网络模块零件

图4-53　6类屏蔽网络模块

（1）网络模块。如图4-54～图4-57所示，网络模块由2个塑料注塑件、1块PCB板，8个刀片，8个弹簧插针组成，其中刀片长12 mm，宽4 mm。线芯压入塑料线柱时，被刀片划破绝缘层，夹紧铜导体，实现电气连接功能。将8个刀片和8个弹簧插针焊接在PCB板上，通过PCB板实现RJ-45插口与模块的电气连接。PCB板与两个塑料注塑件固定在一起，装入屏蔽外壳中，组成完整的网络模块。

图4-54　网络模块部件

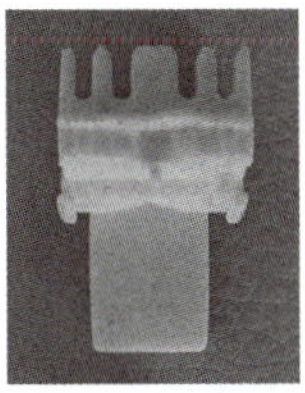

图4-55　塑料注塑件

图4-56　刀片结构示意图

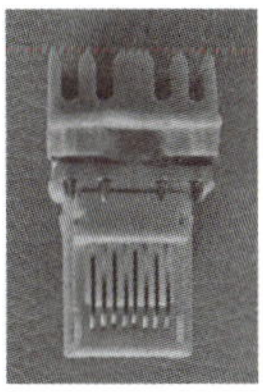

图4-57　网络模块图

（2）塑料压盖。图4-58所示的塑料压盖设计有8个卡线槽，上部为圆弧，下部为长方形凹槽，中间为穿线孔，两面有线序标记。

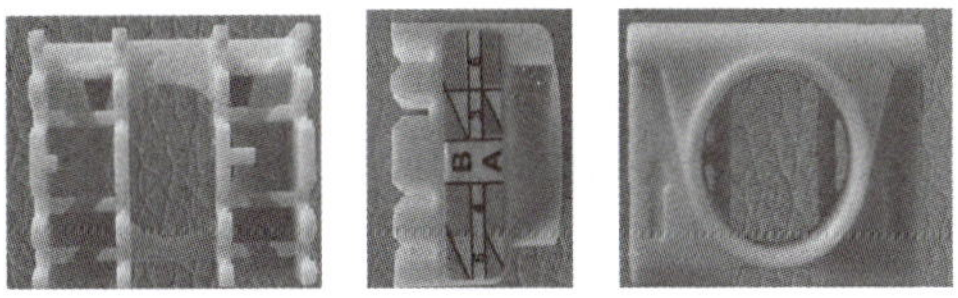

图4-58　模块压盖图

（3）锌合金屏蔽外壳。如图4-59所示，锌合金屏蔽外壳由3个铸件组成，中间为RJ-45插口，上部设计有与配线架固定的卡台，两边为活动压盖。压盖内部贴有绝缘片，避免线头与外壳接触短路。特别注意压盖上有双箭头，箭头向下表示压在下边，箭头向上表示压在上边。压盖一端设计有适合绑扎电缆的圆槽。

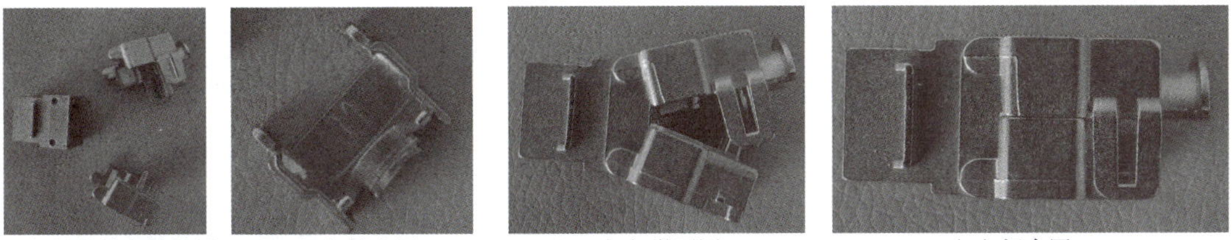

（a）屏蔽外壳铸件图　（b）箭头图　（c）微开图　（d）闭合图

图4-59　锌合金屏蔽外壳

2. 常用屏蔽网络模块种类

屏蔽网络模块有多种结构和形状，常用的规格包括5e类、6类、6_A类、7类等。

（1）5e类屏蔽网络模块。如图4-60所示，5e类屏蔽网络模块采用锌合金屏蔽外壳，抗干扰能力强，50 um镀金接触针片，电气接触和传输稳定，具有良好的抗氧性。该类模块的安装使用方法如图4-61所示。

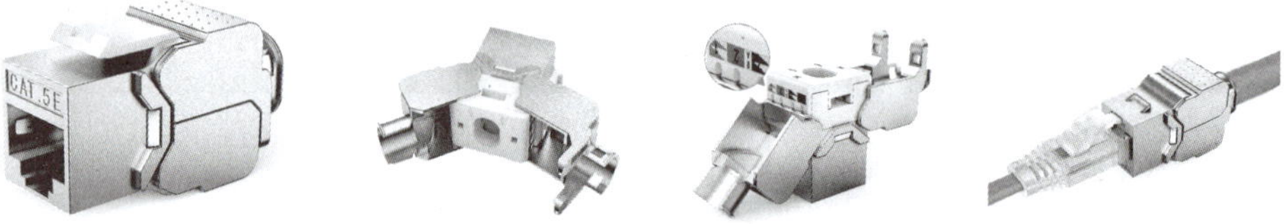

图4-60　5e类屏蔽网络模块机械结构示意图

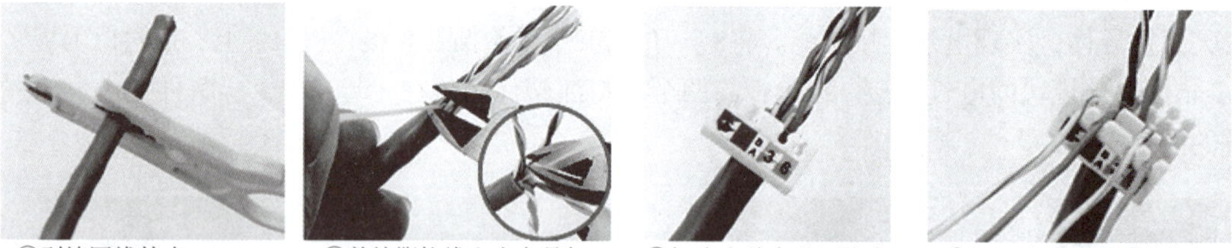

①剥掉网线外皮　②剪掉撕拉线和十字骨架　③把防尘盖套进网线中　④把网线放入防尘盖中，按T568A/T568B颜色编码

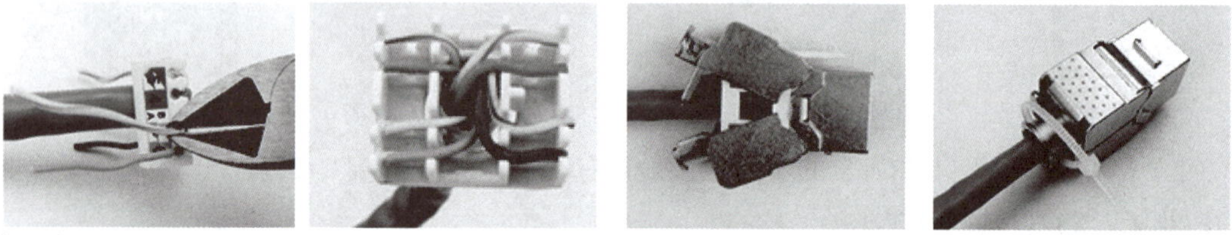

⑤剪掉防尘盖外面多余的网线　⑥完成的防尘盖槽内网线位置　⑦将防尘盖正确安装在模块上面　⑧将两边护套盖扣紧，用线扎绑紧

图4-61　5e类屏蔽网络模块的安装使用方法

（2）6_A类屏蔽网络模块。6_A类屏蔽模块网络模块的机械结构如图4-62所示。

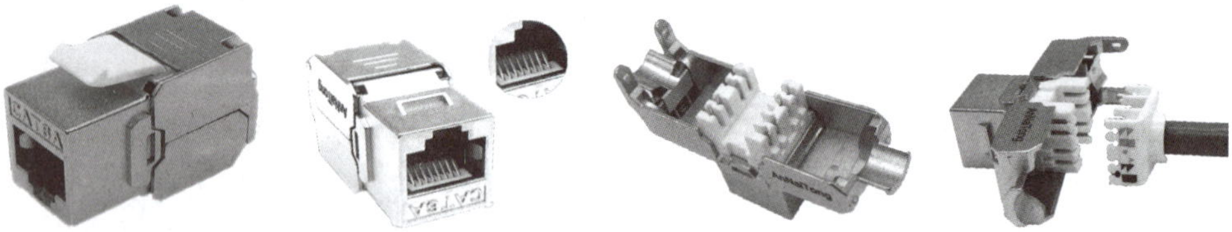

图4-62　6_A类屏蔽网络模块的机械结构

（3）7类屏蔽网络模块。7类屏蔽网络模块的机械结构和应用如图4-63所示，采用锌合金屏蔽外壳，抗干扰能力强，50 um镀金接触针片，电气接触和传输稳定，具有良好的抗氧性。图4-64所示为其线序示意图。

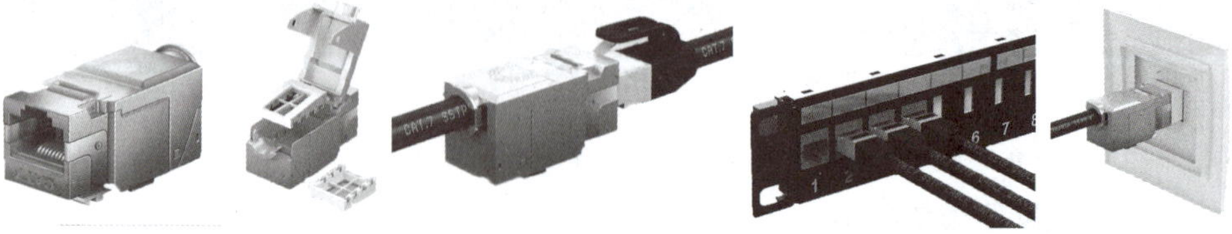

图4-63　7类屏蔽网络模块结构和应用示意图

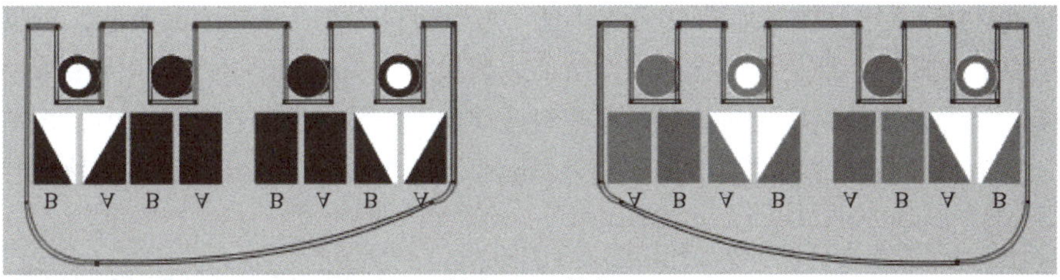

标准T568A线序

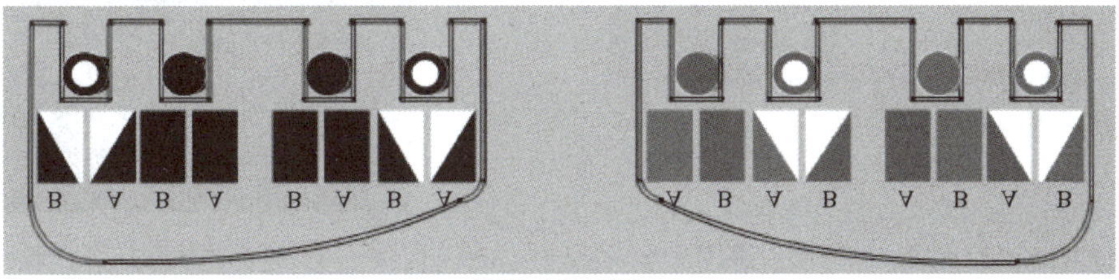

标准T568B线序

图4-64　标准线序示意图

4.2.8　非屏蔽RJ-45网络水晶头

RJ-45水晶头是一种国际标准化的接插件，使用国际标准定义的8个位置（8针）的模块化插孔或插头。

1. 5类水晶头的机械结构与电气工作原理

下面以图4-65所示的5类水晶头为例，介绍水晶头的机械结构和电气工作原理。每个水晶头由9个零件组成，包括1个透明注塑插头体和8个刀片。同时每个水晶头配套一个塑料护套，如图4-66所示。

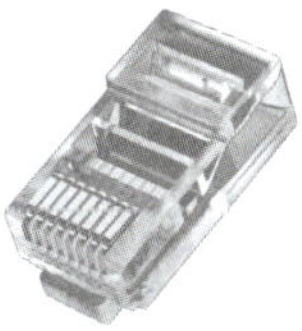

图4-65　非屏蔽水晶头

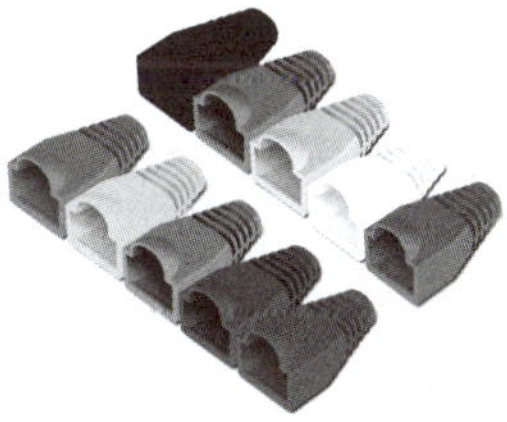

图4-66　护套

（1）插头体由透明塑料一次注塑而成，常见的插头体高13 mm，宽11 mm，长22 mm，如图4-67所示。

（2）插头体下边有一个弹性塑料限位手柄，弹性塑料手柄的结构如图4-68所示，手柄上有个卡装结构，用于将水晶头卡在RJ-45接口内。安装时，压下手柄，能够轻松插拔水晶头；松开手柄，水晶头就卡装在RJ-45接口内，保证可靠的连接。

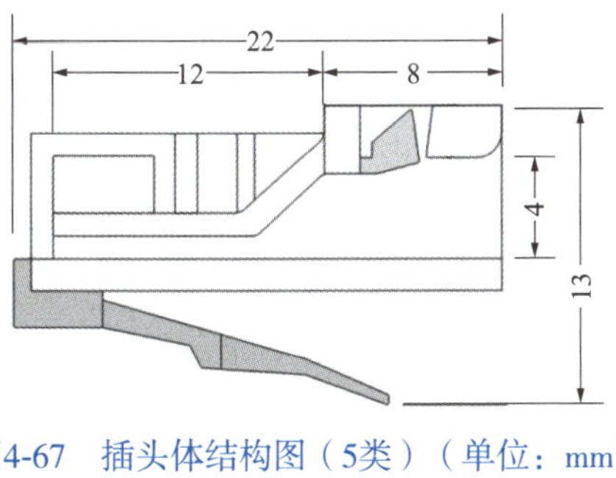

图4-67　插头体结构图（5类）（单位：mm）

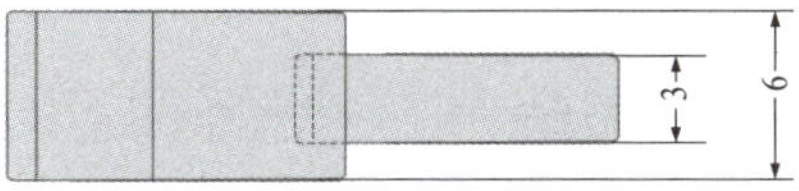

图4-68　弹性塑料手柄结构图

（3）如图4-67所示，插头体的右端设计有三角形塑料压块，压接水晶头前，三角形塑料压块没有向下翻转，此时，插头体右端插入网线的入口尺寸为高4 mm，网线可以轻松插入。

如图4-69所示，水晶头压接时，三角形塑料压块向下翻转，卡装在水晶头内，将网线的护套压扁固定。这时，插头体右端的入口高度变为2 mm。图4-70为水晶头压接后的实物照片。

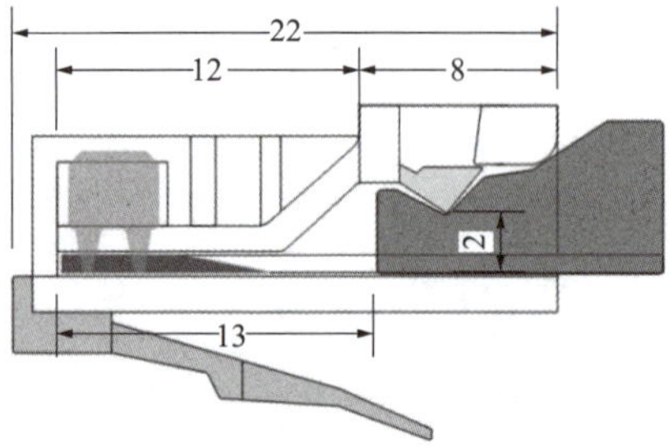

图4-69　水晶头压接结构图（单位：mm）

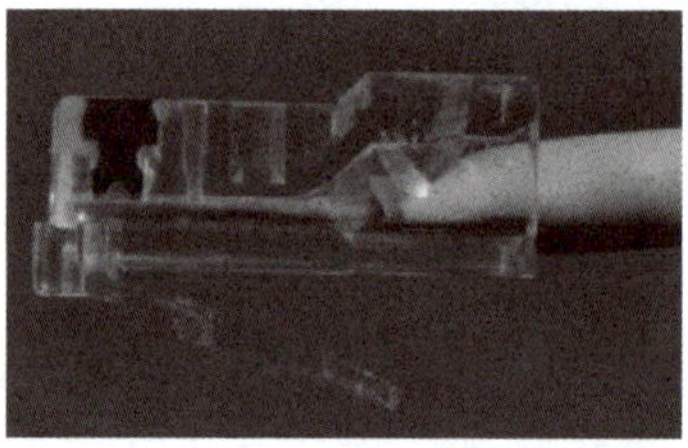

图4-70　水晶头压接后实物照片

（4）插头体中间有8个限位槽，每个限位槽的尺寸稍微大于线芯直径，刚好安装1根线芯，防止两根线芯同时插入一个限位槽中。特别注意，5类、5e类水晶头的8个限位槽并排排列，如图4-71所示。

图4-71　5类水晶头限位槽并排排列结构示意图

（5）如图4-72所示，插头体中安装有8个刀片，每个刀片高度为4 mm，宽度为3.5 mm，厚度为0.3 mm。刀片材料为铜，表面镀镍，不生锈，针刺触点镀金，导电性能好，5类刀片前端设计有2个针刺触点，为2叉结构。

图4-73所示为水晶头压接时，刀片下端的针刺触点首先穿透外绝缘层，然后扎入铜导体中，实现电气可靠连接。

图4-74所示为水晶头压接前，刀片的上下位置图，全部刀片凸出水晶头表面。

图4-75所示为水晶头压接后，刀片的上下位置图，全部刀片凹入水晶头表面。

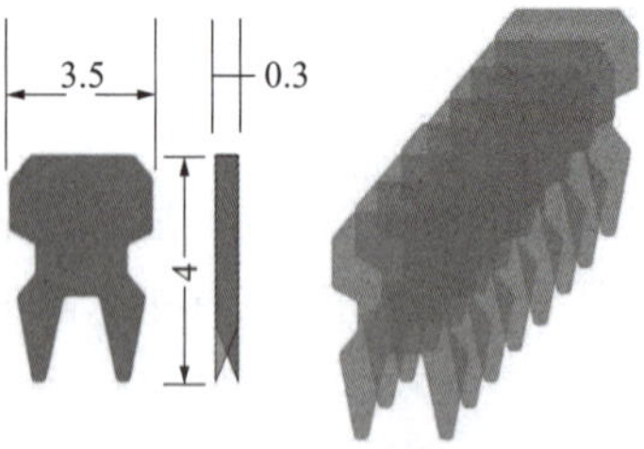

图4-72　刀片结构和排列示意图

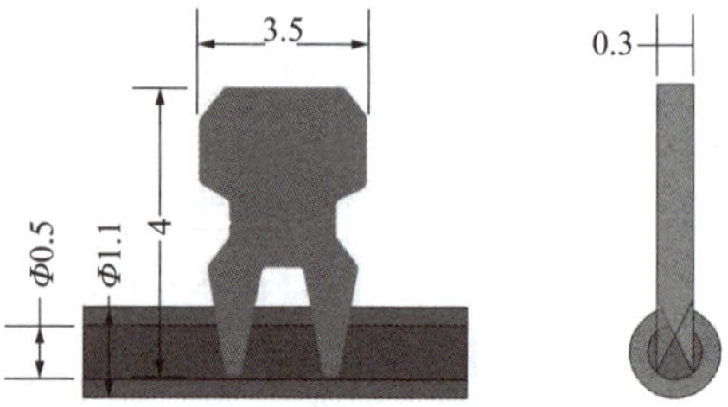

图4-73　刀片针刺扎入铜导体示意图

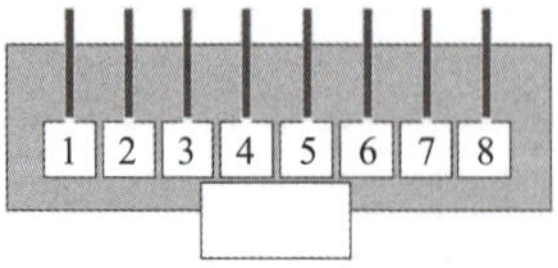

图4-74　5类水晶头压接前刀片凸出示意图（单位：mm）

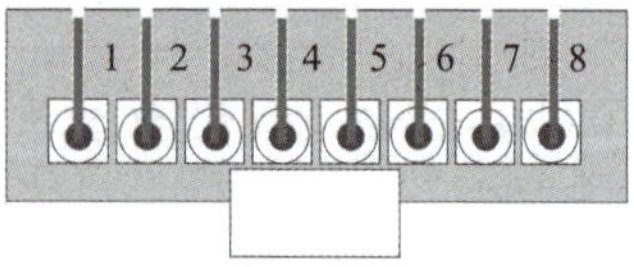

图4-75　5类水晶头压接后刀片凹入示意图（单位：mm）

通过对水晶头机械结构的了解，我们就能理解水晶头的工作原理，即用8个刀片针刺，穿透每1根线芯铜导体的绝缘层，扎入8个铜导体中连接，实现可靠的电气连接。

2. 5e类水晶头的机械结构与电气工作原理

（1）5e类水晶头的机械结构、外形尺寸和工作原理与5类水晶头基本相同，如图4-76所示，插头体采用环保透明塑料一次注塑成型，阻燃系数高、耐腐蚀、韧性强、使用寿命长。5e类和5类水晶头结构的最大区别是5e类水晶头的刀片采用三叉结构，如图4-77所示，刀片有3个针刺触点，接触面积更大，电气连接更可靠，满足高速传输需求。图4-78所示为刀片工作原理图。

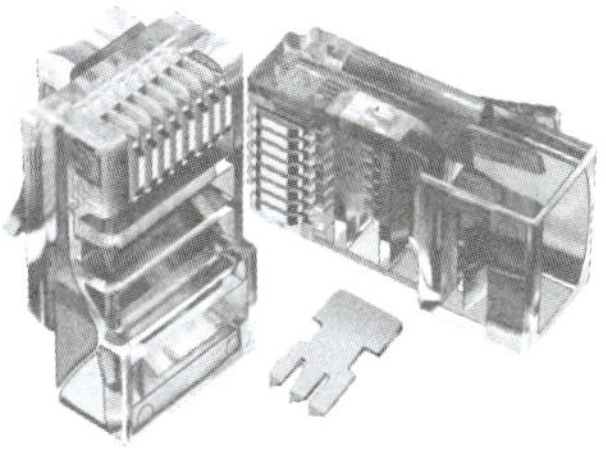

图4-76　5e类水晶头示意图

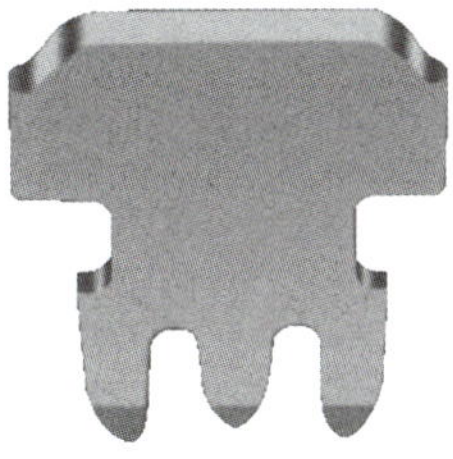

图4-77　刀片3叉结构示意图

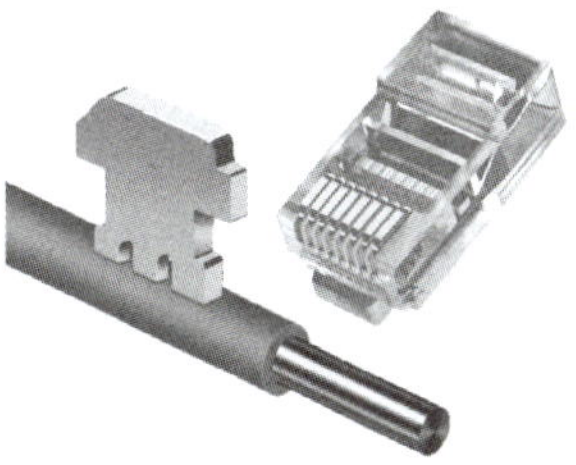

图4-78　刀片工作原理图

（2）5e类水晶头产品的技术参数。5e类水晶头接口为RJ-45型，兼容RJ-11型。刀片为铜材料，先镀镍再镀金，刀片前端为3叉结构。工作环境温度为-40~+85 ℃。详细尺寸如图4-79所示。

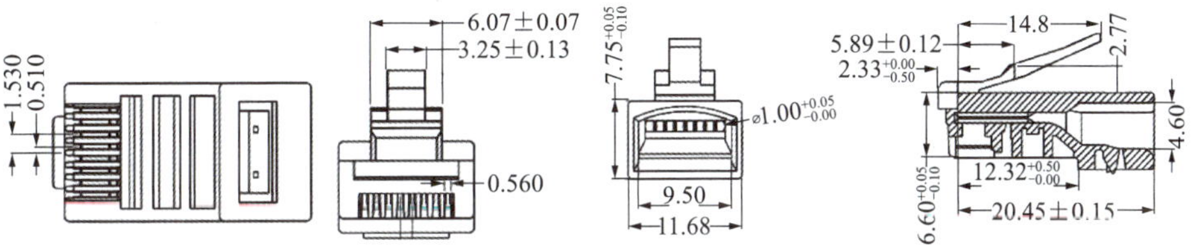

图4-79　5e类水晶头技术参数（单位：mm）

（3）水晶头端接连接线序标准。水晶头端接时，正面向上，看到的实际连接线序如图4-80、图4-81所示。

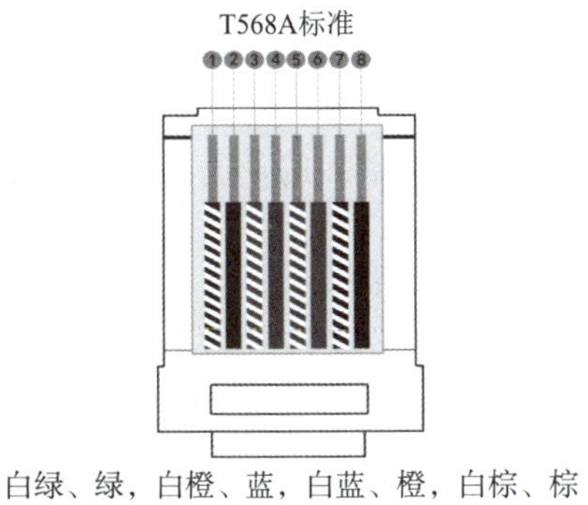

图4-80　T568A线序标准

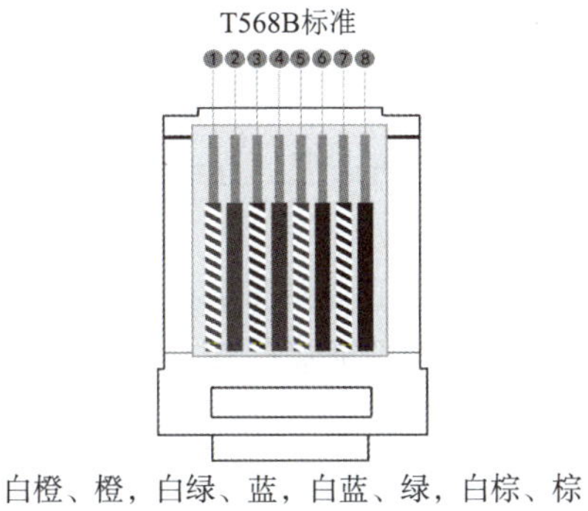

图4-81　T568B线序标准

3. 6类水晶头的机械结构与电气工作原理

6类水晶头和5类、5e水晶头结构表面看起来大体相似，其实有很大不同：

（1）限位槽（进线孔）排列方式不同。5类、5e类水晶头的8个限位槽并排排列；6类水晶头为8个进线孔上下两排排列。图4-82所示为6类水晶头和内部的8个进线孔位置示意图。

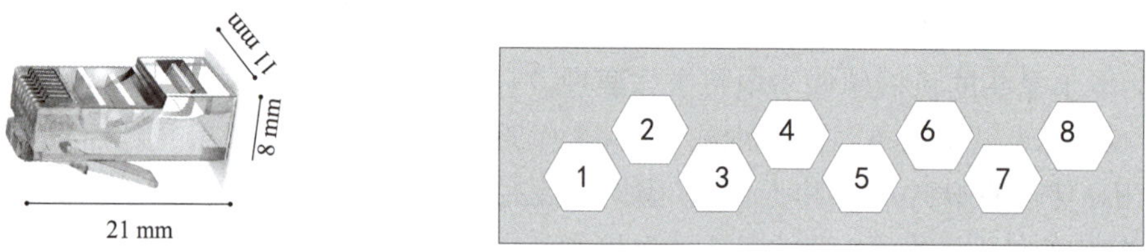

图4-82　6类水晶头限位槽结构图

（2）水晶头压接前刀片位置不同。图4-83所示为6类水晶头压接前刀片位置，凸出水晶头表面；图4-84所示为6类水晶头压接后刀片位置，凹入水晶头表面。

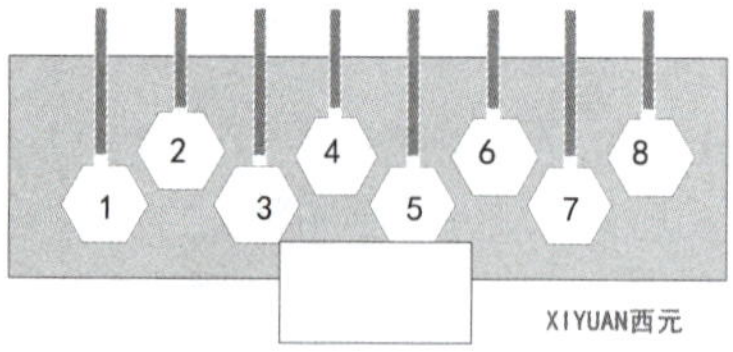

图4-83　6类水晶头压接前刀片凸出示意图

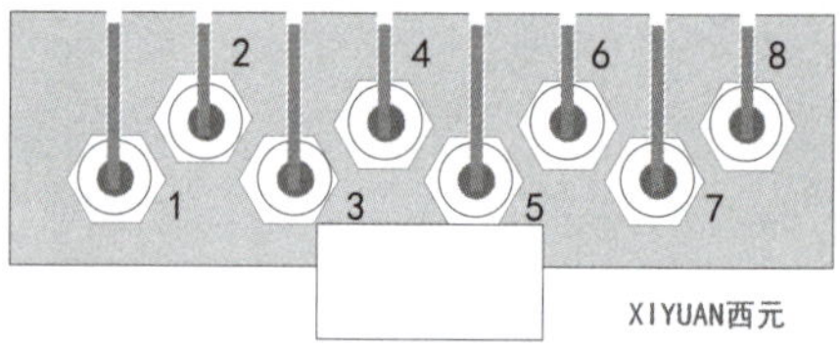

图4-84　6类水晶头压接后刀片凹入示意图

（3）水晶头刀片结构不同。6类水晶头刀片前端设计为3叉针刺，5类水晶头刀片前端设计有2叉针刺。图4-85为6类水晶头3叉针刺结构和应用示意图。

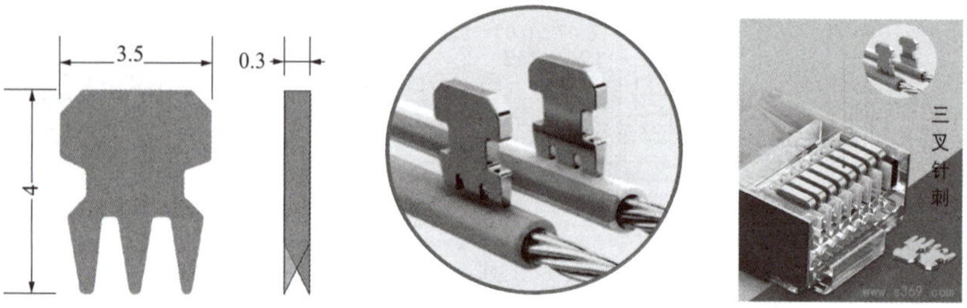

图4-85　6类水晶头3叉针刺结构和应用示意图（单位：mm）

4.2.9　屏蔽插头

屏蔽布线系统必须全部采用屏蔽器件，包括屏蔽电缆、屏蔽插头（水晶头）、屏蔽模块和屏蔽配线架等，同时建筑物和机柜需要有良好的接地线系统。在实际施工时，必须做到全部信道屏蔽的连续性，如果屏蔽层不连续时，可能屏蔽层本身就会成为最大的干扰源，导致性能不如非屏蔽布线系统。

屏蔽插头（水晶头）全部都带有金属屏蔽层，抗干扰性能优于非屏蔽水晶头，一般应用在屏蔽布线系统。屏蔽插头（水晶头）与非屏蔽水晶头的线序相同，最大区别在于屏蔽插头（水晶头）带有金属屏蔽外壳，通过屏蔽外壳将外部电磁波与内部电路完全隔离。因此，它的屏蔽层需要与模块以及传输电缆等综合布线系统的屏蔽层连接，形成完整的屏蔽结构。屏蔽外壳一般保证在插入模块后裸露的四个面全部被金属屏蔽外壳完全包裹，只有插头的插入部分和插入双绞线部分没有完全封闭。

1. GG-45插头与连接器

7类、7_A类、8类布线系统全部为屏蔽布线系统，连接器件也为屏蔽产品，常用的连接器件为屏蔽插头。以金属铸件为主体的产品往往通体都不是透明的，因此叫作插头，其插头的结构为GG-45型。图4-86所示为GG-45插头，图4-87所示为GG-45插座。

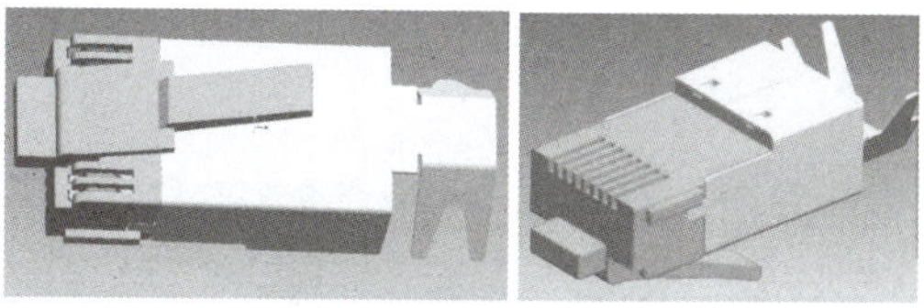

图4-86　GG-45插头

图4-87　GG-45插座

GG-45为Nexans公司1999年的专利产品，获得ISO/IEC标准化组织批准，成为新的国际标准插头结构。该产品减少了连接器中的信号串扰，提升了传输质量，并且兼容RJ-45水晶头。其基本结构为在RJ-45的基础上增加2对连接（3'6'/4'5'），位置设计在原RJ-45结构1/2、7/8针脚的对面，兼容RJ-45插头（250 MHz），实现高速连接时则断开36/45 针，启用3'6'/4'5'针。在进行转换时GG-45插头挤压GG-45插座内的转换开关，接通新增的3'6'/4'5'针（600 MHz）。GG-45与RJ-45兼容性较好，支持7类600 MHz物理带宽。图4-88所示为GG-45插座、GG-45模块、GG-45跳线插头实物照片。

（a）GG-45插座　（b）GG-45模块　（c）GG-45跳线插头

图4-88　GG-45插座、模块、插头产品照片

图4-89所示为 $7/7_A$ 模块插座连接方式，当插座使用插针1、2、3、4、5、6、7、8时，能够支持5类、6类和6_A类布线应用；当使用插针1、2、3'、4'、5'、6'、7、8时，能够支持7类和7_A类布线应用。

通俗来讲，GG-45的特点就是在肩膀上安装了3'6'和4'5'，有些厂家的GG-45插头产品则干脆去掉了36和45，只保留12-3'6'-4'5'-78。

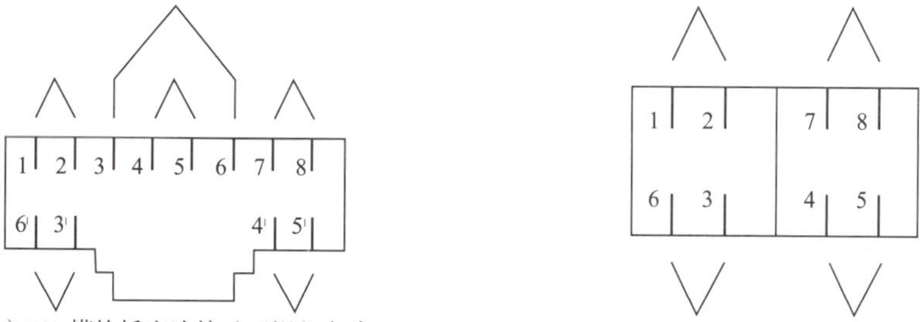

（a）$7/7_A$模块插座连接（正视）方式1　（b）$7/7_A$插座连接（正视）方式2

图4-89　$7/7_A$模块插座连接方式

2. Tera插头与连接器

Tera连接器是Siemon公司的专利产品，由TIA批准为标准结构，支持1 000 MHz物理带宽，

但是不能兼容RJ-45结构。如图4-90所示，该产品的基本结构就是，在类似RJ-45尺寸基础上，在4角设计了4对针脚，并且各自屏蔽，这样的设计加大4个线对的间距，减少了线对之间的“串扰”。

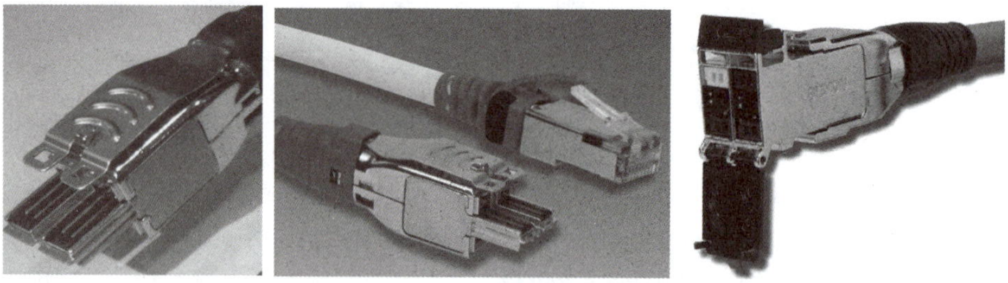

图4-90　Tera连接器的结构照片

Tera连接器中的4个独立屏蔽线对，能够相互独立地同时支持各种应用以及多项专门应用。如图4-91所示为同时支持RJ-11型连接器的语音、CVTA插头的宽带视频、RJ-45型的10/100 Mbit/s宽带以太网等多种综合应用，图4-92所示为可以专门支持4个语音用户或2个以太网用户或2个宽带视频用户。

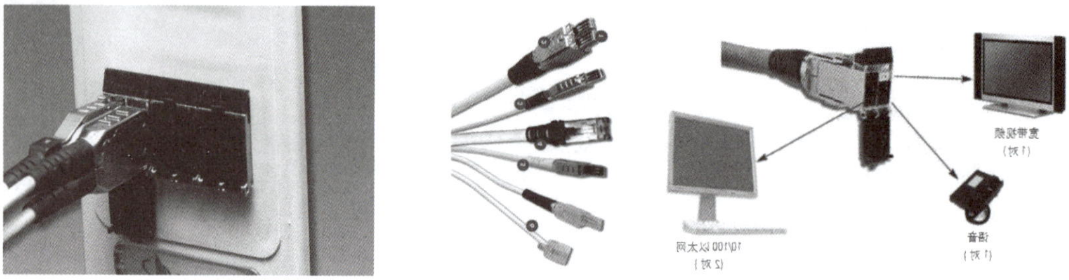

图4-91　同时支持RJ-11语音，CVTA宽带视频，RJ-45宽带以太网综合应用

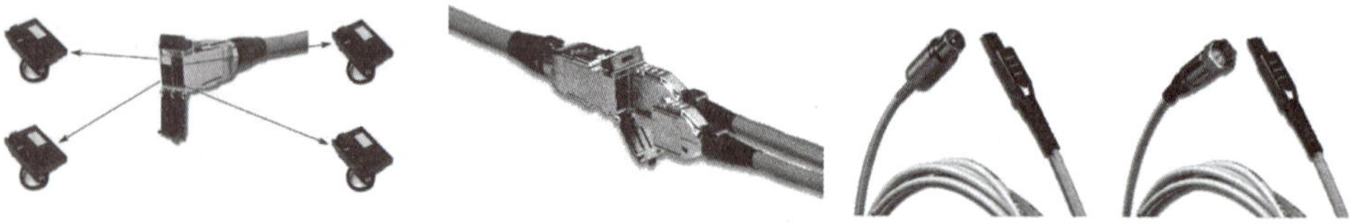

图4-92　专门支持4个语音用户或2个以太网用户或2个宽带视频用户应用

3. 7类屏蔽水晶头的机械结构和电气工作原理

下面我们以如图4-93所示的7类屏蔽水晶头为例，介绍屏蔽水晶头的机械结构和电气工作原理，该屏蔽水晶头由11个零件组成，包括1个透明注塑插头体、8个刀片、1个金属屏蔽外壳、1个透明限位支架。

（1）图4-94所示为金属燕尾夹的应用示意图，保证水晶头的屏蔽层与电缆的屏蔽层可靠接触，并且固定牢固，电缆不松动。图4-95所示的水晶头刀片为3叉针刺结构，表面镀镍、镀金，电气导通性更强，传输更稳定。

（2）图4-96所示屏蔽水晶头的限位支架上下两排排列。图4-97所示为限位支架应用图，能够保证排线准确，快速端接。

图4-93　屏蔽水晶头

图4-94　燕尾夹

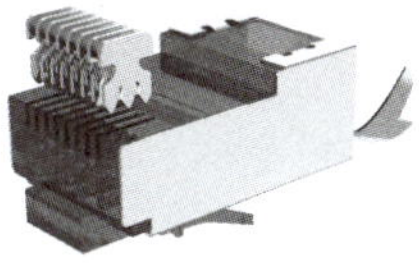
图4-95　3叉针刺

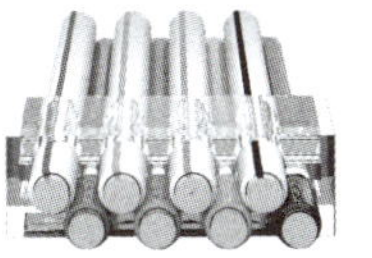
图4-96　限位支架

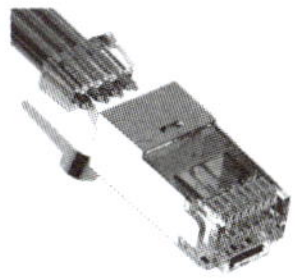
图4-97　限位支架应用

（3）7类屏蔽水晶头技术参数。如图4-98所示，该7类屏蔽水晶头为RJ-45型，限位孔兼容线芯直径≤1.3 mm，刀片镀镍、镀金，增强抗氧化性能与电气传导性能。

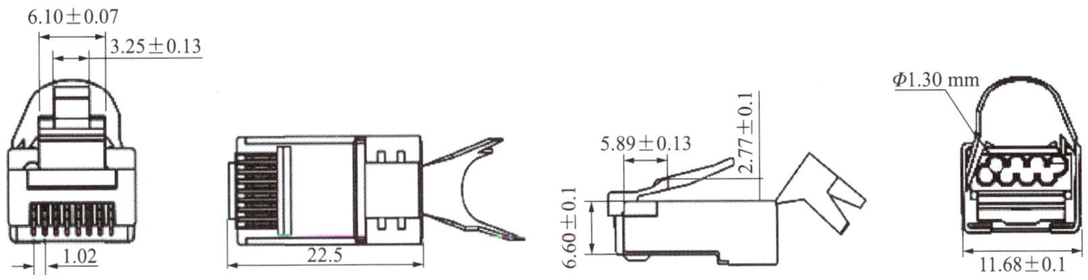

图4-98　7类屏蔽水晶头技术参数

4. 8类屏蔽插头的机械结构和电气工作原理

8类屏蔽插头沿用类似RJ-45的结构，与其他屏蔽水晶头在机械结构及端接方法上区别较大。

（1）端接方式不同。如图4-99所示，8类屏蔽插头为免打型，无须打线工具，操作简单，可重复使用，插拔次数≥1 500次。

（2）机械结构不同。8类屏蔽插头结构复杂，主要组成零件包括锌合金外壳、刀片、电路板、限位支架、卡线端子、锡箔纸、金属护套等，图4-100所示为8类屏蔽插头零件图。

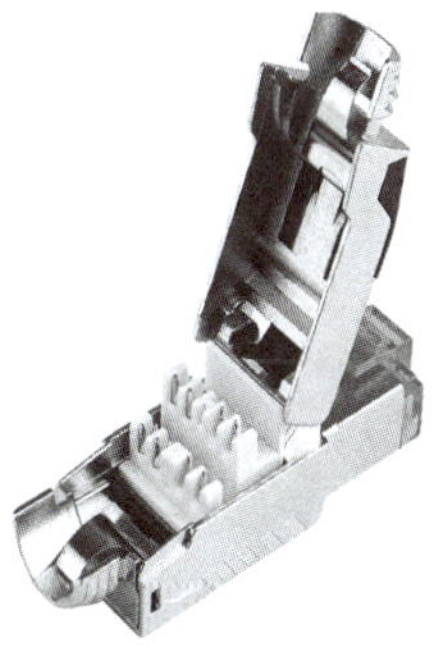
图4-99　8类屏蔽插头照片

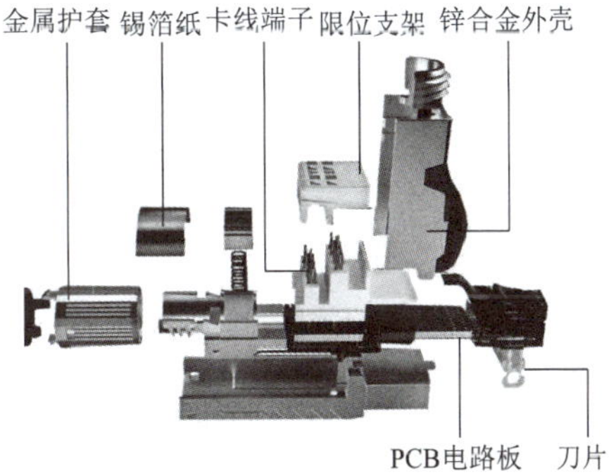

图4-100　8类屏蔽插头零件图

（3）限位支架不同。如图4-101所示，8类屏蔽插头限位支架分为上下两层结构，并且自带有线序标识，限位支架上下两排长短不同，与卡线端子相对应。图4-102为限位槽应用示意图。

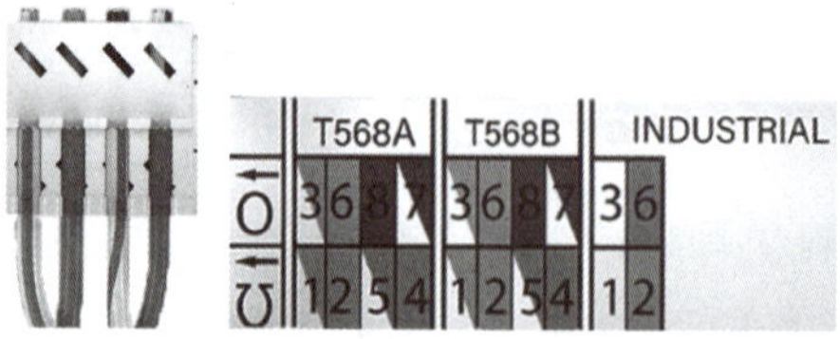

图4-101　限位槽线序标识

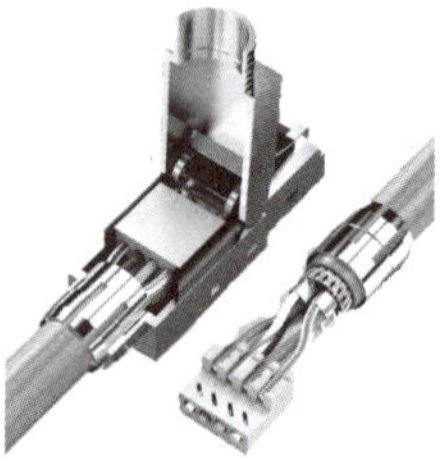

图4-102　限位槽应用示意图

（4）8类屏蔽插头端接步骤不同。8类屏蔽插头的端接方法和步骤如图4-103所示。

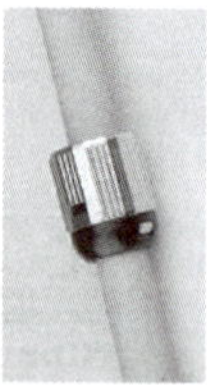

①把护套穿进网线

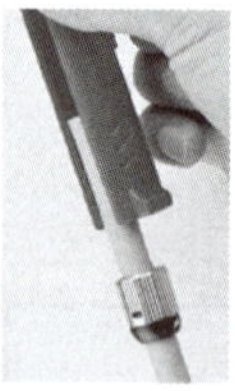

②剥除电缆外护套

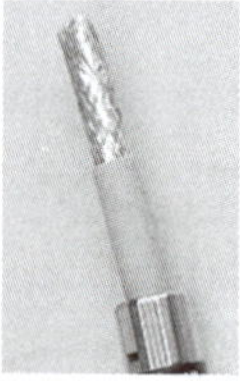

③保持屏蔽层完整

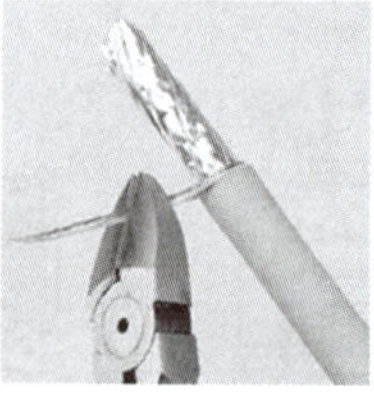

④剪掉多余屏蔽线

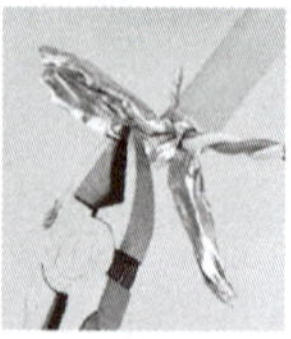

⑤剪开铝箔屏蔽层

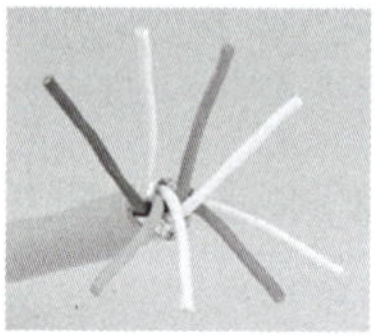

⑥按568B整理线序

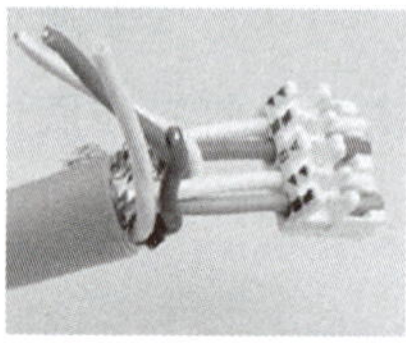

⑦线芯穿过打线盖

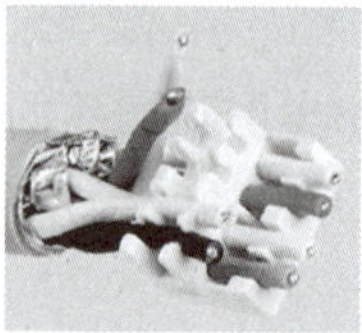

⑧线芯压入线槽

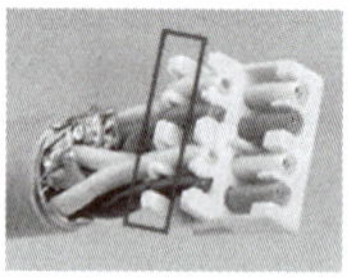

⑨检查线序

⑩将锡箔粘在尾部

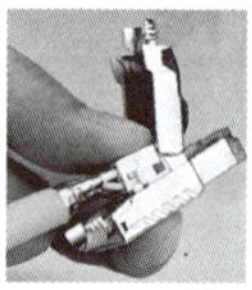

⑪压紧打线盖

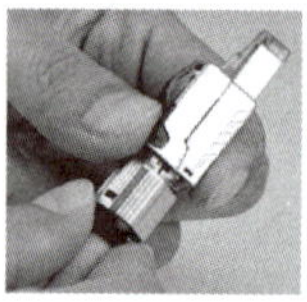

⑫压紧和旋入螺丝护套

图4-103　8类屏蔽插头的端接方法和步骤

4.2.10　组合水晶头

组合水晶头通过水晶头的机械结构实现准确定位、分线以及高可靠性连接，常用于高标准、高要求的项目，提高项目端接效率与合格率。常见的组合水晶头一般分为三件套、四件套、五件套等，如图4-104所示。三件套包括分线器、理线器、水晶头三件；四件套包括分线器、水晶头、理线器、护套四件；五件套包括卡环、理线器、水晶头、压板、尾卡五件。

（a）三件套

（b）四件套

（c）五件套

图4-104　组合水晶头

4.2.11　链路插头的常用规格

前面我们已经分别介绍了多种插头与水晶头的机械结构和工作原理，下面结合表4-9介绍综合布线链路插头的常用规格、支持最高带宽以及适用的布线系统等。

1. 水晶头

在表4-9中，可以看到3类、5类、5e类、6类、6_A类的插头全部为RJ-45结构，插头体以透明塑料注塑成型，外观像水晶一样透明，因此称为水晶头。增加屏蔽外壳后就称为屏蔽水晶头。常见屏蔽外壳的材料有不锈钢、铝、铜、塑料镀金属等，它是防护电磁干扰的屏障，因此屏蔽水晶头的抗干扰性能优于非屏蔽水晶头，如图4-105所示。

图4-105　RJ-45屏蔽水晶头

2. 屏蔽插头

在表4-9中，7类和7_A类插头全部为屏蔽插头，没有非屏蔽插头。在实际应用中，7类和7_A类只有屏蔽系统，没有非屏蔽系统。7类、7_A类插头结构为GG-45型、Tera型，不再是RJ-45结构。GG-45外形有些像RJ-45，也可以向下兼容RJ-45，但针脚排列和内部结构与RJ-45不一样。Tera无论从外形、尺寸、材质等都和RJ-45完全不同且不兼容。

8I类外形尺寸虽然与RJ-45相同，但内部构造和材质与RJ-45完全不同，也不适宜再称为水晶头。现在多数8I类产品的电路板和刀片头都是一体化的，插头就是电路板。

8II类外形尺寸与GG-45/Tera外形尺寸相同，但标准参数不同。

表4-9　链路插头（RJ-45/GG-45等）常用规格与支持最高带宽分类表

序	水晶头/插头规格		支持最高带宽/MHz							适用的布线系统	IEC标准
			16	100	250	500	600	1 000	2 000		
1	3类非屏蔽水晶头	RJ-45	●							3类非屏蔽布线系统	IEC 60603-7
2	5类非屏蔽水晶头	RJ-45		●						5类非屏蔽布线系统	IEC 60603-7-2
3	5类屏蔽水晶头	RJ-45		●						5类屏蔽布线系统	IEC60603-7-3
4	5e类非屏蔽水晶头	RJ-45		●						5e类非屏蔽布线系统	要求同5类
5	5e类屏蔽水晶头	RJ-45		●						5e类屏蔽布线系统	要求同5类
6	6类非屏蔽水晶头	RJ-45			●					6类非屏蔽布线系统	IEC 60603-7-4
7	6类屏蔽水晶头	RJ-45			●					6类屏蔽布线系统	IEC 60603-7-5
8	6_A类非屏蔽水晶头	RJ-45				●				6_A类非屏蔽布线系统	IEC 60603-7-41
9	6_A类屏蔽水晶头	RJ-45				●				6_A类屏蔽布线系统	IEC 60603-7-51
10	7类屏蔽插头	GG-45/Tera					●			7类屏蔽布线系统	IEC 60603-7-7
11	7_A类屏蔽插头	GG-45/Tera						●		7_A类屏蔽布线系统	IEC 60603-7-71
12	8类屏蔽插头	RJ-45外形							●	8类屏蔽布线系统	等待标准发布

3. 常用水晶头的包装和使用说明书

如图4-106所示为水晶头包装盒与使用说明书，每盒48个水晶头，适合制作24根跳线，满足24口配线架需要，请扫描二维码观看或下载图4-106彩色高清照片阅读。

文件

图4-106
彩色高清照片

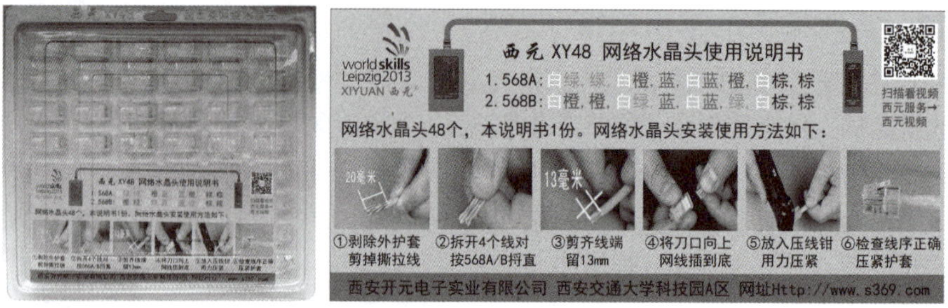

图4-106　水晶头包装盒与说明书

4.2.12　网络跳线

1. 网络跳线制作技术要求

网络跳线制作主要技术要求如下：

（1）8芯导线插入的正确长度为13 mm。

为了保证电气连接可靠，要求8芯导线必须插到底，保证刀片的2叉或3叉针刺都能扎入导线。根据水晶头机械结构，8芯导线插入的正确长度应该为13 mm，如图4-107所示，保证针刺都能扎入导线。

如果插入导线长度小于13 mm时，例如只有10 mm时，可能只有一个针刺扎入导线，如图4-108所示，电气连接不可靠。

如果插入导线长度更短时，例如8 mm时，2个针刺都不能插入导线，如图4-109所示，造成开路，没有实现电气连接。

如果插入导线长度很长，超过13 mm，例如20 mm时，虽然左端能够保证2个针刺都插入导线，但是右端网线外护套不能被三角形压块压扁固定，网线容易拔出，如图4-110所示。

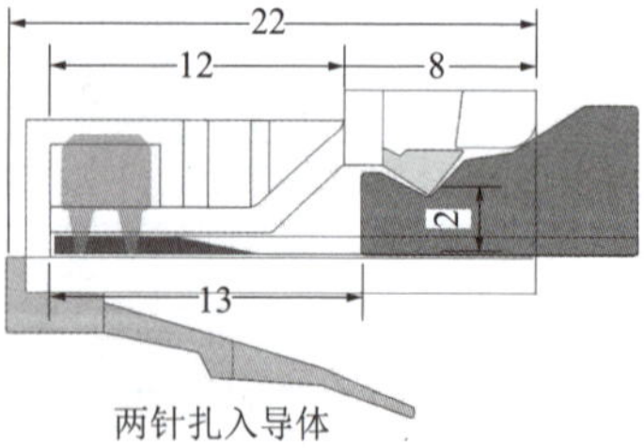

图4-107　2个针刺同时扎入导线（单位：mm）

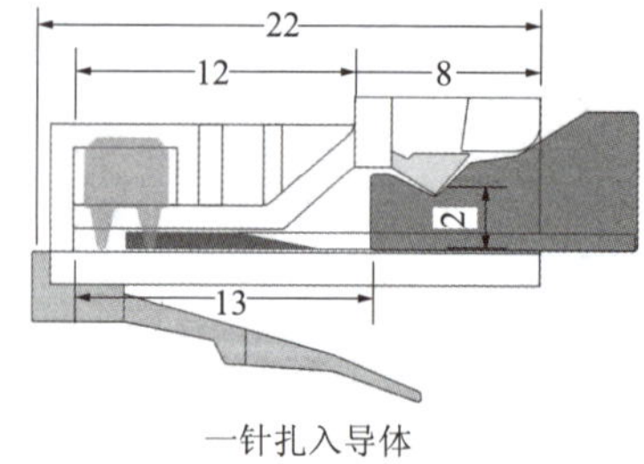

图4-108　只有1个针刺扎入导线（单位：mm）

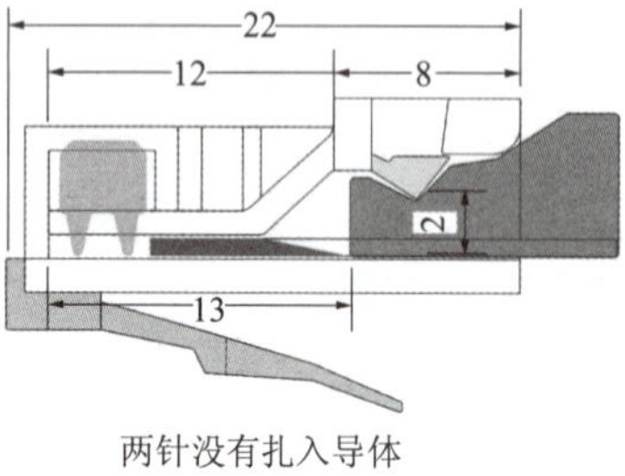

图4-109　没有针刺扎入导线（单位：mm）

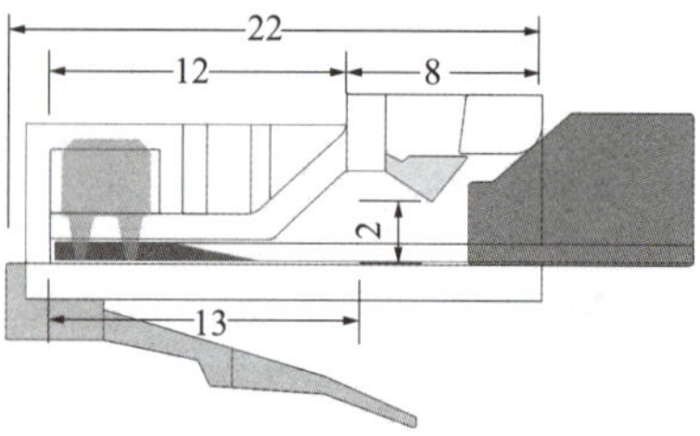

图4-110　网线外护套没有压扁固定（单位：mm）

（2）剪掉撕拉线。网络电缆中一般都有1根撕拉线，在制作水晶头时，必须剪掉露出的撕拉线，因为撕拉线韧性很高，可能影响针刺插入导线。

注意：6类跳线制作时，必须剪掉网线中间的塑料十字骨架。

（3）保证跳线长度。在设备间和管理间的机柜中，大量使用跳线连接配线架和交换机等设备，对跳线长度的要求较高，因此在制作跳线时，必须保证跳线长度。跳线长度指的是包括两端水晶头的总长度。

（4）保证水晶头端接线序正确。制作跳线时，必须保证水晶头端接线序正确。端接方式又称为接线图，如图4-111和图4-112所示。

标准规定有两种端接方式，T568A和T568B，两者电气性能相同，唯一区别在于1、2和3、6线对的颜色不同，特别注意 3、6线对必须跨接在4、5线对两侧，否则，不能通过电气测试，并且会影响电气性能。

T568A线序的接线图为白绿、绿、白橙、蓝、白蓝、橙、白棕、棕。

T568B线序的接线图为白橙、橙、白绿、蓝、白蓝、绿、白棕、棕。

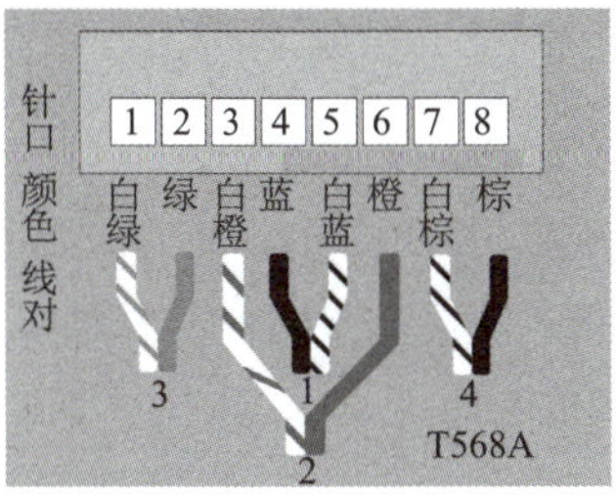

图4-111　T568A接线图

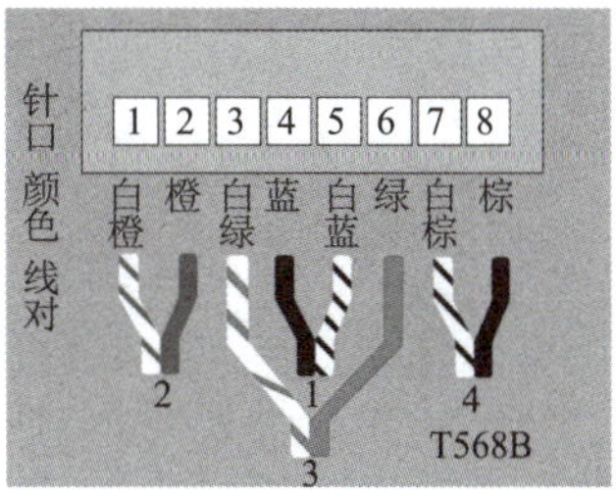

图4-112　T568B接线图

2. 双绞线的剥线方法

下面我们介绍网络电缆的外护套剥除方法。

第一步：调整剥线器刀片进深高度，剥除网络电缆的外护套。

由于剥线器可用于剥除多种直径的网络电缆护套，每个厂家的护套直径也不相同，因此，在每次制作前，必须调整剥线器刀片进深高度，保证在剥除外护套时，不划伤导线绝缘层或者铜导体。如图4-113所示，切割外护套时，刀片切入深度应控制在护套厚度的60%~90%，而不是彻底切透。

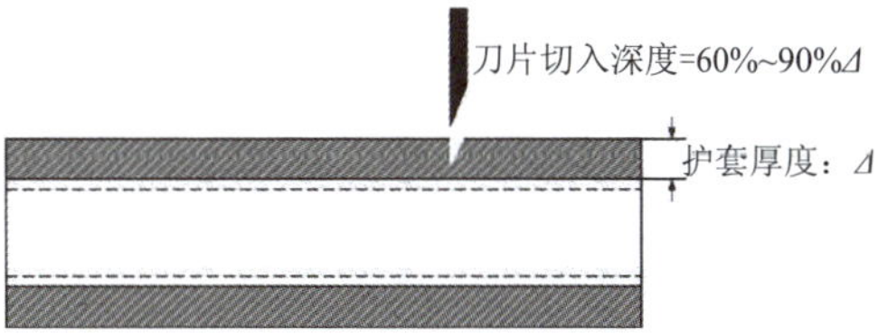

图4-113　剥除护套切割深度示意图

第二步：剥除外护套。

首先将网络电缆放入剥线器中，顺时针方向旋转剥线器1~2周，然后用力取下护套，因为刀片没有完全将护套划透，因此不会损伤线芯。

初学者剥除护套的长度宜为20 mm，如果剥除护套太长，拆开线对比较费时；如果剥除护套太短，捋直线对会比较困难。

第三步：剪掉撕拉线。

用剪刀剪掉撕拉线，6类线还需要剪掉中间的十字骨架。

3. 5e类水晶头跳线的制作

第一步：剥开外护套和拆开4对双绞线。先将已经剥去外护套的4对单绞线分别拆开相同长度，将每根线轻轻捋直；

第二步：将8根线排好线序，并剪齐线端。按照T568B线序（白橙，橙，白绿，蓝，白蓝，绿，白棕，棕）水平排好，如图4-114（a）和（b）所示。将8根线端头一次剪掉，留13 mm长度，从线头开始，至少10 mm导线之间不应有交叉，如图4-114（c）所示。

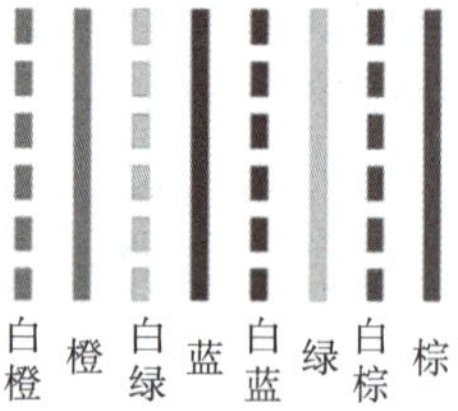

（a）T568B线序图

（b）剥开排好T568B线序照片

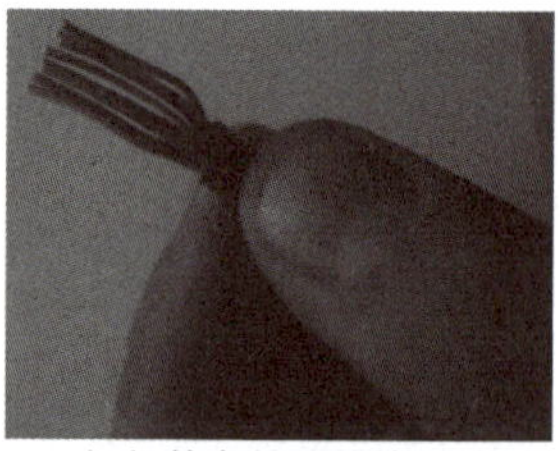

（c）剪齐的双绞线照片

图4-114　剥开外护套

第三步：插入RJ-45水晶头，并用压线钳压接。将双绞线插入RJ-45水晶头内，如图4-115①所示。注意一定要插到底。如图4-115②所示。

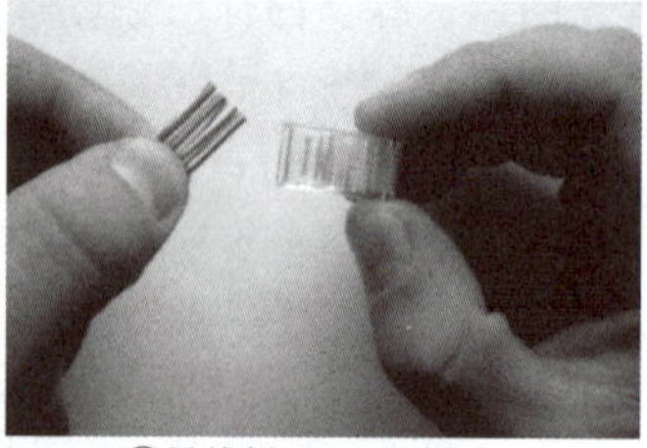

①导线插入RJ-45插头

②双绞线全部插入水晶头

图4-115　双绞线插入RJ-45水晶头

4. 6类水晶头的制作

6类水晶头必须使用6类线，6类水晶头的线芯采用双层排列方式，目的是增加线芯之间的距离，降低串扰影响。如图4-116所示，6类水晶头定位孔为上下两层排列，上排4个，下排4个。

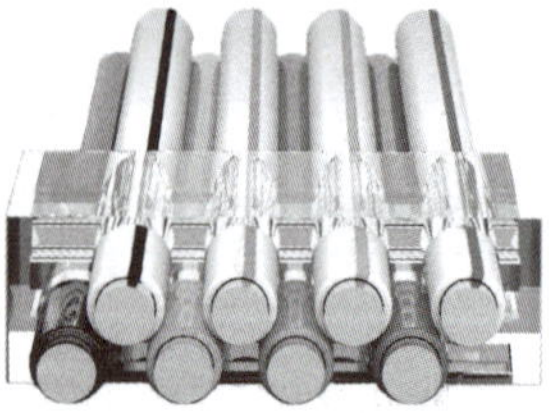

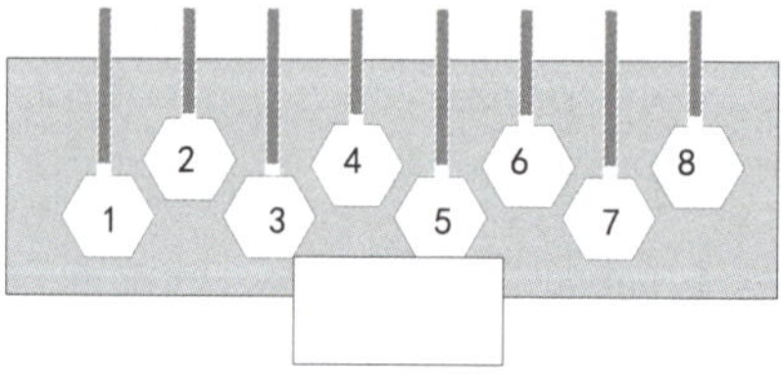

图4-116　6类水晶头上下两层排列定位孔示意图

如图4-117所示，为“三件套”6类RJ-45水晶头的制作步骤。

①剥去外护套

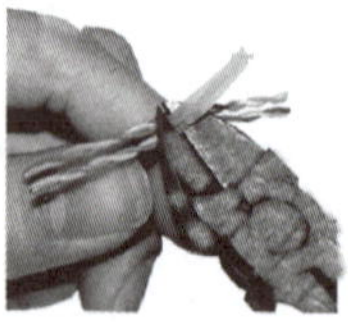

②剪去十字骨架

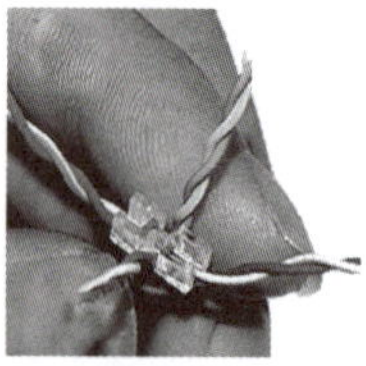

③安装分线器

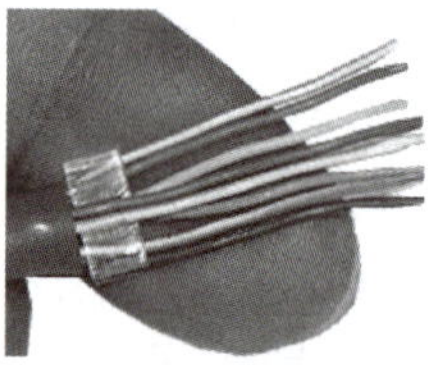

④理线

⑤安装单排插件

⑥剪齐线端

⑦插入水晶头

⑧压线

图4-117　“三件套”6类RJ-45水晶头的制作

4.2.13　网络配线架

1. 非屏蔽网络配线架

网络配线架是设备间和管理间中最重要的组件，是实现垂直干线和水平布线两个子系统交叉连接的枢纽。网络配线架通常安装在机柜内。在计算机网络综合布线系统中，信息点过来的双绞线电缆全部端接在配线架上。非屏蔽网络配线架一般都是集成式，网络模块与支架集成在一起，下面介绍常用的非屏蔽网络配线架。

如图4-118所示，常用的非屏蔽网络配线架都是1 U规格，外形尺寸为上下高44.5 mm（1 U），左右长482 mm（19英寸），前后宽30 mm；安装孔距为上下高31.75 mm，左右长465.1 mm。

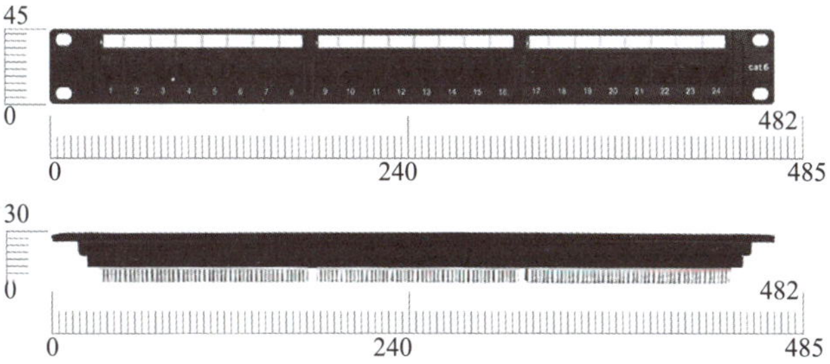

图4-118　非屏蔽网络配线架外形尺寸示意图（单位：mm）

（1）5类非屏蔽网络配线架。5类网络配线架是使用较早的一种非屏蔽配线架，可提供100 MHz的带宽，如图4-119所示，正面为RJ-45口，用于插接跳线，插拔次数500次以上，丝印有插口编号，一般从左向右为1～24。

如图4-120所示，背面为110型模块，采用110型端接方式，端接次数500次以上，粘贴有与正面RJ-45插口对应的1～24编号，以及T568A/B色谱标签。

5类网络配线架的常用规格为24口，也有1 U的36口的高密度V型结构，2 U的48口等，全部为19英寸机架/机柜式安装，其优点是体积小，密度高，端接简单且可以重复端接500次以上。

图4-119　5类网络配线架正面插口放大图

图4-120　5类网络配线架背面模块放大图

（2）5e类非屏蔽网络配线架。目前5e类网络配线架普遍应用于局域网中，由于价格与5类配线架相差不多，因此一般局域网中使用5e类网络配线架比较普遍。5e类网络配线架支持最高100 MHz带宽。RJ-45口采用镀金端子，端子为铜材料制造，自带理线环。配线架可按照T568A或T568B线序进行端接。5e类和5类的外形尺寸、安装尺寸相同。图4-121所示为产品正面照片和背面的端接照片。图4-122所示为T568A、T568B色谱标签和端接示意图。

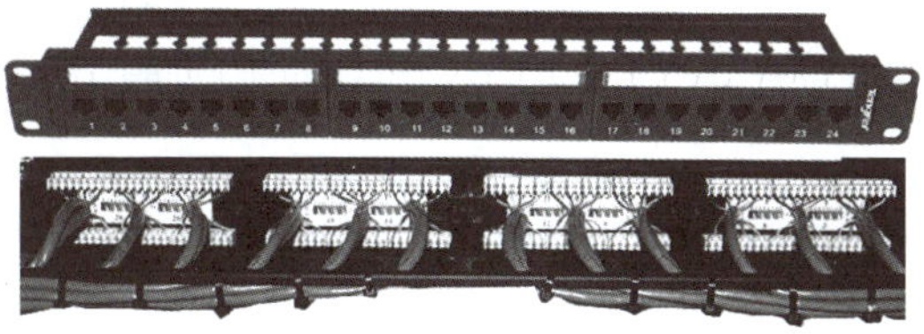

图4-121　5e类非屏蔽网络配线架

图4-122　非屏蔽网络配线架色谱与端接示意图

（3）6类非屏蔽网络配线架。6类非屏蔽网络配线架支持最高250 MHz带宽。图4-123所示为产品正面照片和背面照片。配线架自带理线环，便于电缆捆扎固定，保证机柜内电缆方便检修和整体美观。6类与5e类配线架外形尺寸和安装孔距相同。

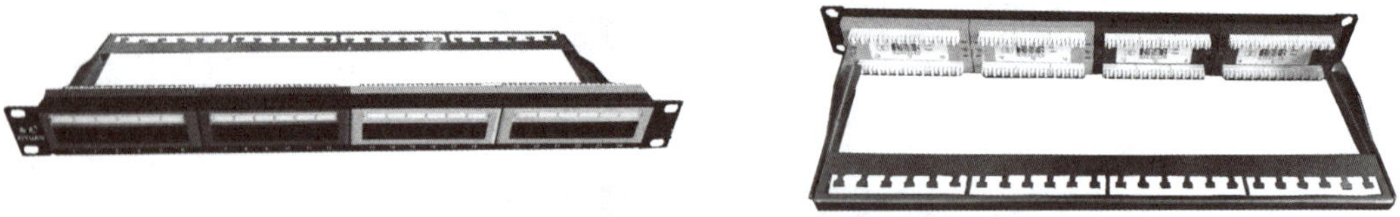

图4-123　6类非屏蔽网络配线架

图4-124所示为6类非屏蔽网络配线架的端接与安装关键步骤示意图。

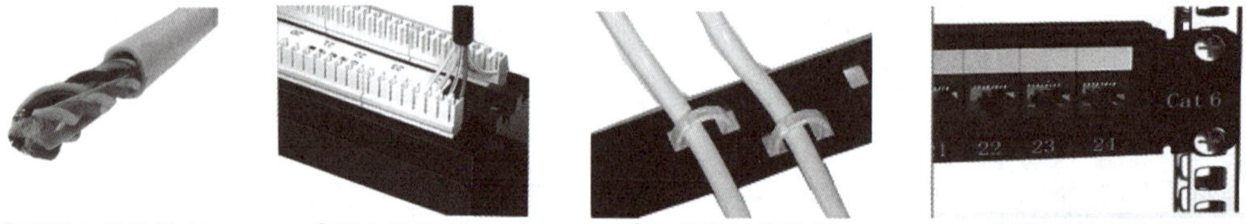

①剥除电缆外护套，剪掉撕拉线　②将电缆线芯，压入对应卡槽　③电缆穿过理线环并用线扎固定　④用螺丝把配线架安装在机柜立柱

图4-124　6类非屏蔽网络配线架的端接与安装示意图

（4）免打网络配线架。免打网络配线架也叫作直通式网络配线架，在支架上安装了直通式RJ-45插口模块，配线架前后两面都是RJ-45插口，直接将带RJ-45水晶头的电缆插入即可，因此称为免打网络配线架。免打网络配线架的安装尺寸与普通网络配线架相同。随着人力成本和管理成本的持续增高，以及工期较短项目需要，免打网络配线架将普遍使用。如图4-125所示为直通式RJ-45模块电路板，图4-126为免打网络配线架及其实际应用示意图。

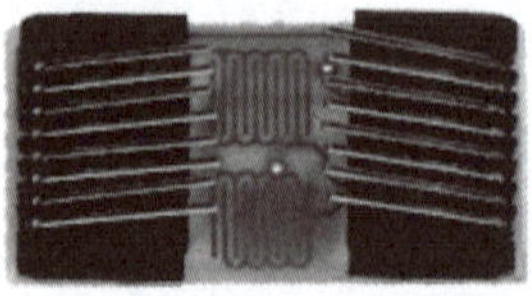

图4-125　直通式RJ-45模块电路板

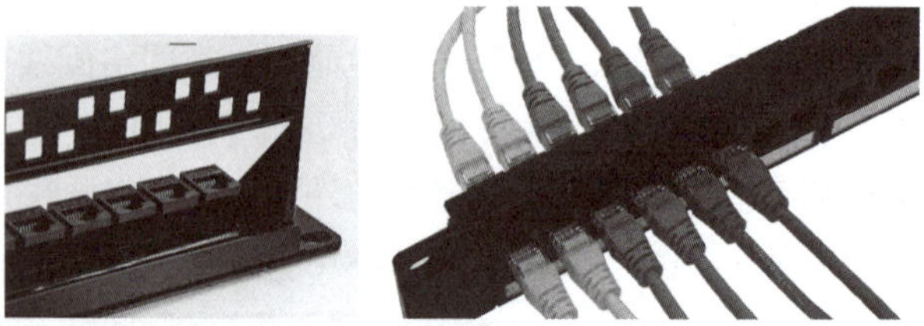

图4-126　免打网络配线架及其应用示意图

2. 屏蔽网络配线架

（1）7类屏蔽网络配线架。7类布线系统一般为屏蔽布线系统，支持最高600 MHz带宽，7类布线系统都采用屏蔽网络配线架，设计有专门的接地汇集排和接地端子，汇集排将屏蔽模

块的金属壳体电气连接一起，连接至机柜内的接地端子完成接地。图4-127所示为7类屏蔽网络配线架。

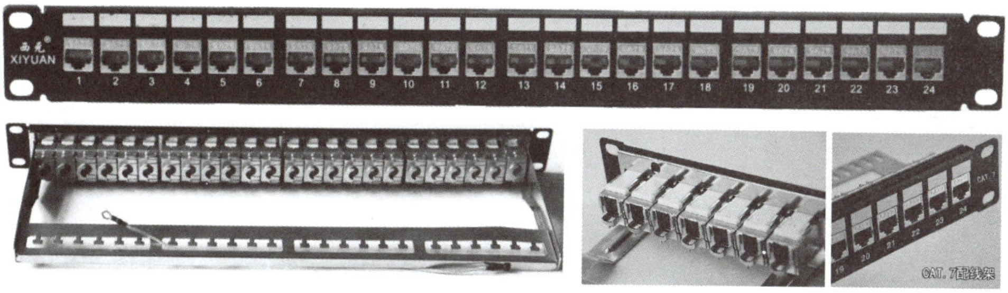

图4-127　7类屏蔽网络配线架

7类屏蔽网络配线架一般都采用卡装式模块，其外壳一般为锌合金铸件，安装尺寸与非屏蔽配线架相同，图4-128所示为7类屏蔽网络配线架模块端接和应用示意图。

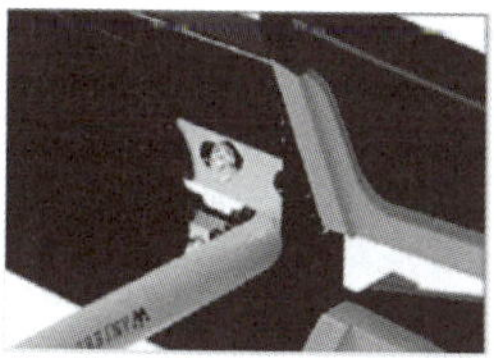

1.剥除电缆外皮

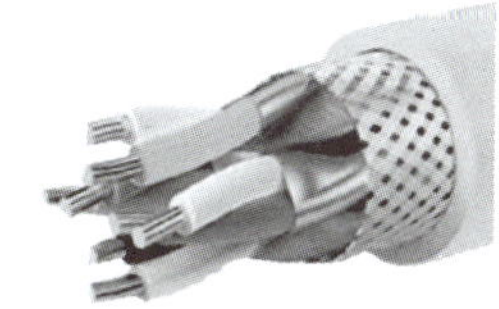

2.剥除屏蔽层和整理线序

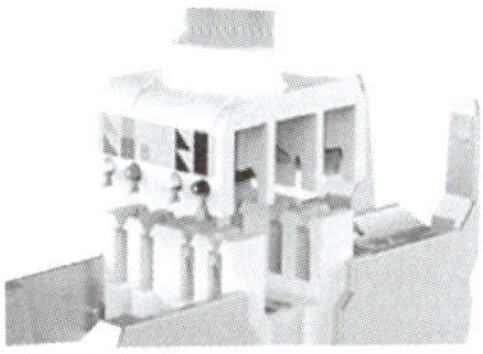

3.将线芯嵌入压盖

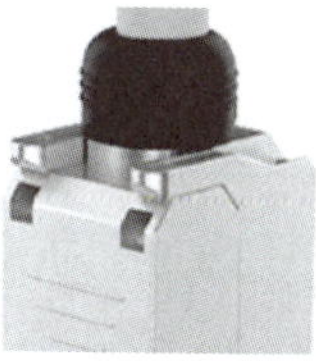

4.压线和扣紧压盖

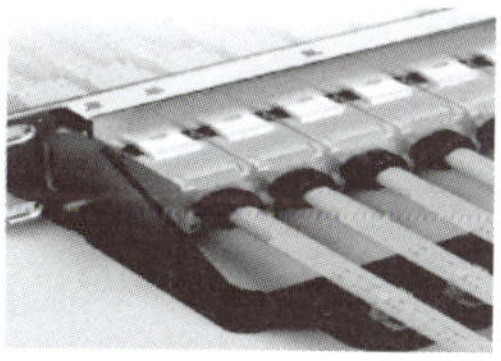

5.把模块卡装在配线架上

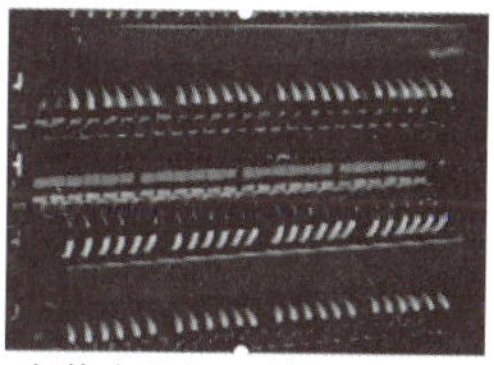

6.安装在机柜上并且理线

图4-128　7类配线架端接和应用示意图

4.2.14　110型通信跳线架

110型通信跳线架在综合布线系统中主要用于语音配线系统，俗称鱼骨架，图4-129所示为110型通信跳线架的高强度塑料鱼骨、连接块、标识标签、标准U支架。端接时使用专用打线钳可将线对依次“冲压”端接到语音配线架上，完成大对数电缆的端接。图4-130所示为110型通信跳线架端接后的照片。110型通信跳线架有时也应用于网络系统，在信息点较多的综合布线系统中，可以利用大对数电缆结合110型通信跳线架完成对语音、数据信息点的转接，减少大量缆线的应用，节约成本。

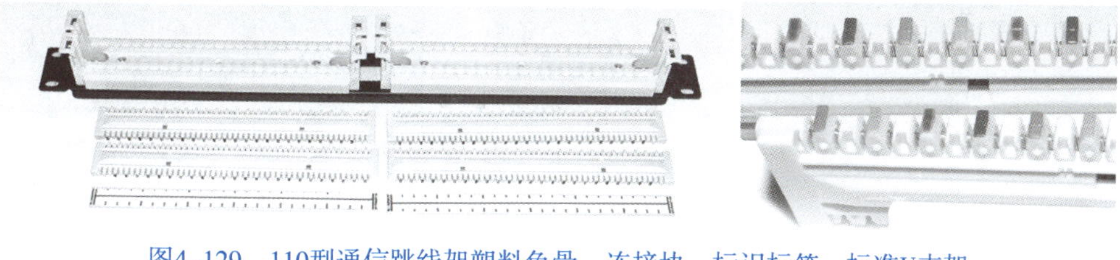

图4–129　110型通信跳线架塑料鱼骨、连接块、标识标签、标准U支架

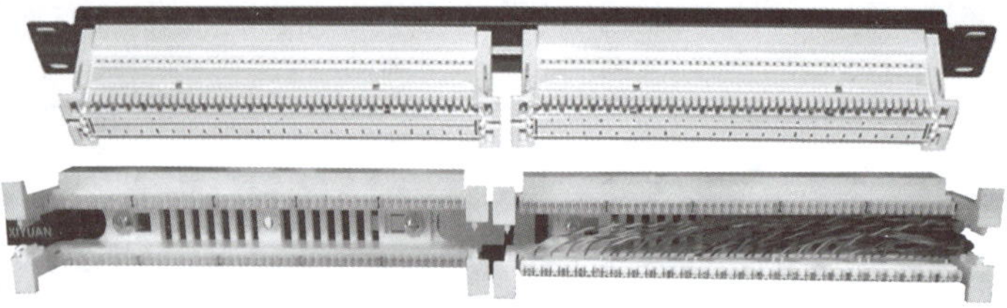

图4-130　110型通信跳线架端接作品

4.2.15　RJ-45接口语音配线架

常用RJ-45语音配线架为25口，用于25对大对数电缆的端接。外形尺寸长482 mm（19英寸），宽133 mm，高44.5 mm（1U）。规格为25个RJ-45接口，安装孔距为左右465.1 mm，上下31.75 mm。配线架后端设计有“T”形理线排，每个理线排对应一个语音模块，用于绑扎和固定线对。图4-131所示为25口RJ-45语音配线架结构示意图，图4-132所示为语音配线架插口、卡线槽示意图。

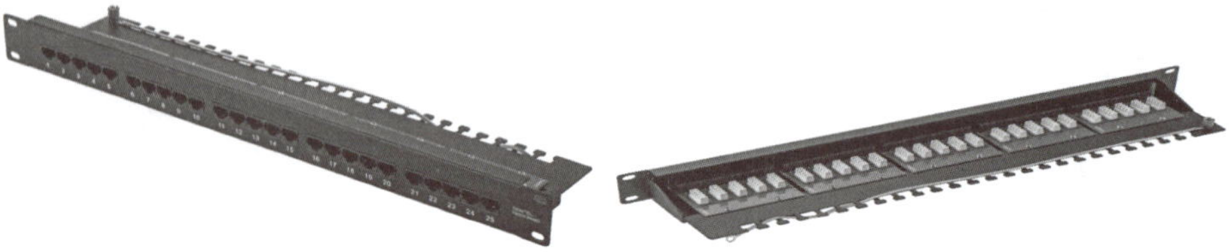

图4-131　25口RJ-45语音配线架结构示意图

图4-132　25口RJ-45语音配线架插口、卡线槽示意图

25口RJ-45语音配线架的前面板设计有25个RJ-45型插口，每个插口有4个弹簧插针，采用镀金触片，弹簧插针通过电路板与卡线槽3456连接，如图4-133所示。语音配线架都设计有接地线，采用铜材料导线与机柜连接接地，具有防雷防静电作用，如图4-134所示。图4-135所示为语音配线架端接和安装应用图。

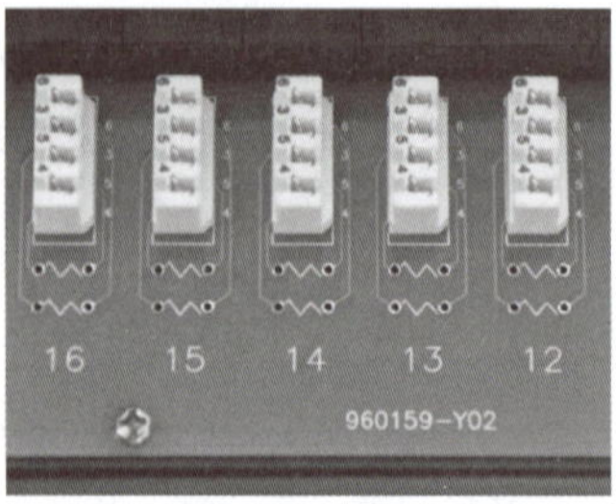

图4-133　电路板与卡线槽

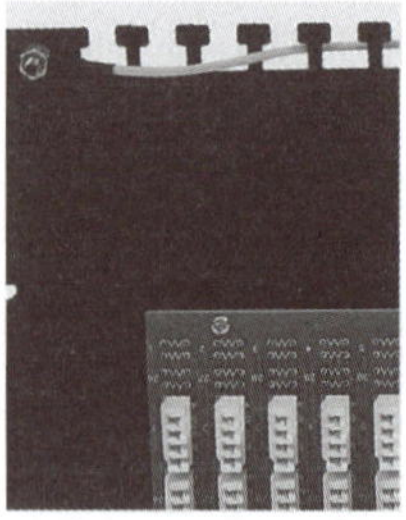

图4-134　接地线

图4-135　语音配线架端接和安装

4.2.16　信息插座

墙面安装的插座一般为86系列，插座为正方形，边长86 mm，一般为白色塑料制造。信息插

座一般采用暗装方式，把插座底盒暗藏在墙内，只有信息面板凸出墙面，如图4-136所示，暗装方式一般配套使用线管，线管也必须暗装在墙面内。明装方式即将插座底盒和面板全部突出明装在墙面上，适合旧楼改造或者无法暗藏安装的场合，如图4-137所示。

地面安装的插座也称为“地弹插座”，使用时只要推动限位开关，就会自动弹起。一般为120系列，常见的插座分为正方形和圆形两种，正方形长120 mm，宽120 mm，图4-138所示为方形地弹插座，圆形直径为Φ150 mm，图4-139所示为圆形地弹插座，地面插座要求抗压和防水功能，因此都是黄铜材料铸造。

图4-136　墙面暗装底盒

图4-137　墙面明装底盒

图4-138　方形地弹插座

图4-139　圆形地弹插座

插座底盒内安装有各种信息模块，如光模块、电模块、数据模块、语音模块等。这些信息模块按照缆线种类区分，有与电缆连接的电模块和与光缆连接的光模块；

按照屏蔽方式区分，有屏蔽模块和非屏蔽模块；

按照传输速率区分，有5类模块、5e类模块、6类模块、7类模块等；

按照实际用途区分，有数据模块和语音模块等。

1. 面板

常用的面板分为单口面板和双口面板，面板外形尺寸符合国标86型、120型。

86型面板的宽度和长度分别是86 mm，如图4-140所示。通常采用高强度塑料材料制成，适合安装在墙面，具有防尘功能。86型面板应用于工作区子系统，面板表面带嵌入式图标及标签位置，便于识别数据和语音端口；配有防尘滑门用以保护模块、遮蔽灰尘和杂物进入。

120型面板的宽度和长度是120 mm，通常采用铜等金属材料制成，适合安装在地面，具有防尘、防水功能，如图4-141所示。

2. 底盒

常用底盒分为明装底盒和暗装底盒。明装底盒通常采用高强度塑料材料制成，如图4-142所示，而暗装底盒根据需求可采用塑料材料制成或金属材料制成，如图4-143所示。

图4-140　86型面板

图4-141　120型面板

图4-142　明装底盒

图4-143　暗装底盒

4.3 光　　缆

为了直观地介绍光缆，方便教学和学生参观实训，快速掌握常用光缆知识，认识产品和积累工程经验，我们以光缆展示柜为例，展开介绍和说明。光缆展示柜精选了光缆传输系统的典型光缆和设备进行展示和介绍，如图4-144所示。请扫描“图4-144　光缆展示柜介绍”二维码观看或下载视频和音频解说词学习。

视频
光缆展示柜介绍

音频
光缆展示柜介绍

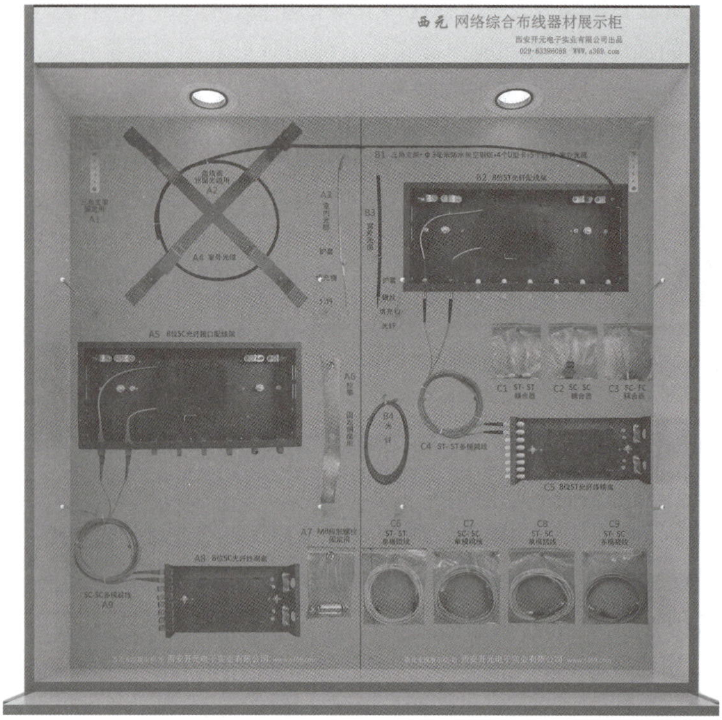

图4-144　光缆展示柜

4.3.1　光纤基本知识

1. 光纤通信原理

光纤通信是以光波作为信息载体，以光纤作为传输介质的一种通信方式。从原理上看，构成光纤通信的基本物质要素是光纤、光源和光检测器。

光纤通信原理就是：在发送端首先要把传送的信息（如视频信号）变成电信号，然后调制到光发射机发出的激光束上，使光的强度随电信号的幅度（频率）变化而变化，并通过光纤发送出去；在接收端，光接收机再将光信号变换成电信号，经解调后恢复原信息。图4-145所示为光纤通信示意图。

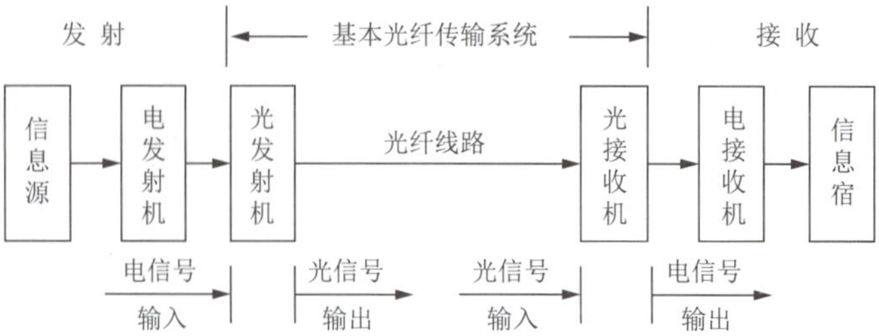

图4-145　光纤通信示意图

2. 光纤基本结构

光纤是一种由玻璃或者塑料制成的通信纤维，其利用“光的全反射”原理，作为一种光传导工具。光纤结构一般是双层或多层的同心圆柱体。中心部分为纤芯，纤芯以外的部分称为包层。纤芯的作用是传导光波，包层的作用是将光波封闭在光纤中传播。图4-146所示为光纤结构示意图，图4-147所示为光缆展示柜光纤。

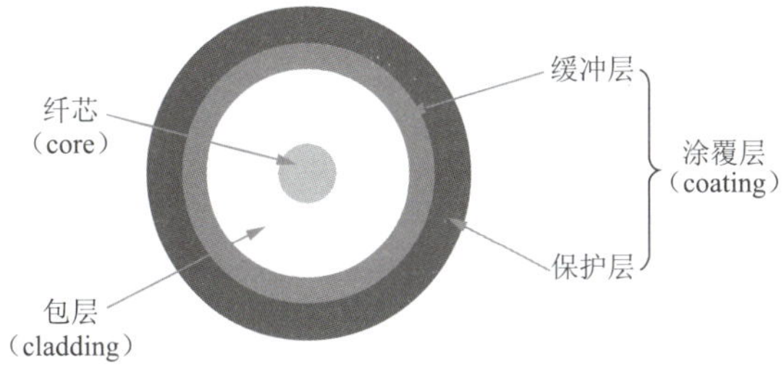

图4-146　光纤结构示意图

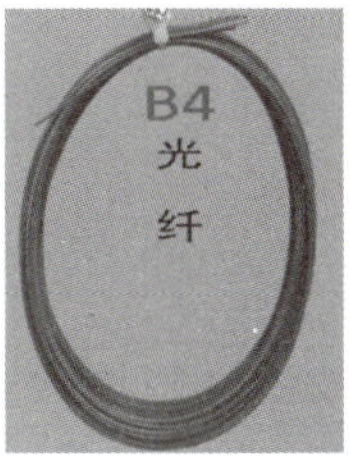

图4-147　“西元”光缆展柜光纤

3. 光纤分类

光纤按光的传输模式可分为单模光纤和多模光纤。

（1）单模光纤

图4-148所示为单模光纤传输模式图，采用一种传输路径模式进行传输的光纤，简称单模光纤。单模光纤芯径较小只有9 μm，由于使用更细的纤芯和单模光源，单模光纤的优点为消除了模式色散，衰减低，大宽带，传输距离远；缺点为不能与光源以及其他光纤进行耦合，需要高质量的激光源，成本较高。单模光纤主要应用在长途骨干网、城域网、接入网等场合。

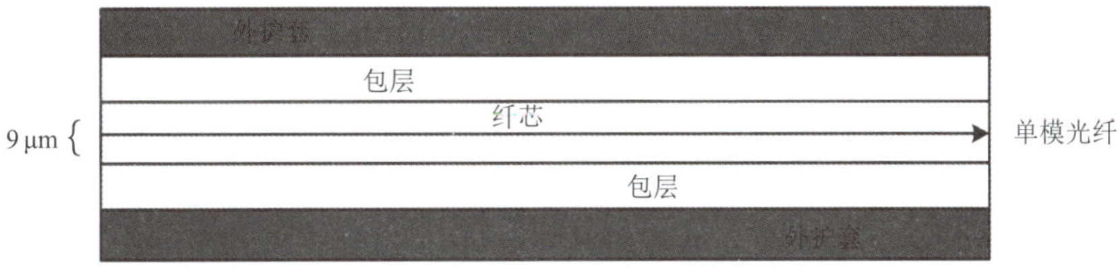

图4-148　单模光纤传输模式图

（2）多模光纤

图4-149所示为多模光纤传输模式图，采用多种不同的传输路径模式，进行传输的光纤，简称多模光纤。多模光纤的芯径比较大，常用的为50 μm或62.5 μm，多模光纤的优点为，容易与光源以及其他光纤进行耦合，光源成本低；缺点为具有较高的衰减，低带宽、传输距离短。多模光纤主要应用在接入网和局域网等短距离场合。

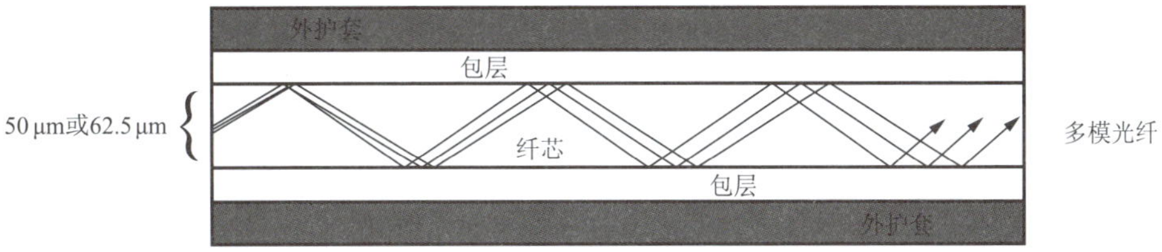

图4-149　多模光纤传输原理图

表4-10所示为目前常用的光纤分类及标准。

表4-10　常用的光纤分类及标准

光纤名称	GB15972国标	IEC793（国际电工委员会）	ITU（国际电信联盟）
50 μm多模光纤	A1a	A1a	G.651
62.5 μm多模光纤	A1b	A1b	
非色散位移单模光纤	B1.1	B1.1	G.652A，B
截止波长位移单模光纤	B1.2	B1.2	G.654
波长扩单模光纤	B1.3	B1.3	G.652C，D
色散位移单模光纤	B2	B2	G.653
色散平坦单模光纤	B3	B3	
非零色散位移单模光纤	B4	B4	G.655A，B

4. 影响光纤传输的主要因素

影响光纤传输的主要因素包括衰减、色散和偏振模色散等，主要特性和原因见表4-11。

表4-11　影响光纤传输的主要因素

主要因素	特　　性	影　　响	主要原因
衰减（attenuation）	反映光信号损失的特性	限制了传输的距离	光的吸收、散射
色散（dispersion）	反映脉冲展宽的特性	限制了传输容量的大小和传输的距离	不同的波长具有不同的速度
偏振模色散（PMD）	反映脉冲展宽的特性	限制了传输容量的大小和传输的距离	极化模的轴向传输速度不同

4.3.2　光缆基本知识

1. 光缆基本结构

光缆是由单芯或多芯光纤构成的缆线。用适当的材料和缆线结构，对通信光纤进行收容保护，使光纤免受机械和环境的影响和损害，适用不同的场合使用。光缆的基本结构一般是由缆芯、加强钢丝、填充物和护套等几部分组成，另外根据需要还有防水层、缓冲层等构件。图4-150为常见的光缆结构。

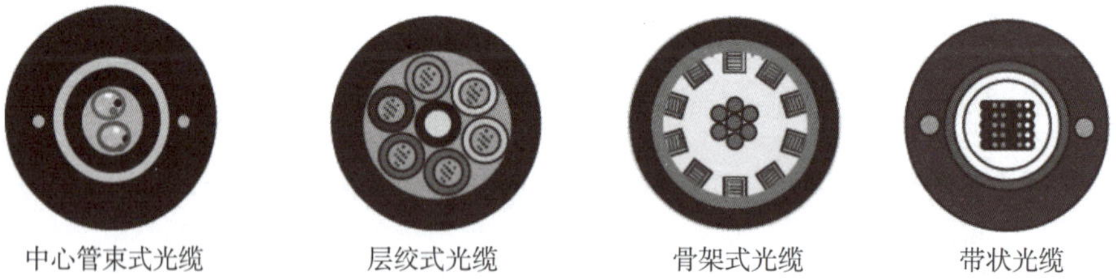

图4-150　常见的光缆结构

2. 光缆型号的命名

光缆型号的组成如图4-151所示，型式代号、规格代号和特殊性能标识之间应空一格。

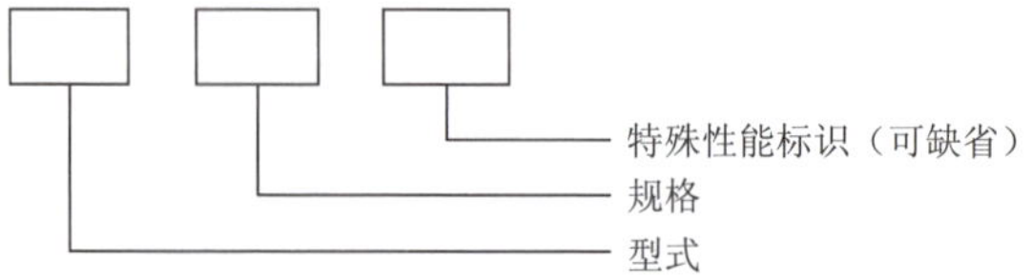

图4-151　光缆型号的组成

（1）型式由5个部分组成，依次为分类、加强构件、结构特征、护套、外护层，各部分均用代号表示。

（2）规格依次由光纤、通信线和馈电线的有关规格组成，各规格之间用“+”号隔开。

（3）特殊性能标识，一般对于光缆的某些特殊性能可加相应标识。

光缆型号的命名比较复杂，具体可参考YD/T 908—2011《光缆型号命名方法》标准。表4-12为光缆型号中常见的代号及其含义。

表4-12　光缆型号中常见的代号及其含义

分类		加强构件		结构特征		护套		外护层	
代号	含义	代号	含义	代号	含义	代号	含义	代号	含义
GY	室外光缆	无符号	金属	T	填充式	Y	聚乙烯	23	绕包钢带铠装聚乙烯
GJ	室内光缆	F	非金属	B	扁平形状	V	聚氯乙烯	22	绕包钢带铠装聚氯乙烯
GJY	室内外光缆			8	8字形状	U	聚氨酯	33	单细圆形钢丝铠装聚乙烯
GH	海底光缆			S	光纤束结构	A	铝-聚乙烯粘接（A护套）	32	单细圆形钢丝铠装聚氯乙烯
GS	设备光缆			D	光纤带结构	S	钢-聚乙烯粘接（S护套）	63	非金属丝铠装聚乙烯
GM	移动式光缆			M	金属松套管	L	铝	62	非金属丝铠装聚氯乙烯

3. 光缆的分类

光缆结构主要用于保护内部光纤，不受外界机械应力和水、潮湿的影响。因此光缆设计、生产时，需要按照光缆的应用场合、敷设方法设计光缆结构。不同材料构成了光缆不同的机械、环境特性，有些光缆需要使用特殊材料从而达到阻燃、阻水等特殊性能。

光缆根据不同的角度分为不同的类型，以下为几种常用的分类方法：

（1）按使用环境场合，分为室外光缆、室内光缆等。

（2）按光纤的种类，分为单模光缆和多模光缆。

（3）按敷设方式，分为架空光缆、直埋光缆、管道光缆、水底光缆等。

（4）按缆芯结构，分为中心管式、层绞式、骨架式等。

（5）按光纤在光缆中的状态，分为紧结构、松结构、半松半紧结构等。

4. 综合布线系统工程常用的光缆

1）室内光缆

室内光缆通常由紧套光纤、加强件及外护套组成，如图4-152所示。室内光缆主要用于建筑物内部局域网建设、垂直布线等。由于室内环境比室外要好得多，一般不需要考虑自然的机械应力和雨水等因素，所以多数室内光缆是紧套、干式、阻燃、柔韧型的光缆。

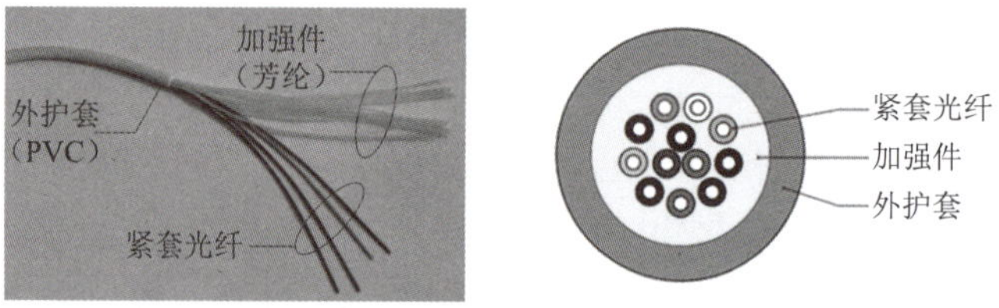

图4-152　室内光缆基本组成

对于特定场所的光缆需求，也可以选择金属铠装、非金属铠装的室内光缆，这种光缆的结构有松套和紧套两种，类似室外光缆结构，其机械性能要优于无铠装结构的室内光缆，主要用于环境、安全性要求较高的场所。图4-153所示为普通单芯室内光缆示意图，图4-154所示为室内束状铠装光缆示意图，图4-155为光缆展示柜室内光缆。

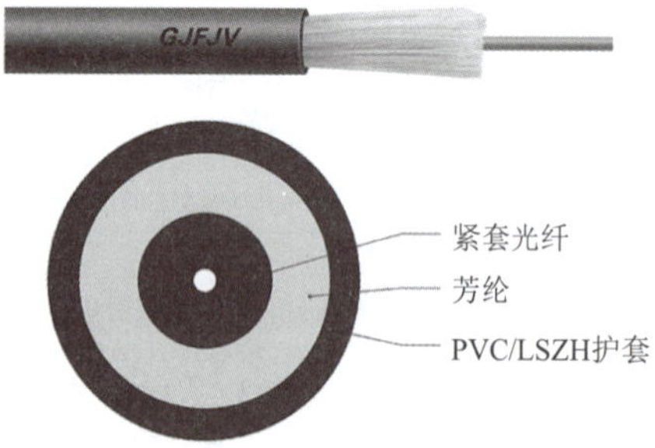

图4-153　普通单芯室内光缆示意图

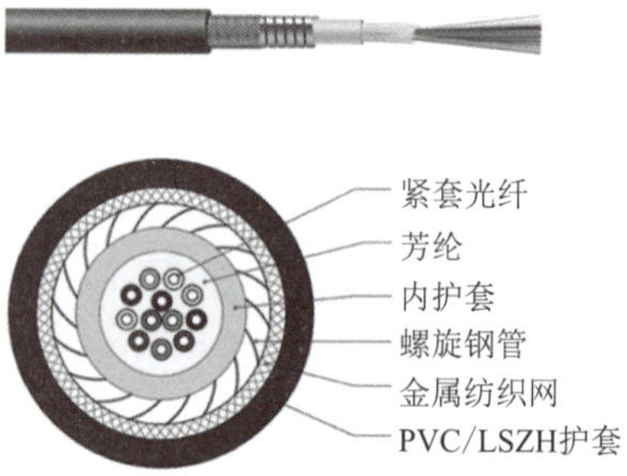

图4-154　室内束状铠装光缆示意图

图4-155　室内光缆

2）室外光缆

室外光缆在结构组成方面和室内光缆基本相同，由于室外环境的特殊性，其保护层较厚重，一般包裹有金属铠装层，具有耐压、耐腐蚀、抗拉、防水等特性。室外光缆主要用于干线和城域网的直埋、管道、架空建设等。图4-156所示为室外层绞式铝铠装光缆，图4-157所示为室外中心管式非金属铠装光缆，图4-158为光缆展示柜室外光缆。

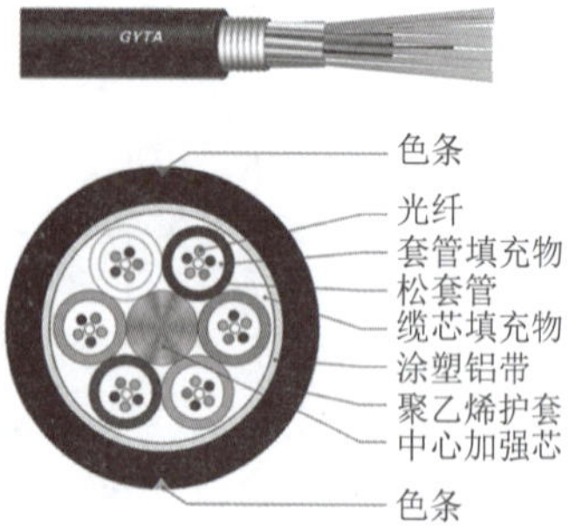

图4-156　室外层绞式铝铠装光缆

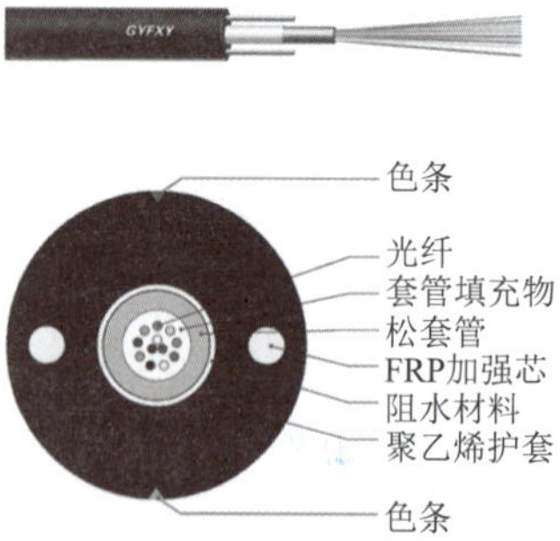

图4-157　室外中心管式非金属铠装光缆

图4-158　室外光缆

3）特殊光缆

在综合布线系统工程中，一些特殊场合会使用特定性能的光缆，下面我们介绍几种特殊光缆。

（1）皮线光缆。皮线光缆多为单芯、双芯、四芯结构，横截面呈8字形，加强件位于两圆中心，可采用金属或非金属加强件，光纤位于8字形的几何中心。皮线光缆因为其柔软、轻巧，可以与尾纤熔接，也可以直接进行机械连接（冷接）等特点，在光纤到户（FTTH）等接入工程中被大量使用。图4-159所示为皮线光缆结构示意图，图4-160所示为常见的皮线光缆。

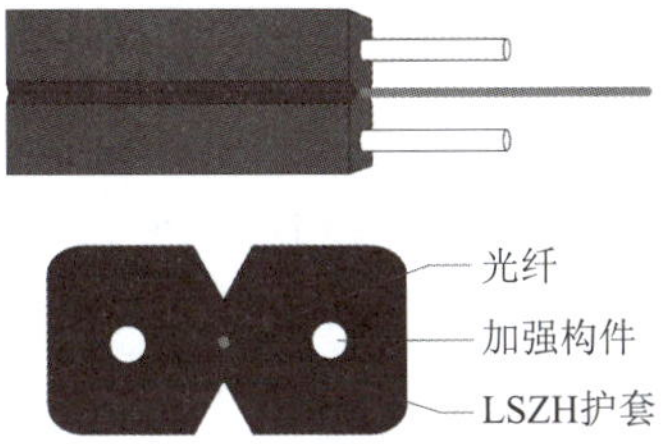

图4-159　皮线光缆结构示意图

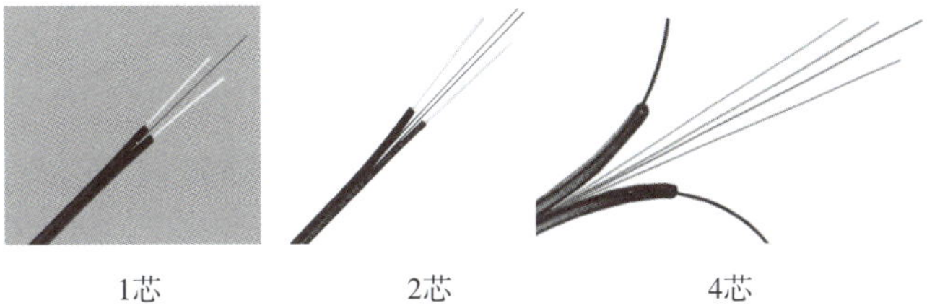

图4-160　常见的皮线光缆

（2）“8”字光缆。“8”字光缆将缆芯部分和钢丝线集成到了一个“8”字形的PE护套内，形成自承式结构，在敷设过程中无须架设吊线和挂钩，施工效率高，施工费用低。该光缆可以简单地实现立杆与立杆之间、立杆与建筑物之间、建筑物与建筑物之间等的架空敷设。图4-161所示为常见的“8”字光缆示意图。

（3）路面微槽光缆。在光缆敷设的路径上，可能已是园区或已经硬化的路面，重新建设通信管道有困难且不经济，路面微槽光缆就是解决这种情况的一种方式。路面微槽光缆具有结构简单、缆径小、轻便柔软、成本低等特点，敷设时只需在路面上开一道狭窄的浅槽，将光缆埋入槽内，回填恢复原路面即可，对于改造项目十分简易高效。图4-162所示为路面微槽光缆示意图。

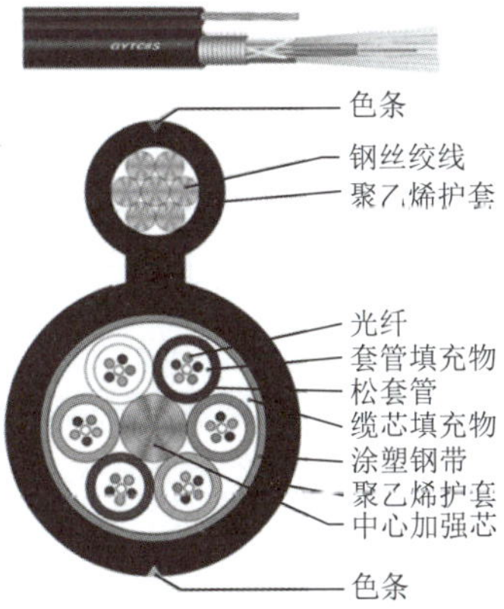

图4-161　“8”字光缆示意图

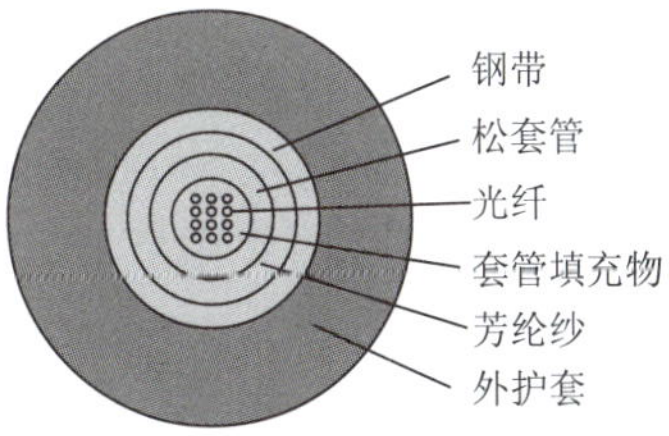

图4-162　路面微槽光缆示意图

（4）海底光缆。海底光缆是保证全球各大区域网络之间能够互联互通的主动脉，全世界超过90%的跨国数据传输，都由海底光缆承担。海底光缆和陆地光缆最大的区别就是它的“铠装保护”，图4-163所示为海底光缆，图4-164为典型海底光缆的结构示意图。为了适应海底复杂严苛环境，增加了多层保护，避免海水腐蚀、海水压力、地震、海啸、生物破坏等。图4-165所示为海底光缆实物图。

图4-163　海底光缆

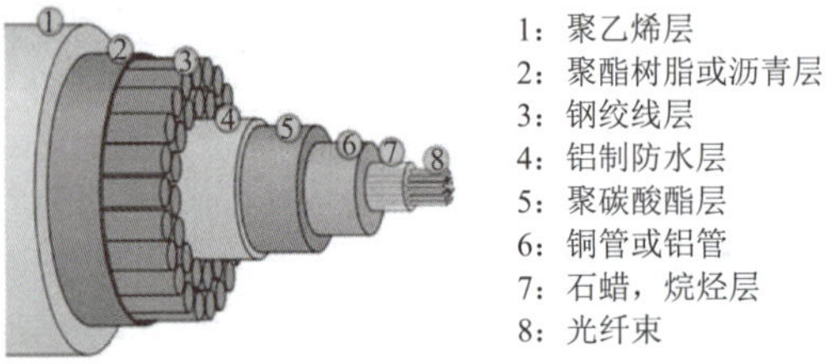

图4-164　典型海底光缆的结构示意图

图4-165　海底光缆实物图

4.4　光缆连接器件

光缆连接器件是为两段光缆提供光学、密封和机械强度连续性的机械保护装置。其目的是使发射光纤输出的光能量，能最大限度地耦合到接收光纤中去。在一定程度上，光缆连接器件影响了光传输系统的可靠性和各项性能。下面我们结合光缆展示柜，对综合布线系统常见的光缆连接器件展开介绍和说明。

4.4.1　光纤耦合器

光纤耦合器也称为光纤连接器、光纤适配器，是光纤与光纤之间进行可拆卸（活动）连接，实现光信号分路/合路，或用于延长光纤链路的器件。光纤耦合器一般由三个部分组成：两个光纤连接头和一个耦合器，两个光纤接头用于装进两个光纤尾端，耦合器起对准套管的作用。通常按照连接头的结构形式可分为SC、ST、FC、LC等类型，根据不同需求还有各种类型的转接耦合器，如ST-SC光纤耦合器。

（1）SC光纤耦合器。如图4-166所示，其外形呈矩形，紧固方式采用插拔销闩式，在路由器交换机和传输设备侧光接口应用最多。对于100Base-FX来说，耦合器通常为SC类型。SC光纤耦合器直接插拔，使用很方便，缺点是容易脱落。

（2）ST光纤耦合器。如图4-167所示，其外形呈圆形，紧固方式为螺丝扣式，常用于光纤配线架。对于10Base-FX来说，耦合器通常为ST类型。ST光纤耦合器插入后旋转半周有一卡口固定，缺点是容易折断。

（a）接头　　（b）耦合器

图4-166　SC光纤耦合器

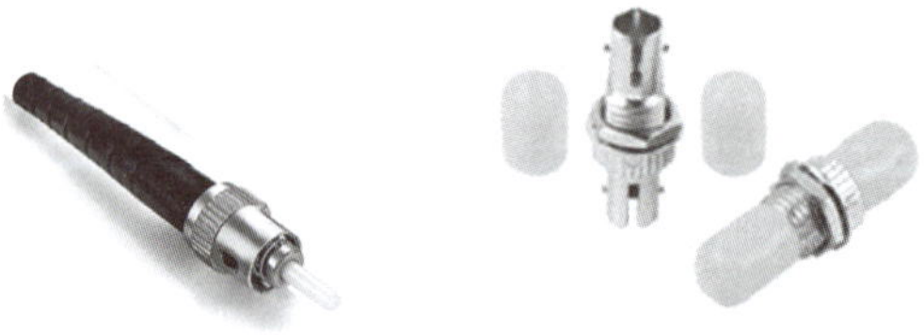

（a）接头　　（b）耦合器

图4-167　ST光纤耦合器

（3）FC光纤耦合器。如图4-168所示，其外部加强方式是采用金属套，紧固方式为螺丝扣式，一般在光纤配线架侧采用。FC光纤耦合器优点是牢靠、防灰尘，缺点是安装时间稍长。

（4）LC光纤耦合器。如图4-169所示，其外形与SC光纤耦合器相似，采用操作方便的模块化插孔闩锁方式，常用于路由器等设备。LC光纤耦合器尺寸仅占SC/ST/FC连接器的一半，这样可以提高光纤配线架中光纤耦合器的密度。

（a）接头　（b）耦合器

图4-168　FC光纤耦合器

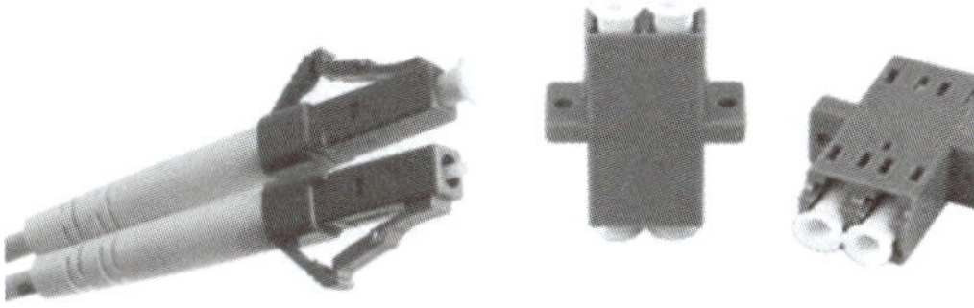

（a）接头　（b）耦合器

图4-169　LC光纤耦合器

4.4.2　光纤跳线

光纤跳线指光纤两端都装上光纤连接器，用来实现光路活动连接的跳接线。一端装有光纤连接器的光纤称为尾纤。光纤跳线常应用在光纤通信系统、光纤接入网、光纤数据传输以及局域网等一些领域。

根据光纤连接器的不同，光纤跳线一般分为SC、ST、FC、LC型，图4-170所示为常见的光纤跳线。根据光纤类型的不同，光纤跳线可分为单模跳线和多模跳线。根据不同需求还有各种类型的转接跳线，如ST-SC光纤跳线。图4-171为“西元”光缆展示柜展示的几种类型的光纤跳线。请扫描“图4-144　光缆展示柜”二维码下载光缆展示柜配套的视频和音频进行学习，并且仔细观察展示柜内的实物展品，熟悉和掌握光纤光缆知识。

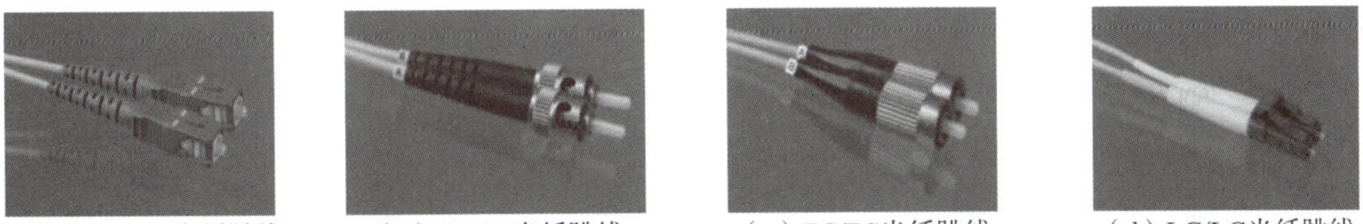

（a）SC/SC光纤跳线　（b）ST/ST光纤跳线　（c）FC/FC光纤跳线　（d）LC/LC光纤跳线

图4-170　常见的光纤跳线

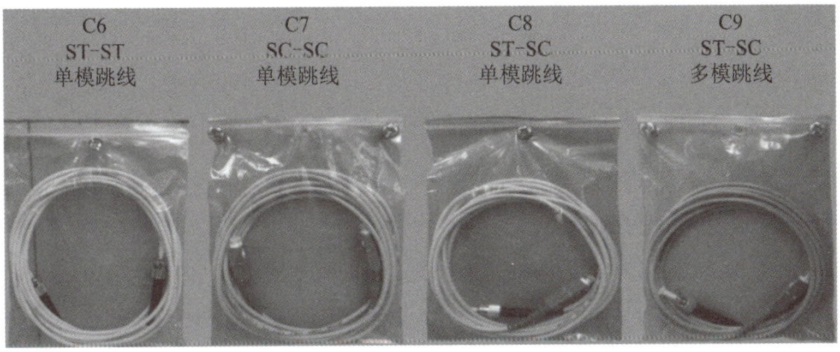

图4-171　光缆展示柜展示的几种类型的光纤跳线

4.4.3 光纤配线架

光纤配线架是光缆和光通信设备之间或光通信设备之间的配线连接设备，用于光纤通信系统中局端主干光缆的成端和分配，可方便地实现光纤线路的连接、分配和调度。图4-172为光缆展示柜展示的8位SC光纤配线架，图4-173为光缆展示柜展示的8位ST光纤配线架，图4-174所示为8位SC+8位ST组合型光纤配线架。

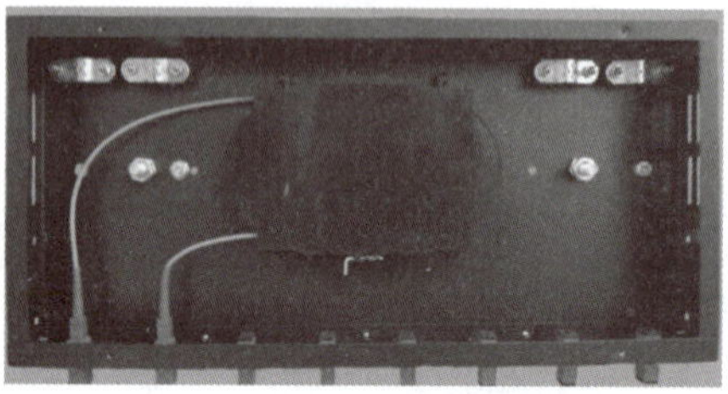

图4-172　8位SC光纤配线架

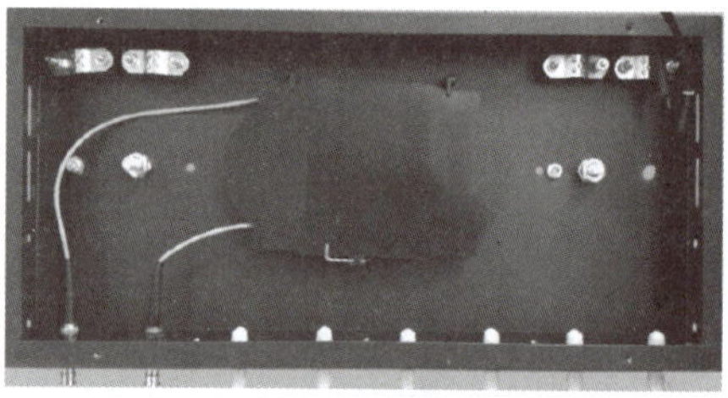

图 4-173　8位ST光纤配线架

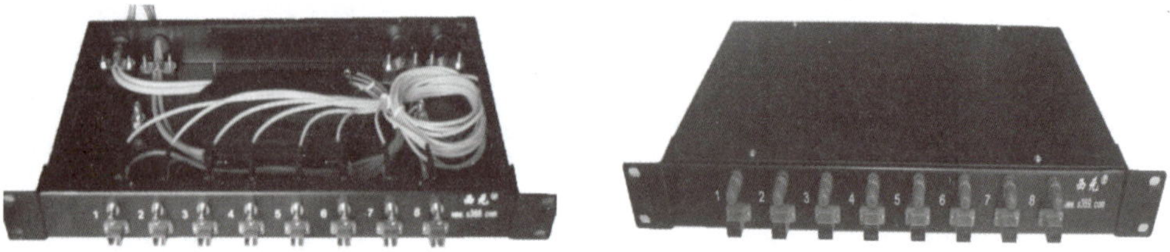

图4-174　8位SC+8位ST组合型光纤配线架

4.4.4 光缆接续盒

光缆接续盒又称光缆接头盒，是将两根或多根光缆连接在一起，并具有保护接头作用的装置。光缆接续盒主要用于室外光缆的架空、管道、直埋等敷设直通、接续和分支连续。根据其外形可分为立式接续盒和卧式接续盒，如图4-175所示。

（a）立式接续盒

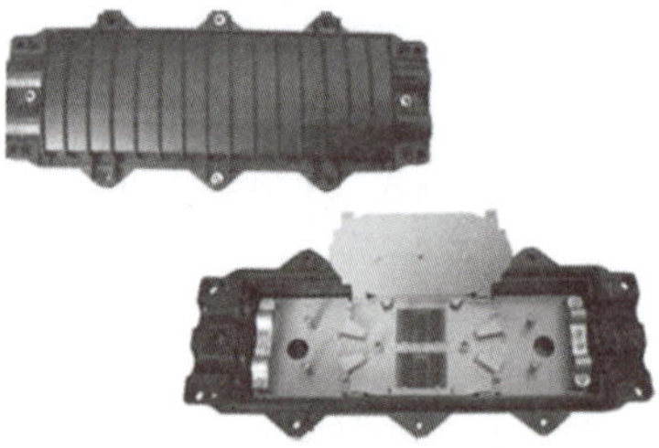

（b）卧式接续盒

图4-175　光缆接续盒

4.4.5 光纤终端盒

光纤终端盒又称光缆终端盒，用于保护光缆终端和尾纤熔接的盒子，主要用于室内、室外光缆的直通熔接和分支接续及光缆终端的固定，并且保护尾纤盘储，保护接头。图4-176所示为光缆展示柜展示的8位SC光纤终端盒，与8位ST光纤终端盒。

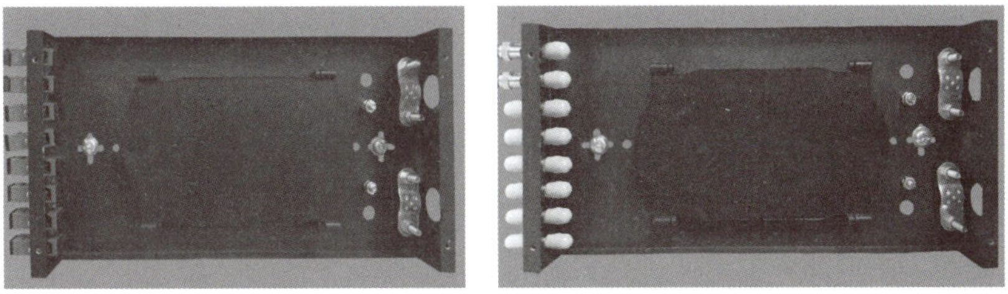

（a）8位SC光纤终端盒　　（b）8位ST光纤终端盒

图4-176 光纤终端盒

4.4.6 光纤收发器

光纤收发器又名光电转换器，是一种类似于数字调制解调器的设备，不同的是其接入的是光纤专线，传输的是光信号。光电转换器将短距离的双绞线电信号和长距离的光信号进行互相转换，一般应用在以太网电缆无法覆盖、必须使用光纤来延长传输距离的网络环境中。图4-177所示为光电转换器及其连接示意图。

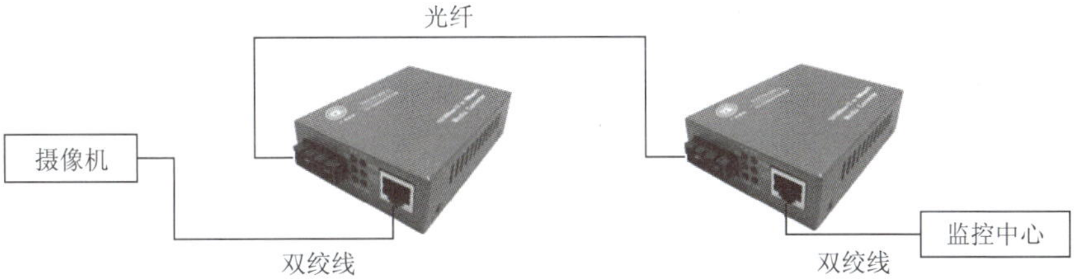

图4-177 光电转换器及其连接示意图

4.4.7 光分路器

光分路器又称分光器，是光纤链路中重要的无源器件之一，是具有多个输入端和多个输出端的光纤汇接器件。它将一根光纤中传输的光能量按照既定的比例分配给两根或多根光纤，或将多根光纤中传输的光能量合成到一根光纤中。如图4-178所示为常见的光分路器。

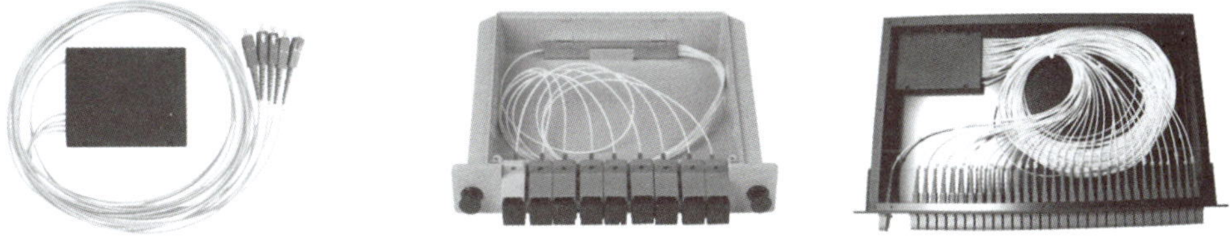

（a）模块式　　（b）插片式　　（c）机架式

图4-178 常见的光分路器

4.4.8 光纤面板与底盒

光纤面板也称为光纤插座，是实现光纤到桌面解决方案的用户终端产品，用于家庭或工作区，完成双芯光纤的接入及端口输出。结合安装底盒，使其内部空间可充分满足光纤弯曲半径的要求，并保护好进出光纤，为纤芯提供安全的保护。适当的曲率半径，允许小量冗余光纤的盘存，实现FTTD（光纤到桌面）系统应用。图4-179所示为常见的光纤面板与底盒，为了满足盘纤和曲率半径的需要，GB 50311规定底盒深度应不小于60 mm。

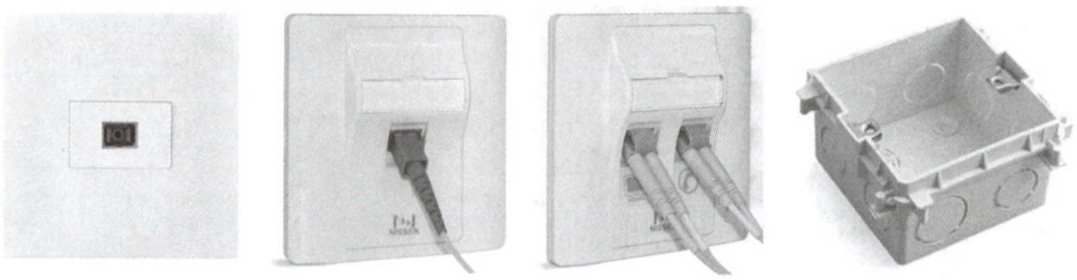

图4-179　常见的光纤面板与底盒

4.5　网络机柜

4.5.1　标准机柜

机柜是安装设备和缆线交接的地方。标准机柜以U为单位区分（1 U=44.45 mm）。

标准机柜的规格一般为19英寸，内部立柱安装尺寸宽度482 mm（19英寸）。机柜外部尺寸宽度为600 mm，深度600 mm，高度尺寸一般为2 000 mm。服务器机柜深度≥800 mm，满足刀片式服务器安装。具体规格见表4-13。

表4-13　网络机柜规格表

产品名称	用户单元	规格型号/mm（宽×深×高）	产品名称	用户单元	规格型号/mm（宽×深×高）
普通墙柜系列	6 U	530×400×300	普通网络机柜系列	18 U	600×600×1000
	8 U	530×400×400		22 U	600×600×1200
	9 U	530×400×450		27 U	600×600×1400
	12 U	530×400×600		31 U	600×600×1600
普通服务器机柜系列（加深）	31 U	600×800×1600		36 U	600×600×1800
	36 U	600×800×1800		40 U	600×600×2000
	40 U	600×800×2000		45 U	600×600×2200

4.5.2　配线机柜

配线机柜是为综合布线系统特殊定制的机柜。其特殊点在于增添了布线系统特有的一些附件，例如垂直布置的理线架、理线环、光纤收纳架等，并对电源的布局提出了特别的要求，常见的配线机柜如图4-180所示。

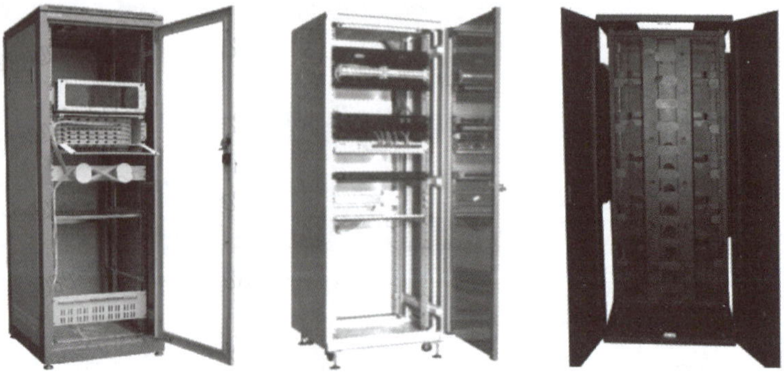

图4-180　配线机柜

4.5.3　服务器机柜

常用服务器机柜一般安装在设备间子系统中，如图4-181所示。

4.5.4　壁挂式机柜

主要用于楼层管理间或分管理间，外观轻巧美观，全柜采用钢板制作，柜门一般装有玻璃，机柜背面有四个挂墙的安装孔，可将机柜挂在墙上节省空间，广泛用于小型综合布线工程、楼道明装、办公室明装等，如图4-182所示。

图4-181　服务器机柜

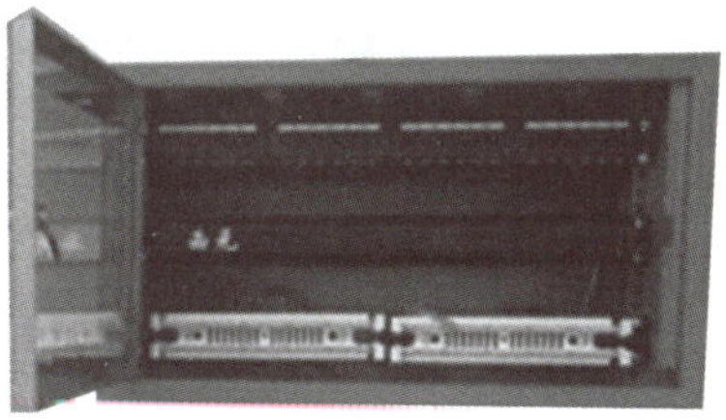

图4-182　壁挂式网络机柜

4.5.5　机柜立柱安装尺寸

在楼层管理间和设备间，模块化配线架和网络交换机一般安装在19英寸的机柜内。为了使安装在机柜内的配线架和网络交换机美观大方且方便管理，必须对机柜内设备的安装进行规划，具体遵循以下原则：

（1）一般配线架安装在机柜下部，交换机安装在其上方。

（2）每个配线架之间安装一个理线环，每个交换机之间也要安装理线环。

（3）正面的跳线从配线架中出来全部要放入理线环内，然后从机柜侧面绕到上部的交换机间的理线环中，再插入交换机端口。

一般网络机柜的安装尺寸执行YD/T 1819—2016《通信设备用综合集装架》标准的规定，具体安装尺寸如图4-183所示，图4-184所示为常见的机柜内配线架安装实物图，图4-185所示为西元综合布线安装技能展示装置。请扫描二维码观看或下载图4-185彩色高清照片阅读。

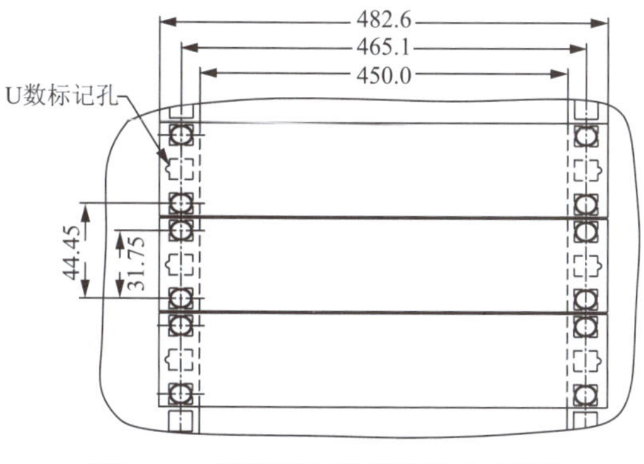

图4-183　网络机柜的安装尺寸（单位：mm）

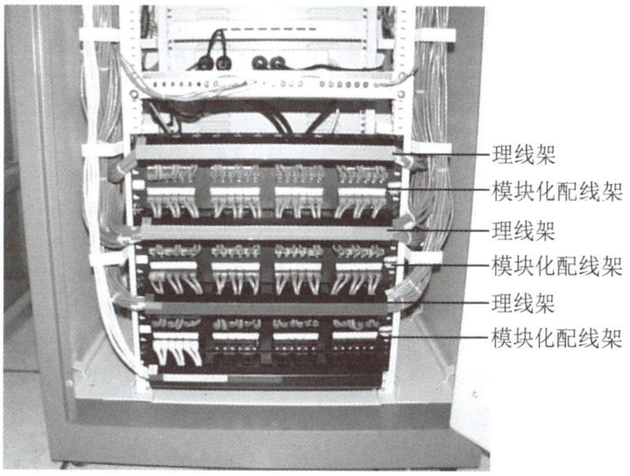

图4-184　机柜内配线架安装实物图

文件

图4-185
彩色高清照片

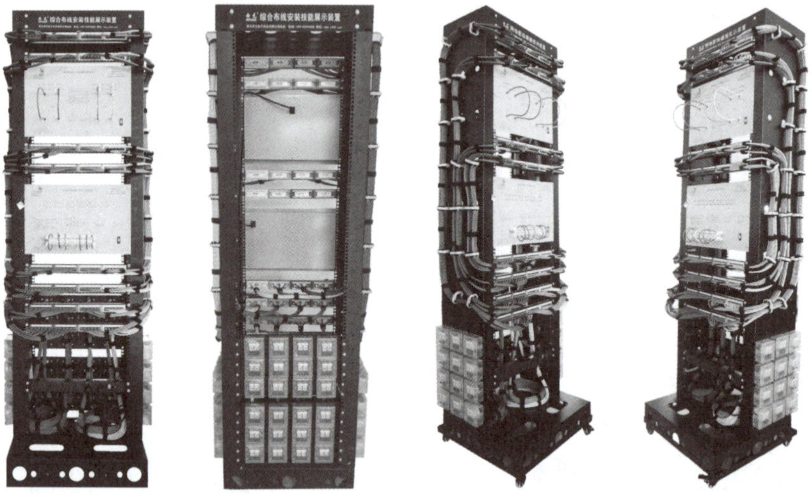

图4-185　西元综合布线安装技能展示装置

4.6　综合布线工程常用线管线槽与桥架

4.6.1　线管与配件

线管是综合布线系统工程中常用的穿线管道，我们以图4-186所示的配件展示柜为例进行介绍。综合布线系统工程中常用的线管主要有：

（1）PVC线管，主要用于水平子系统布线，一般暗埋在楼板与过梁和立柱内，也用于楼层吊顶上的隐蔽布线，常用规格为Φ20或Φ16等。在工程设计和施工安装中，Φ20管内最多安装3根网线，距离短拐弯少时，也允许安装4根网线；Φ16管内最多安装2根网线，距离短拐弯少时，也允许安装3根网线。在工程设计和安装中应注意下列问题：

①PVC管应采用暗埋方式，楼板内暗埋管的直径一般不超过Φ20 mm。

②临时或者特殊情况下，需要明装布线时，宜使用PVC线槽，不应使用PVC管。

③PVC管拐弯时，应保证网线的曲率半径符合要求，宜使用自制的大拐弯弯头，不能使用注塑成型的工业成品弯头。

（2）PVC管接头，一般用于同规格PVC线管的延长连接，常用规格有Φ20、Φ16等。

（3）PVC管卡，一般用于楼层吊顶上，固定PVC管，常用规格有Φ20、Φ16等。

4.6.2　线槽

线槽又名走线槽、配线槽、行线槽，是用来将缆线进行规范梳理，固定在墙上或天花板上的布线材料。线槽一般根据槽体材质可以分为塑料线槽和金属线槽两种。金属线槽由槽底和槽盖组成，每根线槽长度一般为2 m，槽与槽连接时使用相应尺寸的铁板和螺丝固定。塑料线槽的外形与金属线槽类似，但它的品种和规格更多，与其配套的附件有：阳角、阴角、平角、三通、接头、堵头等。

就线槽规格而言，一般金属线槽的规格有50 mm × 100 mm、100 mm × 100 mm、100 mm × 200 mm等多种。塑料线槽的规格种类更加多元化，从规格上分为20 mm × 12 mm、25 mm × 12.5 mm、25 mm × 25 mm、30 mm × 15 mm、40 mm × 20 mm等多种型号。

线槽是日常布设和整理线材的常用器材，尤其对于后期需增加布线路由的情况时，线槽明装布线因其整齐、美观、方便等特点，成为人们的首选方案。

4.6.3　桥架

桥架是建筑物综合布线不可缺少的一个部分，一般安装在建筑物的设备间、管理间、弱电竖井，或楼道顶部、吊顶上等，用于电缆和光缆的安装，图4-187所示为“西元”桥架展示系统。桥架的常用部件如下。

（1）托盘式桥架：托盘式电缆桥架是应用最为广泛的一种桥架设备。它具有重量轻，载荷大，造型美观、结构简单和安装方便等优点。

（2）槽式桥架：槽式桥架是一种全封闭型电缆桥架，适用于敷设计算机网络电缆、通信电缆及其他控制电缆，也能够屏蔽外来干扰，在腐蚀环境中保护电缆。

（3）梯型桥架：梯型桥架具有重量轻、载荷大、成本低、安装方便、散热和通透性好、外形美观等优点，适合安装大对数电缆和密集布线。

（4）网格桥架：一般用表面电镀的铁丝制作，如图4-188所示，适用于设备间、管理间等室内布线。

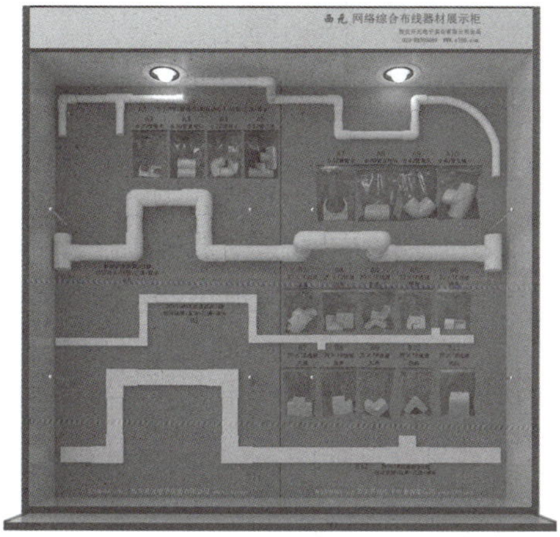

图4-186　“西元”配件展示柜

图4-187　“西元”桥架展示系统

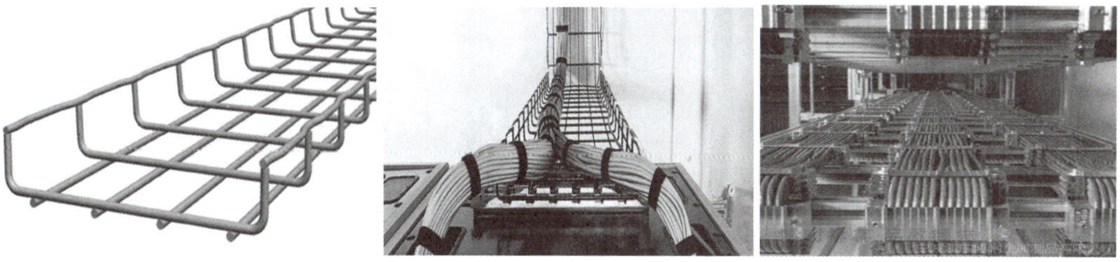

图4-188　网格桥架

4.7　住宅信息箱

住宅信息箱又称为多媒体信息箱，是住宅综合布线系统不可缺少的设备，可对住宅内所有弱电系统进行统一管理和集中控制，在房地产建设及住宅装修中被广泛应用。GB/T 37142—

2018《住宅用综合信息箱技术要求》国家标准对住宅用综合信息箱进行了指导性规定，下面结合标准和住宅信息箱，展开介绍和说明。

4.7.1 住宅信息箱的组成

住宅信息箱是由箱体以及功能模块组成，安装在居住单元套（户）内，用于实现居住单元的宽带接入、智能家居控制管理、路由交换，以及具有语音、数据和有线电视缆线配线功能的设备箱。

（1）箱体。箱体一般由金属材料、塑料材料或组合材料制成，箱体内要预留足够的空间以便安装各种功能模块。一般要求箱体应能为接入光缆提供不小于0.5 m的盘绕空间。箱门应平整牢固，具有关闭锁机构，开启角度不应小于110°。图4-189所示为住宅信息箱。

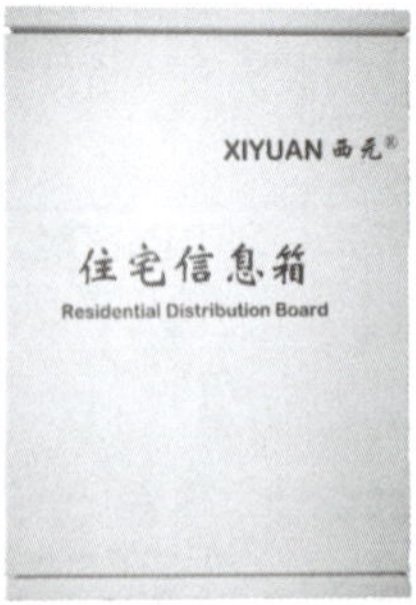

（a）国标款

（b）传统款

图4-189 住宅信息箱

（2）功能模块。住宅信息箱的功能模块一般包括宽带接入模块、智能家居中控模块、路由交换模块、语音配线模块、数据配线模块、有线电视配线模块、直流电源模块等。各功能模块均应满足相关性能需求，如数据配线模块应明确指示产品性能等级，其电气性能应至少满足YD/T 926.3中超5类的要求等。图4-190所示为住宅信息箱内部配置图，包括数据配线模块、光纤配线模块、有线电视配线模块、交流电源模块等。

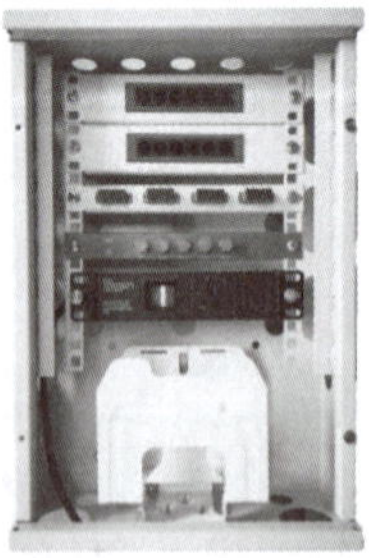

（a）国标款

（b）传统款

图4-190 住宅信息箱内部配置图

4.7.2 住宅信息箱的基本技术要求

住宅信息箱应满足下列基本技术要求：

（1）住宅信息箱的使用条件：工作温度为-10～+40 ℃，相对湿度为不大于90%。

（2）在试验电压DC500 V条件下，箱体与带电部件之间的绝缘电阻不应小于100 MΩ，环境试验后不应小于10 MΩ。

（3）箱体与带电部件之间的耐电压强度不应小于DC1 500 V或AC1 000 V，1分钟内无击穿和飞弧现象。

（4）箱体金属部分应良好导通，并预留接地端子，接地端子应能连接截面积不小于6 mm^{2}的接地线，而且接地连接点应有清晰的接地标识。

（5）各功能模块应符合相关技术的基本要求，并应满足实际应用需求。

4.7.3　住宅信息箱的尺寸

住宅信息箱功能与暗装箱体底盒尺寸宜参照表4-14要求。

表4-14　住宅用综合信息箱功能与暗装箱体底盒尺寸

功能	暗装箱体底盒尺寸（高×宽×深）/mm	功能模块单元数（典型配置）
可安装宽带接入模块、智能家居中控模块、路由交换模块、语音配线模块、数据配线模块、有线电视配线模块、直流电源模块	470×300×115	9
可安装宽带接入模块、智能家居中控模块、路由交换模块、语音配线模块、数据配线模块、有线电视配线模块、直流电源模块	420×300×115	7
可安装宽带接入模块、智能家居中控模块、直流电源模块	370×300×115	5

4.8　常用工具

人们常说“工欲善其事，必先利其器”“工具也是生产力”，在综合布线系统工程施工安装需要多种工具，例如在光纤熔接中，主要依靠各种专用工具完成任务。本节我们以综合布线工具箱和光纤工具箱为例分别进行介绍和说明。

4.8.1　综合布线工具箱

图4-191所示为两种综合布线工具箱，型号为KYGJX-12和KYGJX-13。其中KYGJX-13工具箱为2024年新产品，新增了多功能打线刀、多功能角度剪、迷你钢锯架、五对打线刀等多种新工具与工具名称和数量，以及工具使用方法指导视频和专业知识二维码，适用于电缆布线工程安装与运维。

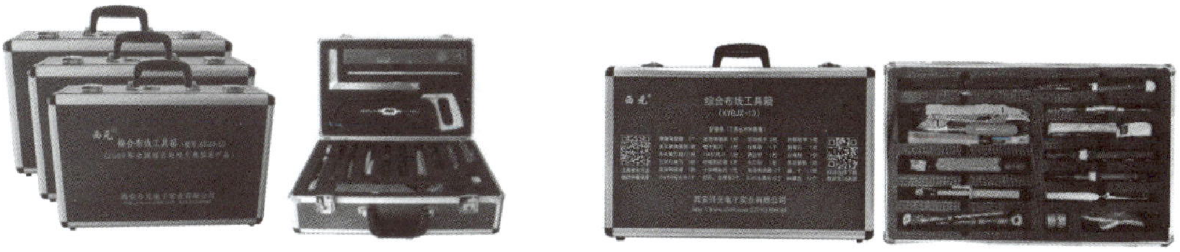

（a）KYGJX-12　　（b）KYGJX-13

图4-191　综合布线工具箱

其配置的主要工具和用途如下：

（1）双用网线钳。双用网线钳主要用于压接RJ-45水晶头，同时具备剥线和剪线功能。压线钳的8个卡齿精准对接水晶头的8个刀片，刀口平整，压制切合度高，位置正确。图4-192所示为双用网线钳的产品照片和主要使用方法示意图。有些多功能双用网线钳还有压接RJ-11水晶头等功能，同时在刀片外面安装有安全挡板，防止刀片割伤手指。

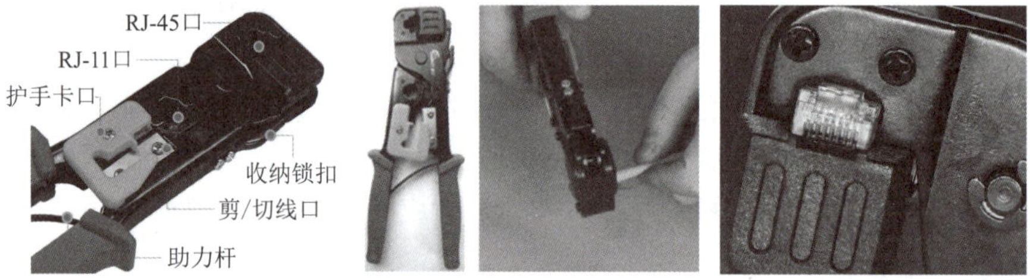

图4-192　双用网线钳产品照片和使用方法示意图

（2）110打线刀。110打线刀主要用于网络配线架、网络模块等的端接打线。110打线刀内置钢带和弹簧，具有高冲压式压线功能，一般最高冲击力15 ± 2 kg，最低冲击力10 ± 2 kg，操作时不要使用蛮力，只要压力超过15 kg就可以了。打线时应注意打线刀头是否良好，刀刃是否锋利；打线时应对准模块，垂直快速打下，并且用力适当。

打线时依靠机械压力将线芯快速压至模块内的弹簧刀片中，同时划破铜线芯绝缘层，实现铜线芯与模块弹簧刀片的长期电气连接。图4-193所示为110打线刀、打线示意图和工具钢双头刀片，注意刀刃在线尾端。打线钳刀刃裁线次数宜为1 000次，属于易耗品，超过使用次数后，刀刃磨损变钝，无法裁断线，请及时更换。

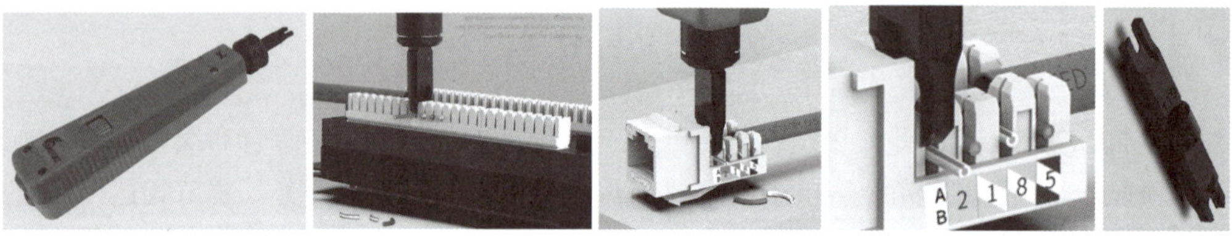

图4-193　110打线刀、打线示意图和工具钢双头刀片

（3）多功能打线刀。如图4-194所示，设计有打线刀头、剪线刀和刀头回退装置，以及补打卡刀和拆线勾刀等，具有打线、剪线、拆线、补打等功能。适合语音配线架模块端接和维修。

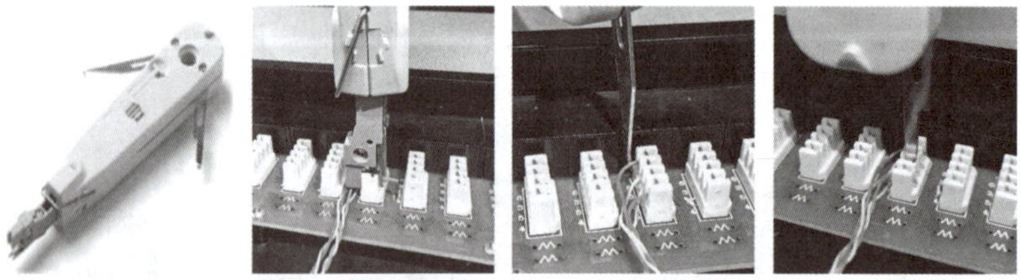

图4-194　多功能打线刀及使用方法

（4）多功能角度剪。如图4-195所示，主要用于裁剪任意角度PVC线槽。使用时根据需要角度调整方向进行裁剪，能够快速制作各种拐弯。

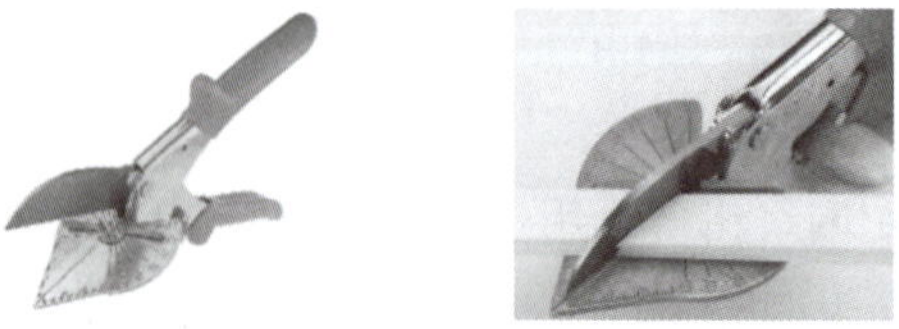

图4-195　多功能角度剪与使用方法

（5）十字螺丝刀。图4-196所示为150 mm十字螺丝刀，用于十字槽头螺丝的拆装。

（6）锯弓、迷你钢锯架、钢锯条。图4-197所示为锯弓、迷你钢锯架和钢锯条，主要用于锯切PVC管槽，使用时请将锯条张紧。

（7）美工刀。图4-198所示为美工刀，主要用于割断柔软的撕拉线，裁切标签纸等。刀刃锋利，请小心使用，切勿受伤。

（8）管子割刀。如图4-199所示，也称为线管剪，主要用于割切PVC穿线管。使用时首先向外用力掰开刀柄，将刀口张开，然后将穿线管放入刀口内，最后压紧刀柄，使刀刃切入穿线管，同时旋转，割断穿线管。适合切断直径≤40 mm的PVC穿线管。

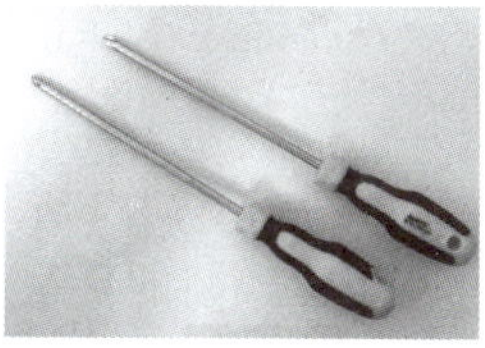

图4-196　150 mm十字螺丝刀

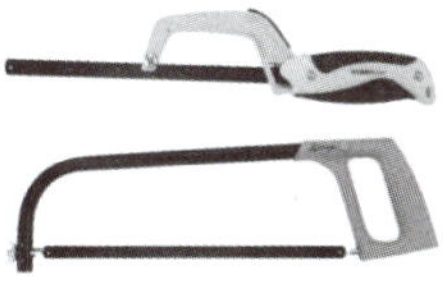

图4-197　锯弓和钢锯条

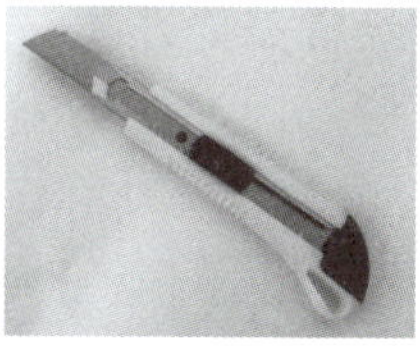

图4-198　美工刀

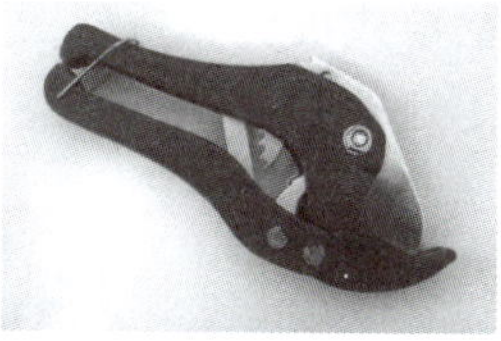

图4-199　管了割刀

（9）老虎钳。图4-200所示为老虎钳。主要用于夹持缆线拉线，拔连接块，剪断铁丝、电工接线等。

（10）尖嘴钳。图4-201所示为150 mm尖嘴钳，主要用于夹持缆线拉线，电工接线等。

（11）镊子。图4-202所示为镊子，主要用于夹取小件物品，拾取较小的线头、光纤等，使用时注意防止尖头伤人。

（12）不锈钢角尺。图4-203所示为250 mm不锈钢角尺，主要用于90°划线和测量。

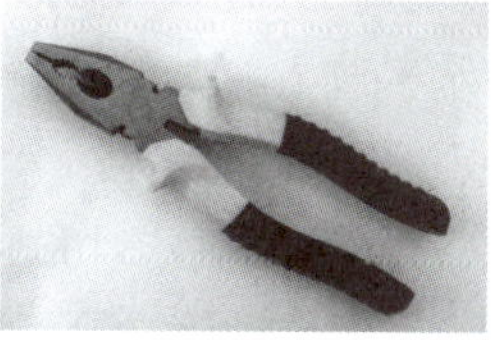

图4-200　200 mm老虎钳

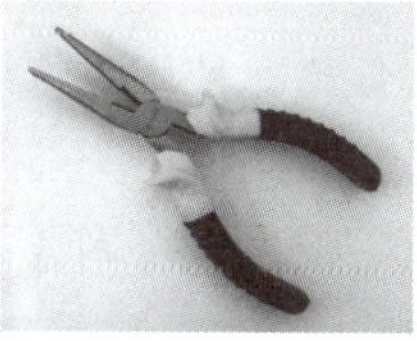

图4-201　150 mm尖嘴钳

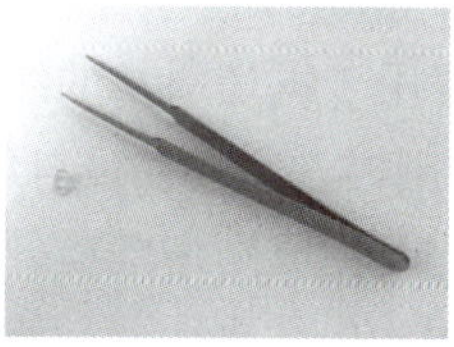

图4-202　镊子

图4-203　250 mm不锈钢角尺

（13）条形水平尺，在综合布线工程安装中，用于测量机柜和桥架等设备的水平度，保证横平竖直等，图4-204所示为230 mm条形水平尺。

（14）线槽剪，主要用于剪切PVC线槽等，使用时手应远离刀口，快要切断时应用力适当，如图4-205所示。

（15）Φ20弯管器。弯管器用于自制大拐弯的弯头，如图4-206所示。注意只能对PVC冷弯管进行折弯，图4-207所示为弯管器自制弯头的方法示意图。

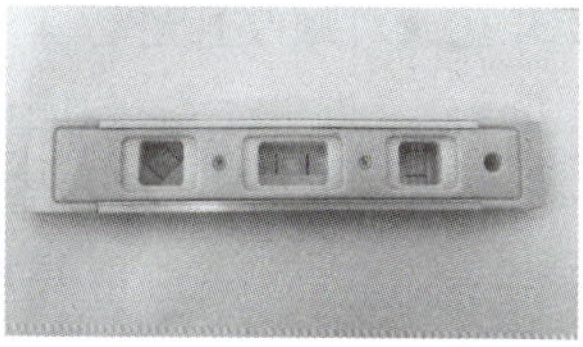

图4-204　230 mm条形水平尺

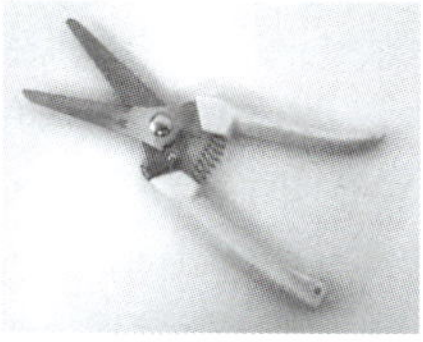

图4-205　线槽剪

图4-206　Φ20弯管器

图4-207　弯管器自制弯头方法示意图

（16）计算器。计算器主要用于数值计算，如图4-208所示。

（17）麻花钻头。麻花钻头用于在金属上钻孔，应根据钻孔尺寸选用合适规格的钻头。钻孔时必须夹紧钻头，保持电钻垂直于钻孔表面，并且用力适当，防止钻头滑脱。在壁挂式机柜、桥架安装中经常需要开孔，图4-209所示为$\Phi 8$，$\Phi 6$钻头，表面经过了涂油防锈处理。

（18）十字批头，配合电动螺丝刀用于十字槽螺钉的拆装，使用时应确认十字批头卡装牢固，必须卡装在电动工具上使用。十字批头为易耗品，如果磨损严重时，须更换新的十字批头，如图4-210所示。

（19）M6螺丝，为备用螺丝，用于机架内设备安装，如图4-211所示。

（20）RJ-45水晶头，为备用水晶头，用于端接在网络电缆上使用，如图4-212所示。

图4-208　计算器

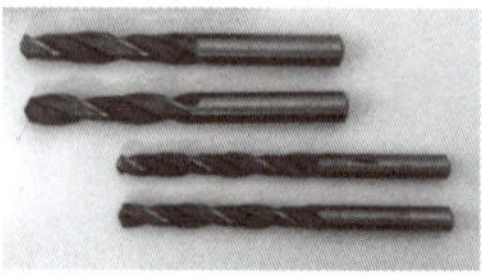

图4-209　麻花钻头

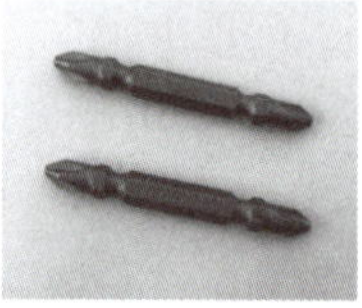

图4-210　十字批头

图4-211　螺丝

图4-212　水晶头

（21）弯头模具，主要用于锯切斜角的线管、线槽，使用时将线槽水平放入弯头模具内槽中，用锯弓通过其带有的切割槽，完成各种斜角线管、线槽的现场制作，如图4-213所示。

（22）电缆剥线器，用于剥取网络电缆外护套，使用时将剥线器顺时针旋转剥线，切割护套的60%~90%，图4-214所示为电缆剥线器与使用方法。

图4-213　弯头模具

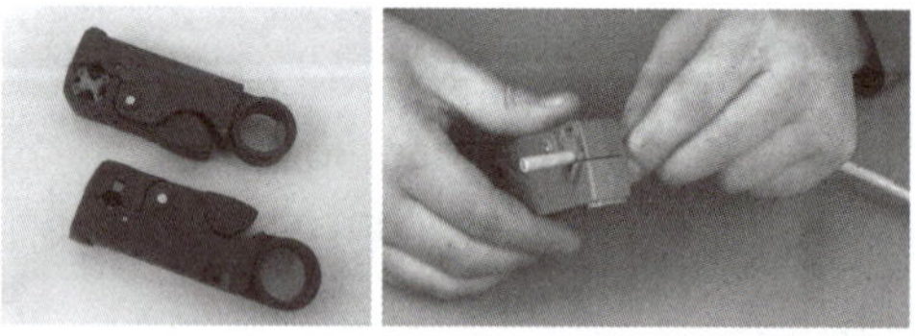

图4-214　剥线器与使用方法

（23）丝锥和丝锥架。丝锥属于钳工工具，常用于在金属零件上攻丝，或者在维修时对螺孔进行套丝，例如西元孔板上的M6螺孔被喷塑层或杂物堵塞时，用丝锥再次套丝，就能快速安装螺丝。丝锥必须与丝锥架或手枪钻配合使用，与丝锥配合用于开孔或对螺纹孔进行套丝，图4-215所示为丝锥和丝锥架使用方法。特别注意使用丝锥手动套丝（攻丝）时，一般进1圈退半圈，使用电动手枪钻夹持丝锥套丝（攻丝）时，将转速调到最低，也必须进3~4圈，退1~2圈，慢慢攻丝。在综合布线系统工程安装施工中，常用于维修不顺畅的螺纹孔。

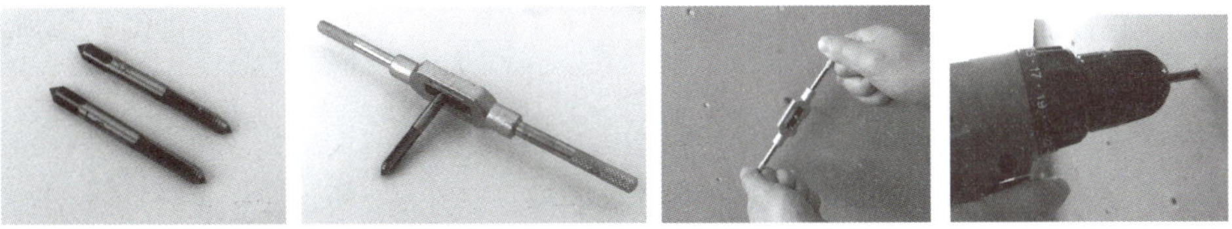

图4-215　丝锥和丝锥架使用方法

4.8.2　光纤工具箱

光纤工具箱主要用于光纤光缆的施工、维护、抢修等，提供光纤截断、开剥、清洁以及光纤端面的切割等工具。我们以光纤工具箱为例进行说明，图4-216所示为光纤工具箱，其工具名称和用途如下。

图4-216　光纤工具箱

（1）束管钳：主要用于剪切光缆中的钢丝绳，如图4-217所示。

（2）8寸多用剪：适合剪一些相对柔软的物件，如牵引线等，不宜用来剪硬物，如图4-218所示。

（3）剥皮钳：主要用于光纤或尾纤的护套剥皮，不适合剪切室外光缆的钢丝。剪剥时，要注意剪口的选择，如图4-219所示。

（4）150 mm斜口钳：主要用于剪光缆外皮，不适合剪切钢丝，如图4-220所示。

（5）150 mm尖嘴钳：适用于拉开光缆外皮或夹持小件物品。

（6）200 mm钢丝钳：俗名老虎钳，主要用来夹持物件，剪断钢丝。

（7）美工刀：用于裁剪标签纸、双绞线内部撕拉线等，不可用来切硬物。

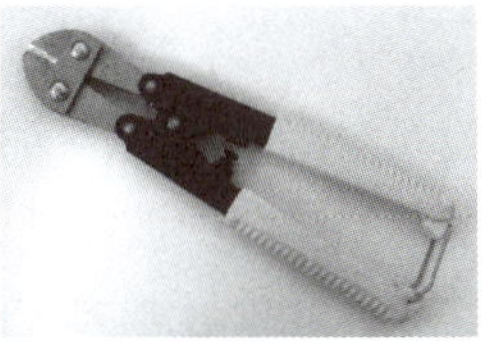

图4-217　束管钳

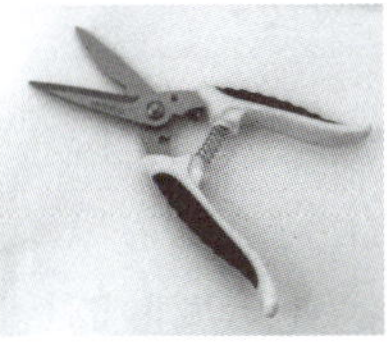

图4-218　8寸多用剪

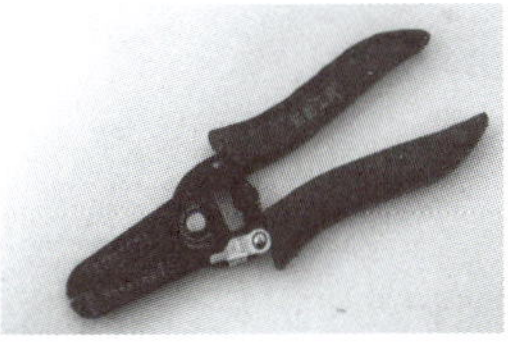

图4-219　剥皮钳

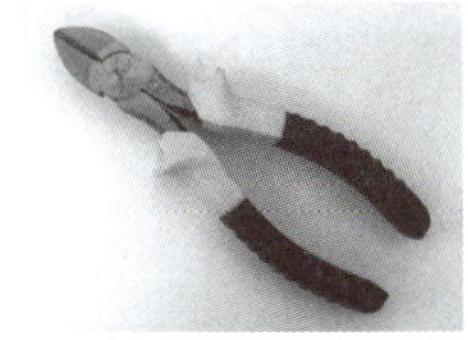

图4-220　150 mm 斜口钳

（8）光纤剥线钳：适用于剥除光纤的各层保护套，有3个剪口，可依次剪剥尾纤的外皮、中层保护套和树脂涂覆层。剥除时注意剪口的选择，如图4-221所示。

（9）150 mm活动扳手：用于紧固螺丝。

（10）横向开缆刀：用于切割室外光缆的黑色外皮，如图4-222所示。

（11）清洁球：用于清洁灰尘，如图4-223所示。

（12）酒精泵：盛放酒精，不可倾斜放置，盖子不能打开，以防止挥发，如图4-224所示。

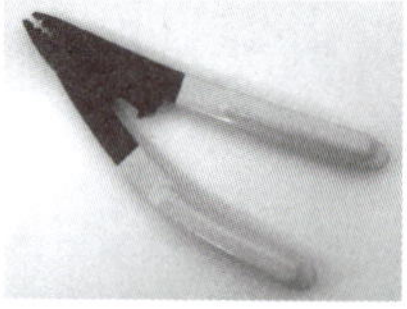

图4-221　光纤剥线钳

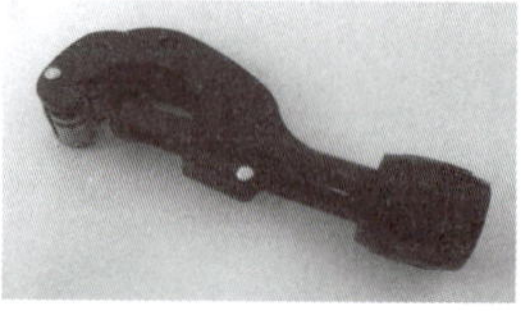

图4-222　横向开缆刀

图4-223　清洁球

图4-224　酒精泵

（13）2 m钢卷尺：测量长度。

（14）镊子：用于夹持细小物件。

（15）记号笔和红光笔：记号笔用于标记，红光笔可简单检查光纤的通断，如图4-225所示。

（16）酒精棉球：蘸取酒精擦拭裸纤，平时应保持棉球的干燥。

（17）组合螺丝批：即组合螺丝刀，用于紧固相应的螺丝，如图4-226所示。

（18）微型螺丝批：即微型螺丝刀，用于紧固相应的螺丝，如图4-227所示。

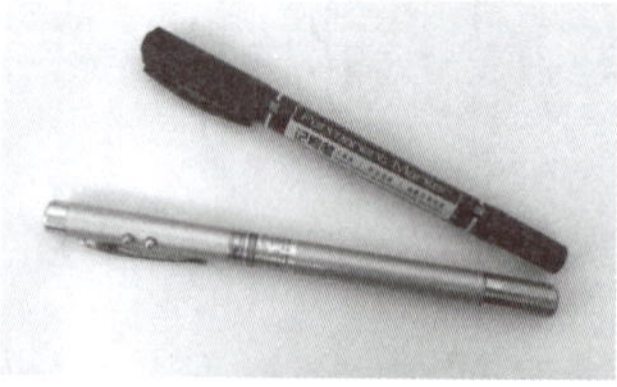

图4-225　记号笔和红光笔

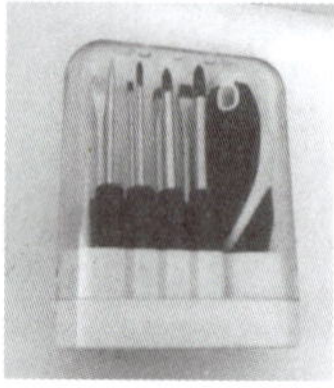

图4-226　组合螺丝批

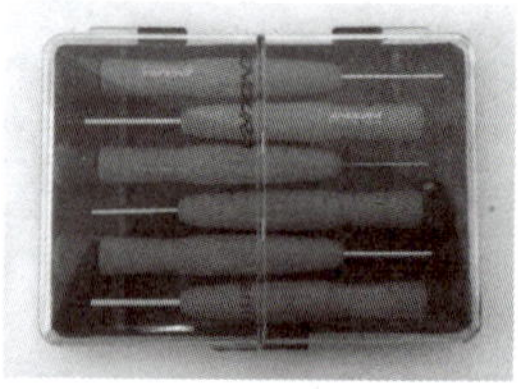

图4-227　微型螺丝批

课程思政4　劳模传技能

文件

劳模传技能

2021年纪刚被授予“西安市优秀党务工作者”“西安好人”，被中国计算机学会晋升为“CCF高级会员”，2022年被评为“CCF杰出演讲者”。纪刚作为劳模进校园首席讲师，走进职业院校，在全国举行了18次劳模报告会和劳模传技能活动，听众超过1万人次。

扩展知识2　6类电缆常见安装注意事项

1. 6类电缆的安装拉伸张力

不要超过电缆制造商规定的电缆拉伸张力。张力过大会使电缆中的线对绞距变形，严重影响电缆抑制噪音（包括近末端交扰、远端串音及其衍生物）能力以及电缆的结构化回波损耗，进而改变电缆的阻抗，损害整体回波损耗性能，影响高速局域网的传输性能。此外，张力过大还可能导致线对散开，损坏导线。

2. 6类电缆的安装弯曲半径

避免电缆过度弯曲。因为这可能导致线对散开，引起阻抗不匹配及不可接受的回波损耗性能。另外，弯曲过度还会影响电缆中的线对绞距，电缆内部4个线对绞距的改变将导致噪声抑制问题。一般情况下，电缆制造商都建议，安装后的电缆弯曲半径不得低于电缆直径的8倍。对典型的6类电缆，弯曲半径应大于50 mm。请按照制造商产品说明书规定安装施工。

在安装过程中，最可能出现电缆弯曲的区域是配线柜。大量的电缆引入配线架，为保持布线整洁，可能将某些电缆压得过紧、弯曲过度，而这种情况通常是看不见的，因而常常被疏忽，从而降低布线系统的性能。如果制造商提供了背面电缆管理设备，那么就要根据制造商的建议使用这些设备。

设备内部的电缆弯曲半径有着更加严格的限制。一般来说，安装过程中的电缆弯曲半径是电缆直径的8倍。在实际操作中，在背面盒中的弯曲半径以50 mm为宜，进线的电缆管道的最小弯曲半径是100 mm。

3. 6类电缆的安装压缩

避免使电缆扎线带过紧而压缩电缆。在成捆电缆或电缆设施中最可能发生这个问题，其中成捆电缆外面的电缆会比内部的电缆承受更多的压力。压力过大会使电缆内部的绞线变形，影响其性能，一般会使回波损耗处于不合格状态。回波损耗的效应会积累起来，比如：悬挂的电缆中，每隔300 mm就要使用一条电缆扎线带，如果挂在悬挂线上的电缆长40m，那么扎线次数为134次，其中的每个过紧的电缆扎线所引起的回波损耗都会积累起来，提高总损耗。因此在使用电缆扎线带时，要特别注意扎线带使用的压力大小。扎线带的强度只要能够支撑成捆电缆即可。

4. 6类电缆的安装重量

在使用悬挂线支撑电缆时，必须考虑电缆重量。电缆的重量因制造商而异，6类电缆的重量大约是5类电缆的两倍，如果采用这种1 m长的24条6类电缆，其重量接近1 kg，而相同数量的5类或5e类电缆的重量仅0.6 kg，因此，每个悬挂线支撑点每捆最多支撑24 条电缆。

5. 6类电缆的安装打结

在从卷轴上拉出电缆时，要注意电缆可能会打结。电缆打结就应视为损坏，应更换电缆。因为即使弄直电缆结，损坏也已经发生，这一点可以通过对电缆的测试得到验证。尽管一个电缆结不可能导致测试不合格，但是，所有这些效应会积累在一起，当它们与电缆扎线带引起的性能下降等其他因素综合在一起时，会导致系统测试不合格。

6. 6类电缆的成捆总数量

在任意数量的电缆以很长的平行长度捆在一起时，其中具有相同绞距的不同电缆的线对电容耦合（如蓝线对到蓝线对）会导致串扰明显提高。这称为“外来串扰”，这一指标还有待布线标准的规范或精确定义。消除外来串扰不利影响的最佳方式是最大限度地降低并行电缆的长度，以随机方式安装成捆电缆。长期以来，一直采用的方法是在走线中使用“梳状”布线方式（以保持整洁）。把电缆捆在一起是避免不同电缆的任何两个线对在有效长度内存在平行敷设可能性的最佳方式。这一点没有捷径或其他有效方法。

7. 6类电缆的护套剥开长度

在电缆端接点上进行端接后，从外皮到IDC（绝缘置换连接器）之间露出的线对必须保持最小长度。剥开的护套长度越小，越有利于电缆内部的线对保持绞距，实现最有效的传输通路。在IDC 上剥开的护套过大，将损害6类布线系统的近末端交扰和远端串音性能。因此，TIA 或ISO布线标准都规定了剥开的护套长度。

8. 6类电缆的线对散开

在电缆端接点，应使电缆中的每个线对的绞距尽可能靠近IDC。线对绞距由电缆制造商计算后确定，改变它们将给电缆性能带来不利影响。ISO和TIA布线标准规定5e类线对散开的长度为13 mm，但没有对6类布线做出类似规定。目前的做法是遵守制造商提供的建议。在触点和环导线顺序发生错误的端接点上，增加1对绞线要比去掉1对绞线好。因为这可以保证与相关IDC对齐，使电缆内部的线对绞距保持不变，实现尽可能好的传输通路。IDC上线对散开过大，将会损害6类布线系统的近端交扰、远端串音和回波损耗性能。

文件

拓展知识2

9. 6类电缆在安装中的环境温度

环境温度在5类和5e类布线中已经成为一个问题，在6类布线中，它更为严重。环境温度会影响电缆的传输特点，所以，应尽量避免可能遇到的高温环境，如>60 ℃。如果天花板上的屋顶处于阳光直射下，就很容易发生这种情况。一般来说，在温度提高时，电缆的衰减会提高，其对长链路的影响是可能导致参数勉强合格或不合格。

请扫描“扩展知识2”二维码下载Word版。

扩展知识3　电缆连接器件为什么使用磷青铜刀片

磷青铜，即锡磷青铜，一种以锡和磷作为主要合金元素的青铜，含有2%～8%锡，0.1%～0.4%磷，其余为铜。具有强度高、弹性好、耐磨和抗磁等优点，在热态和冷态下压力加工性良好，对电火花有较高的抗燃性，在大气和淡水中耐蚀，在工业上主要用作耐磨零件和弹性元件。在综合布线系统中，多用于制造电缆连接器件刀片，下面从三个方面来介绍磷青铜刀片。

1. 硬度

在综合布线系统中，电缆连接器件均使用磷青铜刀片，电缆连接器件在端接时，为了实现可靠的电气连接，刀片会需要刺入电缆铜导体的线芯中，这时就需要刀片的硬度大于电缆线芯的硬度。

为了减少信号在传输过程中减少损耗，网络电缆线芯多为纯铜，纯铜在特硬状态下的维氏硬度HV为≥100，电缆连接器件使用的磷青铜刀片在特硬状态下的维氏硬度HV为≥210，为纯铜的两倍。磷青铜刀片硬度远大于电缆线芯刀片，所以在电缆连接器件端接时，刀片很容易刺入线芯，实现可靠的电器连接。表4-15为纯铜和磷青铜力学性能。

表4-15　纯铜和磷青铜力学性能

类别	状态	拉伸试验		硬度试验
		抗拉强度Rm/MPa	断后伸长率A11.3/%	维氏硬度HV
纯铜 无氧铜	M	≥195	≥30	≦70
	Y4	215～275	≥25	60～90
	Y2	245～345	≥8	80～110
	Y	295～380	≥3	90～120
	T	≥350	—	≥110
磷青铜 （QSn6.5-0.1）	M	≥315	≥40	≦120
	Y4	390～510	≥35	110～155
	Y2	490～610	≥10	150～190
	Y	590～690	≥8	180～230
	T	630～720	≥5	200～240
	TY	≥690	—	≥210

2. 电阻率

电阻率是用来表示各种物质电阻特性的物理量，某种材料制成的长为1 m，横截面积为1 mm^2

的导体的电阻，在数值上等于这种材料的电阻率。它反映物质对电流阻碍作用的属性，它与物质的种类有关，还受温度影响。在网络系统中，电缆与连接器件的电阻率对信号的传输有较大的影响。从表4-16看出，银、铜、金、铝四种材料电阻率最小，都在电工电子行业大量使用，例如大功率电器设备接线排和接线端子往往采取镀银，5e类和6类网络水晶头刀片采取镀金，实现电阻低和不生锈的目的，铜也常用于电线电缆导体，铝常用于高压输电导线。

表4-16　常见金属材料的电阻率

金属种类	材料电阻率/（Ω·m）	金属种类	材料电阻率/（Ω·m）
银	1.65×10^{-8}	铜	1.75×10^{-8}
金	2.4×10^{-8}	磷青铜	$1.28\text{x}10^{-7}$
铝	2.83×10^{-8}	锰铜	4.4×10^{-7}
钨	5.48×10^{-8}	康铜	5.0×10^{-7}
铁	9.78×10^{-8}	镍铬合金	1.0×10^{-6}

网络电缆多为纯铜，在20 ℃下其电阻率为1.75×10^{-8} Ω·m，由于磷青铜是一种合成铜，其电阻率高于纯铜，20 ℃磷青铜的电阻率为1.28×10^{-7} Ω·m，所以电缆连接器件的刀片一般都会对刀片表面进行镀金处理，增强导电性，同时可以防止氧化。图4-228所示为RJ-45水晶头刀片结构示意图和应用图。

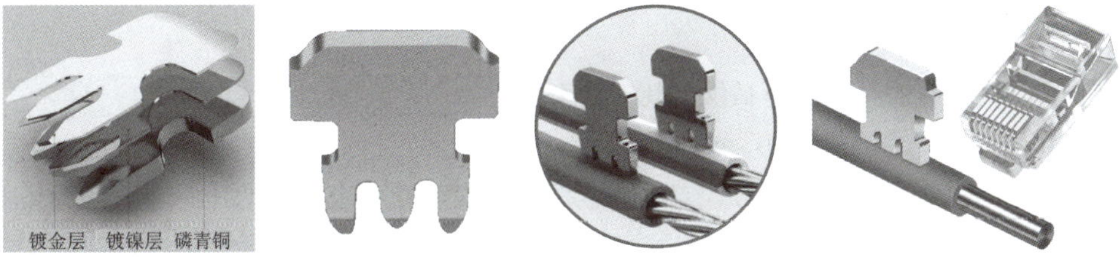

图4-228　RJ-45水晶头刀片结构示意图和应用图

3. 抗氧化性

磷青铜是铸造收缩率最小的有色金属合金，用来生产形状复杂、轮廓清晰、气密性要求不高的铸件，如图4-228所示。磷青铜片切割成型后，再进行双层电镀。第1层镀镍，镍不活泼可以保护铜不被氧化，提高抗氧化能力，第2层镀金，再进一步提高抗氧化能力，同时也提高耐磨性和导电性能。请扫描二维码下载扩展知识3的Word版。

文件

扩展知识3

习　　题

1. 填空题（20分，每题2分）

（1）综合布线电缆布线系统中，5类（屏蔽和非屏蔽）电缆的系统等级为________。（参考4.1）

（2）非屏蔽外护套结构，非屏蔽的两芯对绞线对电缆，简称为________，其型号为________。（参考4.1）

（3）RJ-45水晶头是一种国际标准化的接插件，使用国际标准定义的________的模块化插孔或者插头。（参考4.2）

（4）T568B线序标准为________。（参考4.2）

（5）屏蔽水晶头与普通水晶头的结构类似，最大区别在于屏蔽水晶头带有________，将外部电磁波与内部电路完全隔离。（参考4.2）

（6）光纤按光在其中的传输模式可分为________和________。（参考4.3）

（7）光缆按其使用环境场合分为________、________等。（参考4.3）

（8）一端装有光纤接头的光纤称为________。（参考4.4）

（9）标准U机柜以U为单位区分，1U等于________mm。（参考4.5）

（10）________安装在居住单元套（户）内，可对住宅的所有弱电系统进行统一管理和集中控制。（参考4.7）

2. 选择题（30分，每题3分）

（1）5类（屏蔽和非屏蔽）电缆支持的最高带宽是（　　）。（参考4.1）

A. 100 MHz　　B. 250 MHz　　C. 500 MHz　　D. 1 000 MHz

（2）金属编织物屏蔽外护套结构，金属箔屏蔽的两芯对绞线对电缆，简称双屏蔽电缆，其型号为（　　）。（参考4.1）

A. U/FTP　　B. F/UTP　　C. S/FTP　　D. S/FTQ

（3）大对数电缆的色谱必须符合相关国际标准和中国标准，共有10种颜色组成。主色为（　　）5种，副色为（　　）5种。（参考4.1）

A. 白、红、黑、黄、紫　　B. 白、红、黑、黄、粉红

C. 蓝、橙、绿、棕、灰　　D. 蓝、橙、绿、棕、青绿

（4）双绞线电缆连接器件的插拔次数不应小于（　　）次。（参考4.2）

A. 200　　B. 500　　C. 800　　D. 1 000

（5）切割双绞线电缆外护套时，刀片切入深度应控制在护套厚度的（　　），而不是彻底切透。（参考4.2）

A. 50%~80%　　B. 50%~90%　　C. 60%~80%　　D. 60%~90%

（6）（　　）是设备间和管理间中最重要的组件，是实现垂直干线和水平布线两个子系统交叉连接的枢纽。

A. 网络跳线　　B. 网络配线架　　C. 网络模块　　D. 信息插座

（7）室内光缆的代号为（　　），室外光缆的代号为（　　）。（参考4.3）

A. GH　　B. GJ　　C. GY　　D. GS

（8）为了满足盘纤和曲率半径的需要，底盒深度应不小于（　　）mm。（参考4.4）

A. 30　　B. 50　　C. 60　　D. 80

（9）标准的机柜内部安装尺寸宽度（　　），机柜宽度为（　　）。（参考4.5）

A. 19 in　　B. 20 in　　C. 600 mm　　D. 800 mm

（10）住宅信息箱箱体应能为接入光缆提供不小于（　　）的盘绕空间。（参考4.7）

A. 0.3 m　　B. 0.5 m　　C. 0.8 m　　D. 1.0 m

3. 简答题（50分，每题10分）

（1）双绞线电缆的统一命名方法使用XX/Y ZZ编号表示，请说明各部分的含义。（参考4.1）

（2）简述双绞线的剥线方法及注意事项。（参考4.2）

（3）简述单模光纤和多模光纤的特点。（参考4.3）

（4）简述光纤耦合器的4种常见类型及各自的特点。（参考4.4）

（5）综合布线系统常用的工具有哪些？并说明其使用方法（至少列出10个）。（参考4.8知识点）

请扫描“单元4习题”二维码下载Word版。

文件

单元4习题

实训5　语音链路端接技能训练

1. 实训任务来源

建筑物内楼层配线设备（FD）110型跳线架端接任务需求。

2. 实训任务

每组单独完成2根大对数电缆的端接，共计端接200次。要求按照色谱分线，理线美观，五对连接块安装正确。

3. 技术知识点

（1）熟悉五对连接块结构。

（2）掌握25对大对数电缆色谱知识。

主色	白	红	黑	黄	紫
副色	蓝	橙	绿	棕	灰

（3）熟悉建筑物内楼层配线设备（FD）的概念。

4. 关键技能

（1）掌握25对大对数电缆的剥线、按照色谱分线的方法。

（2）掌握110型跳线架的端接技术和测试方法。

（3）掌握五对打线刀的正确使用方法。

5. 实训课时

（1）该实训共计2课时完成，其中技术讲解10分钟，视频演示15分钟，学员实际操作45分钟，跳线测试与评判10分钟，实训总结、整理清洁现场10分钟。

（2）课后作业2课时，独立完成实训报告，提交合格实训报告。

视频

信息技术技能实训装置简介

视频

语音链路端接技能训练

6. 实训指导视频

信息技术技能实训装置简介（5分38秒）。

语音链路端接技能训练（9分16秒）。

7. 实训材料

序号	名称	规格说明	数量	器材照片
1	大对数电缆	25对大对数电缆，5 m/根	2根/组	
2	尼龙线扎	3×100 mm尼龙线扎，用于理线	30个/组	

8. 实训工具

序号	名称	规格说明	数量	工具照片
1	横向开缆刀	用于剥除大对数电缆外护套	1个	
3	水口钳	6寸水口钳，用于剪掉撕拉线	1把	
4	五对打线刀	用于端接五对连接块	1个	

9. 实训设备

如图4-229所示实训设备为数实融合综合布线实训装置（型号KYPXZ-01-55）或信息技术技能实训装置（型号KYPXZ-01-53），这些设备都是按照典型工作任务和关键技术技能训练专门研发，配置有综合布线测试装置、综合布线端接训练装置、住宅信息箱、屏蔽或非屏蔽网络配线架、110型通信跳线架、语音配线架、理线环、配线子系统等，能够开展多种永久链路安装与测试技能训练，指示灯闪烁显示跨接、反接、短路、开路等常见故障，配套设备详见表4-17。

图4-229　西元数实融合综合布线实训装置和信息技术技能实训装置照片

表4-17　西元数实融合综合布线实训装置和信息技术技能实训装置主要配置设备表

数实融合综合布线实训装置（KYPXZ-01-55）		信息技术技能实训装置KYPXZ-01-53）
1. 19英寸42U开放式机架1台	17. 绑线条+固线器1套	1. 19寸42U开放式机架1套
2. 综合布线测试装置1台（5U）	18. L形扎线杆1个17.	2. 计算机网络压接线实验装置1台
3. 综合布线端接训练装置1台（5U）	19. U形扎线杆1个	3. 网络线制作与测量实验装置1台
4. 超五类压接式网络配线架1个	20. 网络配线架打线工装1个	4. 24口网络配线架1个
5. 六类直通式网络配线架2个	21. 零件工具盒1个	5. 网络配线架打线工装1个
6. 六类模块式屏蔽配线架1个	22. 折叠式操作台2个	6. 25口语音配线架1个
7. RJ-45口语音配线架（25口）1个	23. 电源分配单元1个	7. 110型通信跳线架2个
8. 110型通信跳线架1个	24. 二维码34个	8. 24口网络交换机1台
9. PVC线槽安装配线子系统2个	链接数字化教学实训指导视频	9. 集团电话程控交换机1台
10. PVC穿线管安装配线子系统2个		10. 电话机6个
11. 收纳式理线架3个		11. PDU电源插座1个
12. 直通式理线架3个		12. 零件工具盒1个
13. 全封闭式毛刷理线架1个		13. 国标住宅信息箱2台
14. 半封闭式毛刷理线架1个		14. 信息插座24个
15. 鱼骨理线槽1个		15. 波纹管接头安装板1个
16. 理线盲板1个		16. 暗装底盒安装板1个

10. 实训步骤

1）预习和播放视频

课前应预习，初学者提前预习，请反复观看语音链路端接技能训练实操视频，请多次认真观看，熟悉主要关键技能和评判标准，熟悉线序。

实训时，教师首先讲解技术知识点和关键技能10分钟，然后播放视频15分钟。更多可参考教材4.1、4.2、7.5.4相关内容。

2）器材工具准备

建议在播放视频期间，教师准备和分发。

（1）按照第7条材料表，发放材料，包括25对大对数电缆，每组2根，3 × 100 mm尼龙线扎，每组30个等。

（2）按照第8条工具表，发放工具。

（3）学员检查材料和工具规格数量正确，质量合格。

（4）本实训要求每组学员单独完成，优先保证质量，掌握方法。

3）五对连接块步骤和方法

第一步：学习图纸

反复研读链路路由图纸，掌握路由后才能开始操作，图4-230为五对连接块端接训练路由图。

请扫描“图4-230Visio原图”二维码，下载Visio原图，自行设计更多语音端接链路。

请扫描“图4-230彩色高清图片”二维码，观看或下载彩色高清图片。

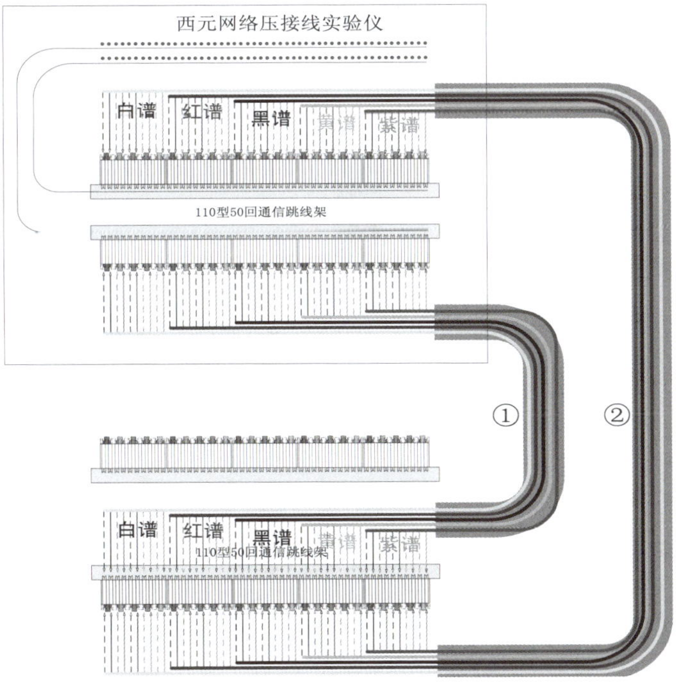

图4-230　语音链路端接训练路由图

文件

图4-230
Visio原图

文件

图4-230
彩色高清图片

第二步：剥除外护套

使用横向开缆刀，剥开25对大对数电缆外护套，并剪掉撕拉线，开缆刀使用方法如图4-231所示。

①刀片刺入电缆护套　②逆时针旋转两圈　③开缆刀向线端方向拉出　④剥开外护套

图4-231　横向开缆刀使用方法

第三步：分开线对

按照25对大对数电缆色谱，将线对分为白、红、黑、黄、紫4组。

第四步：端接第1根大对数电缆

按照色谱将大对数电缆的一端压接在压线仪110型跳线架模块下排，使用五对打线刀进行端接，如图4-232所示。如图4-233所示，将另一端按照色谱压接在110型跳线架下层线槽内。

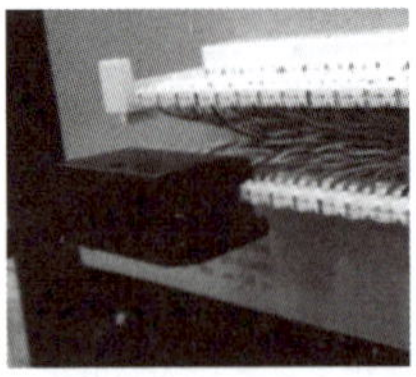

图4-232　五对打线刀端接示意图

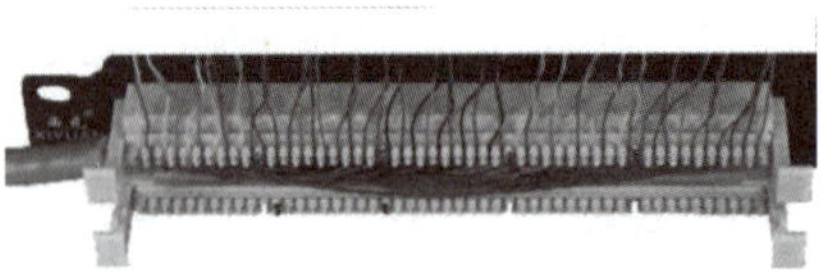

图4-233　110型跳线架压接示意图

第五步：端接五对连接块

图4-234所示为五对连接块实物图。4-235所示将五对连接块卡装在五对打线刀上；将五对连接块刀口对准110型跳线架线槽，进行打压端接，垂直用力按压五对打线刀，打线刀的压力为10~15 kg。注意五对连接块色标从左到右依次为蓝橙绿棕灰，如图4-236所示。

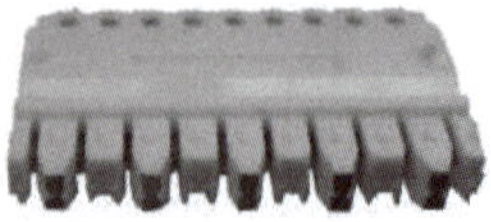

图4-234　五对连接块

图4-235　卡装五对连接块

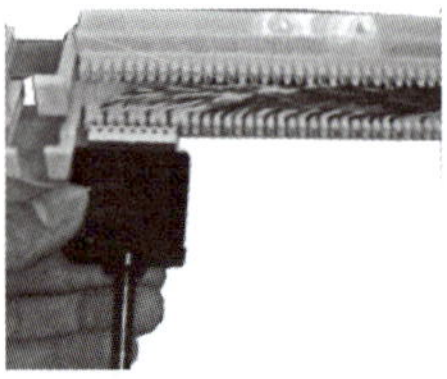

图4-236　端接五对连接块

第六步：端接第2根大对数电缆

按照上述方法和图4-230规定路由，端接第2根大对数电缆，从压线仪110型跳线架模块上排→110型跳线架模块上层。

第七步：理线

将预留的25对大对数电缆梳理整齐，如图4-237所示。

第八步：链路检查和测试

对照图4-230语音链路路由图，检查语音链路路由是否正确，端接是否可靠到位，电气连通。打开测试仪电源，观察测试仪指示灯闪烁顺序。

（1）如图4-238所示，如果语音链路全部线序端接正确时，上下对应的指示灯会按照1-1、2-2、3-3、4-4、5-5、6-6、7-7、8-8顺序轮流重复闪烁。

（2）如果有1芯或者多芯没有压接到位，或者端口错误时，对应的指示灯不亮。

（3）如果有1芯或者多芯线序错误时，对应的指示灯将显示错误的线序。

11. 评判标准

本训练按照工程标准评判，只有合格与不合格，不允许使用“及格”或“半对”等模糊的概念。每组语音链路100分，通断测试合格100分，不合格直接给0分，操作工艺不再评价，具体评判标准和操作工艺见表4-18。

图4-237　大对数电缆理线图

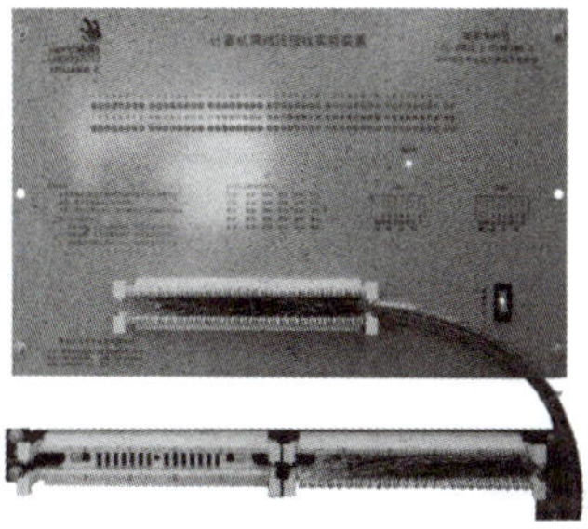

图4-238　五对连接块端接测试

表4-18　实训5语音链路端接技能训练评分表

姓名/链路编号	语音链路测试合格100分 不合格0分	操作工艺评价（每处扣5分）						评判结果得分	排名
		路由正确 2处	剪掉撕拉线 4处	剪掉塑料包带 4处	剥开线对长度合适 4处	剪齐线端 4处	理线合格 2处		

评分表说明：该评分表中，每条合格语音链路满分100分，扣分点共计有20处，即使通断测试通过，也可能在操作工艺评价中扣减100分，实际得分为0分。

文件

实训5

12. 实训报告

请按照单元1表1-1所示的实训报告模板要求，独立完成实训报告，2课时。

请扫描“实训5”二维码下载Word版。

单元5 工作区子系统的设计和安装技术

通过本单元学习，熟悉工作区子系统的设计思路和方法，掌握安装和施工技术。

学习目标

- 独立完成工作区子系统的设计。
- 掌握工作区子系统常用设备和器材。
- 掌握工作区子系统安装和施工技术。

5.1 工作区子系统的基本概念和工程应用

在建筑物中随处可见安装在墙面的各种信息插座，有单口插座，也有双口插座，机场等公共建筑还有很多在地面安装的插座。GB 50311—2016《综合布线系统工程设计规范》中，明确规定了工作区（work area）就是“需要设置终端设备的独立区域”。这里的工作区是指需要安装电脑、打印机、复印机、考勤机等网络终端设备的一个独立区域。

在实际工程应用中一个网络插口为1个独立的工作区，也就是一个网络模块对应一个工作区，而不是一个房间为1个工作区，在一个房间往往会有多个工作区。如果一个插座底盒上安装了一个双口面板和两个网络插座时，标准规定为“多用户信息插座”。在工程实际应用中，为了降低工程造价，通常使用双口插座，有时为双口网络模块，有时为双口语音模块，有时为1口网络模块和1口语音模块组合成多用户信息插座。

图5-1为工作区子系统实际应用案例图。请扫描二维码下载图5-1彩色高清图片。

5.2 工作区子系统的设计原则

根据GB 50311国家标准规定，在第5章系统配置设计中，对工作区子系统的设计提出了明确要求，结合实际项目设计案例，一般应遵守下列设计原则：

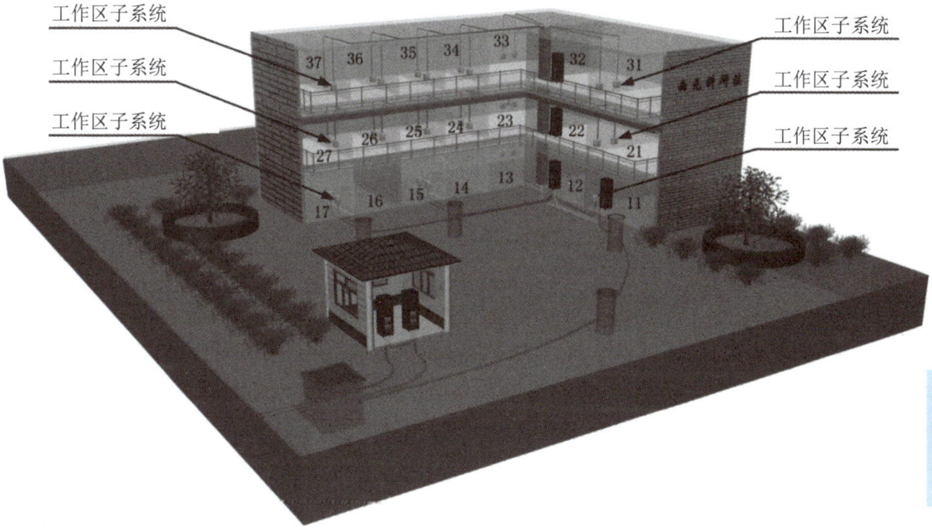

图5-1　工作区子系统实际应用案例图

文件

图5-1
彩色高清图片

（1）连接插座与电缆插头应匹配的原则。设备的连接插座应与连接电缆的插头匹配，不同的插座与插头之间互通时应加装适配器。

（2）连接转换装置时应采用适配器的原则。在连接使用信号的数模转换、光电转换、数据传输速率转换等相应的装置时，应采用适配器。

（3）网络兼容应采用协议转换适配器的原则。对于网络规程的兼容，应采用协议转换适配器。

（4）终端设备与适配器应安装在适当位置的原则。各种不同的终端设备或适配器均应安装在工作区的适当位置，并应考虑现场的电源与接地。

（5）工作区服务面积应按应用功能确定的原则。每个工作区的服务面积应按不同的应用功能确定。例如单独办公室、集体办公室、会议室等应按照实际应用功能进行设计和划分。

（6）优先选用双口插座的原则。一般情况下，信息插座宜选用双口插座。不建议使用三口或者四口插座，因为长86 mm，宽86 mm的插座底盒内部空间很小，无法容纳更多双绞线电缆和保证电缆的曲率半径。

（7）信息插座底距离地面高度300 mm的原则。在墙面安装的信息插座底，距离地面高度宜为300 mm。在地面安装的信息插座必须选用金属面板，并且具有抗压、防水、防尘等功能。在学生宿舍家具遮挡等特殊应用情况下，信息插座的高度也可以设置在写字台以上位置。

（8）信息插座与终端设备5 m以内的原则。信息插座与计算机等终端设备的距离宜保持在5 m范围内，能够保证传输速率，减少明装布线，保持美观。

（9）信息插座模块与终端设备网卡接口类型一致原则。信息插座模块必须与计算机、打印机、电话机等终端设备网络接口一致。例如：终端计算机为光模块接口时，信息插座内必须安装对应的光模块。计算机为RJ-45网络接口时，信息插座内必须安装对应的RJ-45口模块。

（10）优先选用墙装信息插座的原则。在设计中尽量优先选用墙面安装的信息插座。一般墙面采用86 × 86系列信息插座底盒和塑料面板，成本低、免维护、安装简单快捷。地面一般选择120×120系列钢制信息插座底盒和铜制地弹面板，成本高，约为塑料面板价格的10~20倍，安装要求高，维护工作量大。

（11）数量配套的原则。一般工程中普遍使用双口面板，也有少量的单口面板。因此在设计时必须准确计算信息模块数量、信息插座数量、面板数量等。

（12）配置软跳线的原则。从信息插座到计算机等终端设备之间的跳线一般使用软跳线，软跳线的线芯应为多股铜线组成，不宜使用线芯直径0.5 mm以上的单芯跳线，长度一般小于5 m。

（13）配置专用跳线的原则。工作区子系统的跳线宜使用工厂专业化生产的跳线，尽量少在现场制作跳线，这是因为现场制作跳线时，往往会使用工程剩余的短线，而这些短线已经在施工过程中承受了较大拉力和多次折弯，网线结构已经发生了很大的改变。另外实际工程经验表明在信道测试中影响最大的就是跳线，在6类、7类布线系统中尤为明显，信道测试不合格的主要原因往往是两端的跳线造成的。

（14）配置同类跳线的原则。跳线必须与布线系统的等级和类型相配套。例如在6类布线系统必须使用6类跳线，不能使用5类跳线，在屏蔽布线系统不能使用非屏蔽跳线，在光缆布线系统必须使用配套的光缆跳线，光缆跳线使用室内光纤，没有铠装层和钢丝，比较柔软。国际电联标准对光缆跳线的规定是橙色为多模跳线，黄色为单模跳线。

5.3　工作区子系统的设计步骤和方法

在工作区子系统设计前，首先需要研读用户提供的设计委托书，初步了解设计要求，然后需要与用户进行充分的技术交流，了解建筑物结构、面积及用户需求，认真阅读建筑物设计图纸，根据建筑物使用功能和配置，计算信息点数量，确定信息插座类型和位置等，然后在此基础上进行规划、设计和预算，完成设计任务。一般工作流程和步骤如图5-2所示。

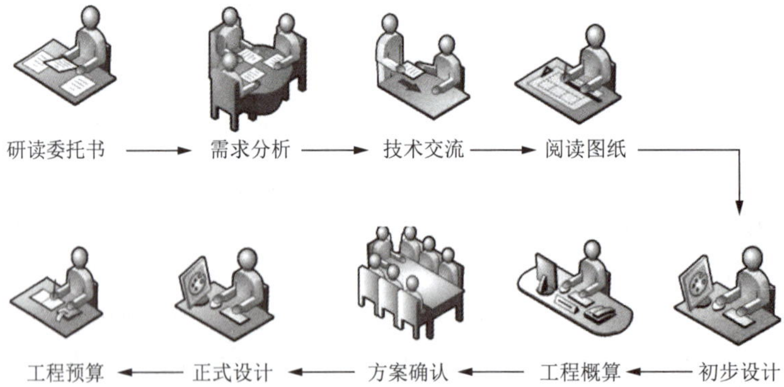

图5-2　工作区子系统设计流程

5.3.1　研读委托书

一般工程的项目设计按照用户设计委托书的需求进行，在设计前必须认真研究和阅读设计委托书。重点了解综合布线系统项目的内容，例如建筑物用途、数据量的大小，人员数量等，也要熟悉强电、水暖的路由和位置。建筑项目设计委托书中一般重点为土建设计内容，往往对综合布线系统的描述和要求较少，这就要求设计者把与综合布线系统有关的问题整理出来，需要再与用户进行需求分析。

5.3.2　需求分析

需求分析是综合布线系统设计的首项重要工作，对后续工作的顺利开展是非常重要的，也直接影响最终工程造价。需求分析主要掌握用户的当前用途和未来扩展需要，目的是按照写字楼、宾馆、综合办公室、生产车间、会议室、商场等类别进行设计分类，为后续设计确定方向和重点。

需求分析首先从整栋建筑物的用途开始进行，然后按照楼层进行分析，最后再到楼层的各个工作区或房间，逐步明确和确认每层和每个工作区的用途和功能，分析每个工作区的需求，规划工作区的信息点数量和位置。

现在的建筑物往往有多种用途和功能，例如，一栋18层的建筑物可能会有这些用途：地下-2层为空调机组等设备安装层，地下-1层为停车场，1~2层为商场，3~4层为餐厅，5~10层为写字楼，11~18层为宾馆。

5.3.3　技术交流

在进行需求分析后，要与用户进行技术交流，这是非常必要的。不仅要与技术负责人交流，也要与项目或行政负责人进行交流，进一步充分和广泛地了解用户需求，特别是未来的发展需求。在交流中重点了解每个房间或工作区的用途、工作区域、工作台位置、工作台尺寸、设备安装位置等详细信息。在交流过程中必须进行详细的书面记录，每次交流结束后要及时整理书面记录，这些书面记录是初步设计的依据。

5.3.4　阅读建筑物图纸和工作区编号

索取和认真阅读建筑物设计图纸是不能省略的程序，通过阅读图纸掌握建筑物的土建结构、强电路径、弱电路径，特别是主要电器设备和电源插座的安装位置，重点掌握在综合布线路径上的电器设备、电源插座、暗埋管线等。在阅读图纸时，进行记录或标记，这有助于将网络和电话等插座设计在合适的位置，避免强电或电器设备对网络综合布线系统的影响。

工作区信息点命名和编号是非常重要的一项工作，命名首先必须准确表达信息点的位置或用途，要与工作区的名称相对应，这个名称从项目设计开始到竣工验收及后续维护最好一致。如果出现项目投入使用后，用户改变了工作区名称或编号时，必须及时制作名称变更对应表，作为竣工资料保存。

5.3.5　初步设计

1. 工作区面积划分的基本原则

建筑物的类型大体上可以分为商业、文化、媒体、体育、医院、学校、交通、住宅、通用工业等类型，因此，对工作区面积的划分应根据应用的场合做具体分析后确定。

工作区子系统包括办公室、写字间、作业间、技术室等须用电话、计算机终端、电视机等设施的区域和相应设备的统称。一般建筑物设计时，综合布线系统工作区面积的划分见表5-1。

表5-1　工作区面积划分表

建筑物类型及功能	工作区面积/m²
网管中心、呼叫中心、信息中心等终端设备较为密集的场地	3～5
办公区	5～10
会议、会展区	10～60
商场、生产机房、娱乐场所	20～60
体育场馆、候机室、公共设施区	20～100
工业生产区	60～200

2. 不同用途建筑物工作区面积划分与信息点配置原则

一个独立的需要设置终端设备的区域宜划分为一个工作区，每个工作区需要设置一个计算机网络数据点或语音电话点，或按用户需要设置。也有部分工作区需要支持打印机、扫描仪等数据终端、电视机及监视器等影视终端设备。

同一个房间或同一区域面积按照不同的应用需求，其信息点种类和配置数量差别有时非常大。从现有的工程实际应用情况分析，有时有1个信息点，有时可能会有10个信息点；有时只需要电缆信息模块，有时还需要预留光缆备份的信息模块。因为建筑物用途不一样，功能要求和实际需求也不同。因此信息点数量的配置，不能只按办公楼的模式确定，要考虑多功能和未来扩展的需要，尤其是对于内外两套网络系统同时存在和使用的情况，更应加强需求分析，做出合理的配置。

为了规范和满足不同功能与特点建筑物的工作区信息点需求，在GB 50311标准条文解释中，给出了不同建筑综合布线系统工作区面积划分与信息点配置数量要求。

（1）办公建筑工作区面积划分与信息点配置见表5-2。

表5-2　办公建筑工作区面积划分与信息点配置

项目		办公建筑	
		行政办公建筑	通用办公建筑
每一个工作区面积/m²		办公区5～10	办公区5～10
每一个用户单元区域面积/m²		60～120	60～120
每一个工作区信息插座类型与数量	RJ-45	一般2个，政务2～8个	2个
	光纤到工作区SC或LC	2个单工或1个双工或根据需要设置	2个单工或1个双工或根据需要设置

（2）商店建筑和旅馆建筑工作区面积划分和信息点配置见表5-3。

表5-3　商店建筑和旅馆建筑工作区面积划分和信息点配置

项目		商店建筑	旅馆建筑
每一个工作区面积/m²		商铺20～120	办公区5～10；客房每套房；公共区域20～50；会议20～50
每一个用户单元区域面积/m²		60～120 /m²	每一个客房
每一个工作区信息插座类型与数量	RJ-45	2～4个	2～4个
	光纤到工作区SC或LC	2个单工或1个双工或根据需要设置	2个单工或1个双工或根据需要设置

（3）文化建筑和博物馆建筑工作区面积划分与信息点配置见表5-4。

表5-4　文化建筑和博物馆建筑工作区面积划分与信息点配置

项目		文化建筑			博物馆建筑
		图书馆	文化馆	档案馆	
每一个工作区面积/m^2		办公阅览 5～10	办公区5～10； 展示厅20～50； 公共区域20～60	办公区5～10； 资料室20～60	办公区5～10； 展示厅20～50； 公共区域20～60
每一个用户单元区域面积/m^2		60～120	60～120	60～120	60～120
每一个工作区信息插座类型与数量	RJ-45	2个	2～4个	2～4个	2～4个
	光纤到工作区SC或LC	2个单工或1个双工或根据需要设置	2个单工或1个双工或根据需要设置	2个单工或1个双工或根据需要设置	2个单工或1个双工或根据需要设置

（4）观演建筑工作区面积划分与信息点配置见表5-5。

表5-5　观演建筑工作区面积划分与信息点配置

项目		观演建筑		
		剧场	电影院	广播电视业务建筑
每一个工作区面积/m^2		办公区5～10； 业务区50～100	办公区5～10； 业务区50～100	办公区5～10； 业务区50～100
每一个用户单元区域面积/m^2		60～120	60～120	60～120
每一个工作区信息插座类型与数量	RJ-45	2个	2个	2个
	光纤到工作区SC或LC	2个单工或1个双工或根据需要设置	2个单工或1个双工或根据需要设置	2个单工或1个双工或根据需要设置

（5）体育建筑和会展建筑工作区面积划分与信息点配置见表5-6。

表5-6　体育建筑和会展建筑工作区面积划分与信息点配置

项目		体育建筑	会展建筑
每一个工作区面积/m^2		办公区5～10； 业务区每比赛场地5～50 （计分，裁判、显示、升旗等）	办公区5～10；展览区20～100； 洽谈区20～50； 公共区域60～120
每一个用户单元区域面积/m^2		60～120	60～120
每一个工作区信息插座类型与数量	RJ-45	一般2个	一般2个
	光纤到工作区SC或LC	2个单工或1个双工或根据需要设置	2个单工或1个双工或根据需要设置

（6）医疗建筑工作区面积划分与信息点配置见表5-7。

表5-7　医疗建筑工作区面积划分与信息点配置

项目	医疗建筑	
	综合医院	疗养院
每一个工作区面积/m^2	办公区5～10； 业务区10～50； 手术设备室3～5； 病房15～60； 公共区域60～120	办公区5～10； 业务区10～50； 疗养区域15～60； 养员活动室30～50； 营养食堂20～60； 公共区域60～120
每一个用户单元区域面积/m^2	每一个病房	每一个疗养区域

续上表

项目		医疗建筑	
		综合医院	疗养院
每一个工作区信息插座类型与数量	RJ-45	2个	2个
	光纤到工作区SC或LC	2个单工或1个双工或根据需要设置	2个单工或1个双工或根据需要设置

（7）教育建筑工作区面积划分与信息点配置见表5-8。

表5-8　教育建筑工作区面积划分与信息点配置

项目		教育建筑		
		高等学校	高级中学	初级中学和小学
每一个工作区面积/m^2		办公区：5～10； 教室：30～50； 多功能教室：20～50； 实验室：20～50； 公共区域：30～120； 公寓、宿舍：每一套房/每一床位	办公区：5～10； 教室：30～50； 多功能教室：20～50； 实验室：20～50； 公共区域：30～120； 公寓、宿舍：每一套房/每一床位	办公区：5～10； 教室：30～50； 多功能教室：20～50； 实验室：20～50； 公共区域：30～120； 公寓、宿舍：每一套房
每一个用户单元区域面积/m^2		公寓	公寓	—
每一个工作区信息插座类型与数量	RJ-45	2～4个	2～4个	2～4个
	光纤到工作区SC或LC	2个单工或1个双工或根据需要设置	2个单工或1个双工或根据需要设置	2个单工或1个双工或根据需要设置

（8）交通建筑工作区面积划分与信息点配置见表5-9。

表5-9　交通建筑工作区面积划分与信息点配置

项目		交通建筑			
		民用机场航站楼	铁路客运站	城市轨道交通站	汽车客运站
每一个工作区面积/m^2		办公区：5～10； 业务区：10～50； 服务区：10～30； 公共区域：50～100	办公区：5～10； 业务区：10～50； 服务区：10～30； 公共区域：50～100	办公区：5～10； 业务区：10～50； 服务区：10～30； 公共区域：50～100	办公区：5～10； 业务区：10～50； 服务区：10～30； 公共区域：50～100
每一个用户单元区域面积/m^2		60～120	60～120	60～120	60～120
每一个工作区信息插座类型与数量	RJ-45	一般2个	一般2个	一般2个	一般2个
	光纤到工作区SC或LC	2个单工或一个双工或根据需要设置	2个单工或一个双工或根据需要设置	2个单工或一个双工或根据需要设置	2个单工或一个双工或根据需要设置

（9）金融建筑工作区面积划分与信息点配置见表5-10。

表5-10　金融建筑工作区面积划分与信息点配置

项目	金融建筑
每一个工作区面积/m^2	办公区：5～10；业务区：5～10；客服区：5～20；公共区域：50～120；服务区：10～30
每一个用户单元区域面积/m^2	60～120

续上表

项目		金融建筑
每一个工作区信息插座类型与数量	RJ-45	一般2～4个，业务区：2～8个
	光纤到工作区SC或LC	4个单工或2个双工或根据需要设置

（10）住宅建筑工作区面积划分与信息点配置见表5-11。

表5-11　住宅建筑工作区面积划分与信息点配置

项目		住宅建筑
每一个房屋信息插座类型与数量	RJ-45	电话：客厅、餐厅、主卧、次卧、厨房、卫生间等房间1个，书房2个； 数据：客厅、餐厅、主卧、次卧、厨房等房间1个，书房2个
	同轴	有线电视：客厅、主卧、次卧、书房、厨房1个
	光纤到桌面SC或LC	根据需要，客厅、书房1个双工
光纤到住宅用户		满足光纤到用户要求，每一户配置一个家居配线箱

（11）通用工业建筑工作区面积划分与信息点配置见表5-12。

表5-12　通用工业建筑工作区面积划分与信息点配置

项 目		通用工业建筑
每一个工作区面积/m^2		办公：5～10；公共区域：60～120；生产区：20～100
每一个用户单元区域面积/m^2		60～120
每一个工作区信息插座类型与数量	RJ-45	一般2～4个
	光纤到工作区SC或LC	2个单工或1个双工或根据需要设置

3. 工作区信息点点数统计表

工作区信息点点数统计表简称为点数表或点数统计表，是设计和统计信息点数量的基本工具和手段。

初步设计的主要工作是完成点数表，在需求分析和技术交流的基础上，首先确定每个房间或区域的信息点位置和数量，然后制作和填写点数表。

点数统计表的做法是首先按照楼层，然后按照房间或区域逐层逐房间地规划和设计网络数据、语音信息点数，再把每个房间规划的信息点数量填写到点数统计表对应的位置。每层填写完毕，就能够统计出该层的信息点数，全部楼层填写完毕，就能统计出该建筑物的信息点数量。

点数统计表能够一次准确和清楚地表示和统计出建筑物的信息点数量。点数统计表的制作方法为，利用Microsoft Excel工作表软件进行，一般常用的表格格式为房间按列表示，楼层按行表示。表5-13所示为西元集团研发楼信息点数统计表。

第一行为设计项目或对象的名称，第二行为房间或区域名称，第三行为数据或语音类别，其余行填写每个房间的数据或语音点数量，为了清楚和方便统计，一般每个房间有两行，一行数据，一行语音。最后一行为合计数量。在点数表填写中，房间编号由大到小按照从左到右的顺序填写。

第一列为楼层编号，填写对应的楼层编号，中间列为该楼层的房间号，为了清楚和方便统计，一般每个房间有两列，一列数据，一列语音。最后一列为合计数量。在点数表填写中，楼层编号由大到小按照从上往下的顺序填写。

表5-13　西元集团研发楼综合布线信息点数量统计表

房间号		x01		x02		x03		x04		x05		x06		x07		x08		x09		x10		x11		x12		x13		x14		x15		合计		
楼层号		T0	TP	T0	TP	T0	TP	T0	TP	T0	TP	T0	TP	T0	TP	T0	TP	T0	TP	T0	TP	T0	TP	T0	TP	T0	TP	T0	TP	T0	TP	T0	TP	Σ
四层	T0	2		8		2		0		10		15		10		4		10		0		10										71		
	TP		2		8		2		0		15		10		0		10		0		0		10										57	
三层	T0	2		10		1		10		2		0		2		15		4		10		10		4		10				10		90		
	TP		2		10		1		10		2		0		2		15		4		10		10		2		10				10		88	
二层	T0	4		2		1		2		1		2		2		2		2		0		4		16		4		22		12		76		
	TP		2		2		1		2		1		2		2		2		2		0		4		16		4		2		12		54	
一层	T0	2		34		14		0		24		0		17		0		1		116		16				14				2		240		
	TP		2		34		2		0		24		0		3		0		1		10		16				2				2		96	
合计	T0																															477		
	TP																																295	
	Σ																																	772

编写：　　　　审核：　　　　审定：　　　　　　西安西元电子科技集团有限公司　20　　年　月　日

在填写点数统计表时，从楼层的第一个房间或区域开始，逐间分析需求和划分工作区，确认信息点数量和大概位置。在每个工作区首先确定网络数据信息点的数量，然后考虑电话语音信息点的数量，同时还要考虑其他控制设备的需要，例如在门厅和重要办公室入口位置考虑设置考勤机、门警系统网络接口等。

表5-13所示为按照单元1中图1-24、图1-25、图1-26、图1-27的楼层功能布局图设计，共设计了477个数据信息点和295个语音信息点。从这个点数表中我们看到各层的信息点分配情况和总信息点数量如下：

（1）一层共设计有数据信息点240个，语音信息点96个。

（2）二层共设计有数据信息点76个，语音信息点54个。

（3）三层共设计有数据信息点90个，语音信息点88个。

（4）四层共设计有数据信息点71个，语音信息点57个。

5.3.6　工程概算

在初步设计的基础上最后要给出该项目的概算，这个概算是指整个综合布线系统工程的造价概算，当然也包括工作区子系统的造价。工程概算的计算公式如下：

$$工程概算=信息点数量\times信息点的概算价格$$

例如：按照表5-13点数表统计的数据信息点数量为772个，每个信息点的概算价格按照200元计算，该工程分项概算=772×200=154 400元。

每个信息点的概算中应该包括材料费、工程费、运输费、管理费、税金等全部费用。材料中应该包括机柜、配线架、配线模块、跳线架、理线环、网线、模块、底盒、面板、桥架、线槽、线管等全部材料及配件。

5.3.7　初步设计方案确认

初步设计方案主要包括点数统计表和概算两个文件，因为工作区子系统信息点数量直接决定综合布线系统工程的造价，信息点数量越多，工程造价越大。工程概算的多少与选用产品的品牌和质量有直接关系，工程概算多时宜选用高质量的知名品牌，工程概算少时宜选用区域知名品牌。点数统计表和概算也是综合布线系统工程设计的依据和基本文件，因此必须经过用户确认。

用户确认的一般程序如图5-3所示。

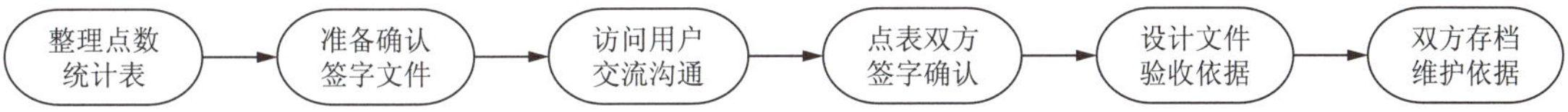

图5-3　点数统计表用户确认程序

用户确认签字文件至少一式四份，双方各两份。设计单位一份存档，一份为设计依据。

5.3.8　正式设计

用户确认初步设计方案和概算后，就必须开始进行正式设计，正式设计主要工作为准确设计每个信息点的位置，确认每个信息点的名称或编号，核对点数统计表最终确认信息点数量，为整个综合布线系统工程设计奠定基础。

1. 新建建筑物

根据GB 50311《综合布线系统工程设计规范》的规定，新建、改建和扩建建筑物必须设计综合布线系统，因此建筑物的原始设计图纸中必须有完整的初步设计方案和网络系统图。必须认真研究和读懂设计图纸，特别是与弱电有关的网络系统图、通信系统图、电气图等。

如果土建工程已经开始或者封顶时，必须到现场实际勘测，并且与设计图纸对比。

新建建筑物的信息点底盒必须暗埋在建筑物的墙内，一般使用金属底盒。

2. 旧楼增加综合布线系统的设计

当旧楼改造需要增加综合布线系统时，设计人员必须到现场勘测，根据现场使用情况具体设计信息插座的位置、数量。旧楼增加信息插座一般多为明装86系列插座，也可以在墙面开槽暗装信息插座。

3. 信息点安装位置

信息点的安装位置宜以工作台为中心进行设计，如果工作台靠墙布置时，信息点插座一般设计在工作台侧面的墙面，通过网络跳线直接与工作台上的电脑连接。避免信息点插座远离工作台，这样网络跳线比较长，既不美观，也可能影响网络传输速度或者稳定性，也不宜设计在工作台的前后位置。

如果工作台布置在房间的中间位置或者没有靠墙时，信息点插座一般设计在工作台下面的地面，通过网络跳线直接与工作台上的电脑连接。因为地面常用地弹式信息插座，工作时盖板凸出地面，因此在设计时必须准确估计工作台的位置，避免信息点插座远离工作台，或者信息点设计在通道位置，影响人员通行。

如果是集中或者开放办公区域，信息点的设计应该以每个工位的工作台和隔断为中心，将信息插座安装在地面或者隔断上。目前市场销售的办公区隔断上都预留有2个86 mm×86 mm系列信息点插座和电源插座安装孔。新建项目选择在地面安装插座时，有利于一次完成综合布线，适合在办公家具和设备到位前综合布线工程竣工，也适合工作台灵活布局和随时调整，但是地面安装插座施工难度比较大，地面插座的安装材料费和工程费成本是墙面插座成本的10～20倍。对于已经完成地面铺装的工作区不宜设计地面安装方式。

在大门入口或重要办公室门口宜设计门警系统信息点插座。

在单位入口或门厅宜设计考勤机、电子屏幕使用的信息点插座。

在会议室主席台、发言席、投影机位置宜设计信息点插座。

在各种大卖场的收银区、管理区、出入口宜设计信息点插座。

4. 信息点面板

每个信息点面板的设计非常重要，首先必须满足使用功能需要，然后考虑美观，同时还要考虑费用成本等。

地弹插座面板一般为黄铜制造，只适合在地面安装，每只售价为100～200元，地弹插座面板一般都具有防水、防尘、抗压功能，使用时打开盖板，不使用时，盖好盖板与地面高度相同。地弹插座有双口RJ-45，双口RJ-11，单口RJ-45+单口RJ-11组合等规格，外型有圆形的也有方型的。地弹插座面板不能安装在墙面。

墙面插座面板一般为塑料制造，只适合在墙面安装，每只售价为5～20元，具有防尘功能，使用时打开防尘盖，不使用时，防尘盖自动关闭。墙面插座面板有双口RJ-45，双口RJ-11，单口RJ-45+单口RJ-11组合等规格。墙面插座面板不能安装在地面，因为塑料结构容易损坏，而且不具备防水功能，灰尘和垃圾进入插口后无法清理。

桌面型面板一般为塑料制造，适合安装在桌面或者台面，在设计中很少应用。

信息点插座底盒常见的有两个规格，适合墙面或地面安装。墙面安装底盒为长86 mm，宽86 mm的正方形盒子，设置有2个M4螺孔，孔距为60 mm，又分为暗装和明装两种，暗装底盒的材料有塑料和金属材质两种，暗装底盒外观比较粗糙。明装底盒外观美观，一般由塑料注塑。

地面安装底盒为长100 mm，宽100 mm的正方形盒子，深度为55 mm（或65 mm），设置有2个M4螺孔，孔距为84 mm，一般只有暗装底盒，由金属材质一次冲压成型，表面电镀处理。面板一般为黄铜材料制成，常见有方型和圆型面板两种，方型的长120 mm，宽120 mm，圆形的直径为150 mm。

5.3.9 工程预算

正式设计完毕后，所有方案已确定。可按照概算的公式进行系统造价预算。同样，预算中每个信息点应该包括材料费、工程费、运输费、管理费、税金等全部费用。

5.4 工作区子系统设计案例

本节我们将以单元1中介绍的西元科技园研发楼为例，说明工作区子系统的设计要求和设计方法。图5-4为一层功能布局图，一层是园区建筑物信息点最多，应用最广泛的一个楼层，其中有单人办公室、集体办公室、会议室、展室、大厅等多种应用。

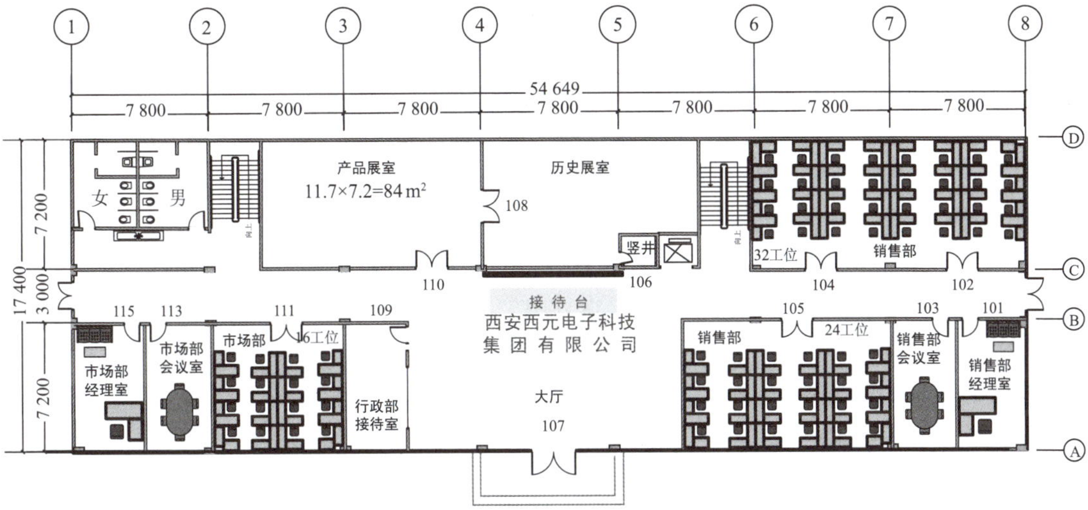

图5-4　研发楼一层功能布局图

5.4.1　单人办公室信息点设计

我们以研发楼一层的销售部经理办公室为例，具体说明单人办公室信息点的施工设计，图5-5为销售部经理室信息点施工设计详图，信息点设计在墙面。图5-6 为董事长室信息点施工设计详图，办公桌在房间的中间位置，增加了地面安装的信息点。

第一步：确定工作区人员数量

从图5-5我们看到，销售部经理室设计1人使用，因此按照单人办公室设计信息点。

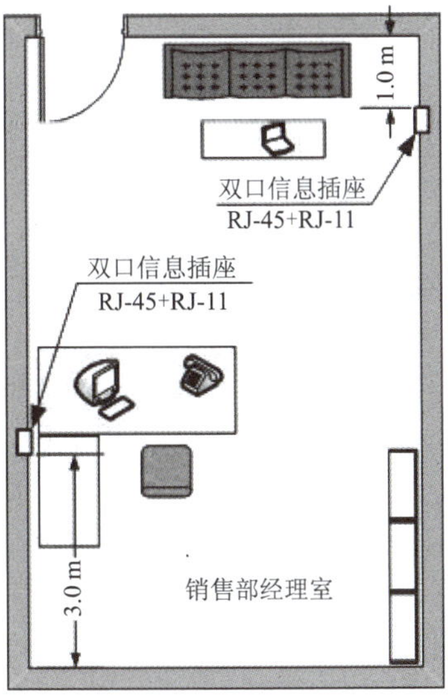

图5-5　销售部经理室信息点施工设计详图

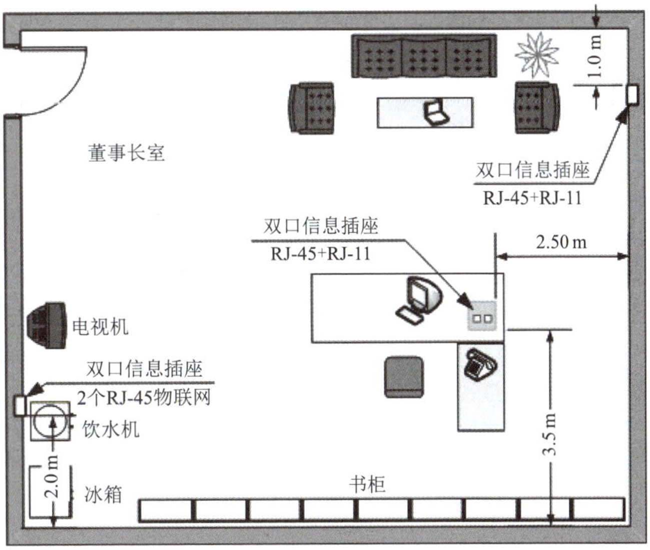

图5-6　董事长室信息点施工设计详图

第二步：分析业务需求

从单元1图1-30西元集团机构设置图中，我们看到销售部经理对副总经理负责，管理公司遍布全国各地的办事处和代理商。从图1-33西元集团企业网络应用需求图中看到，公司的销售管理系统主要有商务系统、销售系统和市场推广系统等。销售部经理不仅业务量大，管理范围覆盖全国，数据和语音需求非常重要，而且这些需求也很频繁和持续，需要经常召开网络会议和电话会议，同时销售部经理也是公司关键岗位，在信息点设计时要特别关注。

第三步：确定信息点数量

按照表5-2办公建筑工作区面积划分与信息点配置的规定，经理室应分配2个数据信息点和2个语音信息点，因此我们对销售部经理室设计两个双口信息插座，每个插座安装1个RJ-45数据口，1个RJ-11语音口。

第四步：确定安装位置

根据图5-5，销售部经理室办公桌靠墙摆放，我们就把1个双口信息插座设计在办公桌旁边的墙面，距离窗户墙面3.0 m，距离地面高度0.3 m，用网络跳线与电脑连接，用语音跳线与电话机连接。另1个双口信息插座设计在沙发旁边的墙面，距离门口墙面1.0 m，方便在办公室召开小型会议时就近使用电脑，也可以坐在沙发上召开电话会议。

第五步：确定工作区材料规格和数量

完成以上四步后，我们就能清楚地确定该工作区的材料规格和数量，见表5-14。

表5-14　销售部经理办公室材料规格和数量

序号	材料名称	型号/规格	数量	单位	厂家/品牌	使用说明
1	信息插座底盒	86系列，金属，镀锌	2	个	西元	土建施工 墙内安装
2	信息插座面板	86系列，双口，白色塑料	2	个	西元	弱电施工安装
3	信息插座模块	网络模块，RJ-45，非屏蔽，六类	2	个	西元	弱电施工安装1个/面板
4	信息插座模块	语音模块，RJ-11	2	个	西元	弱电施工安装1个/面板

第六步：弱电施工详图设计

一般建筑设计院提供的设计图纸中，对于信息点没有详细的具体位置和尺寸，需要业主根据使用功能进行二次施工详图设计，业主单位一般委托专门的网络公司进行施工设计。一般使用AutoCAD软件进行，网络公司往往也用Visio软件进行设计。图5-5所示为完成的销售部经理室信息点施工设计详图，图5-6所示为董事长室信息点施工设计详图。其他单人办公室，比如总经理、副总经理、总监、市场部经理等办公室也按照上面的步骤和方法进行设计。

5.4.2　多人办公室

我们定义多人办公室为2~4人工作的独立房间。下面我们以单元1图1-25研发楼二层211房间财务部办公室和213房间供应部办公室为例说明多人工作区设计的步骤和方法。

第一步：确定工作区人员数量

从单元1图1-25我们看到，财务部设计有4人办公，一般两名会计，两名出纳，因此按照多人办公室设计信息点。

第二步：分析业务需求

从西元集团机构设置图中，我们看到财务部业务主要有财务管理和成本管理两大业务，从该企业网络应用图中看到，公司的财务管理系统主要有会计核算、应收账款、应付账款等。现在一般公司都使用网络版财务管理系统软件，财务收支也经常使用网络银行，因此财务部对数据和语音需求非常重要。

从图1-25我们还可以看到，鉴于安全和保密需要，财务部办公室的布局与其他部门不同，往往要在门口设置1个柜台，把外来人员与财务人员隔离，隔台进行业务作业，同时财务部也是公司关键部门，在信息点设计时要特别关注。

供应部虽然也是4工位，因为业务不同，办公桌一般靠墙摆放，间距比较大，适合与供方面对面洽谈，信息点位置的合理设计，既能满足业务需求，也不需要明装或延长网络跳线，保持布局美观。

第三步：确定信息点数量

按照表5-2的规定，每个工位配置1个数据点和1个语音点的基本要求，财务部四个工位，设计四个双口信息插座，每个插座安装1个RJ-45数据口、1个RJ-11语音口。

第四步：确定安装位置

根据单元1中图1-25，211室财务部两个出纳工位靠近门口，并且组成一个柜台，两个会计工位靠里边墙面布置。因此我们把两个出纳工位的信息插座设计在右边墙面，设计两个双口信息插座，距离门口墙面3.0 m。把两个会计工位的信息插座设计在里边墙面，设计两个双口信息插座，距离左边隔墙分别为1.5 m和3.0 m，全部信息插座距离地面高度0.30 m。

供应部虽然也是4工位，因为业务不同，办公桌一般靠墙摆放，间距比较大，适合与供方对面洽谈，信息点位置的合理设计，既能满足业务需求，也不需要明装或者延长网络跳线，保持布局美观。

如果财务部信息点按照供应部的方式进行安装，不仅档案柜遮挡右边的信息点，造成信息点无法使用，如果需要使用，就需要很长的网络跳线，还要后期增加明装线槽。由此可见信息点位置的合理设计非常重要，要求既能满足方便使用，又能保持美观，减少后期明装线槽。

第五步：确定工作区材料规格和数量

完成以上四步后，就能清楚地确定该工作区的材料规格和数量，见表5-15。

表5-15　财务部办公室材料规格和数量

序	材料名称	型号/规格	数量	单位	品牌	使用说明
1	信息插座底盒	86，金属，镀锌	4	个	西元	土建施工，墙内安装
2	信息插座面板	86，双口，白色塑料	4	个	西元	弱电施工安装
3	信息插座模块	网络模块，RJ-45，非屏蔽，六类	4	个	西元	弱电施工安装1个/面板
4	信息插座模块	语音模块，RJ-11	4	个	西元	弱电施工安装1个/面板

第六步：弱电施工详图设计

按照以上确定的内容，财务部信息点施工设计如图5-7所示，供应部信息点施工设计如图5-8所示。其他2人、3人、4人等多人办公室，也按照上面的步骤和方法进行设计。

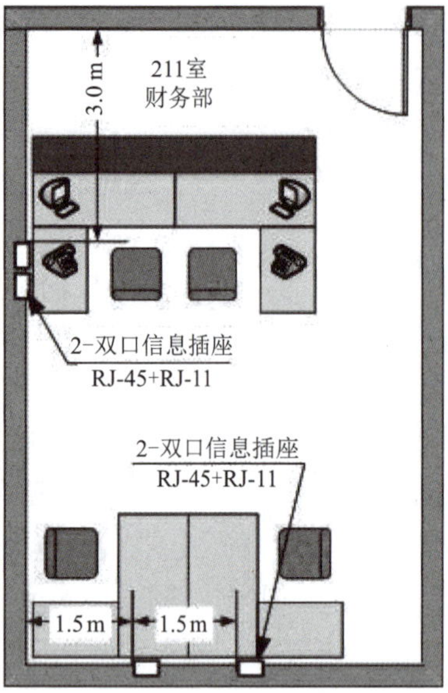

图5-7　财务部信息点施工设计详图

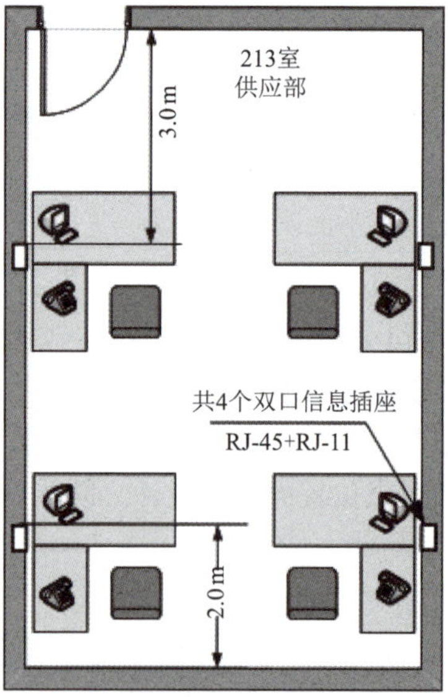

图5-8　供应部信息点施工设计详图

5.4.3　集体办公室信息点设计

我们定义集体办公室为大于4人工作的独立房间，现在集体办公室一般使用隔断分割成工位，图5-9所示为图5-4研发楼一层102房间销售部办公室信息点施工设计详图。

下面我们以图5-9为例说明集体工作区设计。

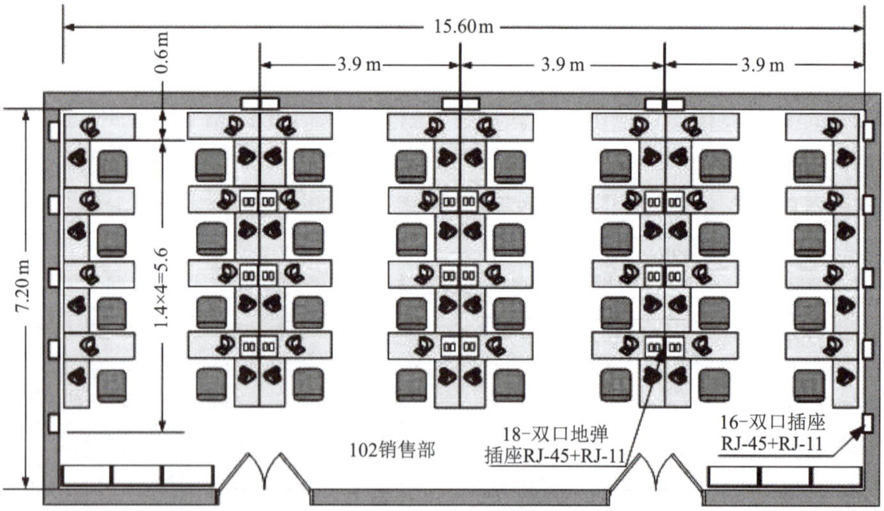

图5-9　销售部信息点施工设计详图

第一步：确定员工数量

由图5-4可以看到，研发楼一层102房间销售部办公室共可容纳32人同时办公，因此按照集体办公室设计信息点。

第二步：业务需求分析

销售部主要由遍布全国各地的办事处和代理商组成。同时与商务部进行配合完成整个销售流程。结合该企业网络应用图可以看到，销售管理系统由商务系统、销售系统和市场推广3部分组成。主要工作有产品销售、合同签订、方案制订等，对数据和语音有很大需求。因此，销售部的数据信息点和语音信息点设计尤为重要。

第三步：确定信息点数量

按照表5-2的规定，每个工位配置1个数据点和1个语音点的基本要求，销售部办公室32个工位，设计32个双口信息插座，每个插座安装1个RJ-45数据口，1个RJ-11语音口。同时在两侧墙面分别多设计1个插座，用于传真机或预留插座。因此，销售部办公室共有68个信息点，其中数据信息点34个，语音信息点34个。

第四步：确定安装位置

由图5-9布局图可以看出102销售部办公室共设置有32个工位，其中14个工位靠墙设置，18个工位没有靠墙放置。按照优先选用墙面安装信息插座的原则，对于靠墙的工位，我们设计1个双口插座在办公桌旁边的墙面，距离地面0.3 m。对于没有靠墙的工位，设计为地弹插座，安装在对应办公桌下的地面。预留的两个插座分别安装在左右两侧墙面靠近门口的墙面。

第五步：确定工作区材料规格和数量

完成以上四步后，我们就能清楚地确定该工作区的材料规格和数量，具体见表5-16。

表5-16　销售部办公室材料规格和数量

序	材料名称	型号/规格	数量	单位	品牌	使用说明
1	信息插座底盒	86系列，金属	16	个	西元	土建施工，墙内安装
2	信息插座底盒	120系列，金属	18	个	西元	土建施工，墙内安装
3	信息插座面板	86系列，双口，白色塑料	16	个	西元	弱电施工安装
4	地弹信息面板	120系列，双口，金属镀锌	18	个	西元	弱电施工安装
5	信息插座模块	网络模块，RJ-45，非屏蔽，六类	34	个	西元	弱电安装1个/面板
6	信息插座模块	语音模块，RJ-11	34	个	西元	弱电安装1个/面板

第六步：弱电施工详图设计

按照以上确定的内容，设计销售部信息点施工设计详图，如图5-9所示。

其他集体办公室，如市场部办公室、生产部办公室等，也按以上步骤和方法进行设计。

5.4.4　会议室信息点设计

我们将会议室分为小型会议室和大型会议室。小型会议室一般为圆桌型布置，大型会议室一般为课桌式布置，设计方法和流程与以上内容相同，图5-10所示为103会议室信息点施工设计详图，图5-11所示为309会议室信息点施工设计详图。

5.4.5　大厅信息点设计

建筑物的入口大厅往往人流量大，功能多样，信息点种类多、数量多、安装位置分散，大厅一般都是精装修，要求美观，因此大厅工作区信息点的设计必须考虑周全，增加备用信息点，满足全部使用功能，避免后期明装布线。图5-12所示为西元科技园研发楼入口大厅的信息点施工设计详图。

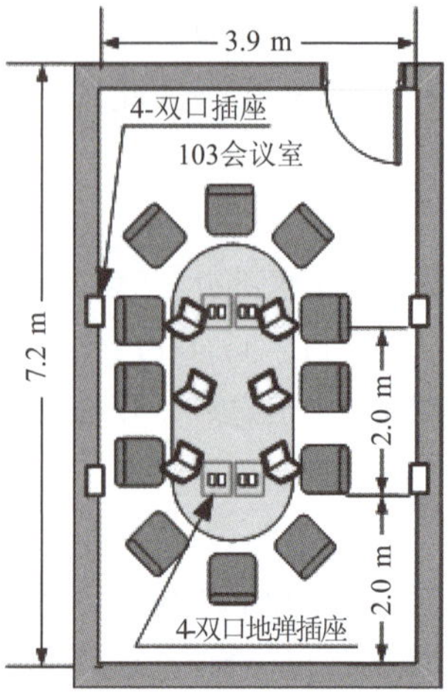

图5-10　103会议室信息点设计图

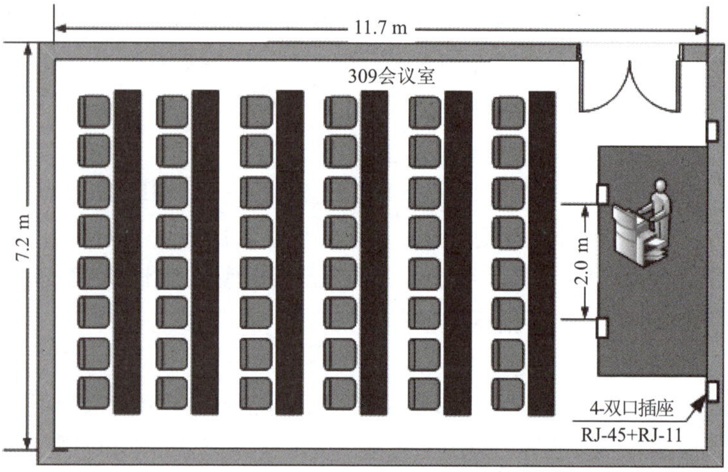

图5-11　309会议室信息点设计图

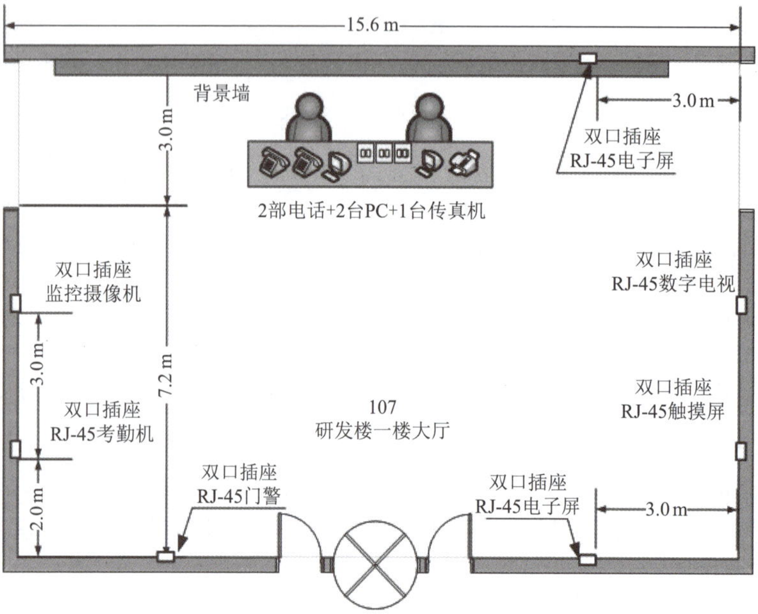

图5-12　西元科技园研发楼大厅信息点施工设计详图

5.5　工作区子系统的安装技术

5.5.1　信息插座底盒的安装步骤

插座底盒的安装一般按照下列步骤进行，如图5-13、图5-14、图5-15和图5-16所示。

图5-13　检查底盒

图5-14　去掉上方挡板

图5-15　固定底盒

图5-16　保护底盒

第一步：检查质量和螺丝孔。重点检查底盒螺丝孔是否合格，不合格坚决不能使用。

第二步：去掉挡板或开孔，用于穿线或穿管。注意只取消需要进线的挡板，保留其他挡板，防止水泥砂浆灌入底盒。

第三步：固定底盒。暗装底盒用木楔或水泥砂浆固定，明装底盒按照设计要求用自攻丝直接固定在墙面。

第四步：保护底盒。在底盒安装完毕后，必须进行成品保护，防止水泥砂浆或垃圾污染。

5.5.2　网络模块安装步骤

1. 网络模块端接技术要求和注意事项

网络模块端接主要技术要求如下：

（1）保证模块的端接线序正确。如图5-17所示，模块上的8个弹性刀片组分别对应着水晶头内的1~8根线芯，左边的4个线柱从上到下依次对应水晶头的2、1、6、3线芯；右边的4个线柱从上到下依次对应8、7、4、5线芯。当插入的水晶头为T568A线序或T568B线序时，模块上对应的压接线序如图所示。

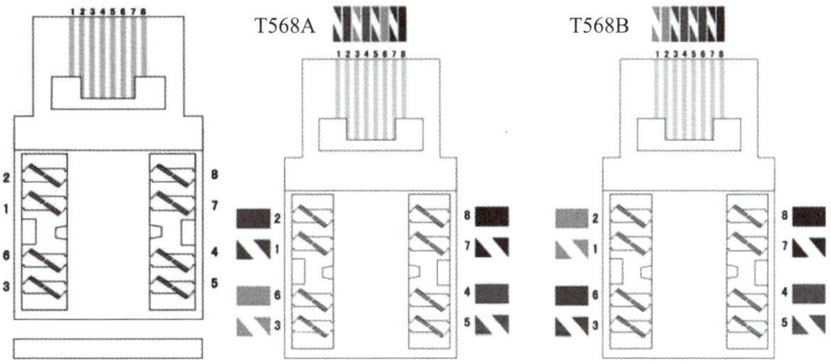

图5-17　模块线序示意图

（2）8芯导线必须压入8个弹性刀片组底部。网线的8芯导线必须压入弹性刀片组底部，否则刀片组没有完全穿透导线绝缘层，接触到铜导体；造成线芯接触不良，而且容易被拔出。

（3）端接。检查模块线序正确后，将压盖对准卡槽，用力按压到底，将线芯压入刀片组内，最后用斜口钳剪掉线端，越短越好，外露长度应小于1 mm，最好平齐。

初级工也可以使用打线钳，将线芯逐一压入刀片组，保证模块刀片与线芯可靠接触。

注意使用打线钳时，刀口在线端一侧，切断模块外多余的线芯。如果刀口方向放反，将切断线芯，出现断路，不能实现电气连接。

2. 网络模块端接操作步骤

网络模块端接需要的材料有：网线1根、网络模块1个、压盖1个。

工具包括：剪刀、剥线器、打线钳、卷尺。

网络模块端接的操作步骤如下：

第一步：计算所需网线的长度，用卷尺测量，剪刀裁剪，注意应留有一定的余量。

第二步：调整剥线器刀片进深高度，由于剥线器可用于剥除多种直径的网线护套，每个厂家的网线护套直径也不相同，因此，在每次制作前，必须调整剥线器刀片进深高度，保证在剥除网线外护套时，不划伤导线绝缘层或铜导体。如图5-18所示，切割网线外护套时，刀片切入深度应控制在护套厚度的60%~90%，而不是彻底切透。

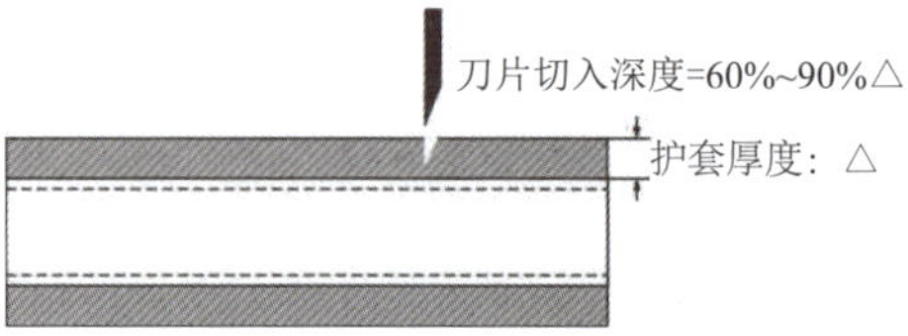

图5-18　剥除护套切割深度示意图

第三步：剥除网线外护套，首先将网线放入剥线器中，顺时针方向旋转剥线器1~2周，然后用力取下护套，剥除长度为30 mm，如图5-19所示，因为刀片没有完全将护套划透，因此不会损伤线芯。

第四步：剪掉撕拉线，用剪刀剪掉撕拉线，如图5-20所示，六类线还需要剪掉中间的十字骨架，如图5-21所示。

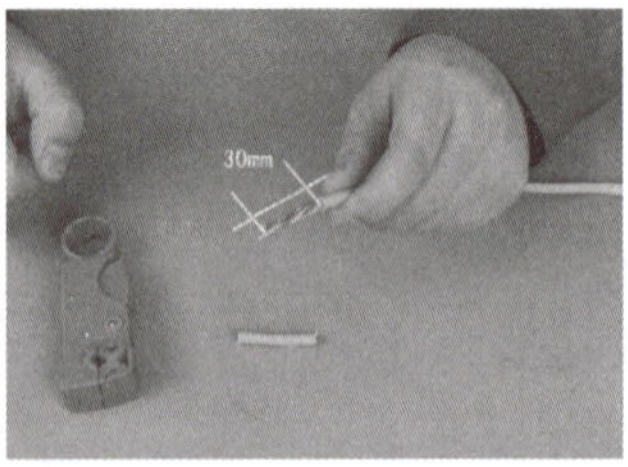

图5-19　剥除外护套

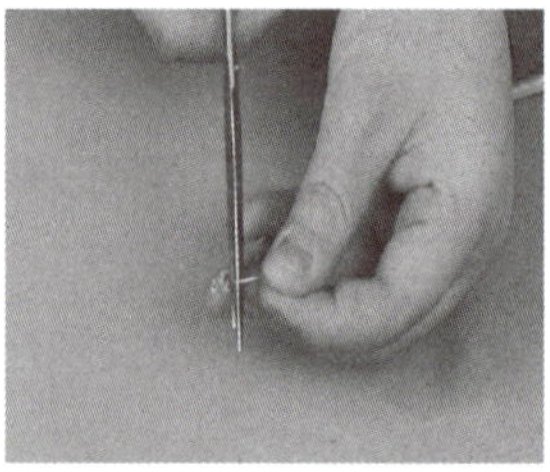

图5-20　剪掉撕拉线

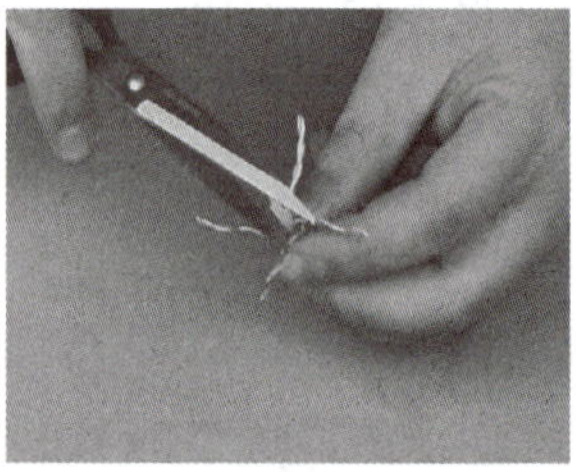

图5-21　剪掉十字骨架

第五步：拆开4对双绞线，按照模块外壳侧面色标的线序，将4对双绞线拆开排好，如图5-22所示。

第六步：用手将8芯线压入网络模块对应的8个刀片组中，如图5-23所示，注意检查线序是否正确。

第七步：用压盖压线，或者用打线钳将8根线芯压到刀片组底部，同时打断多余的线头，注意打线钳刀口的方向不可错放，如图5-24所示。

第八步：盖上防尘盖，如图5-25所示。

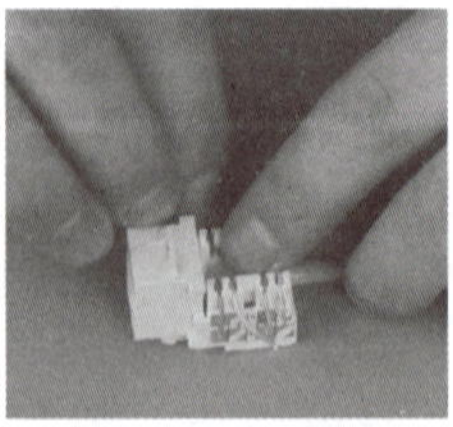

图5-22　排线序

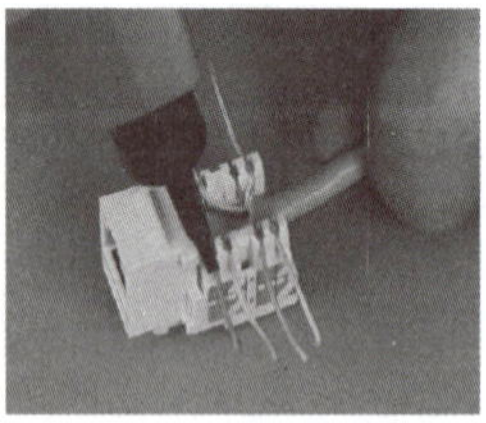

图5-23　打线

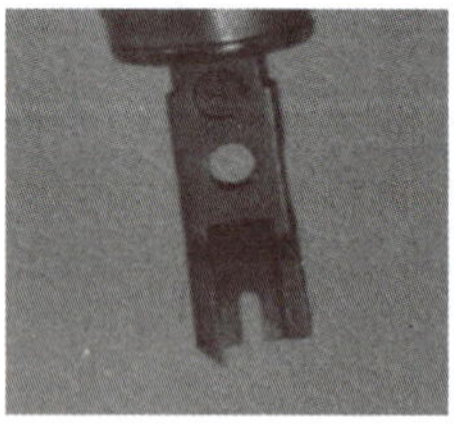

图5-24　打线钳刀头

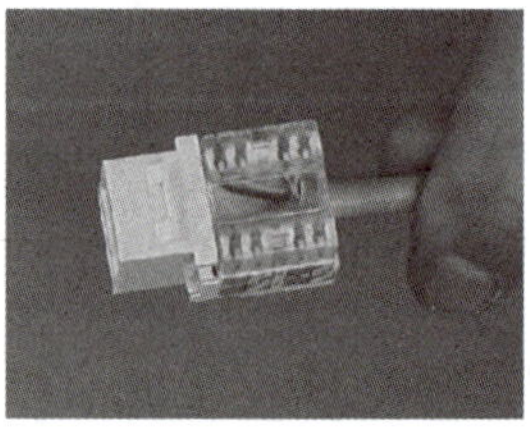

图5-25　盖防尘盖

视频

A118-网络模块端接方法

以上详细操作方法见配套的教学实训指导视频，该视频的编号和名称为《A118-网络模块端接方法》。请扫描“模块端接方法”二维码观看或下载和学习。

3. 网络模块安装步骤

网络数据模块和电话语音模块的安装方法基本相同，一般安装步骤如下。

第一步：准备材料和工具。

第二步：清理和标记。

第三步：除外护套，剪掉撕拉线。剥线之前需要先确定剥线长度，一般为30 mm，如图5-26所示。

第四步：按T568B线序，排列线对，如图5-27所示。

第五步：将线对按色谱标记压入刀口，如图5-28所示。

第六步：将压盖对准，用力压到底。既能防尘又能防止线芯脱落，如图5-29所示。

第七步：用斜口钳剪掉线端，小于1 mm，如图5-30所示。

第八步：把线理成与模块垂直，如图5-31所示。

第九步：卡装语音模块、数据模块。把模块卡装在面板上，一般语音在右口，数据在左口，如图5-32和图5-33所示。

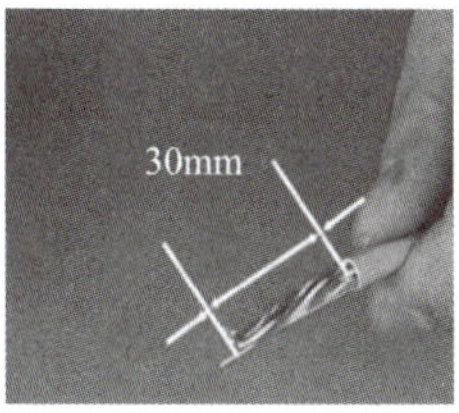

图5-26　剥线

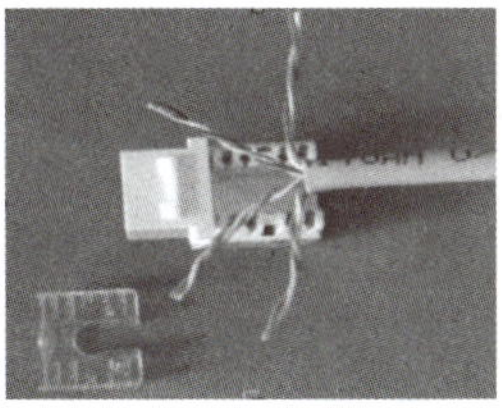

图5-27　排列线对

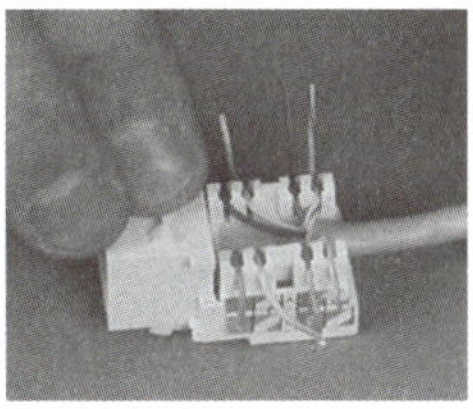

图5-28　压线

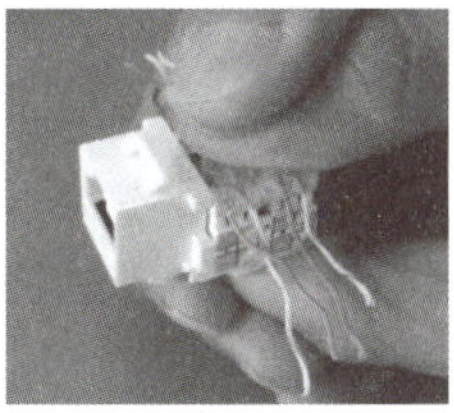

图5-29　安装压盖

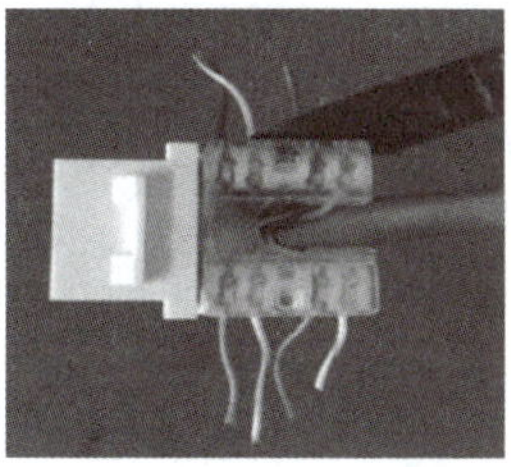

图5-30　剪掉线端

图5-31　理线

图5-32　卡装语音模块

图5-33　卡装数据模块

5.5.3　面板安装步骤

第一步：固定面板。要求横平竖直，用力均匀，固定牢固，如图5-34所示。

第二步：面板标记。面板安装完毕，立即做好标记，将信息点编号粘贴在面板上，如图5-35所示。

第三步：成品保护。必须做好面板保护，防止污染。一般常用塑料薄膜保护面板，如图5-36所示。

图5-34　固定面板

图5-35　面板标记

图5-36　成品塑料薄膜保护

视频

劳模故事

课程思政5　劳模故事

2022年纪刚被陕西省委、省政府授予“陕西省劳动模范”，请扫描“劳模故事”二维码观看劳模故事视频，体验和学习劳模精神。

扩展知识4　如何保证网络跳线长度

1. 为什么必须保证跳线长度

图5-37所示为网络机柜跳线和理线实际应用照片，我们看到布线有序排列，按照区域或用途分类端接和安装，不仅用颜色区分，更重要的是必须保证整齐规范地理线和绑扎，只有这样安装才能有利于后续快速检修和维护，及时发现故障链路和维修。要达到图5-37所示的实际应用效果，就必须保证每根跳线的长度正确，否则将无法正确理线和端接。

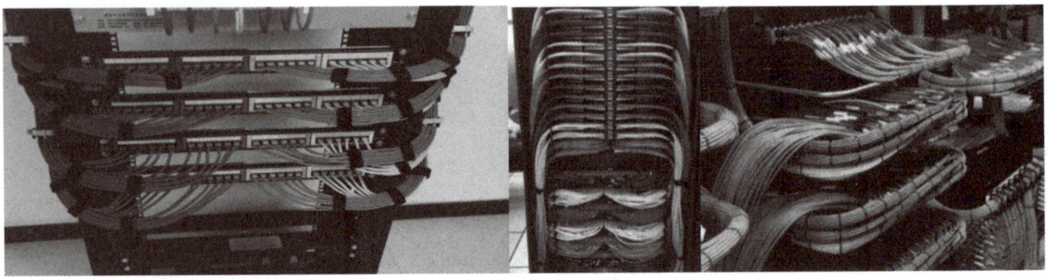

图5-37　网络机柜跳线和理线应用照片

2. 分析水晶头的结构尺寸

在制作网络跳线时，要保证跳线长度符合要求，就必须正确裁取长度合适的电缆，否则就需要多次反复端接水晶头。下面我们从水晶头的结构和尺寸入手进行分析，给出正确裁取长度合适电缆的方法。

（1）水晶头顶端有2 mm的物理尺寸。图5-38所示为RJ-45水晶头机械结构，铜导线插到顶端后，左面有2 mm的物理尺寸。

（2）标准规定铜导线插入RJ-45水晶头的长度不小于13 mm，一般按照13 mm。下面介绍1个快速确定13 mm的方法，为了快速制作跳线，我们不需要专门测量，而是利用RJ-45水晶头的机械结构进行比较就可以了。如图5-38所示，RJ-45水晶头正面的台阶尺寸刚好为13 mm，我们在这里比较长度就可以了。

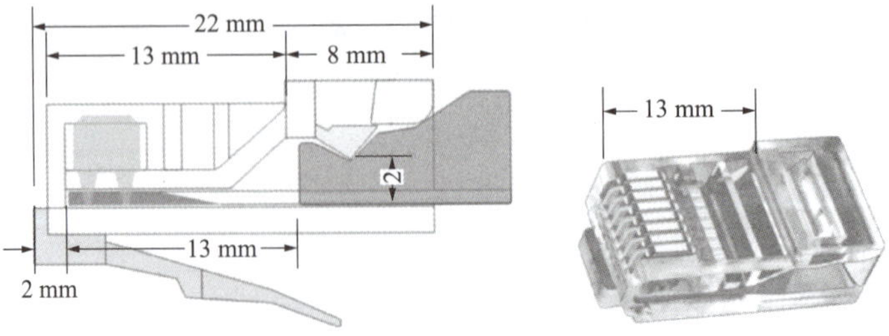

图5-38　水晶头机械结构尺寸

（3）修齐线端时，剪掉2 mm。在制作水晶头时，首先剥去电缆外护套15 mm，把电缆的8芯铜导线捋直后，在前端剪掉2 mm，修齐线端，然后插入水晶头压接即可，如图5-39所示。

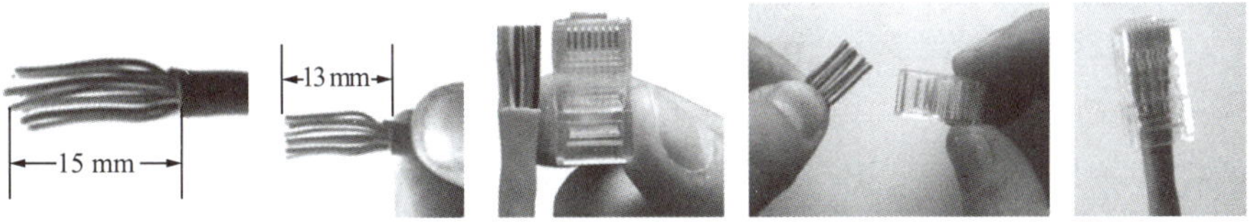

图5-39　修齐线端时，剪掉2 mm

3. 裁取电缆长度使之与跳线长度相同

根据上面的分析数据，修齐线端时剪掉的2 mm，与水晶头顶端的物理尺寸2 mm相抵，就得出如下结论：裁取电缆长度使之与跳线长度相同。

例如制作300 mm跳线时裁取300 mm电缆。提醒读者要达到这个准确度需要不少于100多次的反复训练才能熟练制作长度合适的跳线。

请扫描“扩展知识4”二维码下载Word版。

文件

扩展知识4

习　　题

1. 填空题（20分，每题2分）

（1）________就是“需要设置终端设备的独立区域”。（参考5.1）

（2）在墙面安装的信息插座盒底距离地面高度宜为________ mm。（参考5.2）

（3）工作区信息点命名必须准确表达信息点的________，要与工作区的名称相对应。（参考5.3.4）

（4）网管中心、呼叫中心、信息中心等终端设备较为密集的场地工作区面积应为________。（参考5.3.5）

（5）光纤到住宅用户的信息点配置，应满足光纤到用户要求，每一户配置________。（参考5.3.5）

（6）________能够一次准确和清楚地表示和统计出建筑物的信息点数量。（参考5.3.5）

（7）墙面插座面板不能安装在地面，因为塑料结构容易损坏，而且不具备________功能，灰尘和垃圾进入插口后无法清理。（参考5.3.8）

（8）每个信息点的预算中应该包括________、________、运输费、管理费、税金等全部费用。（参考5.3.9）

（9）网络模块上的8个弹性刀片组分别对应着水晶头内的1~8根线芯，左边的4个线柱从上到下依次对应水晶头的________线芯；右边的4个线柱从上到下依次对应________线芯。（参考5.5.2）

（10）工作区网络模块的安装一般为________模块和________模块的安装。（参考5.5.2）

2. 选择题（30分，每题3分）

（1）在实际工程应用中一个网络插口为（　　）独立的工作区，也就是一个网络模块对应（　　）工作区，在一个房间往往会有（　　）工作区。（参考5.1）

A. 1个　　B. 2个　　C. 1~2个　　D. 多个

（2）信息插座与计算机等终端设备的距离宜保持在（　　）范围内。（参考5.2）

A. 2 m　　B. 3 m　　C. 5 m　　D. 10 m

（3）计算机为RJ-45网络接口时，信息插座内必须安装对应的（　　）模块。（参考5.2）

A. RJ-45　　B. RJ-11　　C. RJ-45或RJ-11　　D. SC

（4）一般墙面采用（　　）系列信息插座，地面采用（　　）系列信息插座。（参考5.2）

A. 54 × 54　　B. 86 × 86　　C. 100 × 100　　D. 120 × 120

（5）办公建筑的每一个工作区面积应为（　　）。（参考5.3.5）

A. 3~5 m^2　　B. 5~10 m^2　　C. 20~60 m^2　　D. 60~120 m^2

（6）图书馆每一个用户单元区域面积应为（　　）。（参考5.3.5）

A. 5~10 m^2　　B. 20~50 m^2　　C. 20~60 m^2　　D. 60~120 m^2

（7）高等学校每一个工作区应配置（　　）RJ-45信息插座。（参考5.3.5）

A. 1个　　B. 2个　　C. 1~2个　　D. 2~4个

（8）住宅建筑中，主要有（　　）信息插座类型。（参考5.3.5）

A. RJ-45　　B. 同轴　　C. SC　　D. LC

（9）信息点插座面板一般有（　　）。（参考5.3.8）

A. 双口RJ-45　　B. 双口RJ-11

C. 单口RJ-45+单口RJ-11　　D. 双口RJ-45+双口RJ-11

（10）切割网线外护套时，刀片切入深度应控制在护套厚度的（　　），而不是彻底切透。（参考5.5.2）

A. 50%~90%　　B. 60%~90%　　C. 70%~90%　　D. 80%~90%

3. 简答题（50分，每题10分）

文件

单元5习题

（1）简述信息插座模块与终端设备网卡接口类型一致的原则。（参考5.2）

（2）简述工作区子系统的设计流程。（参考5.3）

（3）简述信息插座底盒的安装步骤。（参考5.5.1）

（4）简述网络模块端接操作步骤。（参考5.5.2）

（5）简述面板安装步骤。（参考5.5.3）

请扫描“单元5习题”二维码下载Word版。

实训6　数据永久链路端接技能训练

1. 实训任务来源

综合布线系统管理间子系统（FD）、设备间子系统（BD）的网络配线架等端接基本技能。

2. 实训任务

每人单独完成一组数据永久链路搭建，包括2根5e类跳线的4次端接，具体路由如图5-40所示，仿真信息点至网络配线架，配线架至网络交换机端口的跳线。要求端接路由正确，剪掉撕拉线、剥开线对长度合适、没有偏心、端口位置正确、跳线长度合适、链路通断测试通过。

请扫描“图5-40Visio原图”二维码，下载Visio原图，自行设计更多永久链路。

请扫描“图5-40彩色高清图片”二维码，观看或下载彩色高清图片。

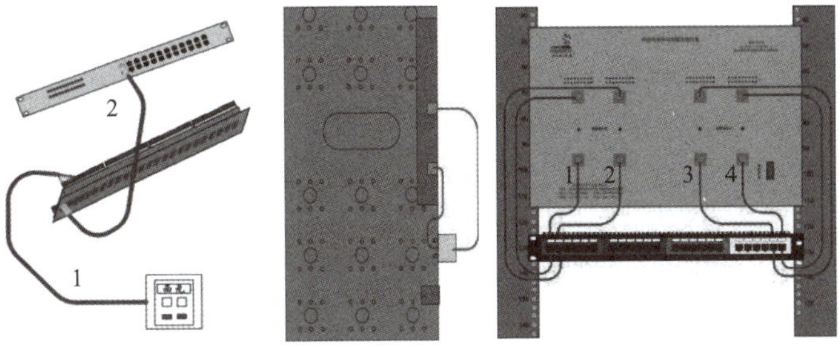

图5-40 数据永久链路路由示意图

文件
图5-40
Visio原图

文件
图5-40
彩色高清图片

3. 技术知识点

（1）熟悉网络配线架的结构与用途

①网络配线架主要用于管理间子系统（FD）实现信息点与接入层交换机的连接，对来自信息点的电缆进行模块化端接和管理。

②网络配线架也是管理间子系统（FD）中最重要的组件，实现垂直子系统和水平子系统交叉连接的枢纽设备。

（2）熟悉网络配线架模块色谱知识，例如“西元”网络配线架模块色谱如图5-41所示。

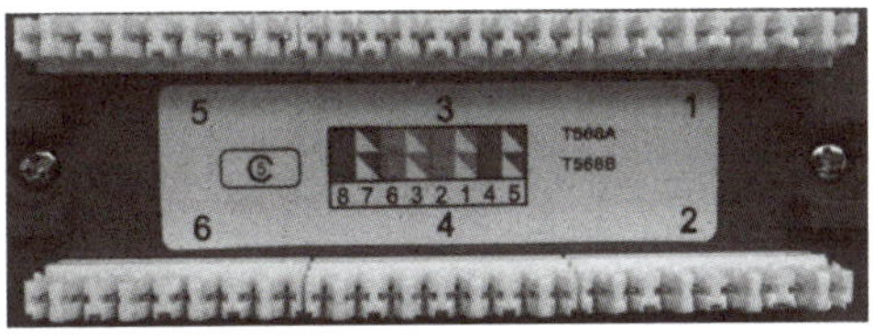

图5-41 “西元”网络配线架模块色谱

4. 关键技能

（1）网络配线架的端接技术和测试方法。

（2）网络配线架端接时，应保证端接线序正确、位置正确。

（3）拆开双绞线长度合适，剥除外护套应不大于13 mm，没有偏心。

（4）打线钳的正确使用方法。

5. 实训课时

（1）该实训共计2课时完成，其中技术讲解15分钟，视频播放2次10分钟，学员实际操作45分钟，跳线测试与评判10分钟，实训总结、整理清洁现场10分钟。

（2）课后作业2课时，独立完成实训报告，提交合格实训报告。

视频
数据永久链路
端接技能训练

6. 实训指导视频

数据永久链路端接技能训练（6分11秒），请扫描二维码下载反复观看学习。

7. 实训材料

序号	名称	规格说明	数量	器材照片
1	网络双绞线电缆	5e类，1米/根	1根/人	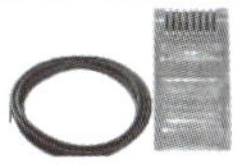
2	水晶头	5e类RJ-45网络水晶头	3个/人	

8. 实训工具

序号	名称	规格说明	数量	工具照片
1	旋转剥线器	旋转式双刀同轴剥线器，剥除外护套	1把	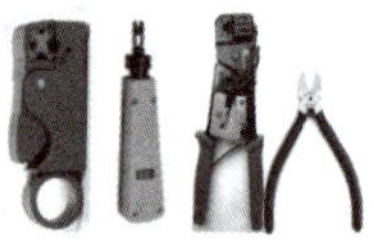
2	网络压线钳	支持RJ-45与RJ-11水晶头压接	1把	
3	水口钳	6寸水口钳，用于剪断网线，剪掉撕拉线	1把	
4	单口打线钳	端接网络模块使用	1把	

9. 实训设备

数实融合综合布线实训装置（型号KYPXZ-01-55）或信息技术技能实训装置（型号KYPXZ-01-53）。

本实训装置按照典型工作任务和关键技能训练需要专门研发，配置有网络压接线实验装置、网络线制作与测量实验装置、网络配线架、理线环等，能够仿真多种典型永久链路，能够通过指示灯闪烁直观和持续地显示永久链路通断等故障，包括跨接、反接、短路、开路等各种常见故障。

10. 实训步骤

1）预习和播放视频

初学者应提前预习，请多次认真观看数据永久链路端接技能训练实操视频，熟悉关键技能和评判标准，熟悉线序和操作方法。

实训时，教师首先讲解技术知识点和关键技能，然后播放视频，更多可参考教材4.2、7.5.6相关内容。

2）器材工具准备

建议在播放视频期间，教师准备和分发器材工具。

（1）5e类网线每人1根，长度1米，5e类RJ-45水晶头每人3个。

（2）学员检查材料规格数量合格。

（3）发放工具。

（4）本实训4人为1组，要求每名学员单独完成1组永久链路搭建，优先保证质量，掌握方法。

3）网络配线架端接训练步骤和方法

第一步：研读图纸。

反复研读永久链路图纸，确定端接位置和端口，进行工作任务分工，如图5-40所示，建议按照下列分工：

第1人完成配线架1口永久链路。

第2人完成配线架2口永久链路。

第3人完成配线架23口永久链路。

第4人完成配线架24口永久链路。

教师也可以临时调整分工，指定其他配线架端口。

第二步：端接第1根跳线。

按照T568B线序制作1根网络跳线，一端插在测线仪上部端口，另一端插在网络配线架RJ-45口（例如1口）。

第三步：端接网络配线架模块。

第2根跳线一端按照T568B线序制作水晶头，插在测线仪下部端口。另一端与网络配线架背面的模块端接（例如1口），完成永久链路搭建。注意端接时不能出现偏芯，如图5-42所示。为了保证正确端接，建议首先端接1、2和3、6线对，最后端接4、5和7、8线对。

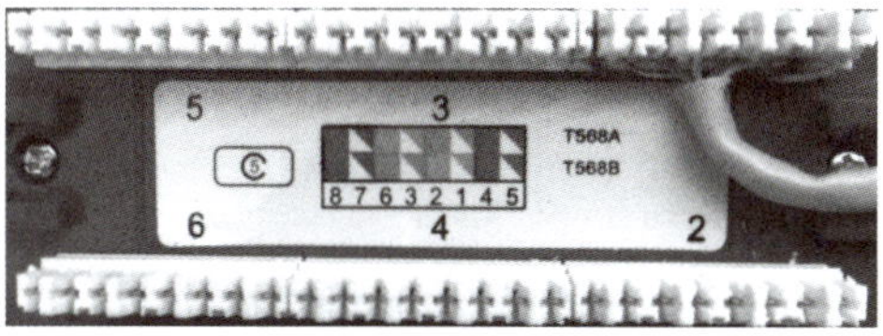

图5-42　网络配线架模块端接示意图

第四步：链路检查和测试。

对照永久链路路由图纸，检查永久链路路由是否正确，端接是否可靠到位，电气连通。打开测试仪电源，观察测试仪指示灯闪烁顺序。

（1）如果永久链路全部线序端接正确时，上下对应的指示灯会按照1-1、2-2、3-3、4-4、5-5、6-6、7-7、8-8顺序轮流重复闪烁。

（2）如果有1芯或多芯没有压接到位，或端口错误时，对应的指示灯不亮。

（3）如果有1芯或多芯线序错误时，对应的指示灯将显示错误的线序。

11. 评判标准

本训练按照工程标准评判，只有合格与不合格，不允许使用“及格”或“半对”等模糊的概念。每个永久链路100分，通断测试合格100分，不合格直接给0分，操作工艺不再评价，具体评判标准和操作工艺见表5-17。

表5-17　实训6 数据永久链路端接技能训练评分表

姓名/链路编号	永久链路测试 合格100分 不合格0分	操作工艺评价（每处扣5分）							评判结果得分	排名
		路由正确 2处	剪掉撕拉线 4处	剥开线对长度合适 4处	没有偏心 4处	端口位置正确 4处	跳线长度合适 2根			

评分表说明：该评分表中，每条合格永久链路满分100分，扣分点共计有20处，即使通断测试通过，也可能在操作工艺评价中扣减100分，实际得分为0分。

12. 实训报告

请按照单元1表1-1所示的实训报告模板要求，独立完成实训报告，2课时。

请扫描“实训6”二维码下载Word版。

文件

实训6

单元6

水平子系统的设计和安装技术

通过本单元学习，熟悉水平子系统的设计思路和方法，掌握安装和施工技术。

学习目标

- 独立完成水平子系统的设计。
- 熟悉水平子系统所用设备和配套器材。
- 掌握水平子系统安装施工技术和经验。

6.1　水平子系统的基本概念和工程应用

水平子系统指从工作区信息插座至楼层管理间（TO-FD）的部分，在GB 50311—2016国家标准中包括在配线子系统中。

文件

图6-1
彩色高清图片

水平子系统一般在同一个楼层上，它是从工作区的信息插座开始到管理间的配线架，由用户信息插座、水平电缆、配线设备等组成。在综合布线系统中，由于水平子系统最为复杂、布线路由长、拐弯多、造价高，安装施工时电缆和光缆等缆线承受拉力大，因此水平布线子系统的设计和安装质量，直接影响信息传输速率，它也是网络应用系统最为重要的组成部分。图6-1所示为水平子系统的实际应用案例图。请扫描二维码观看或下载图6-1彩色高清图片。

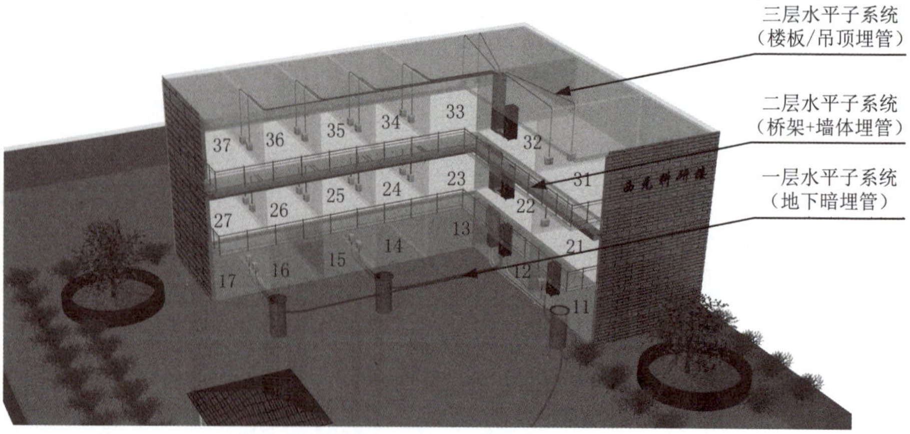

图6-1　水平子系统实际应用案例图

目前，网络应用系统全部采用星型拓扑结构，这也直接体现在水平子系统的布线中，也就是从楼层管理间直接向各个信息点布线。一般安装 4 对双绞线电缆，如果有磁场干扰或信息保密需要时，应安装屏蔽双绞线电缆或者全部采用光缆系统。

在实际工程中，水平子系统的安装布线范围一般全部在建筑物内部，常用的有三种布线方式，即暗埋管布线方式、桥架布线方式、地面敷设布线方式。

6.1.1　暗埋管布线方式

暗埋管布线是将各种穿线管，在土建阶段提前预埋，或者浇筑在建筑物的隔墙、立柱、楼板或地面中，然后穿线的布线方式。穿线管只能有序地平铺，不能重叠，如图6-2所示。埋管时必须保证信息插座与管理间穿线管的连续性，根据布线要求、地板和隔墙厚度等空间条件设置。暗埋管布线一般采用薄壁钢管，设计简单明了，安装、维护都方便，工程造价也低。

请扫描“图6-2Visio原图”二维码，下载Visio版原图，自行设计更多布线方案。

请扫描“图6-2彩色高清图片”二维码，下载彩色高清图片。

文件

图6-2
Visio原图

文件

图6-2
彩色高清图片

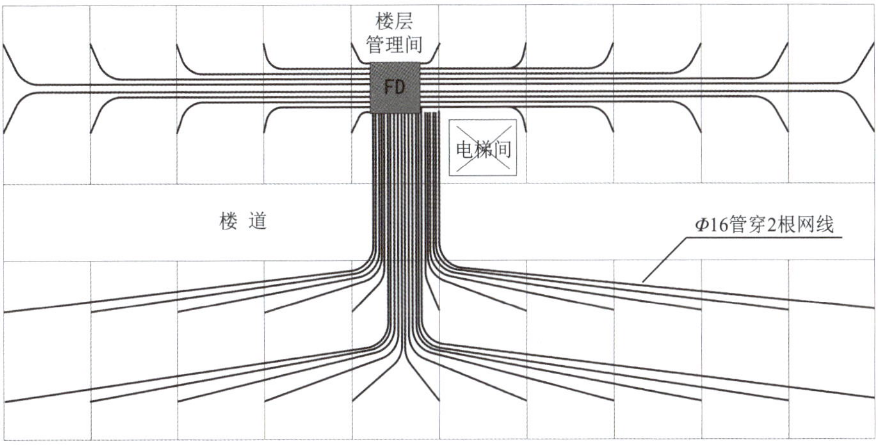

图6-2　水平子系统暗埋管布线方式

如果楼层面积比较大，信息点较多时，可分为若干区域，每个区域设置一个分管理间或配线箱。先由弱电井的楼层管理间，通过暗埋管到各区域的分管理间或者配线箱，然后再由分管理间向信息点暗埋管，将网络电缆布线到工作区的信息点出口，如图6-3所示。设置分管理间的布线方式，不仅能够减少线管长度和数量，也能缩短永久链路的长度，还能降低布线成本和施工难度。

请扫描“图6-3Visio原图”二维码，下载Visio版原图，自行设计更多布线方案。

请扫描“图6-3彩色高清图片”二维码，下载彩色高清图片。

这种暗埋管布线方式在新建建筑物中普遍应用，也在旧楼改造时墙面开槽暗埋管时有所应用。

文件

图6-3
Visio原图

文件

图6-3
彩色高清图片

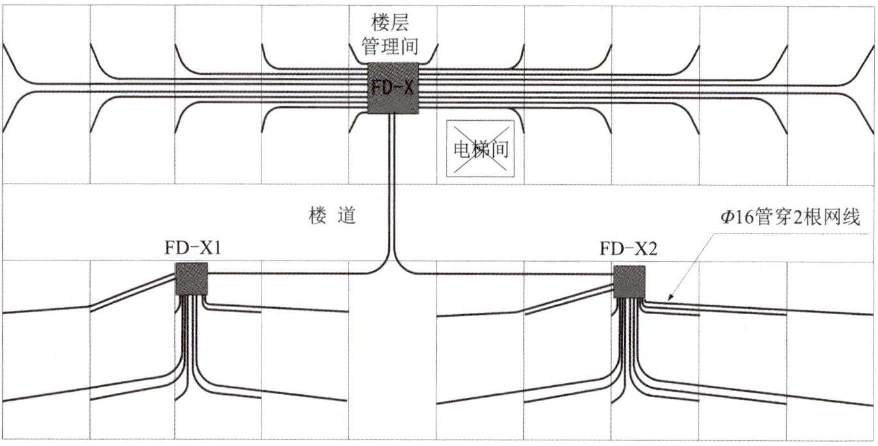

图6-3　水平子系统设置分管理间布线方式

6.1.2　桥架布线方式

桥架布线是将金属桥架安装在建筑物楼道或者吊顶等区域，在桥架中再集中安装各种缆线的布线方式，具有集中敷设和管理缆线的优点。

6.1.3　地面敷设布线方式

地面敷设布线是先在地面铺设线槽或桥架，然后把缆线安装在线槽或桥架内的布线方式。一般应用在安装抗静电地板的设备间或网络机房，地面铺设的线槽或桥架设置在抗静电地板的下面。

6.2　水平子系统的设计原则

根据相关标准设计配置与安装工艺要求规定，以及作者多年实践经验，在水平子系统的设计中，一般要遵循以下基本原则：

（1）性价比最高的原则。水平子系统范围广、布线长、材料用量大，对工程总造价和质量有比较大的影响。

（2）预埋管的原则。在新建建筑物中预埋线管的成本比明装布管、槽的成本低，工期短，外观美观。

（3）水平缆线最短的原则。为了保证水平缆线最短原则，一般把楼层管理间设置在信息点居中的房间，保证水平缆线最短。对于楼道长度超过100 m的楼层，或者信息点比较密集时，可以在同一层设置多个管理间，这样既能节约成本，又能降低施工难度，因为布线距离短时，线管和电缆也短，拐弯减少，布线拉力也小一些。

（4）水平缆线最长的原则。按照GB 50311国家标准规定，双绞线电缆的信道长度不超过100 m，水平缆线长度一般不超过90 m。因此在前期设计时，水平缆线最长不宜超过90 m。

（5）避让强电的原则。避免水平缆线与36 V以上强电供电线路平行走线。一般网络布线避让强电布线。

（6）地面无障碍的原则。在设计和施工中，必须坚持地面无障碍原则。一般考虑在吊顶上布线，楼板和墙面预埋布线等。对于管理间和设备间等需要大量地面布线的场合，可在地板下布线。

6.3　水平子系统的规划设计

水平子系统一般设计步骤如图6-4所示，首先进行需求分析和技术交流，然后阅读建筑物土建、水暖等前期设计图纸，最后进行规划和设计，完成材料规格和数量统计表，本节我们重点介绍规划和设计。

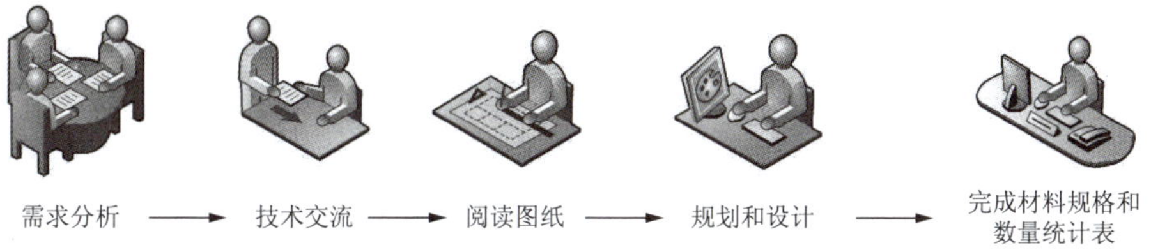

图6-4　水平子系统设计步骤

6.3.1　水平缆线与连接方式的设计规定

在GB 50311《综合布线系统工程设计规范》国家标准第5章系统配置设计中，提出了水平缆线以及相关器材的具体设计要求，具体内容如下：

（1）配线子系统应根据工程近期和远期的实际需求确定，具体包括终端设备的设置要求、用户性质、网络构成及发展需要等，也包括确定建筑物各层需要安装信息插座模块的数量及其位置，配线子系统应留有发展余地。

（2）水平缆线应与各工作区的光、电信息插座类型相适应，水平缆线包括4对非屏蔽或屏蔽双绞线电缆、室内光缆。

（3）每一个工作区信息插座模块数量不宜少于2个，并应满足各种业务的需求。由于每个模块必须对应1根缆线，也就是说每个工作区水平缆线的数量不宜少于2根。

（4）底盒数量应由插座盒面板设置的开口数确定，并应符合下列规定：

①每一个底盒支持安装的信息点RJ-45模块，或光纤适配器，数量不宜大于2个。

②光纤信息插座模块安装的底盒大小与深度，应充分考虑到水平光缆终接处的光缆预留长度的盘留空间，同时满足光缆对弯曲半径的要求。水平光缆一般为2芯或4芯，要求曲率半径较大，光纤连接器要比RJ-45电缆模块更长，因此一般光纤信息插座底盒要比双绞线电缆底盒更深一些，宜大于60 mm。

③信息插座底盒，不应作为过线盒使用，也就是说缆线不应穿过其他信息插座底盒。

（5）工作区的信息插座模块，应支持不同的终端设备接入，每一个8位模块通用插座应连接1根4对对绞电缆。每一个双工或2个单工光纤连接器件及适配器应连接1根2芯光缆。

6.3.2　水平缆线长度的设计规定

在GB 50311《综合布线系统工程设计规范》国家标准系统设计中，给出了缆线长度和信道长度的具体设计要求，具体内容如下：

①主干缆线组成的信道出现4个连接器件时，缆线的长度不应小于15 m。

②如图6-5所示，配线子系统信道的最大长度不应大于100 m，并且长度应符合表6-1的规定。

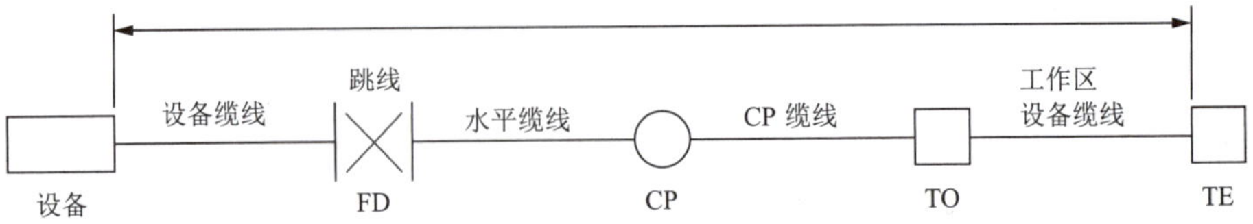

图6-5　配线子系统缆线划分

表6-1　配线子系统缆线长度

连 接 模 型	最小长度/m	最大长度/m	说　明
FD-CP	15	85	
CP-TO	5	—	
FD-TO（无CP）	15	90	
工作区设备缆线	2	5	此处没有设置跳线时，设备缆线的长度不应小于1 m
跳线	2	—	
FD设备缆线	2	5	此处不采用交叉连接时，设备缆线的长度不应小于1 m
设备缆线与跳线总长度	—	10	

缆线长度计算应符合以下规定：

（1）配线子系统（水平）信道长度应符合下列规定：

配线子系统信道应由永久链路的水平缆线和设备缆线组成，可包括设备缆线（跳线）和CP缆线。

图6-6所示为信息点（TO）直接连接管理间配线架，再用跳线连接接入层网络交换机的传统应用案例，只适合单纯的网络数据综合布线系统，因为没有二次交叉配线架，无法将数据点转换为传统的语音点。

配线子系统的信道总长度为100 m，包括工作区设备缆线+永久链路+管理间设备缆线。

近年来，发达国家直接将语音信息点（TP）全部采用4对双绞线电缆，直接连接管理间网络配线架，再用网络跳线连接语音交换机，这时必须选用RJ-45口的语音交换机。

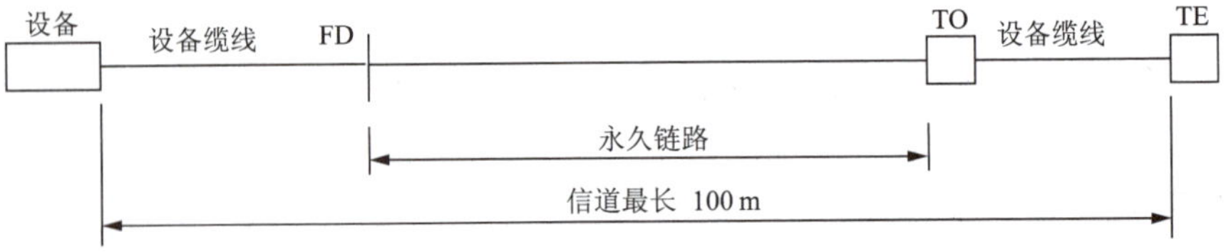

图6-6　信息点（TO）直接连接管理间配线架，再用跳线连接网络交换机的传统应用案例

图6-7所示为信息点（TO）直接连接管理间配线架，在管理间内，通过设备缆线连接接入层网络交换机的典型应用案例，配线子系统的信道总长度为100 m，包括工作区设备缆线+永久链路+管理间设备缆线。

这种典型应用案例适合数据信息点和语音信息点的快速转换，在管理间用电缆跳线重新连接即可。

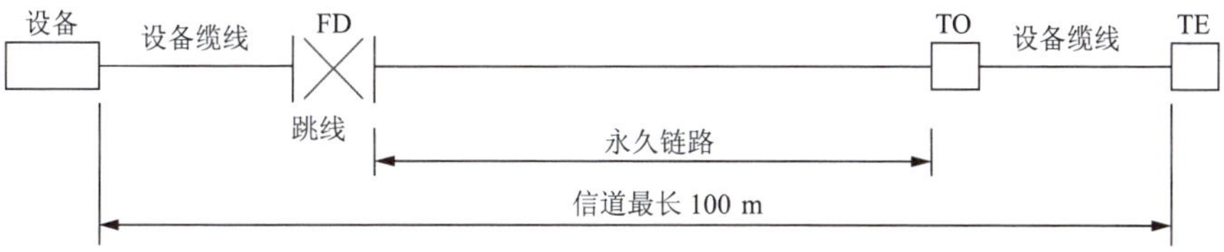

图6-7　信息点（TO）直接连接管理间配线架的典型应用案例

图6-8所示为永久链路中增加CP集合点的特殊应用案例，在传统的永久链路中增加了CP集合点，出现了CP缆线，配线子系统的信道总长度仍然为100 m，包括工作区设备缆线+CP缆线+永久链路+管理间设备缆线。

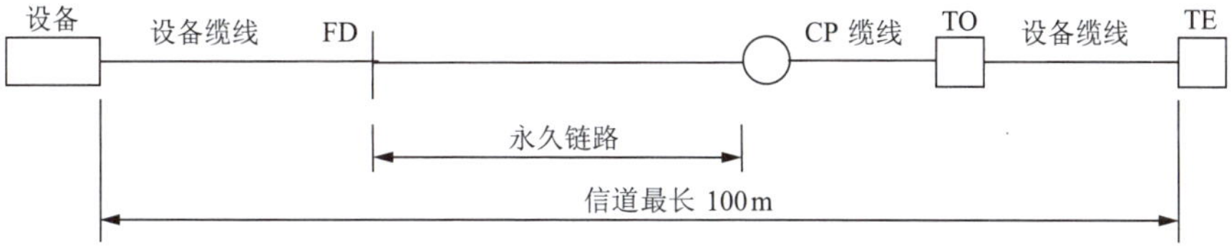

图6-8　永久链路中增加CP集合点的特殊应用案例

图6-9所示为永久链路中增加CP集合点的典型应用案例，配线子系统的信道总长度为100 m，包括工作区设备缆线+CP缆线+永久链路+管理间设备缆线。

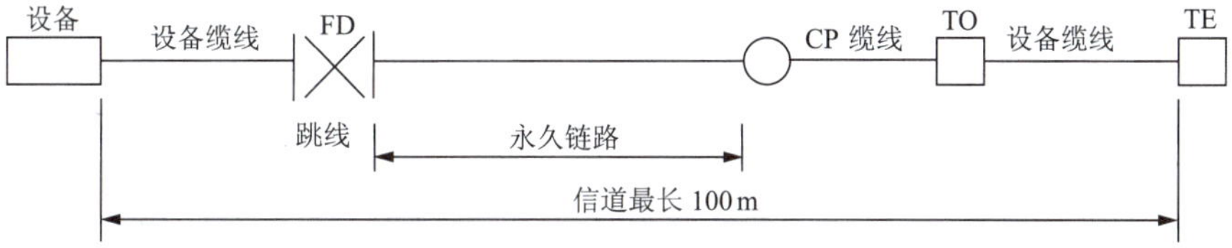

图6-9　永久链路中增加CP集合点的典型应用案例

（2）配线子系统信道长度计算方法应符合表6-2规定。

表6-2　配线子系统信道长度计算

连接模型	对应图号	等级		
		D	E或EA	F或FA级
FD互连-TO	图6-7	*H*=109-*FX*	*H*=107-3-*FX*	*H*=107-2-*FX*
FD交叉-TO	图6-8	*H*=107-*FX*	*H*=106-3-*FX*	*H* =106-3-*FX*
FD互连-CP—TO	图6-9	*H*=107-*FX-CY*	*H*=106-3-*FX-CY*	*H*=106-3-*FX-CY*
FD交叉-CP—TO	图6-10	*H*=105-*FX-CY*	*H*=105-3-*FX-CY*	*H*=105-3-*FX-CY*

注：*H*为水平缆线的最大长度（m）；*F*为楼层配线设备（FD）缆线和跳线及工作区设备缆线总长度（m）；*C*为集合点（CP）缆线的长度（m）；*X*为设备缆线和跳线的插入损耗（db/m）与水平缆线的插入损耗（db/m）之比；*Y*为集合点（CP）缆线的插入损耗（db/m）与水平缆线的插入损耗（db/m）之比；2和3为余量，以适应插入损耗值的偏离。

水平电缆的应用长度会受到工作环境温度的影响。当工作环境温度超过20 ℃时，屏蔽电缆长度按每摄氏度减少0.2%计算，对非屏蔽电缆长度则按每摄氏度减少0.4%（20～40 ℃）和每摄氏度减少0.6%（40～60 ℃）计算。

6.3.3 开放型办公室电缆长度的设计规定

在GB 50311《综合布线系统工程设计规范》国家标准第3章系统设计中，专门给出了开放型办公室电缆长度的具体设计规定，具体内容如下：

（1）对于办公楼、综合楼等商用建筑物或公共区域大开间的场地，宜按开放型办公室综合布线系统要求进行设计。

文件

图6-10 Visio原图

文件

图6-10 彩色高清图片

（2）采用多用户信息插座（MUTO）时，每一个多用户插座，宜能支持12个工作区所需的8位模块通用插座，并宜包括备用量。

（3）各段电缆长度规定如下。

在开放型办公室计算机网络综合布线系统中，各段电缆的应用如图6-10所示，各段电缆长度应符合表6-3的规定。

请扫描“图6-10　Visio原图”二维码，下载Visio版原图，自行设计更多布线方案。

请扫描“图6-10　彩色高清图片”二维码，下载彩色高清图片。

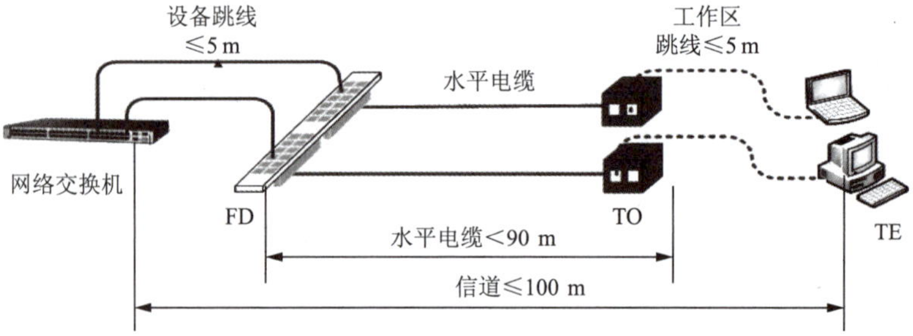

图6-10　开放型办公室计算机网络综合布线系统各段电缆应用示意图

表6-3　各段电缆长度限值

电缆总长度H/m	24号线规（AWG）0.511 mm		26号线规（AWG）0.404 mm	
	工作区设备电缆长度W/m	信道总长度C/m	工作区设备电缆长度W/m	信道总长度C/m
90	5	10	4	8
85	9	14	7	11
80	13	18	11	15
75	17	22	14	18
70	22	27	17	21

表6-3中，C、W取值应按下列公式进行计算：

$$C=(102-H)/(1+D)$$

$$W=C-T$$

式中　C——工作区设备电缆、电信间跳线及设备电缆的总长度；

H——水平电缆的长度，（$H+C$）≤100 m；

T——电信间内跳线和设备电缆长度；

W——工作区设备电缆的长度；

D——调整系数，对24号线规取0.2，对26号线规取0.5。

说明：铜导线直径通常以AWG作为单位进行测量。AWG前面的数值如24、26，线号越大说明导体的横截面积越小，数值越大，线材越细，24AWG比26AWG电缆要粗。24号导线直径为

0.511 mm，26号导线直径为0.404 mm。粗导线具有更好的物理强度和更低的电阻，但是导线越粗，制作电缆需要的铜就越多，价格也更贵。

6.3.4　水平子系统的布线拓扑结构

1. 使用110跳线架、语音配线架和网络配线架的传统布线系统拓扑图

图6-11所示为传统的水平布线子系统的布线拓扑结构图，为星型结构。每个信息点过来的双绞线电缆，首先必须端接110型跳线架的模块下层，完成永久链路端接；然后从110型跳线架的模块上层，再分别端接到110型跳线架或网络配线架；最后再用跳线分别连接语音交换机或网络交换机。

水平子系统中专门增加的110型通信跳线架，能够实现数据信息点和语音信息点之间的快捷转换，不需要改变永久链路，只需要在管理间改变跳线的端接位置就能轻松实现。

请扫描“图6-11　Visio原图”二维码，下载Visio版原图，自行设计更多布线方案。

请扫描“图6-11　彩色高清图片”二维码，观看或下载彩色高清图片。

文件
图6-11
Visio原图

文件
图6-11
彩色高清图片

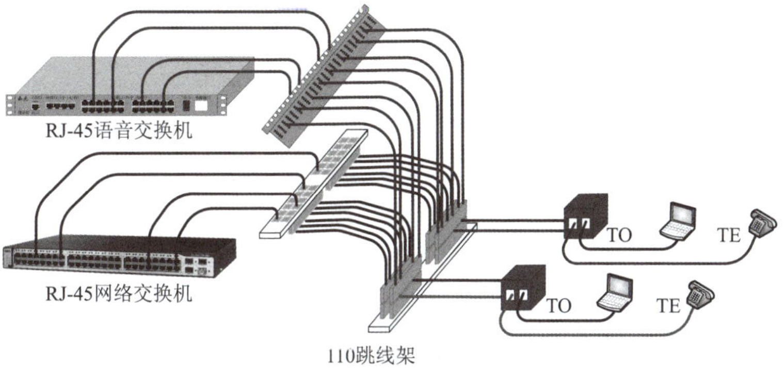

图6-11　使用110跳线架、语音配线架和网络配线架的传统布线系统拓扑图

2. 使用网络配线架的新型布线系统拓扑图

图6-12所示为近年来发达国家普遍使用的水平布线子系统的布线拓扑结构图，也是星型结构，不再使用110型通信跳线架，全部采用网络配线架，每个信息点过来的4对双绞线电缆全部端接到第1个网络配线架，然后再分别端接到第2个网络配线架，分别用网络跳线连接网络交换机或语音交换机，当然这种应用案例的语音交换机也必须是RJ-45接口。

请扫描“图6-12　Visio原图”二维码，下载Visio版原图，自行设计更多布线方案。

请扫描“图6-12　彩色高清图片”二维码，观看或下载彩色高清图片。

文件
图6-12
Visio原图

文件
图6-12
彩色高清图片

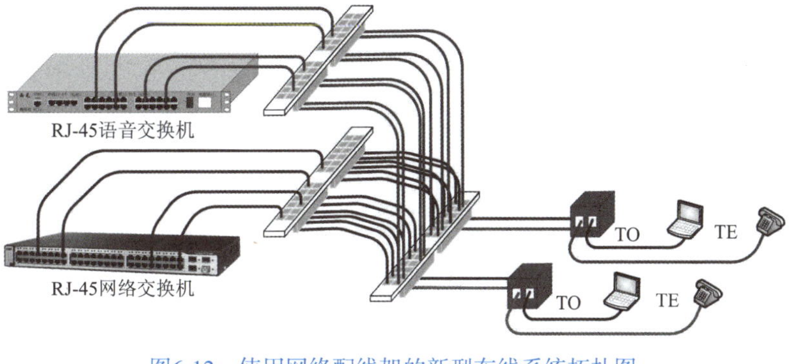

图6-12　使用网络配线架的新型布线系统拓扑图

6.3.5 水平子系统缆线的布放规定

（1）在水平布线系统中，缆线必须布放在线槽或线管内。

（2）在建筑物墙或地面内暗埋布线时，一般选择线管，不允许使用线槽。

（3）在建筑物墙面明装布线时，一般选择线槽，很少使用线管。

（4）在楼道或吊顶上长距离集中布线时，一般选择桥架。

（5）选择线槽时，建议宽高之比为2∶1，这样布出的线槽较为美观、大方。

（6）选择线管时，建议使用满足布线根数需要的最小直径线管，这样能够降低布线成本。

（7）缆线布放在线管与线槽内的管径与截面利用率，应根据不同类型的缆线做不同的选择，具体要求如下：

①线管内穿放大对数电缆或4芯以上光缆时，直线管路的管径利用率应为50%～60%，弯管路的管径利用率应为40%～50%。

②线管内穿放4对双绞线电缆或4芯以下光缆时，截面利用率应为25%～30%。其他常用线管规格穿线数量按照表6-4的规定选择。

表6-4　线管规格型号与容纳的双绞线电缆最多条数表

线管类型	线管规格/mm	容纳双绞线最多条数	截面利用率
PVC、金属	16	2	30%
PVC	20	3	30%
PVC、金属	25	5	30%
PVC、金属	32	7	30%
PVC	40	11	30%
PVC、金属	50	15	30%
PVC、金属	63	23	30%
PVC	80	30	30%
PVC	100	40	30%

③线槽内布放缆线的截面利用率应为30%～50%。其他常用线槽和桥架内布放缆线的最大条数表可以按照表6-5进行选择。

表6-5　线槽/桥架规格型号与容纳双绞线最多条数表

线槽/桥架类型	线槽/桥架规格/mm	容纳双绞线最多条数	截面利用率
PVC	20×10	2	30%
PVC	25×12.5	4	30%
PVC	30×16	7	30%
PVC	39×18	12	30%
金属、PVC	50×25	18	30%
金属、PVC	60×22	23	30%
金属、PVC	75×50	40	30%
金属、PVC	80×50	50	30%
金属、PVC	100×50	60	30%

续上表

线槽/桥架类型	线槽/桥架规格/mm	容纳双绞线最多条数	截面利用率
金属、PVC	100 × 80	80	30%
金属、PVC	150 × 75	100	30%
金属、PVC	200 × 100	150	30%

（8）常用线槽、线管内布放缆线的最大条数也可以按照以下公式进行计算和选择。

①缆线截面积计算。网络双绞线按照线芯数量分，有 4 对、25对、50对等多种规格，按照用途分有屏蔽和非屏蔽等多种规格。但是综合布线系统工程中最常见和应用最多的是4对双绞线。由于不同厂家生产的缆线外径不同，不同用途缆线的外径也不同，下面按照外径6 mm计算双绞线的截面积。

$$S=d^2 \times 3.14/4=6^2 \times 3.14/4\ \ \mathrm{mm}^2=28.26\ \mathrm{mm}^2$$

式中 S——双绞线截面积；

d——双绞线直径。

②线管截面积计算。线管规格一般用线管的外径表示，线管内布线容积截面积应该按照线管的内直径计算。以管径25 mm PVC管为例，管壁厚1 mm，管内部直径为23 mm，其截面积为

$$S=d^2 \times 3.14/4=23^2 \times 3.14/4\ \mathrm{mm}^2=415.265\ \mathrm{mm}^2$$

式中 S——线管截面积；

d——线管的内直径。

③线槽截面积计算。线槽规格一般用线槽的外部长度和宽度表示，线槽内布线容积截面积计算按照线槽的内部长和宽计算。以40 × 20线槽为例，线槽壁厚1 mm，线槽内部长38 mm，宽18 mm，其截面积计为

$$S=L \times W=38 \times 18\ \mathrm{mm}^2=684\ \mathrm{mm}^2$$

式中 S——线槽截面积；

L——线槽内部长度；

W——线槽内部宽度。

④容纳双绞线最多数量计算。布线标准规定，一般线槽（管）内允许穿线的最大面积为70%，同时考虑缆线之间的间隙和拐弯等因素，考虑浪费空间40%~50%。因此容纳双绞线根数为

N=槽（管）截面积 × 70% ×（40%~50%）/缆线截面积

式中 N——容纳双绞线最多数量；

70%——布线标准规定允许的空间；

40%~50%——缆线之间浪费的空间。

⑤例1：30 × 16线槽容纳双绞线最多数量计算如下：

N=线槽截面积 × 70% × 50%/缆线截面积

=（28 × 14）× 70% × 50%/（6^2 × 3.14/4）

≈5根

说明：上述计算是使用30 × 16PVC线槽铺设双绞线电缆时，槽内容纳电缆的数量。具体计算分解如下：

- 30 × 16线槽的截面积是：长 × 宽=28 × 14 mm^2=392 mm^2；

- 70%是布线允许的使用空间；
- 50%是缆线之间的空隙浪费的空间；
- 缆线的直径D为6 mm，截面积是：$\pi D^2/4=6^2\times3.14/4\ mm^2=28.26\ mm^2$。

⑥例2：Φ40 PVC线管容纳双绞线最多数量计算如下：

$$N=线管截面积\times70\%\times40\%/缆线截面积$$
$$=（3.14\times36.6^2/4）\times70\%\times40\%/（3.14\times62/4）$$
$$\approx10.4根$$

说明：上述计算的是使用Φ40PVC线管铺设网线时，管内容纳网线的数量是10根。具体计算分解如下：

- Φ40PVC线管的截面积是：$\pi D^2/4=3.14\times36.6^2/4\ mm^2=1\ 051.56\ mm^2$；
- 70%是布线允许的使用空间；
- 40%是缆线之间的空隙浪费的空间；
- 缆线的直径D为6 mm，截面积是：$\pi D^2/4=6^2\times3.14/4\ mm^2=28.26\ mm^2$。

6.3.6 布线弯曲半径规定

缆线的弯曲半径首先按照厂家产品说明书规定。标准规定应符合下列规定。

（1）非屏蔽4对双绞电缆的弯曲半径不应小于电缆外径的4倍。

（2）屏蔽4对双绞电缆的弯曲半径不应小于电缆外径的4倍。

（3）主干双绞电缆的弯曲半径不应小于电缆外径的10倍。

（4）2芯或4芯水平光缆的弯曲半径应大于25 mm。

（5）其他芯数的水平光缆、主干光缆和室外光缆的弯曲半径不应小于光缆外径的10倍。线管敷设允许的弯曲半径，见表6-6。

表6-6　线管敷设允许的弯曲半径

缆线类型	弯曲半径（mm）/倍
2芯或4芯室内光缆	>25 mm
其他芯数和主干室内光缆	不小于光缆外径的10倍
4对屏蔽或非屏蔽电缆	不小于电缆外径的4倍
大对数主干电缆	不小于电缆外径的10倍
室外光缆、电缆	不小于缆线外径的10倍

注：当缆线采用电缆桥架布放时，桥架内侧的弯曲半径不应小于300 mm。

在布线施工拉线过程中，缆线宜与管中心线尽量相同，如图6-13所示，以现场允许的最小角度按照A方向或B方向拉线，保证缆线没有拐弯，保持整段缆线的曲率半径比较大，这样不仅施工轻松，而且能够避免缆线护套和内部结构的破坏，图6-14所示为错误的拉线方向。

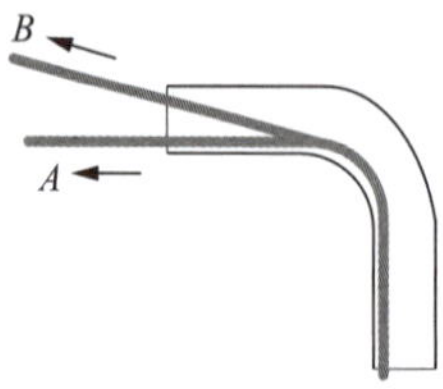

图6-13　正确的拉线方向

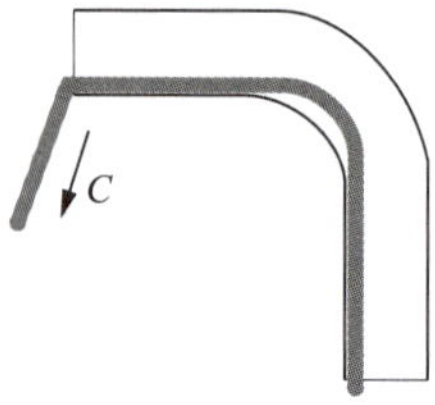

图6-14　错误的拉线方向

6.3.7　综合布线电缆与电力电缆的间距规定

1. 综合布线电缆与电力电缆的间距

GB 50311国家标准在电气防护与接地中，明确规定了综合布线电缆与电力电缆的间距应符合表6-7的规定。

表6-7　综合布线电缆与电力电缆的间距

类　别	与综合布线接近状况	最小间距/mm
380 V电力电缆 < 2 kV·A	与缆线平行敷设	130
	有一方在接地的金属线槽或钢管中	70
	双方都在接地的金属线槽或钢管中	10①
380 V电力电缆 2～5 kV·A	与缆线平行敷设	300
	有一方在接地的金属线槽或钢管中	150
	双方都在接地的金属线槽或钢管中	80
380 V电力电缆 > 5 kV·A	与缆线平行敷设	600
	有一方在接地的金属线槽或钢管中	300
	双方都在接地的金属线槽或钢管中	150

注：①双方都在接地的槽盒中，指两个不同的线槽，也可在同一线槽中用金属板隔开，且平行长度不大于10 m。

2. 综合布线的线管与其他线管的间距

室外墙上敷设的综合布线线管与其他线管的间距应符合表6-8的规定。

表6-8　综合布线线管与其他线管的间距

其他线管	平行净距/mm	垂直交叉净距/mm
防雷专设引下线	1 000	300
保护地线	50	20
给水管	150	20
压缩空气管	150	20
热力管（不包封）	500	500
热力管（包封）	300	300
煤气管	300	20

6.3.8　缆线的暗埋设计

暗管的转弯角度应不小于90°，在路径上每根暗管的转弯角度不得多于2个，并不应有S弯出现，有弯头的管段长度超过20 m时，应设置线管过线盒装置；有2个弯时，不超过15 m应设置过线盒。新建建筑物暗埋线管的路径一般有三种做法，分别是同层暗埋管、跨层暗埋管和地面暗埋管，图6-15所示为同层暗埋管，图6-16所示为跨层暗埋管和地面暗埋管。

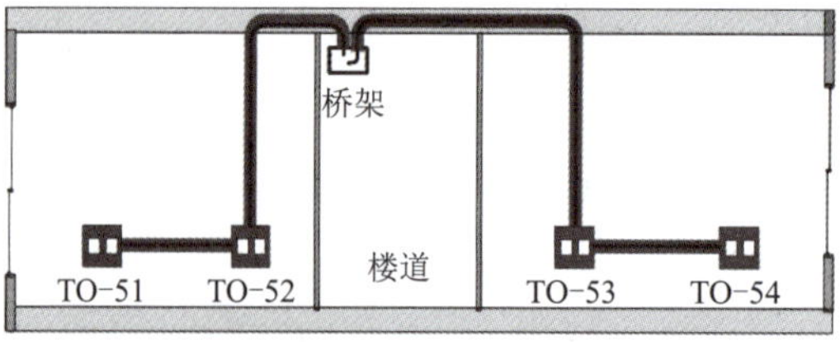

图6-15　水平子系统同层暗埋线管示意图

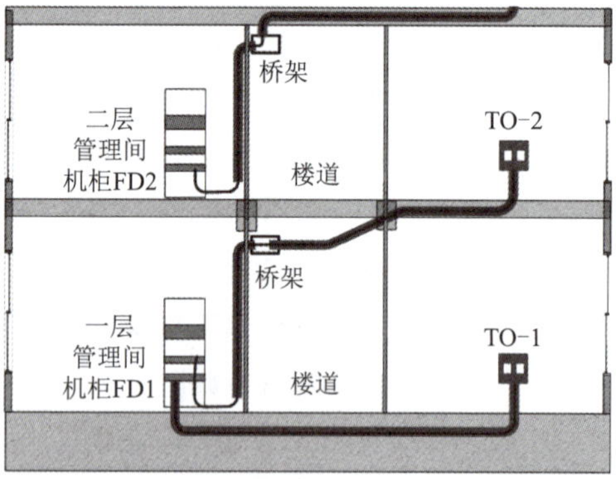

图6-16　水平子系统跨层/同层暗埋线管示意图

6.3.9　缆线的明装设计

楼道桥架布线如图6-17所示，主要应用于楼间距离较短，且要求采用架空的方式布放干线缆线的场合。

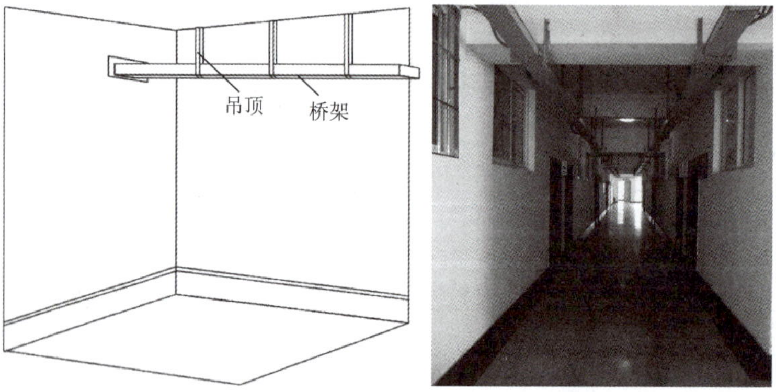

图6-17　楼道桥架布线示意图

6.4　水平子系统的设计案例

6.4.1　研发楼一层地面埋管布线方式

图6-18为一层地面埋管布线路由平面图，图6-19为立面埋管图，图6-20为102销售部埋管布线路由平面图及现场布线照片。

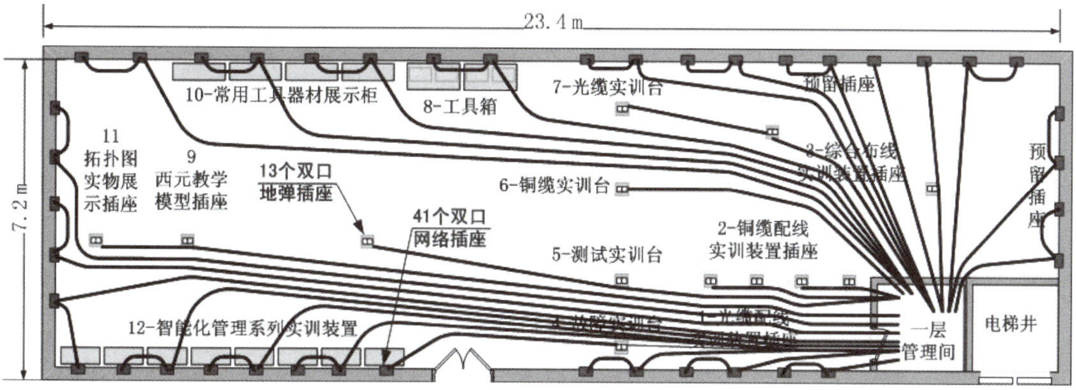

图6-18　一层地面埋管布线路由平面图

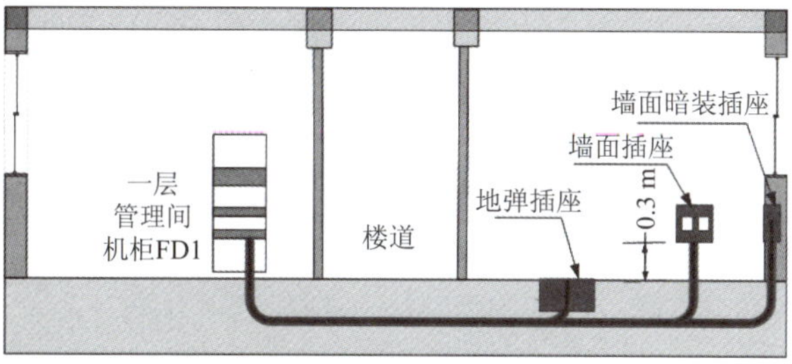

图6-19　立面埋管图

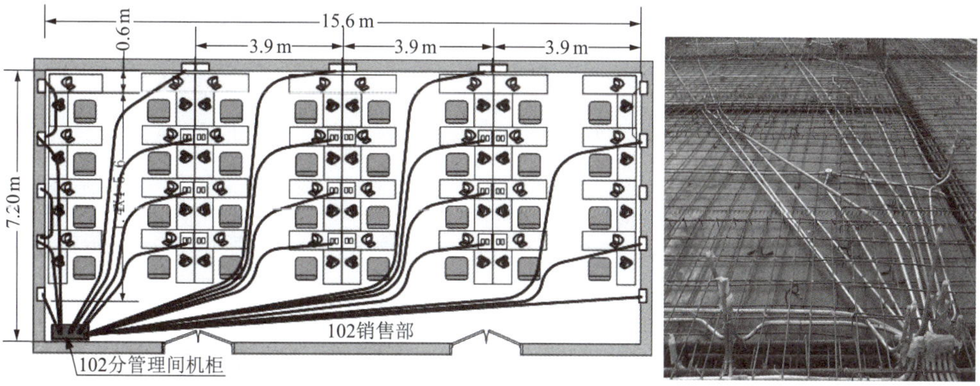

图6-20　102销售部埋管布线路由平面图及现场布线照片

6.4.2　二层至四层楼板埋管布线方式

图6-21所示为二层至四层水平子系统埋管布线图，该布线图采用了跨层布线方式。四层信息点的桥架位于三层楼道，三层信息点的桥架位于二层楼道，二层信息点的桥架位于一层楼道。从信息插座处隔墙向下垂直埋管到横梁或者楼板，然后在横梁或楼板内水平埋管到下一层楼道出口，最后引入楼道桥架。这种设计方式不仅减少了桥架和机柜，而且布线路由最短，减少了“U”字形拐弯，拐弯少，成本低，穿线时拉力也比较小。

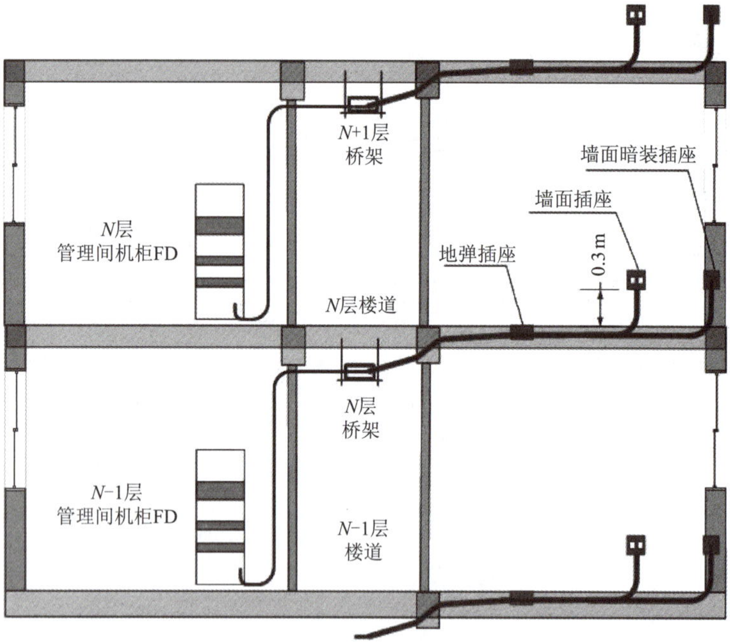

图6-21　跨层埋管布线路由立面示意图

6.5　水平子系统的安装施工技术

6.5.1　水平子系统线管安装施工技术

在预埋线管和穿线时一般遵守下列原则：

（1）埋管最大直径原则。

（2）穿线数量原则。

（3）保证管口光滑和安装护套原则。金属管内的毛刺、错口、焊渣、垃圾等必须清理干净，否则会影响穿线，甚至损伤缆线的护套或内部结构，如图6-22所示。

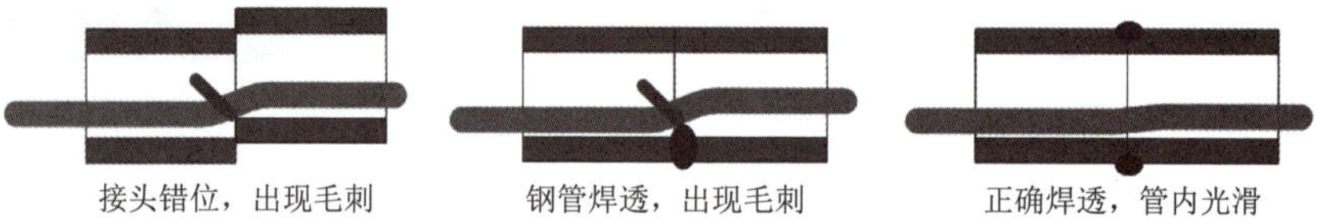

图6-22　钢管接头示意图

（4）保证曲率半径原则。

（5）横平竖直原则。

（6）平行布管原则。

（7）线管连续原则。

要保证管接头处的线管连续，管内光滑，方便穿线，如图6-23所示。如果留有较大的间隙时，管内有台阶，将来穿牵引钢丝和布线困难，如图6-24所示。

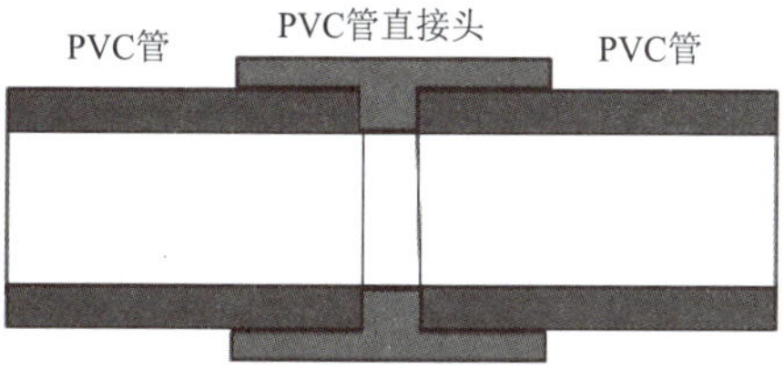

图6-23　PVC管连续

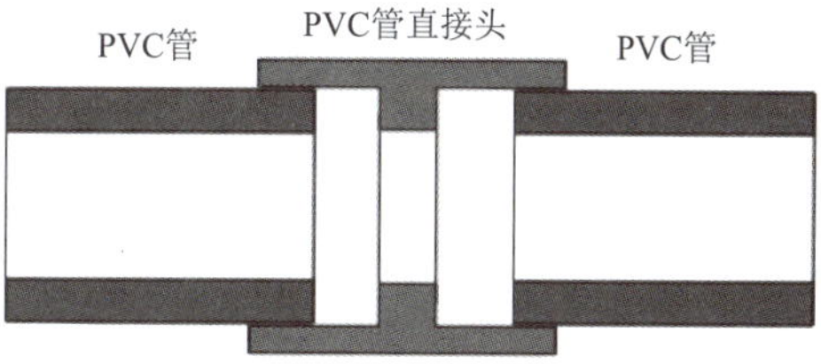

图6-24　PVC管有较大间隙

（8）拉力均匀原则。四对双绞线最大允许的拉力为1根100 N，2根为150 N，3根为200 N。N根拉力为$N \times 5+50$ N，不管多少根线对电缆，最大拉力不能超过400 N。

（9）预留长度合适原则。在管理间电缆预留长度一般为3～6 m，工作区为0.3～0.6 m；光缆在设备端预留长度一般为5～10 m。有特殊要求的应按设计要求预留长度。

（10）规避强电原则。

（11）穿牵引钢丝原则。

（12）管口保护原则。

6.5.2　水平子系统桥架安装施工技术

（1）桥架吊装安装方式如图6-25所示。

（2）桥架壁装安装方式如图6-26所示。

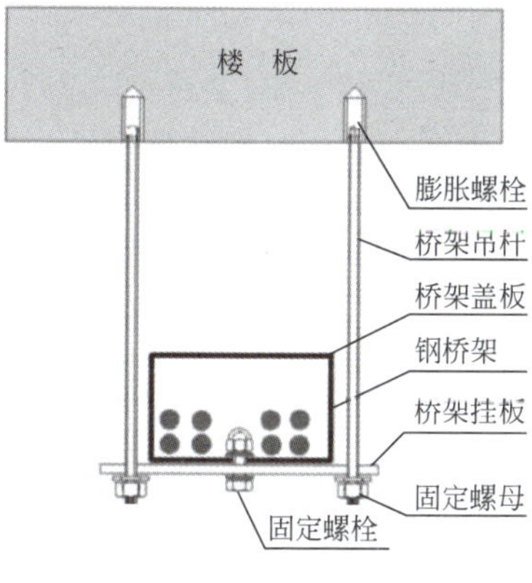

图6-25　吊装桥架

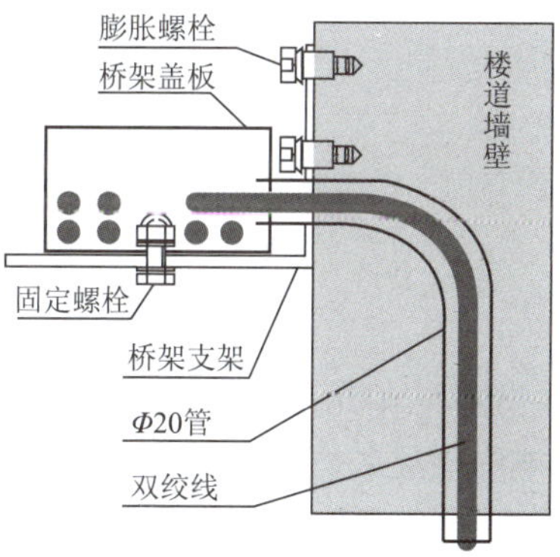

图6-26　壁装桥架

（3）墙面明装线槽施工图如图6-27所示。水平子系统明装线槽安装时要保持线槽水平，必须确定统一高度。

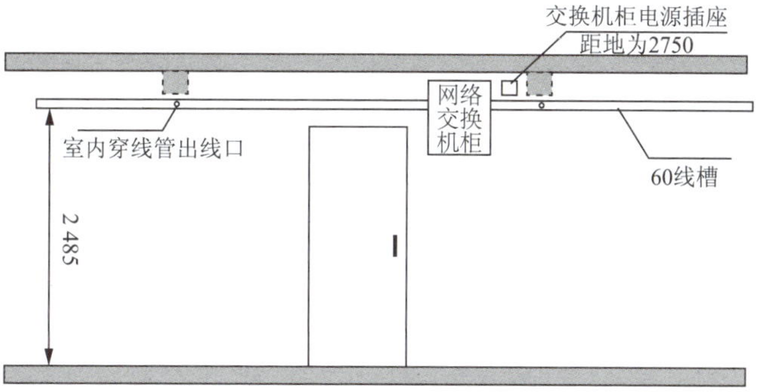

图6-27　墙面明装线槽施工图

（4）吊顶上架空线槽布线施工图如图6-28所示。

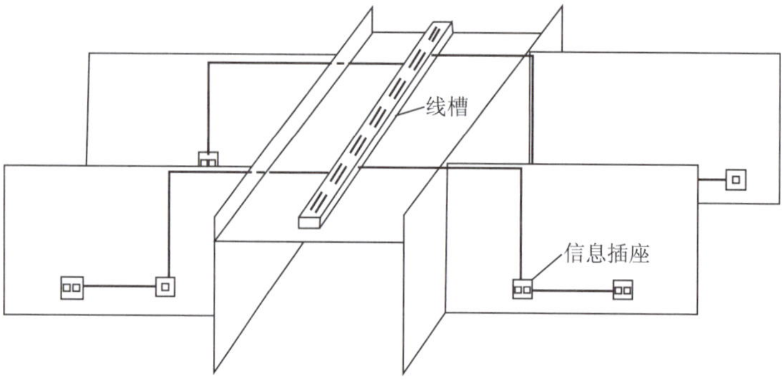

图6-28 吊顶内线槽布线施工图

6.5.3 水平子系统电缆抽线和理线操作方法

在建筑物综合布线施工过程中，经常需要把多根缆线穿入1根钢管，要求在穿线时，多根缆线不能缠绕或打结，否则无法正常穿线，而电缆都采用整轴或整箱盘绕的方式包装，当把缆线从整箱中抽出时，都会自然缠绕在一起，如图6-29所示，因此在穿线前都需要理线。

图6-29 综合布线理线对比

这里我们以从1箱中分别抽出3根10 m网线为例，介绍一下抽线和理线的方法。

1. 电缆抽线的方法

第一步：抽线前，首先看清楚线头长度标记，然后左手抓住线头，右手连续抽线，把抽出的线临时放在旁边，估计快到10 m时，检查长度标记，最后确认抽到10 m时，用剪刀把线剪断，如图6-30至图6-32所示。注意把长度标记保留在没有抽出的线端。

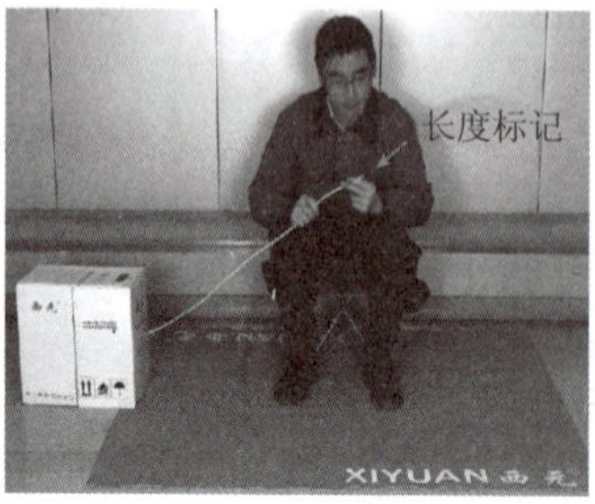

图6-30 检查标记

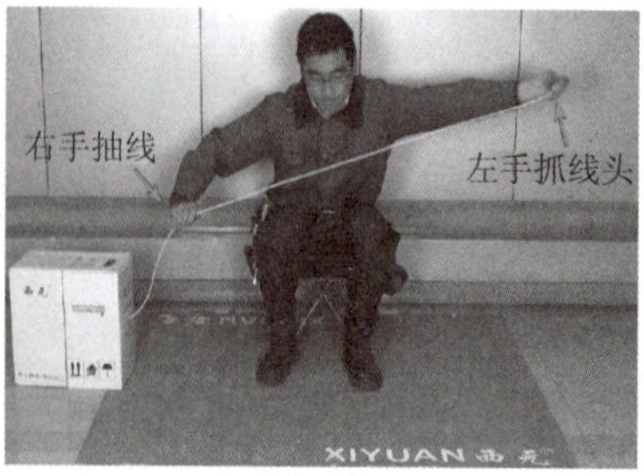

图6-31 抽线

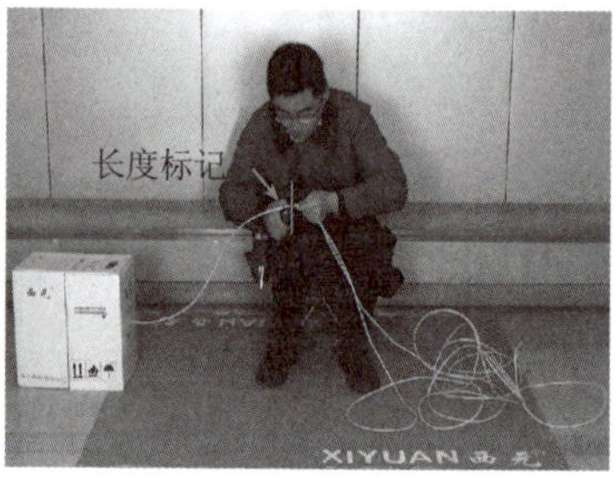

图6-32 剪线

第二步：把第2根线头和第1根线头并在一起，如图6-33所示，用左手抓住线头，右手连续抽线，如图6-34所示，同时把已经抽出的2根线捋顺，临时放在旁边，估计快到10 m时，检查长度标记，确认抽到10 m时，用剪刀把线剪断。

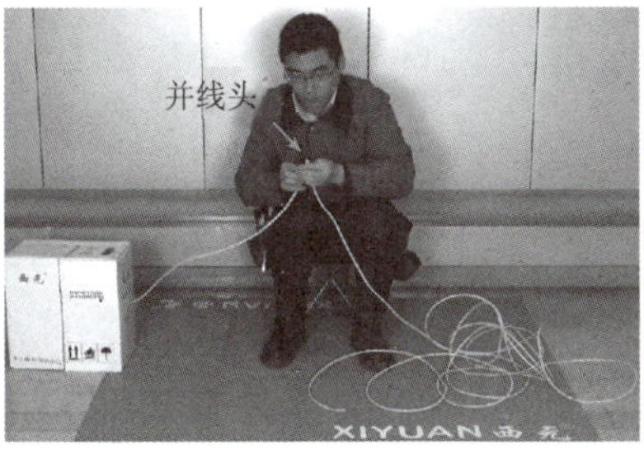

图6-33　并第二根线线头

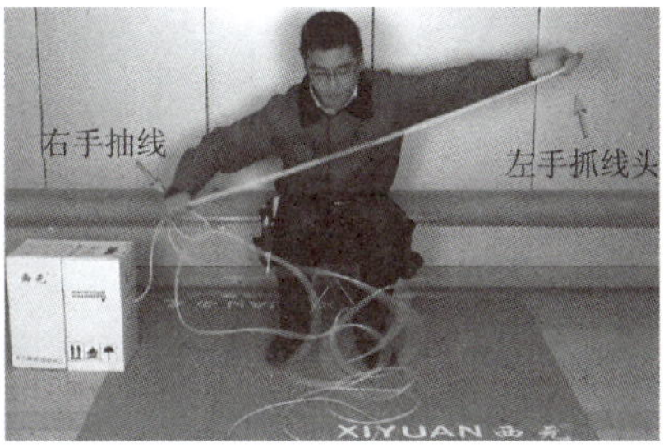

图6-34　抽第二根线

第三步：把第3根线头和第1、2根线头并在一起，如图6-35所示，用左手抓住线头，右手连续抽线，如图6-36所示，同时把已经抽出的3根线捋顺，临时放在旁边，估计快到10 m时，检查长度标记，确认抽到10 m时，用剪刀把线剪断。

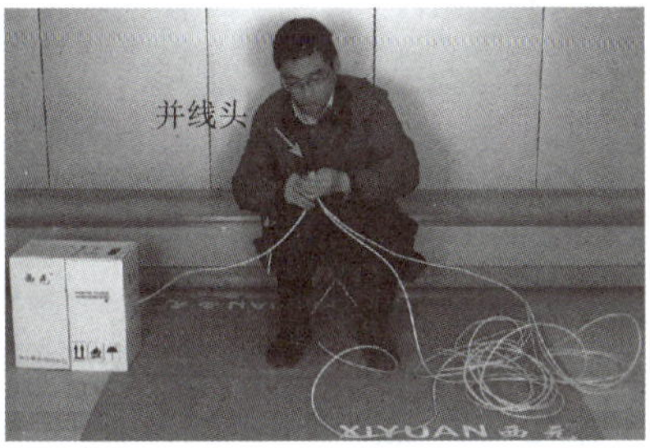

图6-35　并第三根线线头

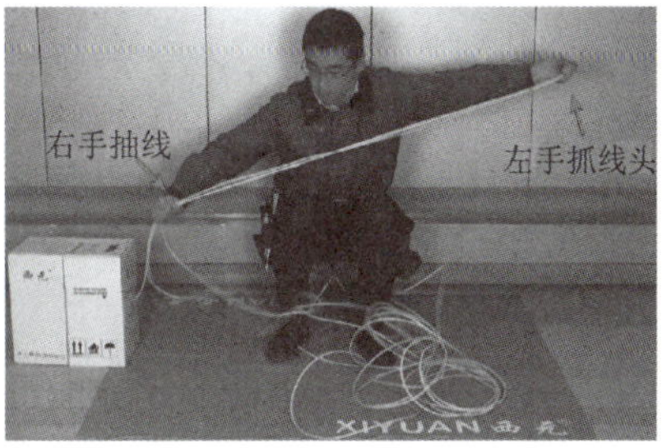

图6-36　抽第三根线

第四步：把多余的线头塞回网线箱内，如图6-37所示，将3根剪好的网线线头对齐，用胶布绑扎在一起，如图6-38所示。

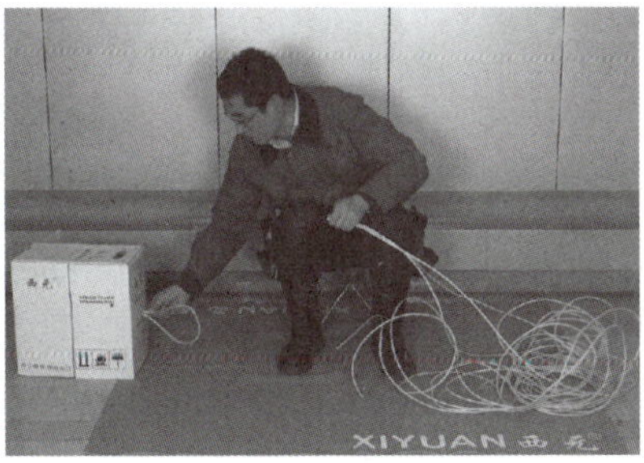

图6-37　收回线头

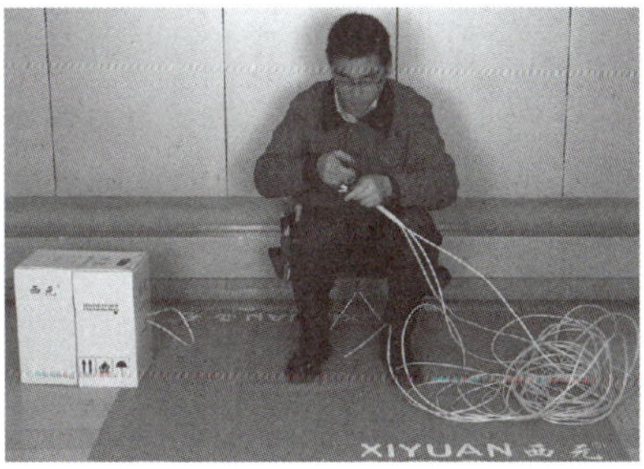

图6-38　绑扎线头

2. 电缆理线的方法

第一步：左手持线，线端向前，如图6-39所示。

第二步：根据需要的线盘直径，右手手心向下，把线捋直约1 m，如图6-40所示，向前划圈，如图6-41所示，同时右手腕和手指向上旋转网线，如图6-42所示，消除网线的缠绕力，把线收回到左手，保持线盘平整，完成第1圈盘线，如图6-43所示。

图6-39　左手持线

图6-40　测量尺寸

图6-41　划圈

图6-42　线向上翻转

图6-43　完成第一圈理线

第三步：右手把线捋直约1 m，如图6-44所示，向前划圈，如图6-45所示，同时右手腕和手指向下旋转，如图6-46所示，消除网线的缠绕力，把线收回到左手，保持线盘平整，完成第2圈盘线。

图6-44　测量尺寸

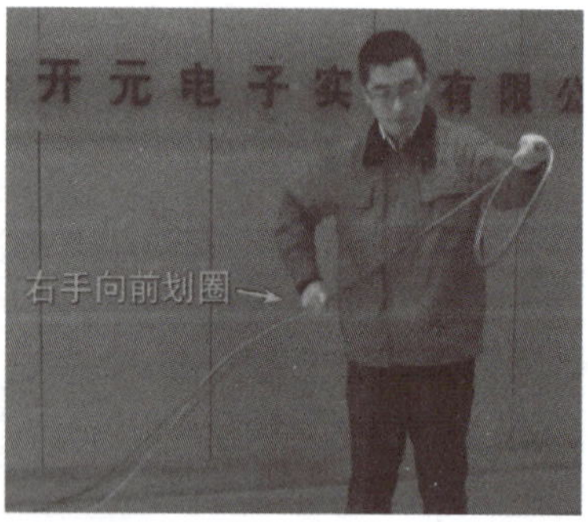

图6-45　划圈

图6-46　完成第二圈理线

第四步：按顺序重复第二步和第三步的动作，完成盘线。

在盘线过程中，注意通过右手腕和手指的上下反复旋转，消除网线的缠绕力，始终保持线盘平整。如果线盘不平整时，通过右手腕和手指的旋转调整，始终保持线盘的平整。

请扫描下列视频对应的二维码，下载西元教学实训视频片，反复观看和学习。

图6-47所示为“A141-铜缆理线操作方法（3根线）”视频片头，片长1分36秒。

图6-48所示为“A142-铜缆理线操作方法（1箱抽线）”视频片头，片长2分3秒。

图6-49所示为“A143-铜缆理线操作演示（站立演示）”视频片头，片长1分6秒。

图6-47　A141视频片头

图6-48　A142视频片头

图6-49　A143视频片头

视频

A141铜缆理线操作方法（三根线）

视频

A142铜缆理线操作方法（1箱抽线）

视频

A143铜缆理线操作演示（站立演示）

课程思政6　全国高等院校计算机基础教育研究会“计算机基础教育教学研究项目”《劳模进校园与职业素养教育的理论与实践研究》

文件

立项课题

2023年5月“劳模进校园与职业素养教育的理论与实践研究”课题列入全国高等院校计算机基础教育研究会（AFCEC）“计算机基础教育教学研究项目”立项名单，立项编号为2023-AFCEC-438，项目负责人为西安开元电子实业有限公司纪刚劳模，请扫描“立项课题”二维码，欢迎参加、关注和应用课题成果。

扩展知识5　综合布线系统的升级改造

1. 为何需要升级？

综合布线在建筑智能化进程中发挥着重要作用，上世纪大量采用支持百兆到桌面的5类布线系统，如今，这些系统也到了更新的时候了。被更新的主要原因是：

第一，在广域网和局域网络上传输的信息量在持续增长，很多以前无法实现的网络应用得以实现，如广域网上实时视频、远程医疗、网络游戏、远程教育、网上银行、网上交易等变为现实。同时局域网内的多媒体文件均以几十兆（M）字节、几百兆（M）字节，甚至几吉（G）字节的形式出现，这就要求网络以更快的速度来传输这些文件。

第二，网络设备和终端设备为满足网络速度的要求，也在不断升级。仅以以太网网络设备为例，网络端口速率从以前的10 Mbit/s向100 Mbit/s过渡，从100 Mbit/s向1 000 Mbit/s过渡，现在很多网络设备提供万兆网络接口。在网络终端设备方面，现在已经是双核、四核，甚至六核的计算机，内存、硬盘容量不断增加。这从客观上要求网络速度不断提升。

第三，布线标准的不断更新，产品工艺的不断求精，创新技术的不断涌现，阻燃环保意识的不断提升，客观上为建筑综合布线系统的升级提供了可能性。

2. 是否该升级了呢？

如果你为以下的问题感到为难，那么可以考虑改造升级你的布线系统。

（1）大楼里的网络设备升级是否超过6年、布线系统升级到现在是否超过10年？

（2）用户是否经常抱怨大楼的网络应用，嫌网络速度很慢？

（3）大楼的网络设备是否能满足当前网络应用的需要？

（4）大楼的布线系统能否支持当前网络设备的应用？

（5）大楼的布线系统的信息点扩容性能否满足当前的应用？

（6）是否对原来布线系统的环保性、阻燃性存在担心？

（7）是否对原来布线系统的管理显得力不从心？

3. 升级之前需要做什么准备？

业主一旦确认下来要改造升级，那么接下来：

（1）要找专业的顾问公司或专业的人士进行前期咨询，全面地认识和了解最新智能建筑和布线系统的发展。

（2）要对原来的建筑空间、管道桥架、网络业务应用、信息点位置进行认真检查，做好记录以备后用。

（3）要作出决定，选择什么样的布线系统，电缆系统是5e类屏蔽系统，是6类屏蔽/非屏蔽系统，光缆系统是采用单模系统还是万兆OM3多模系统，甚至OM4多模系统？

（4）要采用什么样的电缆护套外皮材料？阻燃级别是CM、CMR、CMP，还是采用低烟无卤的 LSZH？所有产品是否满足RoHS的要求？

（5）要有大楼数字化的思想，改造以前的大楼可能只有语音和数据系统，那么是否可以通过这次改造让大楼变得更加智能、绿色、安全、节能？除了布线系统，还须考虑视频监控系统、门警系统、一卡通系统、智能照明系统、停车场管理系统等。

（6）要对市场上的厂商品牌进行考察，考察的内容包括公司整体实力、解决方案先进性、产品的广泛性、品牌影响力、工程案例同类性、技术服务水平、质保期限、当地的商务支持等。

4. 升级改造需要注意哪些问题？

为了保证工程质量，在项目改造过程中要注意的问题有：

（1）要确定是一次性整体升级改造，还是分楼层逐步改造。作为工程项目实施的工程商，一次性整体升级改造更为方便；采用每次五层的方法逐步推进，这样会给工程商带来一定的施工难度，既要保证原系统的正常运行，也要保证新工程的进度，同时还要考虑到尽量减少作业给楼内人员带来的影响。

（2）不管是一次性整体改造还是分楼层逐步改造，在施工安装前都要做好相关记录。进行巡楼工作时，要对原来的设备间、楼层配线间、弱电井、管道桥架空间及路由、信息点需求等进行检查登记，给相关部门提出合理的要求。具体内容可以包括空间、面积、电力、电源、照明、接地、间距、干扰、路由、防火、温度、湿度、防尘以及防震。另外，缆线敷设方式、弯曲、冗余、电磁干扰也在记录范围之内。具体内容可参考我国的国家标准《综合布线系统工程设计规范》（GB 50311）。

（3）要规划改造的楼层和数量，并注意拆除顺序。例如，一座30层的大楼可以每五层作为一个单元来改造。在拆除旧有的布线系统工程中，先拆除工作区的信息模块和面板，然后将水平子系统各条缆线拉回桥架；然后在楼层配线间将缆线与配线架分离，从桥架上将缆线收回，从机架机柜将配线架收回。一般来说，水平通道的桥架可以得到再次应用，但对需要增加信息点的楼层，可能需要增加桥架。原来预埋的管线由于缺少牵引线，会给再次施工造成非常大的难度，甚至无法再次使用，需要结合装修再次铺设路由。垂直主干数据系统如果10年前铺设的是电缆系统，建议更新为光缆；如当年铺设的是多模光纤，建议更新为OM3多模光纤；如铺设的是单模光纤，不建议更新，结合实际的应用，只要增加光纤的数量即可。

（4）在改造过程中要确保原有网络的正常运行。在计划时，一定要周密安排，充分熟悉和理解原有的网络结构和布线的路由布局。

（5）改造后的系统一定要满足现在及未来一段时期的要求。要对工程项目按规范进行测试，并且要求100%的信息点测试。对电缆系统按所安装的类别进行相应的测试，如6类屏蔽系统、6类非屏蔽系统等。对单模光纤和OM3多模系统按照TIA/EIA-568C.3—2011的标准进行链路长度和衰减的测试。另外可以按照材料品牌对应厂家的质保申请程序要求，准备好材料质保申请表，以获得对未来网络应用的保障。

文件

扩展知识5

请扫描“扩展知识5”二维码下载Word版。

习　题

1. 填空题（20分，每题2分）

（1）水平子系统指从工作区信息插座至________的部分，在GB 50311—2016国家标准中包括在配线子系统中，以往资料中也称水平干线子系统。（参考6.1）

（2）按照GB 50311—2016国家标准规定，双绞线电缆的信道长度不超过________m，水平缆线长度一般不超过________m。（参考6.2）

（3）配线子系统信道，应由永久链路的________和________组成，可包括设备缆线（跳线）和CP缆线。（参考6.3.2）

（4）对于办公楼、综合楼等商用建筑物或公共区域大开间的场地，宜按________综合布线系统要求进行设计。（参考6.3.3）

（5）在水平布线系统中，缆线必须安装在________或________内。（参考6.3.5）

（6）线管内穿放4对对绞线电缆或4芯以下光缆时，截面利用率应为________。（参考6.3.5）

（7）主干对绞电缆的弯曲半径不应小于电缆外径的________。（参考6.3.6）

（8）室外墙上敷设的综合布线管线与保护地线平行净距为________，垂直交叉净距为________。（参考6.3.7）

（9）楼道桥架布线，主要应用于楼间距离________且要求采用________的方式布放干线线缆的场合。（参考6.3.9）

（10）在管理间电缆预留长度一般为________m，工作区为________m。（参考6.5.1）

2. 选择题（30分，每题3分）

（1）水平子系统一般在同一个楼层上，由（　　）、（　　）、配线设备等组成。（参考6.1）

A. 用户信息插座　　B. 工作区　　C. 水平电缆　　D. 网络模块

（2）一般尽量避免水平缆线与（　　）以上强电供电线路平行走线。（参考6.2）

A. 12 V　　B. 24 V　　C. 36 V　　D. 48 V

（3）水平缆线包括（　　）。（参考6.3.1）

A. 非屏蔽或屏蔽4对双绞线电缆　　B. 非屏蔽或屏蔽2对双绞线电缆

C. 室内光缆　　D. 室外光缆

（4）每个工作区水平缆线的数量不宜少于（　　）根。（参考6.3.1）

A. 1　　B. 2　　C. 3　　D. 4

（5）主干缆线组成的信道出现4个连接器件时，缆线的长度不应小于（　　）。（参考6.3.2）

A. 5 m　　B. 10 m　　C. 15 m　　D. 20 m

（6）线管内穿放大对数电缆或4芯以上光缆时，直线管路的管径利用率应为（　　），弯管路的管径利用率应为（　　）。（参考6.3.5）

A. 20%～30%　　B. 30%～40%　　C. 40%～50%　　D. 50%～60%

（7）非屏蔽4对对绞电缆的弯曲半径不应小于电缆外径的（　　）。（参考6.3.6）

A. 2倍　　B. 4倍　　C. 8倍　　D. 10倍

（8）当缆线采用电缆桥架布放时，桥架内侧的弯曲半径不应（　　）。（参考6.3.6）

A. 大于200 mm　　B. 小于200 mm　　C. 大于300 mm　　D. 小于300 mm

（9）380 V，2~5 kV·A电力电缆与综合布线缆线平行敷设时，最小间距为（　　）。（参考6.3.7）

A. 70 mm　　B. 130 mm　　C. 300 mm　　D. 600 mm

（10）暗管的转弯角度应不小于（　　）度，在路径上每根暗管的转弯角度不得多于（　　）个。（参考6.3.8）

A. 90　　B. 120　　C. 1　　D. 2

3. 简答题（50分，每题10分）

文件

单元6习题

（1）绘制配线子系统的缆线划分示意图（参考6.3.2）

（2）管壁厚1 mm的Φ20 PVC线管最多容纳多少根缆线外径为6 mm的双绞线？请写出主要计算过程。（参考6.3.5）

（3）缆线的弯曲半径应符合哪些规定？（参考6.3.6）

（4）在预埋线管和穿线时一般遵守哪些原则？（参考6.5.1）（至少列出5条）

（5）简述铜缆理线的方法步骤。（答案参考6.5.3）

请扫描“单元6习题”二维码下载Word版。

实训7　语音配线架端接训练

1. 实训任务来源

综合布线系统管理间子系统（FD）、设备间子系统（BD）的语音配线架、110跳线架等端接基本技能。

2. 实训任务

2人为一组，完成25口语音配线架端接训练，包括1根25对大对数电缆的2次端接和一根鸭嘴跳线的端接，具体路由如图6-50所示，仿真110跳线架到语音配线架的链路端接。要求端接路由正确，剪掉撕拉线和塑料包带、剥开线对长度合适、理线美观、链路通断测试通过。

请扫描“图6-15　Visio原图”二维码，下载Visio原图，包括3、6口端接图和4、5口端接图，自行设计更多语音配线架端接链路。

请扫描“图6-15　彩色高清图”二维码，下载彩色高清图，包括3、6口端接彩色高清图和4、5口端接彩色高清图。

文件

图6-50
Visio原图

文件

图6-50
彩色高清
二维码

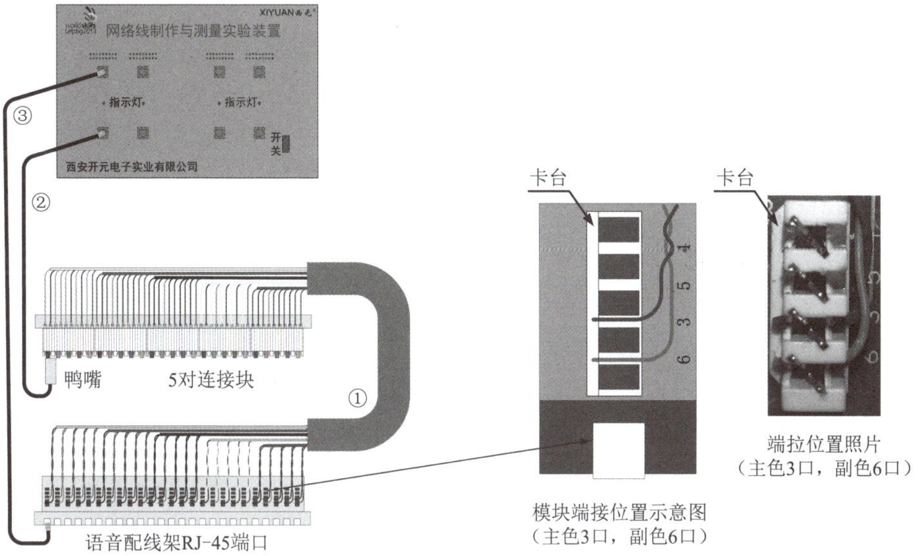

图6-50　语音配线架端接路由与端接位置（3、6口）图

3. 技术知识点

1）熟悉语音配线架的结构与用途

（1）语音配线架主要用于实现语音信息点与程控交换机的连接，对来自信息点的电缆进行模块化端接和管理。

（2）语音配线架后端设计有“T”形理线排，用于绑扎和固定线对。

2）熟悉语音配线架模块知识

模块带有线序标记，一般为36、45。例如图6-51所示的语音配线架模块。

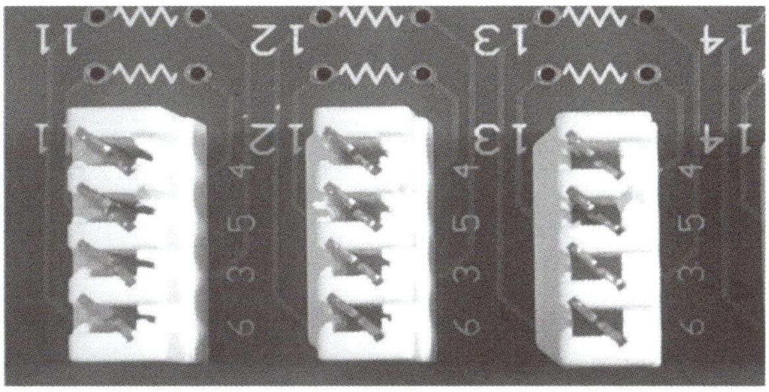

图6-51　语音配线架模块

视频

语音配线架端接训练

视频

语音配线架测试训练

4. 关键技能

（1）大对数电缆剥除外护套的方法。

（2）大对数电缆的线序色谱。

（3）鸭嘴跳线的制作和使用方法。

（4）打线钳的正确使用方法。

5. 实训课时

（1）该实训共计2课时完成，其中技术讲解10分钟，视频播放15分钟，学员实际操作45分钟，语音配线架端接测试与评判10分钟，实训总结、整理清洁现场10分钟。

（2）课后作业2课时，独立完成实训报告，提交合格实训报告。

6. 实训指导视频

（1）实训7-语音配线架端接训练（10分36秒）。

（2）实训7-语音配线架测试训练（3分42秒）。

请扫描二维码提前预习。

7. 实训材料

序号	名　称	规格说明	数　量	器材照片
1	25对大对数电缆	25对大对数电缆，5米/根	1根	
2	5e类网线	超五类非屏蔽网线	1 m	
3	RJ-45水晶头	超五类非屏蔽水晶头	3个	
4	鸭嘴夹	2位鸭嘴夹	1个	
5	线扎	3×100尼龙线扎，用于理线	30个	

8. 实训工具

序号	名　称	规格说明	数　量	工具照片
1	纵横开缆刀	用于剥除25对大对数电缆外护套	1把	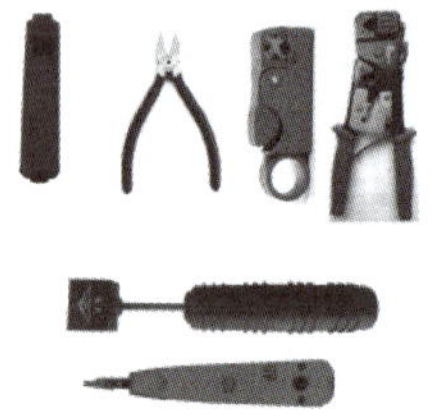
2	水口钳	6寸水口钳，用于剪齐线端	1把	
3	五对打线刀	五对110型打线刀	1把	
4	多功能打线刀	语音配线架打线刀	1把	
5	电缆剥线器	旋转式剥线器,用于剥除外护套	1把	
6	网线钳	支持RJ-45与RJ-11水晶头压接	1把	

9. 实训设备

西元数实融合综合布线实训装置（型号KYPXZ-01-55）或西元信息技术技能实训装置（型号KYPXZ-01-53）。本实训装置按照典型工作任务和关键技能训练需要专门研发，配置有25口语音配线架、110型跳线架等，能够仿真典型语音测试链路，能够通过端接25对大对数电缆，掌握大对数电缆色谱、语音配线架端接方法与测试方法。

10. 实训步骤

1）预习和播放视频

课前应预习，初学者提前预习，请扫描二维码观看实操视频，请多次认真观看，熟悉主要关键技能和评判标准，熟悉色谱。

实训时，教师首先讲解技术知识点和关键技能10分钟，然后播放视频15分钟。更多可参考教材4.2相关内容。

2）器材工具准备

建议在播放视频期间，教师准备和分发。

（1）按照第7条材料表发放材料，包括25对大对数电缆1根，2位鸭嘴夹1个，RJ-45水晶头3个，5e类网线1 m等。

（2）学员检查材料数量正确，规格与质量合格。

（3）按照第8条工具表发放工具。

（4）本实训要求每人至少完成25对大对数电缆两端端接，优先保证质量，掌握方法。

3）语音配线架的端接步骤和方法

第一步：研读图纸。

反复研读语音配线架端接训练图纸，确定端接位置，进行工作任务分工，如图6-50所示。建议每人独立完成图6-50的全部任务，两人轮流操作，相互检查。教师也可以临时调整分工，指定语音配线架端接位置或110跳线架其他位置。

文件

110跳线架实物图

第二步：110跳线架端接。

按照实训5方法，将大对数电缆的一端端接在110跳线架下层，如图6-52所示。

请扫描二维码，下载更多110跳线架端接实物照片。

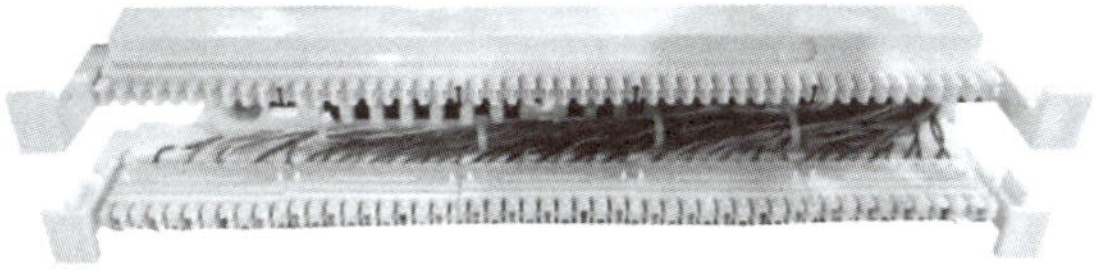

图6-52　110跳线架端接示意图

第三步：语音配线架端接。

（1）剥除25对大对数电缆外护套，长度50 cm。剪掉撕拉线和塑料包带，按照25对大对数电缆色谱，将线对分为白、红、黑、黄、紫5组。

（2）如图6-53所示，使用尼龙线扎将大对数电缆固定在语音配线架理线排上，注意不能将大对数电缆固定在有地线接线柱的一端。

（3）语音配线架T型理线排与语音配线架模块一一对应，将已分好的线对按照大对数电缆的色谱顺序，绑扎在T型理线排上。

（4）如图6-54所示，将线对端接在语音配线架模块4、5（或者3、6）线柱，注意线对的进线方向，线端朝向有台阶的一面。使用专门的多功能打线刀，将线对压入线柱内，特别注意打线刀刀片方向，朝向有台阶的一面，也就是线端方向，图6-55所示为打线钳刀片方向示意图。如果刀片方向错误时，将会把线芯切断，而且严重损坏塑料模块。

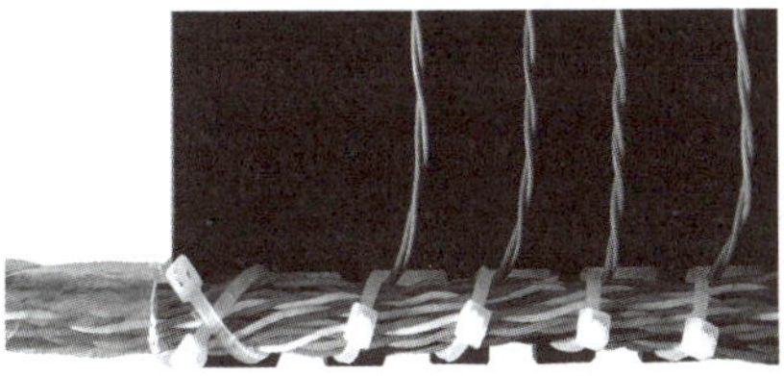

图6-53　固定大对数电缆

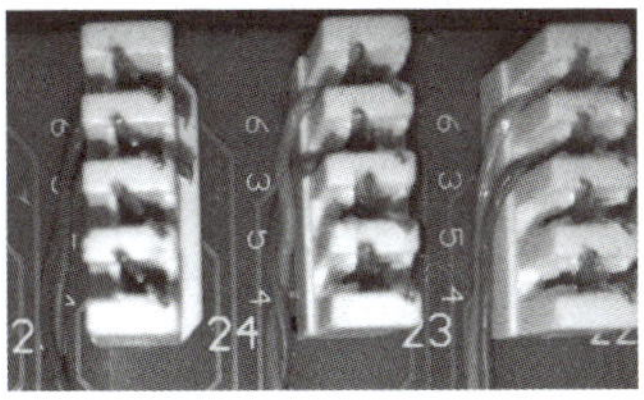

图6-54　模块进线方向

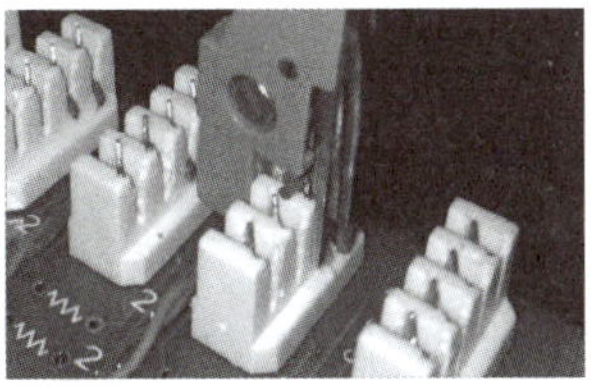

图6-55　打线刀刀片方向示意图

（5）如图6-56所示，完成语音配线架端接，剪掉多余线扎。

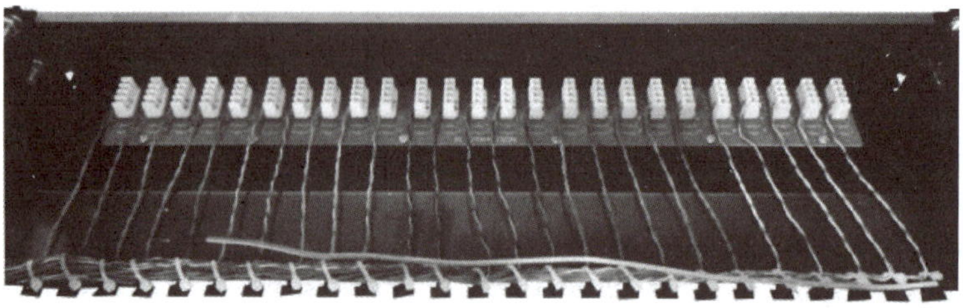

图6-56　语音配线架端接示意图

第四步：制作RJ-45-鸭嘴测试跳线。

（1）按照实训2所示方法，将跳线一端端接RJ-45水晶头。

（2）跳线另一端端接鸭嘴连接器，具体制作方法如下：

①拆开鸭嘴连接器的压盖，如图6-57所示。

②将3、6两芯压入鸭嘴连接器的刀片中，如图6-58所示。

③安装鸭嘴连接器压盖，用手捏紧，完成鸭嘴连接器的制作，如图6-59所示。

请扫描二维码观看或下载图6-57彩色高清图片。

文件

图6-57
彩色高清图片

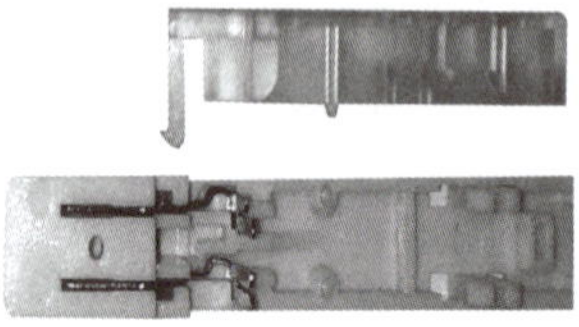

图6-57　拆开鸭嘴连接器压盖

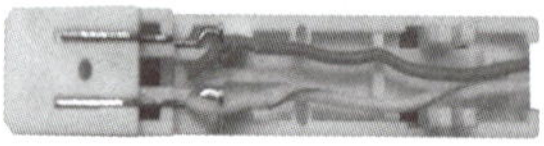

图6-58　压入鸭嘴连接器刀片中

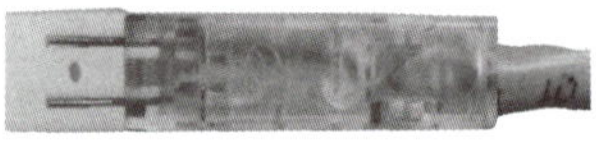

图6-59　完成的鸭嘴连接器

第五步：制作RJ-45-RJ-45网络跳线1根。

根据实训2内容，制作1根RJ-45-RJ-45水晶头网络跳线。

第六步：链路检查和测试。

按照图6-50所示路由和位置，检查路由是否正确，端接是否到位可靠，电气连通。

（1）如图6-60所示，将鸭嘴连接器卡装在五对模块上层，例如对准白/白蓝线对，将RJ-45水晶头插接在测线仪下排端口。

（2）将RJ-45-RJ-45网络跳线，一端插接在语音配线架对应端口，例如1号端口；另一端插接在测试仪上排端口，这样就搭建了一个完整的测试链路。

（3）测试仪指示灯按照4-4、5-5顺序轮流闪烁，即为通断测试通过。以此类推，逐一测试各个链路，完成25对的测试。

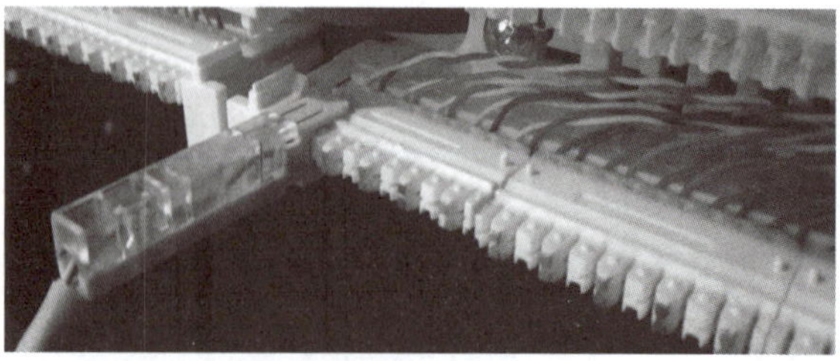

图6-60　鸭嘴跳线测试示意图

11. 评判标准

本训练按照工程标准评判，只有合格与不合格，不允许使用“及格”或“半对”等模糊的概念，全部25对必须测试通过后，再进行操作工艺评价，具体评判标准见6-9评分表。

表6-9　实训7语音配线架端接技能训练评分表

姓名/链路编号	测试结果合格100分不合格0分	操作工艺评价（每处扣10分）					评判结果得分	排　名
		路由正确1处	剪掉撕拉线2处	剪掉塑料包带2处	剥开线对长度合适2处	理线规范3处		

评分表说明：该评分表中，每条合格链路满分100分，扣分点共计10处，即使通断测试通过，也可能在操作工艺评价中扣减100分，实际得分为0分。

文件

实训7

12. 实训报告

请按照表1-1所示的实训报告格式，独立完成实训报告，2课时。

请扫描“实训7”二维码下载Word版。

单元7

管理间子系统的设计与安装技术

本单元主要介绍综合布线系统管理间子系统的工程设计方法与安装施工技术。

学习目标

- 能够独立完成管理间子系统的设计任务，掌握主要设计方法。
- 掌握管理间子系统的关键安装施工技术。

7.1 管理间子系统的设计要求

7.1.1 管理间子系统的基本概念

管理间子系统是专门安装楼层机柜、配线架、交换机和配线设备的楼层管理间，如图7-1所示，在GB 50311—2016中属于配线子系统，被称为电信间，行业中也称配线间。管理间子系统是连接垂直子系统和水平子系统的关键节点，一般设置在每个楼层的中间位置，主要安装楼层配线设备。当楼层信息点很多时，可以设置多个管理间。

在综合布线系统中，管理间子系统包括了楼层配线间、二级交接间的缆线、配线架及相关接插跳线等。通过管理间子系统，可以直接管理整层信息应用系统终端设备，实现综合布线的灵活性、开放性和扩展性。管理间子系统发生故障时，直接影响一个楼层或者一个区域的网络应用。请扫描二维码观看或下载图7-1彩色高清图片。

文件

图7-1
彩色高清图片

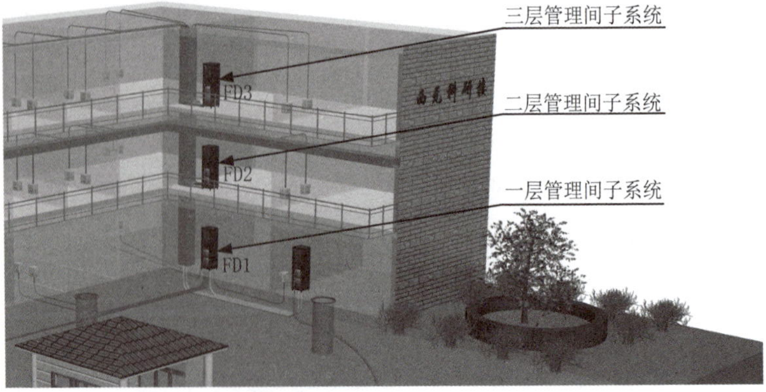

图7-1　管理间子系统示意图

7.1.2 管理间子系统配置设计要求

GB 50311国家标准第5章中，给出了管理间子系统配置设计的具体要求。

（1）管理间FD处的通信缆线，以及计算机网络设备与配线设备之间的连接方式，应符合下列规定：

- 如图7-2所示，在管理间FD处，电话交换系统配线设备模块之间宜采用跳线互连。
- 保持信息点到配线架的永久链路不变的情况下，只需要在管理间调整跳线即可。如员工的办公室或工位调整后，采用跳线连接能够轻松实现“电话号码跟人走”。

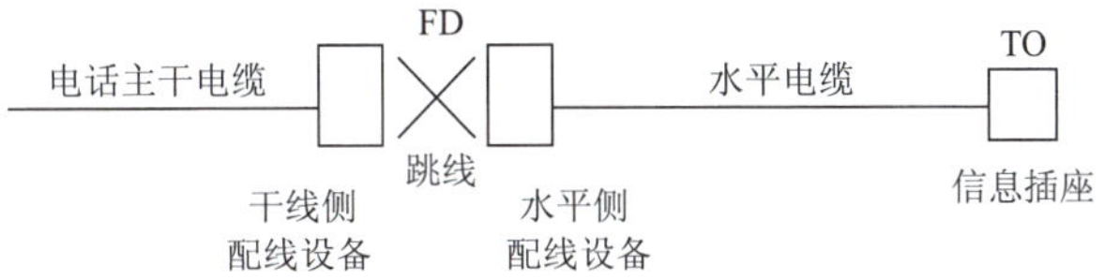

图7-2 电话交换系统中缆线与配线设备模块之间的连接方式

（2）以太网交换机等计算机网络设备，与配线设备的连接方式应符合下列规定：

- 如图7-3所示，在管理间FD处，计算机网络设备与配线设备模块之间宜经跳线交叉连接。
- 经跳线交叉连接的目的就是在永久链路不再改变的情况下，通过重新插拔和调整跳线的端口，保证网络正常使用。避免故障端口长期影响网络使用，也方便数据信息点和语音信息点之间的快速转换。例如在网络系统运维中，只需要在管理间（FD）或设备间（BD）改变跳线的插口位置即可组成新的信道。

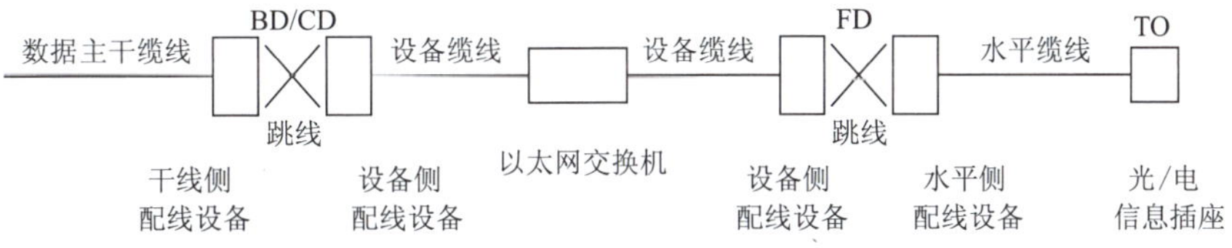

图7-3 计算机网络设备与配线设备模块之间的跳线交叉连接方式

（3）如图7-4所示，在管理间FD处、建筑物设备间BD处、建筑群设备间CD处，计算机网络设备与配线设备模块之间可以经过设备缆线互接。比较适合单纯或者小型计算机数据网络系统，经过设备缆线互接的方式运维，成本较低，维修时间较短。

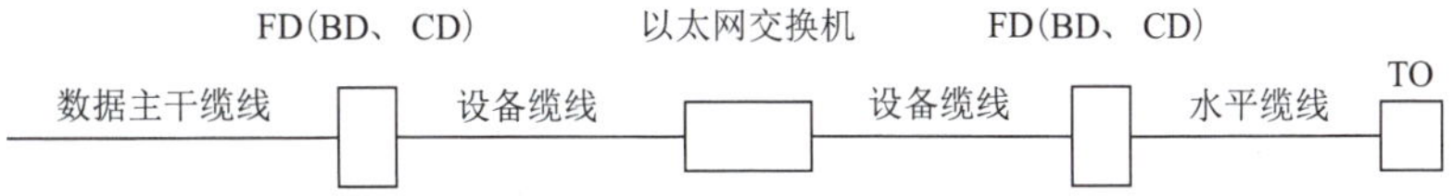

图7-4 计算机网络设备与配线设备模块之间经过设备缆线的互联方式

（4）从管理间至每一个工作区的水平光缆，宜按2芯光缆配置。至用户群或大客户使用的工作区域时，备份光纤芯数不应小于2芯，水平光缆宜按4芯或2根2芯光缆配置。

（5）连接至管理间的每一根水平缆线，均应终接于FD处相应的配线模块，配线模块与缆线容量相适应，如图7-5所示。常用网络配线架一般为19英寸、1 U、24个RJ-45网络端口。

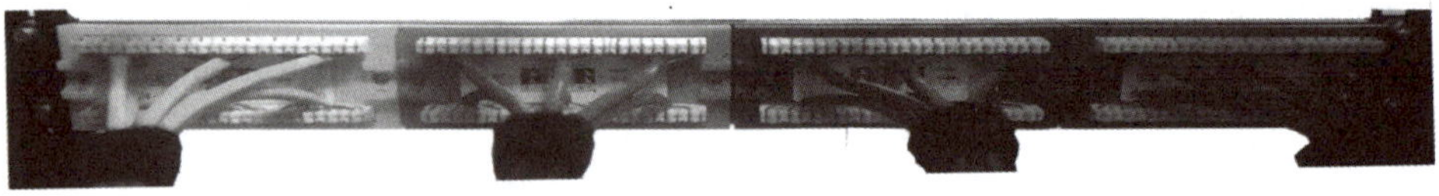

图7-5 水平电缆与网络配线架的模块端接照片

（6）管理间FD主干侧各类配线模块，应根据主干缆线所需容量要求、管理方式及模块类型和规格进行配置。

（7）管理间FD采用的设备缆线和各类跳线宜根据以下要求配置：

①计算机网络设备的使用端口容量。接入层网络交换机一般为19英寸、1U、24个网络端口，因此设备缆线和各类跳线的配置数量应为24的倍数。

②电话交换系统的实际安装容量和业务的实际需求。一般应按照每个工位或每人1部电话机，主要管理人员按照每人2部电话机，满足内线和外线电话的需求，因此设备缆线和各类跳线，应按照电话机的数量配置比较合适。

③按照信息点总数的比例进行配置，比例范围宜为25%～50%。新建建筑物的信息点设计时，一般按照建筑物的寿命周期和未来40~50年的用途设计，大部分信息点是给未来预留的，前期开通率比较低。因此，为了降低成本，减少浪费，设备缆线和各类跳线的配置数量一般按照前期实际使用数量配置，在长期运维和随着用户数量的增加中逐步增加。

7.2 管理间子系统的设计原则

根据相关标准设计配置与安装工艺要求的规定，以及作者多年实践经验，在管理间子系统的设计中，一般要遵循以下原则。

1. 光纤配线架端口数量大于光纤信息点数量2倍的原则

满足GB 50311标准规定从管理间至每一个工作区的水平光缆宜按2芯光缆配置的要求。实际工程设计中，应该选用市场通用的光纤配线架，一般为4口、8口、12口、24口等，没有3口，7口的光纤配线架。

2. 电缆配线架端口数量大于电缆信息点数量的原则

满足GB 50311标准规定连接至管理间的每一根水平缆线，均应终接于FD处相应的配线模块的要求。配线架端口数量应该大于信息点数量，并且有一定的备份端口，满足全部信息点的水平缆线能够全部终接在配线架的模块中。在实际工程设计中，一般使用市场通用的24口或者48口配线架，市场没有9口或15口的配线架。例如：某楼层共有64个信息点，至少应该选配3个24口配线架，配线架端口的总数量为72口，就能满足64个信息点缆线的端接需要，这样做性价比最高，也有一定的备份端口。

有时为了在楼层进行分区管理，也可以选配较多的配线架。例如：上述的64个信息点如果分为4个区域时，平均每个区域有16个信息点，则需要选配4个24口配线架。这样每个配线架端接16口，备份8口，能够进行分区管理且维护方便。

3. 配线模块满足主干缆线容量和类型的原则

满足GB 50311标准规定的管理间FD主干侧的各类配线模块，应根据主干缆线需要的容量要求、管理方式，以及模块类型和规格进行配置。

4. 设备跳线按照终端设备数量配置的原则

在管理间的设计中，必须按照前端计算机、打印机等终端设备的数量配置设备跳线，保证每台终端设备信道都有跳线连接到交换机。

5. 各类跳线按照信息点总数的比例进行配置的原则

综合布线系统工程竣工后，前期信息点的开通率比较低。GB 50311标准给出了比较明确的配置比例，宜为25%~50%。实际上我国新建工程的前期开通中，信息点实际开通率只有15%~20%。

6. 标识标志清楚的原则

由于管理间缆线和跳线很多，必须对每根缆线的编号和标识进行专门的设计或规划。在工程项目实施中，还需要按照端口对应表给每根缆线进行编号，一般采用合格的标签或标识牌打印清楚，统一规范地固定在缆线上。同时将编号表打印粘贴在管理间内，方便施工和维护。

7. 整齐规范理线的原则

需要对进入管理间的全部缆线，专门进行布线路由和理线的设计，主要设计内容如下：

（1）同类型或同区域的缆线分别成束，避免大量缆线缠绕在一起。

（2）设计布线路由和理线要求。设计成束的缆线从机柜底部或顶部进入机柜，从左侧立柱或右侧立柱进入机柜，并且给出理线的具体要求和绑扎规定。

（3）设计配线架和理线环的安装位置。

（4）设计预留缆线的长度。

8. 每束电缆不超过24根

根据最新的以太网供电（power over ethernet，PoE）应用需求，4对双绞线电缆允许传输的最大功率为90 W，每线对为22.5 W，为了有利于电缆散热，在理线中每束电缆的数量不宜超过24根。

9. 配置不间断电源的原则

管理间安装有交换机等有源设备，因此应该设计不间断电源或稳压电源。

10. 防雷电措施

管理间的机柜应该可靠接地，防止雷电及静电损坏。

7.3　管理间子系统的设计

管理间子系统设计的主要依据为楼层信息点的总数量和分布密度情况。首先确定每个楼层工作区信息点总数量，然后确定水平子系统缆线的平均长度，最后以平均路由最短的原则，确定管理间的位置，完成管理间子系统设计。其设计流程如图7-6所示，下面我们按照该设计流程进行介绍。

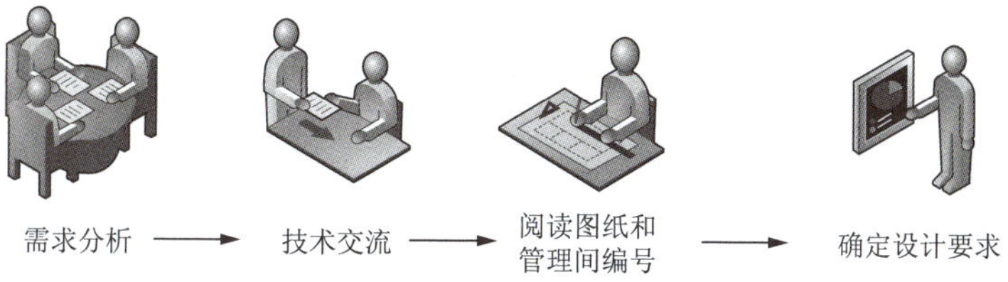

图7-6　管理间子系统设计流程

7.3.1 需求分析

管理间的需求分析围绕单个楼层或参考附近楼层的信息点数量和布线距离进行，各楼层的管理间最好设计在同一个纵向位置，也允许功能不同的楼层安装在不同的位置。

第一步：分析管理间设备规格和数量。根据信息点数量统计表，分析每个楼层的信息点总数量，估算管理间设备规格和数量。

第二步：确定管理间位置。估算每个信息点的缆线长度，特别注意最远信息点的缆线长度。列出最远和最近信息点缆线的长度，宜把管理间设计在信息点的中间位置。

第三步：分析永久链路长度。保证最远信息点电缆的长度不超过90 m，满足电缆永久链路长度不超过90 m的标准规定。

管理间的位置直接决定水平子系统的缆线长度，也直接决定工程总造价。为了降低工程造价，降低施工难度，也可在同一个楼层设立多个分管理间，如图7-7中所示的FD-X1和FD-X2分管理间。

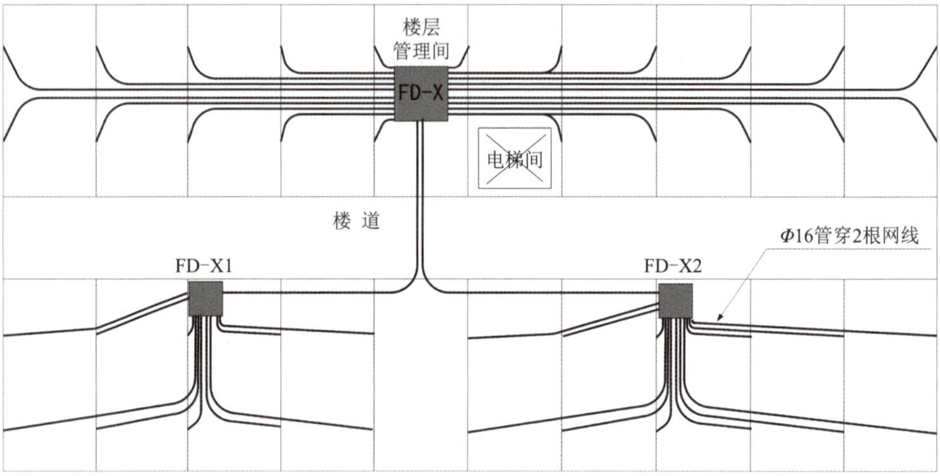

图7-7　分管理间设计示意图

7.3.2 技术交流

在进行需求分析后，要与用户进行技术交流。重点了解管理间子系统附近的电源插座、电力电缆、电器设备等情况。

如图7-7所示，对于信息点比较密集的集中办公室可以设置独立的分管理间，不仅能够大幅度降低工程造价，也方便管理和物联网等设备的扩展及维护。在交流过程中必须进行详细的书面记录，每次交流结束后要及时整理书面记录，形成备忘录作为初步设计的依据。

7.3.3 阅读建筑物图纸和管理间编号

在管理间位置确定前，索取和认真阅读建筑物设计图纸是必要的。在阅读图纸时，进行记录或标记，避免强电或电器设备对综合布线系统管理间的影响。

管理间的命名和编号也是非常重要的一项工作，首先必须准确表达该管理间的位置或者用途，这个名称从项目设计开始到竣工验收及后续维护必须保持一致。如果出现项目投入使用后，用户改变名称或编号时，必须及时编制名称变更对应表，作为竣工资料保存。

管理间子系统应使用色标区分配线设备的性质，标明端接区域、物理位置、编号、类别、规格等，以便维护人员在现场一目了然地加以识别。标识编制应按下列原则进行：

（1）规模较大的综合布线系统应采用计算机进行标识管理，简单的综合布线系统应按图纸资料进行管理，并应做到记录准确、及时更新、便于查阅。

（2）综合布线系统的每条电缆、光缆、配线设备、端接点、安装通道和安装空间均应给定唯一的标志，标志中应包括名称、颜色、编号、字符串或其他组合。

（3）配线设备、缆线、信息插座等硬件，均应设置不易脱落和磨损的标识，并应有详细的书面记录和图纸资料。

（4）同一条缆线或永久链路的两端编号必须相同。

（5）配线设备宜采用统一的色标区别各类用途的配线区。

7.3.4　管理间的设计

1. 管理间房间的设计

管理间主要为安装楼层信息通信网络系统设备的场地，并应在该场地内设置缆线竖井、等电位接地体、电源插座、UPS电源、配电箱等设施。

1）管理间数量的确定

管理间数量应按所服务楼层面积及工作区信息点的密度与数量来确定。每个楼层一般宜至少设置1个管理间。如果每层信息点数量较少，且水平缆线长度不大于90 m，也可以几个楼层合设一个管理间。管理间数量的设置宜按照以下原则：

如果该层信息点数量不大于400个，水平缆线长度在90 m范围以内，宜设置一个管理间，当超出这个范围时宜设置两个或多个分管理间。

在实际工程应用中，如学生公寓具有信息点密集、使用时间集中、楼道很长等特点，为了方便管理和保证网络传输速度或者节约布线成本，也可以按照100~200个信息点设置1个分管理间，将分管理间机柜明装在楼道。

2）管理间位置的确定

各楼层管理间一般设计在建筑物的弱电竖井内，竖向缆线管、槽或桥架一般也都设计在上下对齐的竖井内。实际工程设计中，建筑物的竖井由结构工程师设计。

管理间内不应设置水管、风管、低压配电缆等。

3）管理间面积的确定

管理间的使用面积不应小于5 m^2，也可根据工程中配线管理和网络管理的容量进行调整。一般新建建筑物都有专门的垂直竖井，楼层的管理间一般都设计在建筑物竖井内，早年面积为3 m^2左右。在小型网络工程中管理间也可能只是一个网络机柜。

管理间一般安装落地式机柜，单排机柜前面的净空不应小于1 000 mm，后面的净空不应小于800 mm，方便安装和运维。安装壁挂式机柜时，一般在楼道明装，安装高度不小于1.8 m。

4）管理间高度

管理间内的高度应满足建筑物梁下净高不应小于2.5 m。

5）管理间门的要求

通常管理间应采用外开防火门，门的防火等级应按建筑物等级类别设定，一般采用乙级及以上等级的防火门，门的高度不应小于2.0 m，净宽不应小于0.9 m，应满足净宽600 ~ 800 mm的机柜搬运通过的要求。

6）管理间地面的要求

管理间水泥地面应高出本楼层地面，不小于100 mm，或设置防水门槛，防止楼道水流入管理间。管理间室内地面应有防潮、防尘、防静电等措施。

7）管理间电源的设计要求

管理间应设置不少于2个单相交流220 V/10 A电源插座，每个电源插座的配电线路均应安装保护器。注意GB 50311标准明确规定，设备供电电源应另行配置。

8）管理间环境的设计要求

管理间内工作温度应为10 ~ 35 ℃，相对湿度宜为20% ~ 80%。一般应该考虑网络交换机等有源设备发热对管理间温度的影响，应采取安装排气扇、空调等措施，保持管理间夏季温度也不超过35 ℃，保证设备的安全可靠运行。

2. 管理间设备的设计

1）机柜的设计

一般情况下，综合布线系统的配线设备和计算机网络设备采用19英寸标准机柜安装。机柜尺寸通常为600 mm（宽）× 600 mm（深）× 2 000 mm（高），共有42 U的安装空间。机柜内可安装光纤配线架、网络配线架、光纤连接盘、RJ-45配线模块、110通信跳线架、理线架、以太网交换机设备等。

如果按建筑物每层电话和数据信息点各为200个考虑配置上述设备，大约需要有2个19英寸（42U）的机柜空间，以此测算电信间面积不应小于5 m^2（2.5 m × 2.0 m）。布线系统设置内网、外网或弱电专用网时，19英寸机柜应分别设置，并在保持一定间距或空间分隔的情况下设计电信间的面积。

目前，高密度配线架的推出对管理间的空间有了更高的要求，800 mm宽的19英寸机柜已被广泛应用，需要增加电信间的面积。

2）配线架的设计

管理间的配线架包括光纤配线架、网络配线架、语音配线架、110通信跳线架等。设计原则按照7.2条中，光纤配线架端口数量大于光纤信息点数量2倍，电缆配线架端口数量大于电缆信息点数量的原则。

3）配线模块设计

配线模块设计应满足主干缆线容量和类型的原则。电缆必须配置电缆模块；超五类电缆配置超五类模块；六类电缆配置六类模块；非屏蔽系统配置非屏蔽模块；屏蔽系统配置屏蔽模块；光缆必须配置光缆模块；SC口配置SC连接器光缆跳线；ST口配置ST连接器跳线等。

4）跳线设计

在管理间的设计中，坚持设备跳线满足终端设备数量的原则，必须按照前端计算机、打印机等终端设备的数量配置设备跳线，保证每台终端设备信道都有跳线连接到交换机。

信息点配置的跳线按照比例配置，宜为信息点总数的25% ~ 50%。这是因为综合布线系统工程竣工后，前期信息点的开通率比较低，不需要在每个信息点配置跳线。

5）管理设计

对管理间的跳线和理线需要进行专门的设计。例如：设计缆线的编号和标识标志，设计管理间内和机柜内的布线路由，设计缆线的预留长度，设计缆线绑扎方法、间距和材料，设计各种配线架安装位置，预留交换机等设备位置等。

7.4 管理间子系统设计案例

7.4.1 跨层管理间设计案例

近年来，在新建的建筑物中，每层都考虑到管理间，并给网络等留有专门的弱电竖井，便于安装网络机柜等管理设备。图7-8所示为西元科技园研发楼跨层管理间安装位置示意图，该研发楼水平子系统采用跨层布线方式，二层信息点的桥架位于大楼一层，三层信息点的桥架位于大楼二层，四层信息点的桥架位于大楼三层，四层没有管理间。从图中我们可以看到，一、二层管理间位于大楼一层，其中一层的缆线从地面进入竖井，二层的缆线从桥架进入大楼一层竖井内，然后接入一层的管理间配线机柜。三层缆线从桥架、竖井进入二层的管理间，四层缆线从桥架进入三层的管理间。

7.4.2 同层管理间安装案例

一般在弱电井或楼道安装壁挂式机柜作为楼层管理间，这时信息点与机柜在同一个楼层，如图7-9所示。

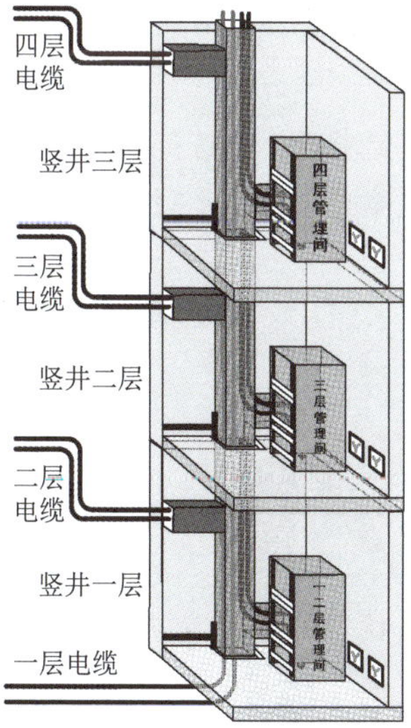

图7-8 跨层管理间示意图

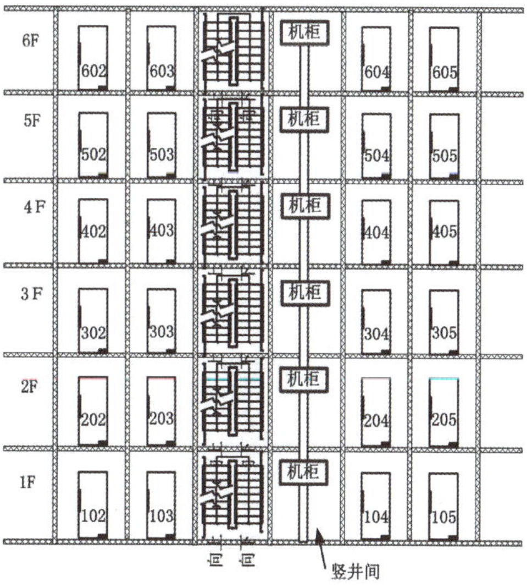

图7-9 同层管理间示意图

7.4.3 建筑物楼道明装方式

在学校宿舍信息点比较集中、数量多的情况下，我们考虑将网络机柜安装在楼道的两侧，作为管理间，如图7-10所示，这样可以减少水平布线的距离，同时也方便网络布线施工的进行。

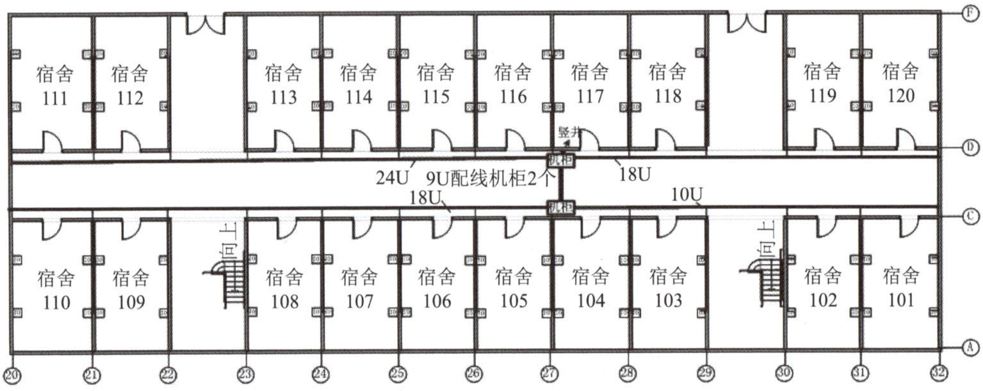

图7-10　楼道明装网络机柜示意图

7.5　管理间子系统的安装技术

7.5.1　机柜安装要求

管理间的机柜、配线箱等设备的规格、容量、位置应符合设计文件要求，安装应符合下列规定。

（1）机柜等设备的垂直偏差度不应大于3 mm。

（2）机柜上的各种零件安装牢固，横平竖直，不得脱落或碰坏。

（3）机柜、配线架等设备的漆面等外表面不应有脱落及划痕。

（4）机柜、配线架端口标记等设备的各种标志应完整、清晰。

（5）机柜门扇和门锁的启闭应灵活、可靠、美观。

（6）机柜、配线箱及桥架等设备的安装应牢固。有抗震要求时，应按抗震设计进行加固。

（7）在楼道、走廊等公共场所安装配线箱时，壁嵌式箱体底边距地不宜小于1.5 m，墙挂式箱体底面距地不宜小于1.8 m。

如图7-11所示为管理间配线架设备与理线的安装技能展示照片。请扫描二维码观看或下载图7-11彩色高清图片。

文件

图7-11
彩色高清图片

图7-11　管理间配线架设备与理线的安装技能展示照片

7.5.2　电源安装要求

管理间的电源插座一般安装在网络机柜的附近，安装220 V（三孔）电源插座。如果是新建建筑，一般要求在土建施工过程中按照施工图上标注的位置安装到位。

7.5.3　住宅信息箱的安装

为了详细说明管理间设备的安装过程，方便实操与实训，我们以大家常见的住宅信息箱为例介绍安装方法。

1. 住宅信息箱结构组成与功能模块

住宅信息箱是统一管理住宅内的电话、传真、电脑、电视机、影碟机、音响、安防监控设备和其他智能家居设备的家庭信息平台。住宅信息箱可实现各类弱电信息布线在户内的汇集、分配的需求，并方便集中管理各类用户终端适配器。它可以使家中各种电器、通信设备、安防报警、智能控制等设备功能更强大，使用更方便，维护更快捷，扩展更容易。图7-12所示为住宅信息箱及其系统示意图，能够直接明装或者嵌入式安装在土建墙、装饰墙等各种墙面或墙体中。

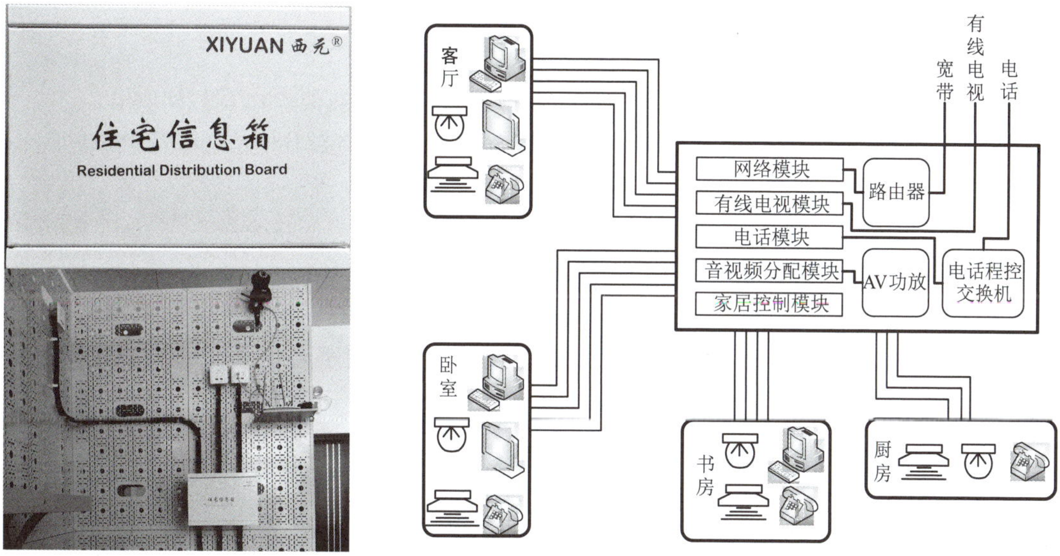

图7-12　住宅信息箱及其系统示意图

住宅布线系统实训模块是西安开元电子实业有限公司为世界技能大赛（WSC）专门设计生产的产品，由住宅信息箱、信息插座（TO）和波纹软管等组成。住宅信息箱按照2013年德国莱比锡第42届世界技能大赛（WSC）项目2，信息网络布线（WSC-TP02）模块3住宅布线系统竞赛要求设计，完全符合WSC-TP02项目竞赛需求，西元公司因此成为第42届世界技能大赛官方赞助商，西元产品成为该赛项指定产品，日本、韩国、新加坡、阿联酋等全世界各个参赛队都在使用西元产品进行集训和竞赛。

2. 住宅信息箱设备安装规范

住宅信息箱安装时，首先必须认真研读图纸和技术要求，特别注意工作任务的种类、缆线长度、路由和端接位置、现场管理等，并且在施工过程中规范安装，优先保证工作质量，在规定时间完成工作任务。住宅信息箱的安装分为配线架安装和信息插座安装与布线两个阶段，下面就各阶段的安装规范分别做介绍说明。

1）配线架安装

按照图纸规定安装配线架，要求安装位置正确，横平竖直，安装牢固，没有松动。

2）信息插座安装与布线

按照图纸规定的位置和路由完成全部电缆、光缆、闭路线的布线，并安装信息插座。

（1）电缆布线要求布管路由正确，管卡安装位置合理，管接头安装牢固；两端预留电缆长度合适，线标规范，信息箱内理线合理规范。

（2）光缆布线要求布管路由正确，横平竖直，拐弯曲率半径合理美观，管卡安装位置合理，管接头安装牢固；光缆两端预留长度合适，信息箱内理线合理规范。如果采用冷接方式安装快速连接器，要求冷接质量合格，插接位置正确。

（3）闭路布线要求布管路由正确，横平竖直，拐弯曲率半径合理美观，管卡安装位置合理，管接头安装牢固；电缆两端预留长度合适，信息箱内理线合理规范。同时要求两端安装F端子。

3. 住宅信息箱的安装方法

住宅信息箱有明装和暗装两种安装方式。

1）住宅信息箱明装方法

第一步：打开住宅信息箱，将信息箱内网络配线架、光纤配线架、TV配线架取出。

第二步：按照设计位置，根据墙体的材料选用M6螺丝或自攻丝将住宅信息箱固定在墙面上。

第三步：选择与住宅信息箱对应的孔布管、穿线。

第四步：根据设计图纸穿线，并且在箱内预留合适的长度，方便端接。

第五步：进行配线架端接及安装配线架。

2）住宅信息箱暗装方法

第一步：住宅信息箱一般安装在住宅入口或门厅，安装高度距离地面宜为500 mm，请遵守相关标准和规范。

第二步：土建阶段按照设计图纸预留洞口，预留洞口必须大于箱体尺寸。

第三步：电气安装阶段，首先将箱体安装在预留的洞口内，保持箱体与墙壁平齐，同时将各种线管与箱体连接牢固，并将箱体接地，清理金属管口的毛刺，最后用水泥砂浆填充缝隙。

第四步：墙面粉刷完成后，再将门扇用螺钉与箱体固定，保持门扇水平。

第五步：根据设计图纸穿线，并且在箱内预留合适的长度，方便端接。

4. 住宅信息箱内设备功能与连接

（1）网络配线架用于电缆布线系统，配置6口RJ-45模块，背面安装水平电缆，正面安装网络跳线，如图7-13所示。

图7-13　9英寸6口网络配线架

配线架端接方法：

第一步：剥开双绞线外绝缘护套，长度不超过20 mm，如图7-14所示；

第二步：拆开4对双绞线，如图7-15所示；

图7-14　剥开双绞线外绝缘护套

图7-15　拆开4对双绞线

第三步：按照配线架模块所标线序，将双绞线放入端接口中，如图7-16所示；

第四步：使用打线钳压接线芯，使其与模块刀片可靠连接，如图7-17所示。

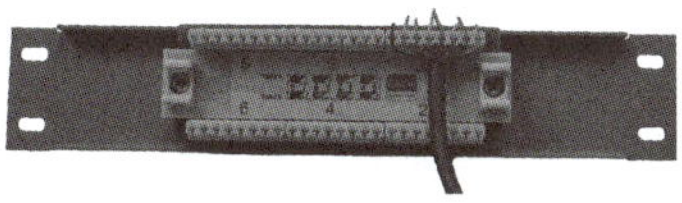

图7-16　双绞线放入端接口

图7-17　配线架端接

（2）光纤配线架用于光缆布线系统，配置4个双口SC光纤耦合器，背面安装SC口光纤接头，正面安装SC口光纤跳线，如图7-18所示。

图7-18　9英寸4x2口 SC光纤配线架

（3）TV配线架将一路输入电视信号分成多路输出信号，供多台电视机使用。入户电视线插接在输入口，输出口与电视机跳线连接，如图7-19所示。

图7-19　9寸1进4出TV配线架

（4）同轴电缆的F头制作步骤如下：

第一步：剥线。剥去同轴电缆外皮，留出约10 mm。将屏蔽层向后捋，并剪去铝箔层，剥去内绝缘层留出芯线，如图7-20所示。

第二步：安装和固定F头。铜芯一般应留10 mm左右，然后插入F头，铜芯应高出F头外口约5 mm，如图7-21所示；

第三步：固定F头卡环，用F头卡环把电缆卡牢，F头卡环距F头帽头应为2～3 mm左右，如图7-22所示。

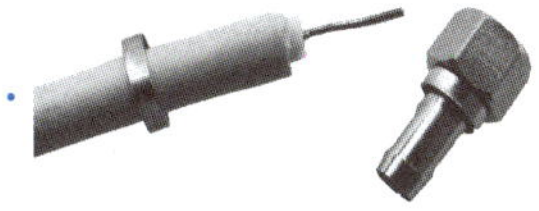

图7-20　剥线

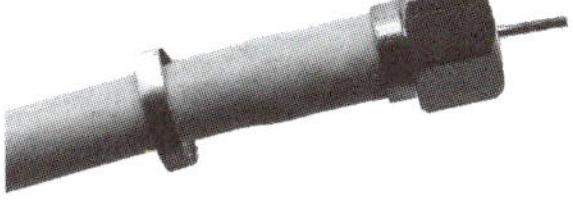

图7-21　安装和固定F头

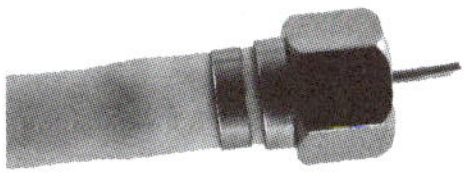

图7-22　固定F头卡环

7.5.4　通信跳线架的安装

通信跳线架主要用于语音配线系统。一般采用110跳线架，主要是程控交换机过来的跳线与到桌面终端的语音信息点连接线之间的连接和跳接部分，便于管理、维护、测试。其安装步骤如下：

第一步：取出110跳线架和螺丝。

第二步：利用十字螺丝刀把110跳线架用螺丝直接固定在网络机柜的立柱上，如图7-23所示。

第三步：理线。

第四步：按打线标准把每个线芯按照顺序压接在跳线架下层模块端接口中。

第五步：利用五对打线刀把5对连接模块，用力垂直压接在110跳线架上，完成模块端接，如图7-24所示。

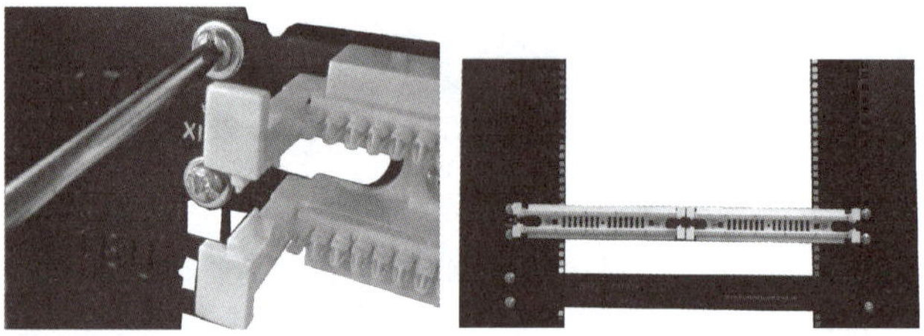

图7-23　固定110型通信跳线架

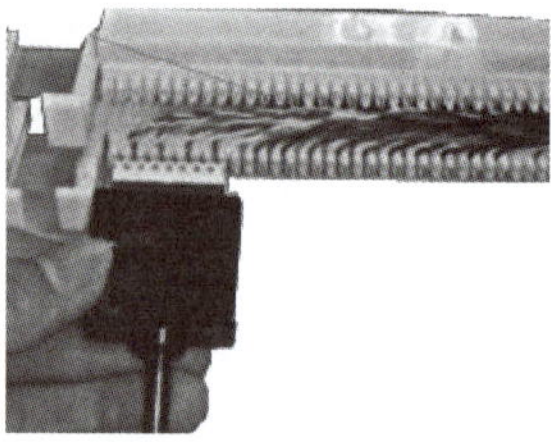

图7-24　端接模块

7.5.5　理线环的安装

理线环的安装步骤如下：

第一步：取出理线环和配件及螺丝包，如图7-25所示。

第二步：将理线环安装在网络机柜的立柱上，如图7-26所示。

图7-25　理线环

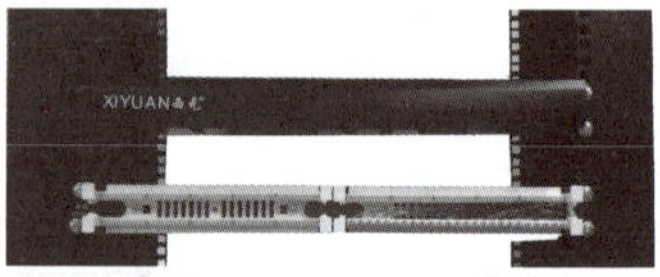

图7-26　安装理线环

7.5.6　网络配线架的安装

1. 网络配线架的安装要求

（1）在机柜内部安装配线架前，首先要进行设备位置规划或按照图纸确定位置，统一考虑机柜内部的跳线架、配线架、理线环、交换机等设备，同时考虑跳线方便。

（2）缆线采用地面出线方式时，一般缆线从机柜底部穿入机柜内部，配线架宜安装在机柜下部。采取桥架出线方式时，一般缆线从机柜顶部穿入机柜内部，配线架宜安装在机柜上部。缆线采取从机柜侧面穿入机柜内部时，配线架宜安装在机柜中部。

（3）配线架应该安装在左右对应的孔中，水平误差不大于2 mm，更不允许错位安装。

2. 网络配线架的安装步骤

第一步：检查配线架和配件完整。

第二步：将配线架安装在机柜设计位置的立柱上，如图7-27所示。

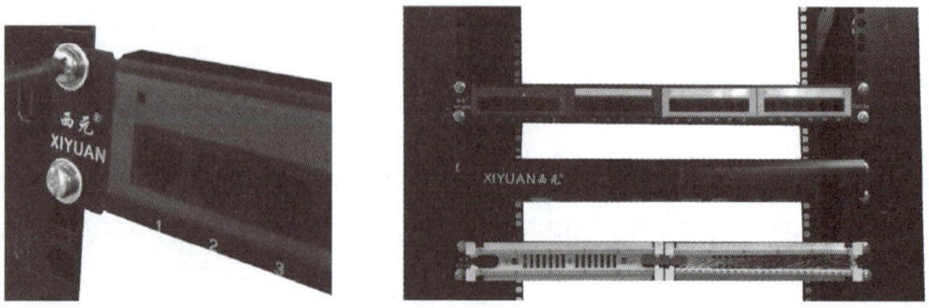

图7-27　固定网络配线架

第三步：盘线和理线。将进入机柜的缆线按照区域、线束进行整理和绑扎，多余缆线整理成盘放置在机柜内，如图7-28所示。

第四步：端接打线。注意每个配线架端接的缆线必须在该配线架高度以内，不要高于或低于该配线架，占用其他设备的空间位置，如图7-29所示。

图7-28　盘线和理线

图7-29　网络配线架模端接示意图

第五步：做好缆线标记，安装标签条等。

7.5.7　交换机的安装

交换机安装前首先检查产品合格，收集和保存配套资料。一般包括交换机1台，支架2个，橡皮脚垫4个和螺钉4个，电源线1根，管理电缆1个。安装步骤如下：

第一步：从包装箱内取出交换机设备。

第二步：给交换机安装两个支架，注意支架方向，如图7-30所示。

第三步：将交换机放到机柜中设计好的位置，用螺钉固定到机柜立柱上。一般交换机上下要留一些空间用于空气流通和设备散热，如图7-31所示。

图7-30　安装交换机支架

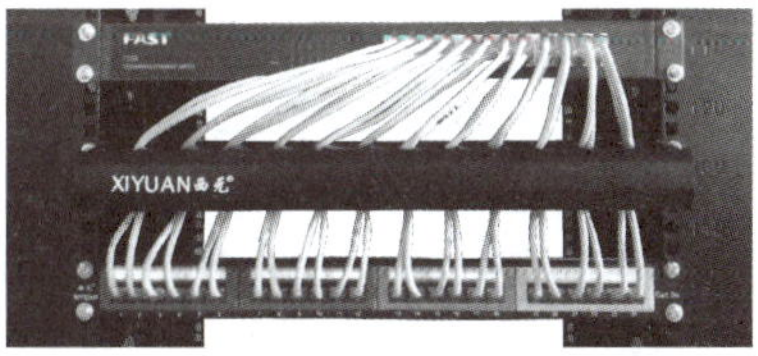

图7-31　安装交换机

第四步：将交换机外壳接地。把电源线插在交换机后面的电源接口。

第五步：检查安装质量合格。打开交换机电源，开启状态下查看交换机是否出现抖动现象，如果出现，请检查机柜上的固定螺丝松紧情况。

扩展知识6　从运维看电信间的优化设计

电信间通常称为楼层配线间，或俗称弱电间。它是一个特别重要的子系统，但往往是智能化工程领域最容易忽略的问题。下面通过配电系统及其监测、电信间内环境优化及监测、机柜中的缆线敷设规划三个层面讲述电信间的优化设计，为研究型读者提供建议。

请扫描“扩展知识6”二维码下载Word版查看详细内容。

文件

扩展知识6

习　　题

1. 填空题（20分，每题2分）

（1）________是连接垂直子系统和水平子系统的关键节点，一般设置在每个楼层的中间位置。（参考7.1.1）

（2）从管理间（电信间）至每一个工作区的水平光缆，宜按________芯光缆配置。（参考7.1.2）

（3）管理间安装有交换机等有源设备，因此应该设计________或者稳压电源。（参考7.2）

（4）综合布线系统的每条电缆、光缆、配线设备、端接点、安装通道和安装空间均应给定________的标志。（参考7.3.3）

（5）各楼层管理间一般设计在建筑物的________内，竖向缆线管、槽或桥架一般也都设计在________内。（参考7.3.4）

（6）管理间内不应设置________、________、低压配电缆线等。（参考7.3.4）

（7）管理间内的高度应满足，建筑物梁下净高不应小于________ m。（参考7.3.4）

（8）管理间（电信间）应设置不少于________个单相交流220 V/10 A电源插座盒，每个电源插座的配电线路均应装设________，设备供电电源应另行配置。（参考7.5.2）

（9）住宅信息箱有________和________两种安装方式。（参考7.5.3）

（10）在机柜内设备之间的安装距离至少留________的空间，便于设备的散热。（参考7.5.7）

2. 选择题（30分，每题3分）

（1）在综合布线系统中，管理间子系统包括了（　　）、二级交接间的缆线、（　　）及相关接插跳线等。（参考7.1.1）

A. 楼层配线间　　B. 配线架　　C. 水平电缆　　D. 网络模块

（2）楼层的每层信息点数量不大于400个，水平缆线长度在90 m范围以内，宜设置（　　）管理间，当超出这个范围时宜设（　　）管理间。（参考7.3.4）

A. 一个　　B. 两个　　C. 多个　　D. 两个或多个

（3）管理间的使用面积不应小于（　　），也可根据工程中配线管理和网络管理的容量进行调整。（参考7.3.4）

A. 2 m^2　　B. 3 m^2　　C. 5 m^2　　D. 10 m^2

（4）通常管理间应采用外开防火门，门的高度不应小于（　　）m，净宽不应小于（　　）m。（参考7.3.4）

A. 0.9　　B. 1.0　　C. 1.5　　D. 2.0

（5）管理间水泥地面应高出本楼层地面不小于（　　），或设置防水门槛，防止楼道水流入管理间。（参考7.3.4）

A. 50 mm　　B. 100 mm　　C. 150 mm　　D. 200 mm

（6）管理间内工作温度应为（　　），相对湿度宜为（　　）。（参考7.3.4）

A. 10 ~ 25 ℃　　B. 10 ~ 35 ℃　　C. 20% ~ 80%　　D. 25% ~ 80%

（7）管理间信息点配置的跳线应按照比例配置，宜为信息点总数的（　　）。（参考7.3.4）

A. 15% ~ 20%　　B. 15% ~ 50%　　C. 20% ~ 50%　　D. 25% ~ 50%

（8）机柜等设备的垂直偏差度不应大于（　　）。（参考7.5.1）

A. 1 mm　　B. 2 mm　　C. 3 mm　　D. 5 mm

（9）在楼道、走廊等公共场所安装配线箱时，壁嵌式箱体底边距地不宜小于（　　），墙挂式箱体底面距地不宜小于（　　）。（参考7.5.1）

A. 1.0 m　　B. 1.5 m　　C. 1.8 m　　D. 2.0 m

（10）缆线采用地面出线方式时，配线架宜安装在机柜（　　）。（参考7.5.5）

A. 上部　　B. 中部　　C. 下部　　D. 任意位置

3. 简答题（50分，每题10分）

（1）管理间（电信间）FD采用的设备缆线和各类跳线宜根据哪些要求配置？（参考7.1.2）

（2）简述管理间进行布线路由和理线的设计内容。（参考7.2）

（3）简述管理间子系统的设计流程。（参考7.3）

（4）简述住宅信息箱明装方法。（答案参考7.5.3）

（5）简述网络配线架的安装步骤。（参考7.5.7）

请扫描二维码下载单元7的习题Word版。

文件

单元7习题

实训8　永久链路端接技能训练

1. 实训任务来源

建筑物内楼层配线设备（FD）与工作区信息插座模块（TO）的连接需求，这是管理间子系统安装技能。

2. 实训任务

每人单独完成一组永久链路搭建，包括一个网络信息点，一个语音信息点的开通，具体链路如图7-32所示，本训练可同时进行3组链路的搭建，仿真信息点至管理间110跳线架，110跳线架至24口网络配线架的跳线。要求信息插座安装合格、波纹管安装合格、配线架安装合格、跳线架安装合格、5对连接块安装合格、路由正确、测试合格。

请扫描“图7-32Visio原图”二维码，下载Visio版原图，自行设计更多永久链路。

请扫描“图7-32彩色高清图片”二维码，观看或下载彩色高清图。

文件

图7-32 Visio原图

文件

图7-32 彩色高清图片

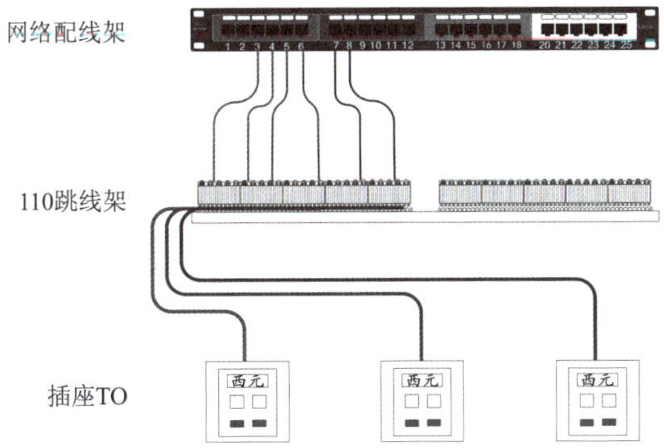

图7-32　链路构成示意图

3. 技术知识点

（1）熟悉GB 50311《综合布线系统工程设计规范》国家标准第2.1.7条。永久链路是信息点与楼层配线设备之间的传输线路。

（2）熟悉GB 50311《综合布线系统工程设计规范》国家标准第3.2.2条。永久链路由长度不大于90 m的水平电缆及最多3个连接器件组成。

视频

A122-网络配线架端接方法

4. 关键技能

（1）掌握信息插座的安装方式和端接方法。

（2）掌握永久链路安装与测试方法。

（3）掌握波纹管及接头安装方法。

5. 实训课时

（1）该实训共计2课时完成，其中技术讲解10分钟，视频演示20分钟，学员实际操作40分钟，永久链路测试与评判10分钟，实训总结、整理清洁现场10分钟。

（2）课后作业2课时，独立完成实训报告，提交合格实训报告。

视频

A123-西元110型通信跳线架端接方法

视频

永久链路端接技能训练

6. 实训指导视频

（1）A122-网络配线架端接方法（4分48秒）。

（2）A123-西元110型通信跳线架端接方法（8分29秒）。

（3）永久链路端接技能训练（6分55秒）

7. 实训材料

序号	名称	规格说明	数量	器材照片
1	5e类网线	超五类非屏蔽网线	15 m/组	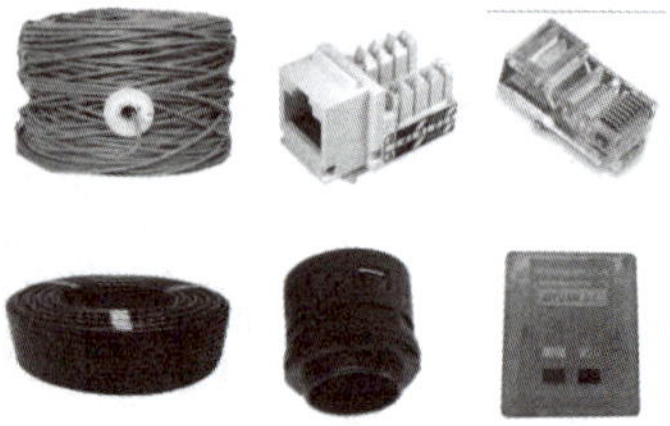
2	RJ-45网络模块	RJ-45，免打非屏蔽	6个/组	
3	RJ-45水晶头	超五类水晶头	4个/组	
4	波纹管	ϕ20黑色波纹管	4.5 m/组	
5	波纹管接头	ϕ25波纹管接头	6个/组	
6	双口面板	86×86型，含螺丝2个	3个/组	
7	底盒	86×86型，透明	3个/组	

8. 实训工具

序号	名称	规格说明	数量	工具照片
1	电缆剥线器	旋转式剥线器，用于剥除外护套	1个	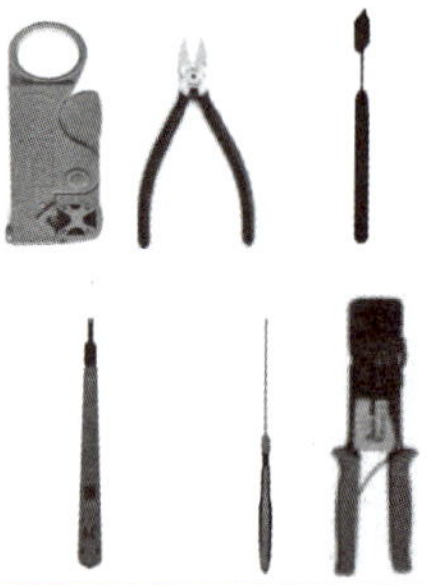
2	五对打线刀	五对110型打线刀	1把	
3	水口钳	6寸水口钳，用于剪齐线端	1把	
4	110打线刀	单对110型打线刀	1把	
5	十字螺丝刀	ϕ6×150 mm	1把	
6	网线钳	支持RJ-45与RJ-11水晶头压接	1把	

9. 实训设备

西元数实融合综合布线实训装置（型号KYPXZ-01-55）或西元信息技术技能实训装置（型号KYPXZ-01-53）。

本实训装置按照典型工作任务和关键技能训练需要专门研发，配置有信息插座底盒、面板、波纹管、110跳线架、网络配线架等，可安装波纹管、PVC线管、PVC线槽等，能够仿真典型永久链路。

10. 实训步骤

1）预习和播放视频

课前应预习，初学者提前预习，请多次认真观看永久链路端接技能训练实操视频，熟悉关键技能和评判标准，熟悉线序。

实训时，教师首先讲解技术知识点和关键技能10分钟，然后播放视频20分钟。更多可参考教材2.2.2、4.2、5.5.2、5.5.3相关内容。

2）器材工具准备

建议在播放视频期间，教师准备和分发。

（1）按照第7条实训材料表发放实训材料。

（2）学员检查材料规格正确、数量合格。

（3）按照第8条实训工具发放工具。

（4）本实训要求学员独立完成，优先保证质量，掌握方法。

3）永久链路端接训练步骤和方法

第一步：研读图纸。

反复研读图7-33永久链路端接路由示意图，掌握链路路由后才能开始操作。

请扫描“图7-33Visio原图”二维码，下载Visio版原图，自行设计更多永久链路。

请扫描“图7-33彩色高清图片”二维码，观看或下载彩色高清图片。

文件

图7-33
Visio原图

文件

图7-33
彩色高清图片

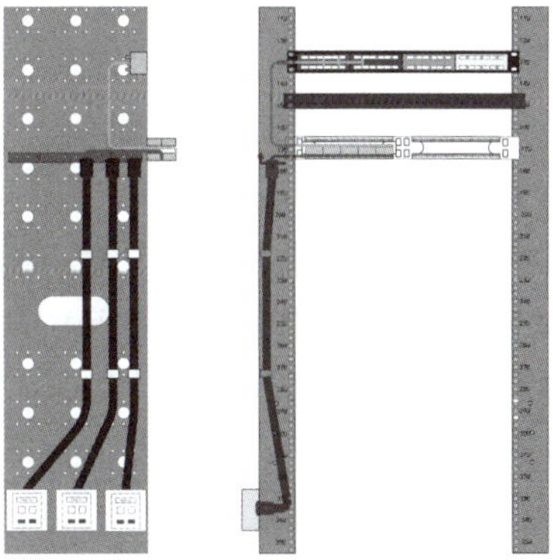

图7-33　永久链路端接路由示意图

第二步：安装底盒和波纹管接头安装板。

按照如图7-34所示位置，使用M5螺丝将信息插座底盒安装在立柱上，3个信息插座均为明装方式。如图7-35所示，使用M6螺丝将波纹管接头安装板安装在立柱内侧。图7-36所示为波纹管接头安装板实物图。

图7-34　安装位置

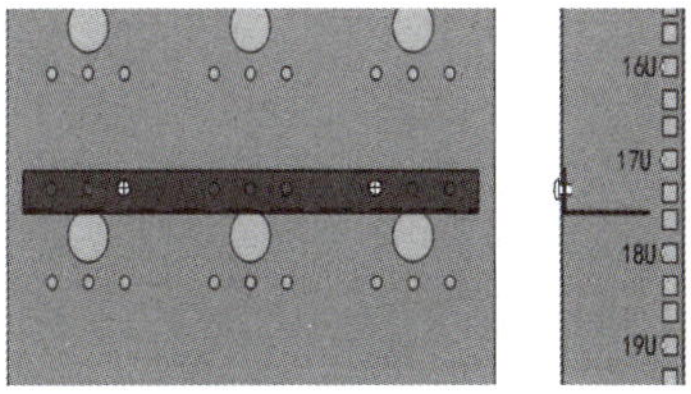

图7-35　安装板位置

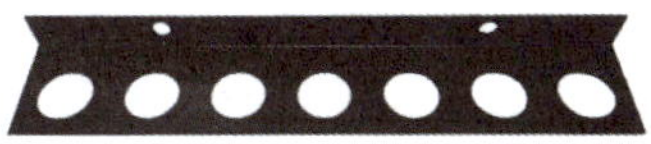

图7-36　波纹管接头安装板

第三步：安装波纹管。

（1）安装波纹管接头，方法如图7-37所示。

① 下螺母　②将波纹管穿入接头　③将接头穿入底盒　④安装螺母

图7-37　波纹管接头安装示意图

（2）使用M6螺丝安装管卡，用于固定波纹管。

（3）波纹管另一端，如图7-38所示安装在安装板上。

图7-38　波纹管安装示意图

第四步：穿线。

（1）每个信息插座端接2个网络模块，即每个波纹管穿2根5e类网线，电缆两端应贴有标签，标明编号，标签书写应清晰、端正和正确。

例如：信息插座从左到右依次为A、B、C，则电缆两端标签可为：A1-A1、A2-A2，B1-B1、B2-B2，C1-C1、C2-C2。

（2）将带有标签的电缆穿入对应的波纹管（注意：穿线应从信息插座穿向跳线架）。

第五步：端接。

（1）根据实训3所示方法，按照编号顺序端接网络模块，将端接完成的模块卡装在信息面板上。例如，A1端接在信息插座A左边模块，A2端接在信息插座A右边模块。

（2）如图7-39所示，按照T568B线序，将电缆另一端按照A1、A2、B1、B2、C1、C2的顺序端接在110跳线架下层，并端接五对连接块。

（3）端接第二组链路，五对连块上层-网络配线架模块。

①裁剪6根5e类网线，如图7-40所示，按照T568B线序将电缆端接在五对连接块上层，按照A1、A2、B1、B2、C1、C2的顺序端接。

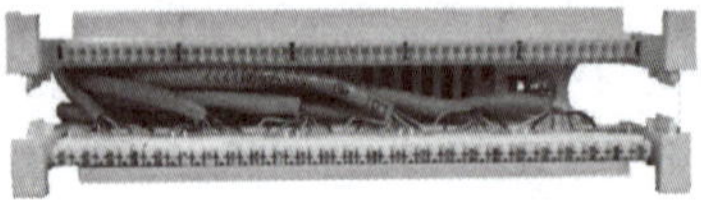

图7-39　五对连接块下层端接示意图

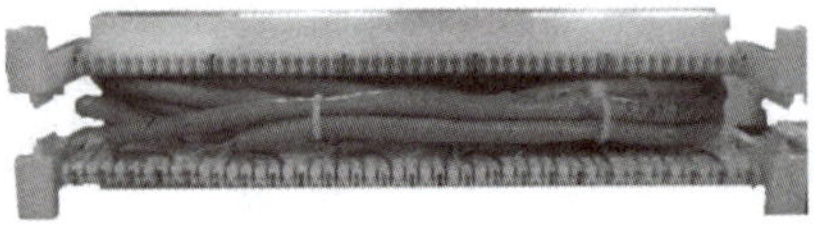

图7-40　五对连接块上层端接示意图

②按照顺序将电缆的另一端，端接在网络配线架背面第3-8模块，即A1-3、A2-4、B1-5、B2-6、C1-7、C2-8。

第六步：安装面板。

（1）如图7-41所示，使用螺丝将面板安装在底盒上。

图7-41　信息面板安装示意图

（2）编制信息点编号表。

按照图7-42所示规定，编制信息点编号，并且在信息插座面板粘贴编号标签。

例如，信息插座A左边信息点编号为：FD1-1-3-AZ-1。

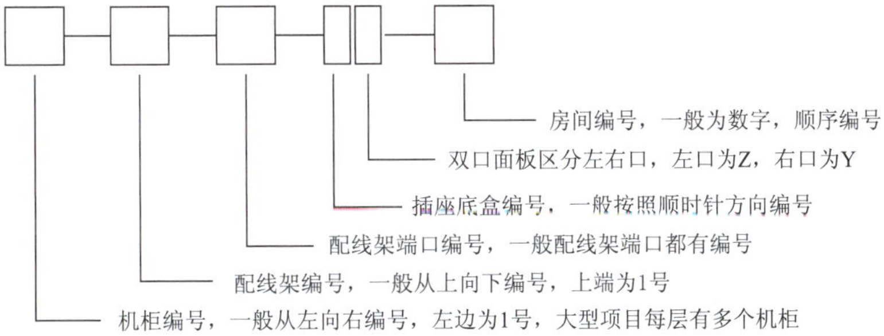

图7-42　信息点编号规定

第七步：链路检查和测试。

图7-43所示为永久链路通断测试示意图，使用两根网络跳线分别连接到测线仪下排端口和上排插口，进行永久链路的通断测试，具体方法如下：

（1）第1根跳线一端插在测线仪下排端口，另一端插在信息面板模块。

（2）第2根跳线一端插在测线仪上排端口，另一端插在信息面板模块对应的网络配线架端口。

请扫描“图7-43Visio原图”二维码，下载Visio版原图，自行设计更多永久链路的测试。

请扫描“图7-43彩色高清图片”二维码，观看或下载彩色高清图片。

文件

图7-43
Visio原图

文件

图7-43
彩色高清图片

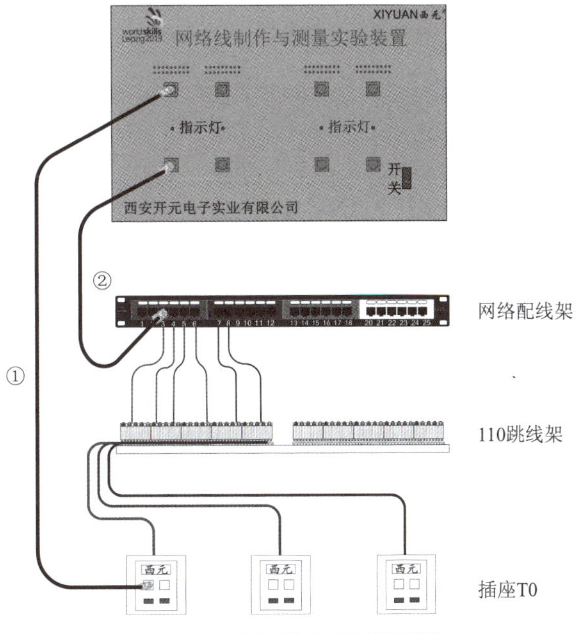

图7-43　永久链路通断测试图

（3）观察测线仪指示灯。

①如果指示灯按照1-1、2-2、3-3、4-4、5-5、6-6、7-7、8-8顺序轮流重复闪烁时，说明永久链路电气连接合格。

②如果有1芯或多芯没有压接到位，对应的指示灯不亮。

③如果有1芯或多芯线序错误时，对应的指示灯将显示错误的线序。

也可以使用网络分析仪进行永久链路测试，或者使用测线器进行通断测试。如图7-44所示。

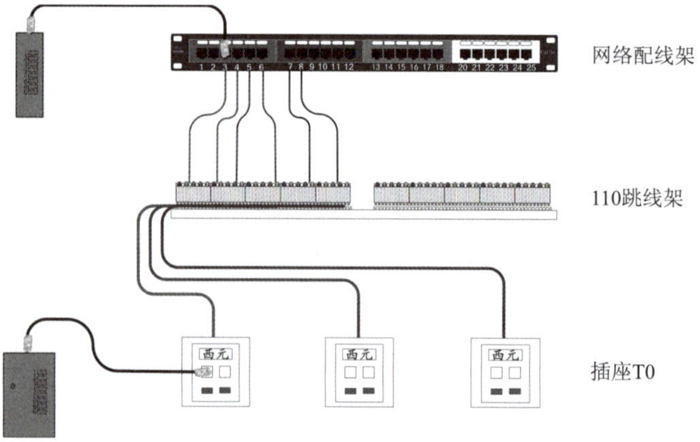

图7-44　永久链路通断测试示意图

11. 评判标准

评判标准和评分表见表7-1，每个永久链路100分，6个永久链路600分。

表7-1　永久链路安装与测试训练评判表

姓名/永久链路编号	永久链路合格100分不合格0分	操作工艺评价（每处扣5分）						评判结果得分	排名
		信息插座安装合格10分	波纹管安装合格10分	配线架安装合格30分	5对连接块安装合格30分	路由正确10分	测试合格10分		

12. 实训报告

文件

实训8

请按照单元1表1-1所示的实训报告模板要求，独立完成实训报告，2课时。

请扫描“实训8”二维码下载Word版。

单元8

垂直子系统的设计和安装技术

通过本单元学习，了解垂直子系统的设计思路和方法，并且掌握安装和施工技术。

学习目标

- 掌握垂直子系统常用器材的类别和性能。
- 掌握垂直子系统的设计方法和安装技术。

8.1 垂直子系统的基本概念和工程应用

在GB 50311—2016国家标准中把垂直子系统称为干线子系统，为了便于理解和工程行业习惯叫法，我们仍然称为垂直子系统。它是综合布线系统中非常关键的组成部分，由设备间子系统与管理间子系统的引入口之间的布线组成，两端分别连接在设备间和楼层管理间的配线架上。它是建筑物内综合布线系统的主干缆线，垂直子系统一般使用光缆传输。图8-1所示为垂直子系统应用案例示意图。请扫描二维码观看或下载图8-1彩色高清图片。

文件

图8-1
彩色高清图片

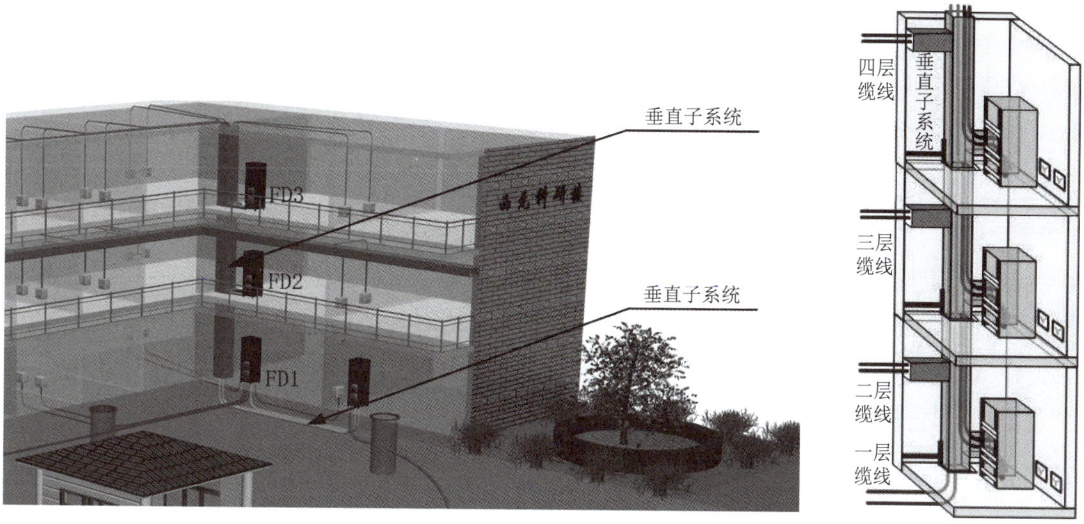

图8-1 垂直子系统应用案例示意图

垂直子系统的布线也是一个星型结构，从建筑物设备间向各个楼层的管理间布线，实现大楼信息流的纵向连接，图8-2所示为垂直子系统布线原理图。在实际工程中，大多数建筑物都是垂直向高空发展的，因此很多情况下会采用垂直型的布线方式。但也有很多建筑物是横向发展，如飞机场候机厅、工厂仓库等建筑，这时也会采用水平型的主干布线方式。因此主干缆线的布线路由既可能是垂直型的，也可能是水平型的，或是两者的综合。

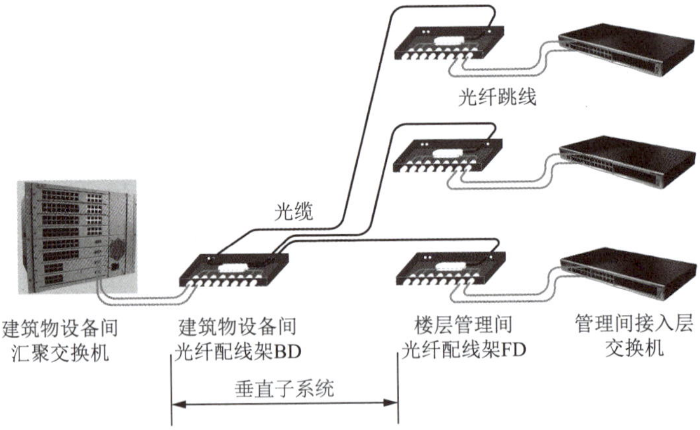

图8-2　垂直子系统布线原理图

8.2　垂直子系统的信道长度规定

在GB 50311—2016国家标准第3章系统设计中，明确规定垂直子系统的信道长度应符合下列规定：

（1）如图8-3所示，垂直子系统信道应包括主干缆线、跳线和设备缆线。

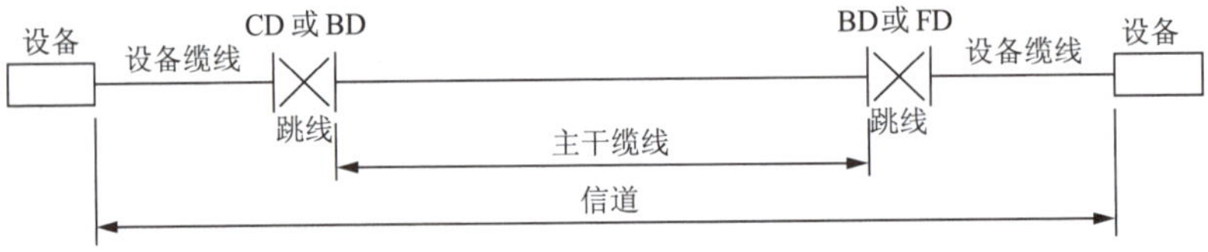

图8-3　垂直子系统信道连接方式

（2）垂直子系统信道长度计算方法应符合表8-1的规定。

表8-1　垂直子系统信道长度计算　　单位：m

类别	等级							
	A	B	C	D	E	E_A	F	F_A
5	2 000	B=250-FX	B=170-FX	B=105-FX	-	-	-	-
6	2 000	B=260-FX	B=185-FX	B=111-FX	B=105-3-FX	-	-	-
6_A	2 000	B=260-FX	B=189-FX	B=114-FX	B=108-3-FX	B=105-3-FX	-	-
7	2 000	B=260-FX	B=190-FX	B=115-FX	B=109-3-FX	B=107-3-FX	B=105-3-FX	-
7_A	2 000	B=260-FX	B=192-FX	B=117-FX	B=111-3-FX	B=105-3-FX	B=105-3-FX	B=105-3-FX

表8-1说明如下：

①计算公式中的A栏2 000表示光纤信道应支持的应用长度不应小于2 000 m，这只是对本标

准适用的建筑与建筑群而言。

②符号说明如下：

- B为主干缆线的长度（m）；
- F为设备缆线与跳线总长度（m）；
- X为设备缆线的插入损耗（db/m）与主干缆线的插入损耗（db/m）之比；
- 3为余量，以适应插入损耗值的偏离。

③当信道包含的连接点数与图8-3所示不同，当连接点多于或小于6个时，缆线敷设长度应减少或增加。减少与增加缆线长度的原则为：5类电缆，按每个连接点对应2 m计；6类、6_A类和7类电缆，按每个连接点对应1 m计。

④连接FD～BD、BD～BD、FD～CD、BD～CD的主干电缆的应用长度会受到工作环境温度的影响。当工作环境温度超过20 ℃时，屏蔽电缆长度按每摄氏度减少0.2%计算，对非屏蔽电缆长度则按每摄氏度减少0.4%（20～40 ℃）和每摄氏度减少0.6%（＞40～60 ℃）计算。

8.3 垂直子系统的设计原则

在垂直子系统设计中，一般要遵循以下原则：

（1）星形拓扑结构的原则。垂直子系统必须为星形网络拓扑结构。

（2）保证传输速率的原则。垂直子系统首先考虑传输速率，一般选用光缆。

（3）无转接点的原则。由于垂直子系统中的光缆或电缆路由比较短，而且跨越楼层或区域，因此在布线路由中，不允许有接头或CP集合点等各种转接点。

（4）语音和数据电缆分开的原则。在垂直子系统中，语音和数据往往用不同种类的缆线传输，语音电缆一般使用大对数电缆，数据一般使用光缆。由于语音和数据传输时工作电压和频率不相同，往往语音电缆工作电压高于数据电缆工作电压，为了防止语音传输对数据传输的干扰，必须遵守语音电缆和数据电缆分开敷设的原则。

近年来发达国家已经开始普遍使用4对双绞线网络电缆，作为语音系统电缆使用，信息插座也使用RJ-45模块，语音配线架或语音交换机也使用RJ-45口。

（5）大弧度拐弯的原则。垂直子系统主要使用光缆传输数据，且对数据传输速率要求高，涉及终端用户多，一般会涉及一个楼层的很多用户。因此在设计时，垂直子系统的缆线应该垂直安装，如果在路由中间或出口处需要拐弯时，不能直角拐弯布线，必须设计大弧度拐弯，保证缆线的曲率半径。

（6）满足整栋大楼需求的原则。由于垂直子系统连接大楼的全部楼层或区域。

（7）布线系统安全的原则。由于垂直子系统涉及每个楼层，并且连接建筑物的设备间和楼层管理间交换机等重要设备，布线路由一般使用金属桥架，因此在设计和施工中要加强接地措施，预防雷电击穿破坏，还要防止缆线遭破坏，并且注意与强电保持较远的距离，防止电磁干扰等。

8.4 垂直子系统的设计步骤和方法

垂直子系统的设计步骤一般为，首先进行需求分析，与用户进行充分的技术交流，了解建筑物用途；然后认真阅读建筑物设计图纸，确定建筑物竖井、设备间和管理间的具体位置；其次进行初步规划和设计，确定垂直子系统布线路径；最后确定布线材料规格和数量，编制材料规格和数量统计表，其设计步骤如图8-4所示。

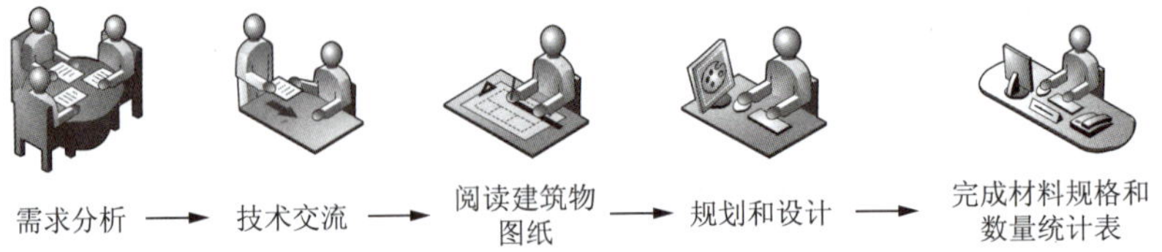

图8-4　垂直子系统设计步骤

8.4.1　需求分析

需求分析是综合布线系统设计的首项重要工作，垂直子系统是综合布线系统工程中最重要的一个子系统，直接决定每层全部信息点的稳定性和传输速率。主要涉及布线路径、布线方式和材料的选择。

需求分析首先按照楼层高度进行分析，分析设备间到每个楼层管理间的布线距离、布线路径，逐步明确和确认垂直子系统布线材料。

8.4.2　技术交流

在进行需求分析后，要与用户进行技术交流，这是非常必要的。

8.4.3　阅读建筑物图纸

通过阅读图纸掌握建筑物的竖井、设备间和管理间位置及土建结构、强电路径，重点掌握在垂直子系统路由上的电器设备、电源插座、暗埋线管等。

8.4.4　规划和设计

垂直子系统的缆线直接连接着几层或几十层的用户，如果发生故障，则影响巨大。为此，我们必须十分重视垂直子系统的设计工作。

根据综合布线的标准及规范，应按下列设计要点进行垂直子系统的设计工作。

1. 确定缆线类型

垂直子系统缆线主要有光缆和电缆两种类型，要根据布线环境的限制和用户对设计等级的要求确定。垂直子系统所需要的电缆总对数和光纤总芯数，应满足工程的实际需求，并留有适当的备份容量。主干缆线宜设置电缆与光缆，并互相作为备份路由。

2. 垂直子系统路径的选择

垂直子系统主干缆线应选择最短、最安全和最经济的路由，一端与建筑物设备间连接，另一端与楼层管理间连接。路由的选择要根据建筑物的结构以及建筑物内预留的电缆孔、电缆井等通道位置而决定。建筑物内一般有封闭型和开放型两类通道，宜选择带门的封闭型通道敷设垂直缆线。开放型通道是指从建筑物的地下室到楼顶的一个开放空间，中间没有任何楼板隔开。封闭型通道是指一连串上下对齐的空间，每层楼都有一间电缆竖井、电缆孔、管道电缆、电缆桥架等穿过这些房间的地板层。

3. 缆线容量配置

主干电缆和光缆所需的容量要求及配置应符合以下规定：

（1）语音业务，大对数主干电缆的对数应按每一个电话通用插座配置1对线，并在总需求线对的基础上至少预留约10%的备用线对。

（2）对于数据业务每台交换机至少应该配置1个主干端口。主干端口为电端口时，应按4对线容量配置，为光端口时则按2芯光纤容量配置。

4. 垂直子系统缆线敷设保护方式

（1）缆线不得布放在电梯或供水、供气、供暖管道竖井中，也不应布放在强电竖井中。

（2）管理间、设备间、进线间之间干线通道应连通。

5. 垂直子系统干线缆线交接

为了便于综合布线的路由管理，干线电缆、干线光缆布线的交接不应多于两次。从楼层配线架到建筑群配线架之间只应通过一个配线架，即建筑物配线架（在设备间内）。当综合布线只用一级干线布线进行配线时，放置干线配线架的二级交接间可以并入楼层配线间。

6. 垂直子系统干线缆线端接

干线电缆可采用点对点端接，也可采用分支递减端接连接。点对点端接是最简单、最直接的接合方法，如图8-5所示。

垂直子系统每根干线电缆直接延伸到指定的楼层配线管理间或二级交接间。分支递减端接是用一根足以支持若干个楼层配线管理间或若干个二级交接间的通信容量的大容量干线电缆，经过电缆接头交接箱分出若干根小电缆，再分别延伸到每个二级交接间或每个楼层配线管理间，最后端接到目的地的连接硬件上，如图8-6所示。

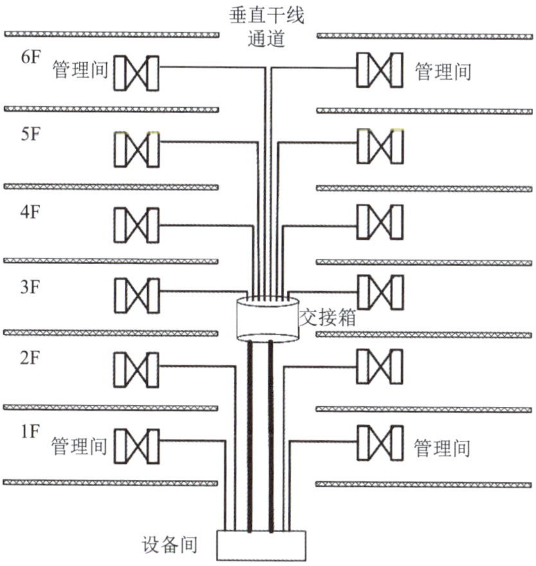

图8-5 干线电缆点对点端接方式

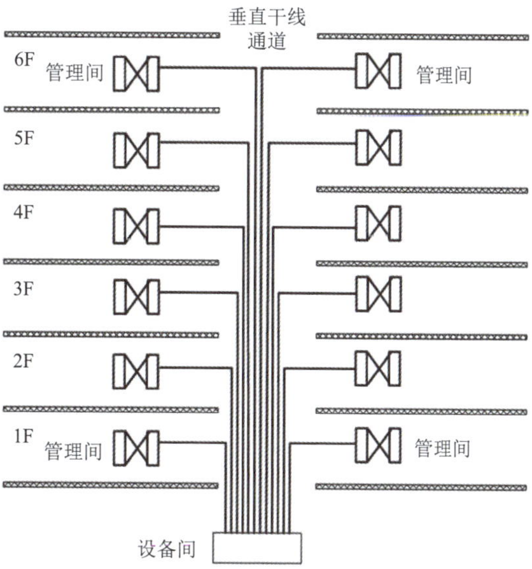

图8-6 干线电缆分支接合方式

7. 确定垂直子系统通道规模

垂直子系统是建筑物内的主干缆线。在大型建筑物内，通常使用的垂直子系统通道是由一连串穿过管理间地板且垂直对准的通道组成，穿过弱电间地板的缆线井和缆线孔，如图8-7所示。

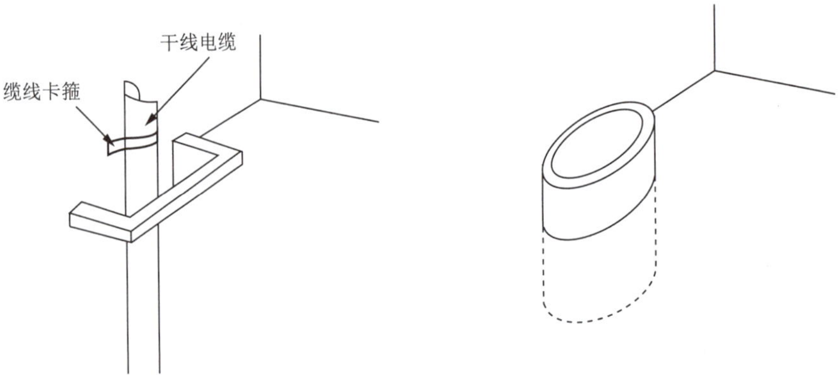

图8-7　穿过弱电间地板的缆线井和缆线孔

确定垂直子系统的通道规模，主要是确定垂直通道和配线间的数目，确定的依据是综合布线系统所要覆盖的可用楼层面积。如果给定楼层的所有信息插座都在配线间的75 m范围之内，那么采用单干线接线系统。单干线接线系统是采用一条垂直干线通道，每个楼层只设一个管理间。如果有部分信息插座超出配线间的75 m范围之外，那就要采用双通道垂直子系统，或者采用经分支电缆与设备间相连的二级交接间。如果大楼的管理间上下不对齐，可采用合适的缆线管道系统将其连通，如图8-8所示。

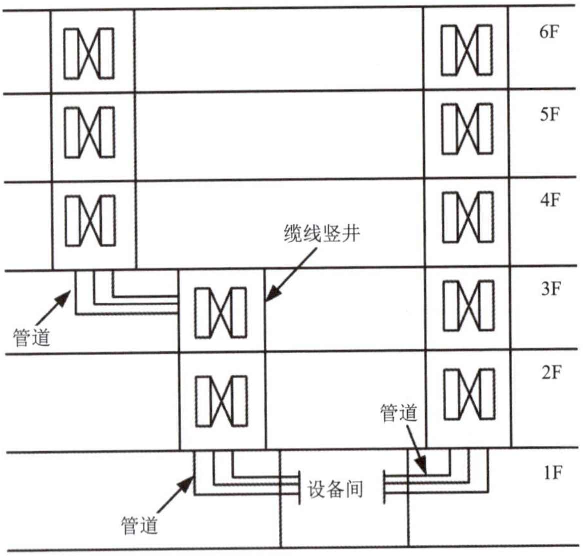

图8-8　双垂直干线电缆通道

8.4.5　完成材料规格和数量统计表

综合布线垂直子系统材料的概算指根据施工图纸，核算材料使用数量，然后根据定额计算出造价。对于材料的计算，我们首先确定施工使用布线材料类型，列出一个简单的统计表，统计表主要是针对数量进行统计，避免计算材料时漏项，从而方便材料的核算。

8.5　垂直子系统安装技术

垂直子系统在设计和施工时，一般应该预留一定数量的缆线做冗余信道，对于综合布线系统的可扩展性和可靠性来说是十分重要的。

8.5.1　标准规定

GB 50311《综合布线系统工程设计规范》国家标准第7章安装工艺要求内容中提出了具体要求。垂直子系统垂直通道穿过楼板时宜采用电缆竖井方式，也可采用电缆孔、导管或桥架的方式，电缆竖井的位置应上、下对齐。

8.5.2　垂直子系统缆线选择

根据建筑物的结构特点以及应用系统的类型选用干线缆线的类型。在垂直子系统设计中，常用多模光缆或单模光缆、4对双绞线电缆、大对数电缆等，在住宅楼也会用到75 Ω有线电视同轴电缆。

目前，电话语音传输一般采用3类大对数电缆，常用规格有25对、50对、100对等规格。数据和图像传输采用光缆或5类以上4对双绞线电缆以及5类大对数电缆。在选择主干缆线时，还要考虑主干缆线的长度限制，如5类以上4对双绞线电缆在应用于100 Mbit/s的高速网络系统时，电缆长度不宜超过90 m，否则宜选用单模或多模光缆。

8.5.3　垂直子系统布线通道的选择

垂直子系统的缆线布线路由，主要依据建筑的结构以及预埋的管道而定。目前垂直型的干线布线路由主要采用电缆孔和电缆井两种方法。对于单层平面建筑物水平型的干线布线路由主要用金属管道和电缆托架两种方法。

垂直子系统垂直通道有下列三种方式可供选择：

1. 电缆孔方式

通道中所用的电缆孔是很短的管道，通常用1根或数根外径63 ~ 102 mm的金属管预埋，金属管高出地面25 ~ 50 mm，也可直接在地板中预留一个大小适当的孔洞安装桥架。电缆往往捆在钢绳上，而钢绳固定在金属条上。当楼层配线间上下都对齐时，一般可采用电缆孔方法，如图8-9所示。

2. 管道方式

包括明管或暗管敷设。

3. 电缆井方式

在新建工程中，推荐使用电缆井的方式。电缆井是指在每层楼板上开出一些方孔，一般宽度为30 cm，并有2.5 cm高的井栏，具体大小要根据所布线的干线电缆数量而定，如图8-10所示。与电缆孔方法一样，电缆也是捆扎或箍在支撑用的钢绳上，钢绳用墙上的金属条或地板三角架固定。离电缆井很近的立式金属架可以支撑很多电缆。电缆井比电缆孔更为灵活，可以让各种粗细不一的电缆以任何方式布设通过，但在建筑物内开电缆井造价较高，并且注意不使用的电缆井应做好防火隔离。

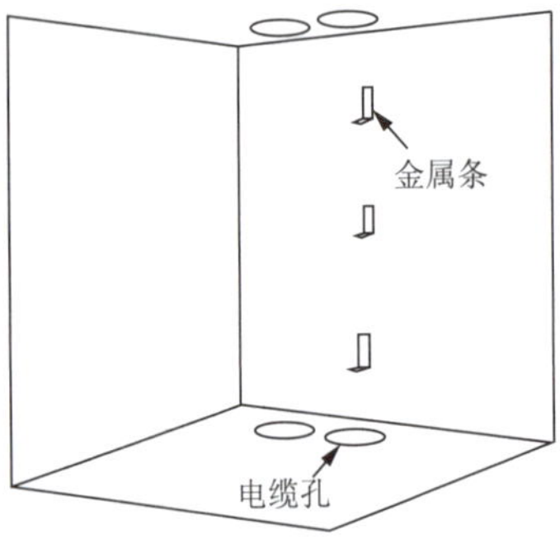

图8-9　电缆孔方法

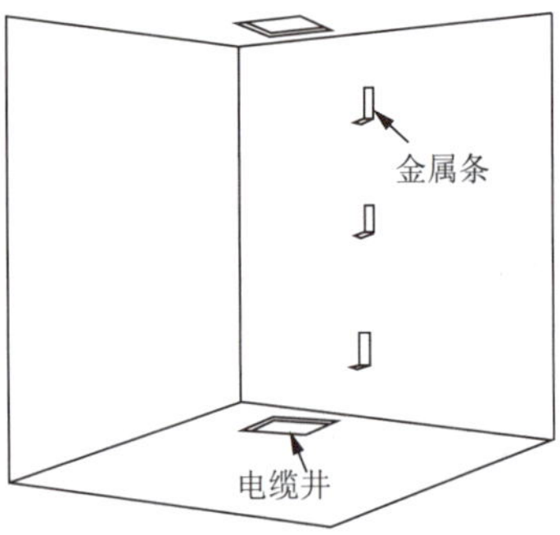

图8-10　电缆竖井方式

8.5.4　垂直子系统缆线容量的计算

在确定垂直子系统的干线缆线类型后，进一步确定每个楼层的干线容量。一般而言，都要根据楼层水平子系统所有的语音、数据、图像等信息插座的数量来进行计算。具体计算的原则如下：

（1）语音干线可按一个电话信息插座至少配1个线对的原则进行计算。

（2）计算机网络干线线对容量计算原则是：电缆干线按24个信息插座配2根双绞线，每一个交换机或交换机群配4根双绞线电缆；光缆干线按每48个信息插座配2芯光纤。

（3）当信息插座较少时，可以多个楼层共用交换机，并合并计算光纤芯数。

（4）如有光纤到用户桌面的情况，光缆直接从设备间引至用户桌面，干线光缆芯数应不包含这种情况下的光缆芯数。

（5）垂直子系统应留有足够余量，作为主干链路的备份，确保垂直子系统的可靠性。

8.5.5　垂直子系统缆线的绑扎

垂直子系统敷设缆线时，应对缆线进行绑扎或者束缆。对绞电缆、光缆及其他信号电缆应根据缆线的类别、数量、缆径、缆线芯数分束绑扎，绑扎间距不宜大于1.5 m，防止因重量产生拉力造成缆线变形。在绑扎缆线时特别注意应按照楼层进行分组绑扎。

8.5.6　缆线敷设要求

1. 光缆敷设要求

（1）光缆敷设时不应绞接、相互缠绕。

（2）光缆在室内布线时要走线槽。

（3）光缆在地下管道中穿过时要用钢管。

（4）光缆需要拐弯时，其曲率半径不得小于30 cm，或者按照厂家产品说明书规定。

（5）光缆的室外裸露部分要加钢管保护，钢管要固定牢固。

（6）光缆不要拉得太紧或太松，并要有一定的膨胀收缩余量。

（7）光缆埋地时，要加钢管或抗压塑料管保护。

2. 双绞线电缆敷设要求

（1）双绞线电缆敷设时要平直，走线槽，不要扭曲。

（2）双绞线电缆两端要有标记或编号。

（3）双绞线电缆室外部分要加套管，严禁搭接在树干上。

（4）双绞线电缆不要硬拐弯，曲率半径符合规定。

3. 向下垂放缆线的要求

在智能建筑的设计中，一般都有弱电竖井，用于垂直子系统的布线。在竖井中敷设缆线时一般有两种方式，向下垂放电缆和向上牵引电缆。相比较而言，向下垂放比较容易。

（1）把缆线卷轴放到最顶层。

（2）在距离竖井开口的3～4 m处安装缆线卷轴，并从卷轴顶部放线。

（3）在缆线卷轴处安排布线施工人员，每层楼要有一个工人，以便引导下垂的缆线。

（4）旋转卷轴，将缆线从卷轴上拉出。

（5）将拉出的缆线引导进竖井中的孔洞。在此之前，先在孔洞中安放一个塑料的套状保护物，以防止孔洞不光滑的边缘擦破缆线的外皮。

（6）慢慢地从卷轴上放缆并进入孔洞向下垂放，注意速度不要过快。

（7）继续放线，直到下一层布线人员将缆线引到下一个孔洞。

（8）按前面的步骤继续慢慢地放线，直至缆线到达指定楼层进入横向通道。

4. 向上牵引缆线的要求

向上牵引缆线需要使用电动牵引绞车，其主要步骤如下：

（1）按照缆线的规格和长度等，选定绞车型号，并按说明书进行操作。先往绞车中穿一条绳子。

（2）启动绞车，并往下垂放一条拉绳，直到安放缆线的底层。

（3）在缆线端头做一个拉眼，并且将绳子连接到该拉眼上，保证连接牢固。

（4）启动绞车，慢慢地将缆线通过各层的孔洞向上牵引。

（5）缆线的末端到达顶层时，停止绞车。

（6）在地板孔边沿上用夹具将缆线固定。

（7）当所有连接和固定制作好之后，从绞车上释放缆线的末端。

对于缆线根数少、距离比较短，重量比较轻的缆线也可以采用人工向上拉线的方式。

8.5.7 大对数电缆的放线方法

在大型通信及网络系统中，各种光缆、电缆、钢丝等缆线出厂时都缠绕在圆形的线轴上，由于线轴体积庞大，在工程布线和布管等施工时，需要从线轴上抽线，首先把线轴放在专业的放线器上，如图8-11所示，拉线时线轴转动，将缆线平整均匀地抽出，边抽线边施工，不会出现缆线缠绕和打结，如图8-12所示。

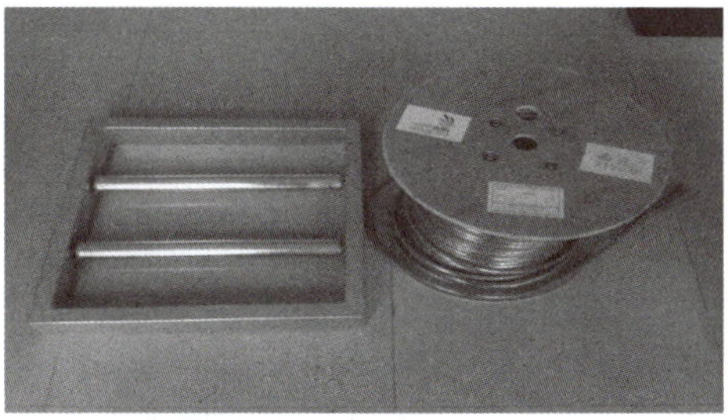

图8-11　西元缆线放线器

图8-12　大对数电缆放线

典型案例3——民航机场航站楼综合布线系统设计

1. 航站楼综合布线需求分析

航站楼及配套建筑综合布线系统是机场建设的一项重要基础工程，不但为机场信息弱电系统提供基础支持，而且为与外部通信数据网络相连接提供了有力支持。主要需求如下：

（1）满足主干万兆、水平千兆，光纤到桌面的网络传输要求。

（2）主干满足与电信及航站楼、ITC（信息指挥中心）、GTC（停车楼）、UMC（市政实施管理中心楼）的连接。

（3）兼容不同厂家、不同品牌的网络设备。

（4）具备为航站楼的核心网、离港网、无线网、行李网、安检网、POS系统网、安防网、广播网、办公网络提供集成网络平台。

（5）水平系统采用非屏蔽六类双绞线电缆。

2. 航站楼综合布线系统设计

1）弱电间设计

民航机场航站楼综合布线系统宜采用星形拓扑结构，按模块化设计，由建筑群子系统、设备间子系统、垂直子系统、管理间子系统、水平子系统、工作区子系统构成。所有与计算机网络相连的布线硬件一般均为光纤或6类产品。

由于航站楼的特殊性，横向跨度巨大，因此需要设置多个管理间，缩短水平缆线的距离。航站楼的一级管理间（PCR）设置在航站楼的垂直底部，水平中部位置；二级管理间（DCR）则分布在等面积的区域内，用以管理三级管理间；三级管理间（SCR）则分布在航站楼的各个区域内，方便水平系统的管理。此外，针对弱电系统，还应设有功能用房，例如指挥中心、安防控制室、运行控制室、楼宇控制室、行李控制室、消防控制室、机电控制室、旅客服务中心、外场管理中心等。

2）建筑群子系统设计

建筑群子系统由连接各建筑物之间的缆线组成，所需的硬件包括电缆、光缆和防止电缆的浪涌电压进入建筑物的电气保护设备等。

机场的建筑群，大致包括航站楼本身、停车楼、信息指挥大楼、市政实施管理中心楼及机场物流中心楼等。根据信息化建设的要求，各个建筑物之间的信息交流是必不可少的，因此全部采用光缆连接，以实现信息的高速交换。

3）垂直子系统设计

垂直子系统由设备间和楼层配线间之间的连接缆线组成。缆线一般为大对数电缆或多芯光缆，两端分别端接在设备间和楼层管理间的配线架上。

航站楼综合布线系统数据传输主干系统采用单模万兆光缆敷设，符合10 Gbit/s以太网标准IEEE802.3ae，语音主干系统采用三类大对数非屏蔽双绞电缆（UTP）。

由于航站楼内的信息交换非常频繁，而且数据流量相当大，因此作为信息主要通道的设计显得更为重要。不但要保证信息传输的畅通，而且要考虑到由于民航业务的飞速发展而带来的信息量的膨胀，所以主干的设计要考虑到大量的冗余。

4）水平子系统设计

航站楼综合布线水平系统满足千兆以太网需求，支持基于电缆的千兆以太网标准IEEE802.3ab，同时满足基于电缆的以太网供电传输标准IEEE802.3af。水平缆线采用非屏蔽低烟无卤六类双绞线电缆。登机桥远端以及其他超过90 m的缆线采用室内2芯多模光缆。

5）工作区子系统设计

作为航站楼的基础网络平台，综合布线系统不但要满足日常办公及通信业务，还要对航站楼的核心网、离港网、无线网、行李网、安检网、POS系统网、安防网、广播网、办公网络提供支撑。

6）设备间子系统

航站楼设备间即数据和语音总配线间（PCR）。相应的配线架包括：光纤配线架，数据配线架，语音配线架，电子配线架。

7）管理间子系统

管理间子系统是整个配线系统的关键单元，为使系统设计和网络系统建成后能正常运行，扩展灵活，维护方便，因此我们在设计中考虑：每个配线间的配线架分为两组，一组连接水平双绞线电缆，另外一组连接垂直缆线。配线架的管理以表格对应方式进行，根据房间号、部门单元等信息，记录布线的路线并加以标识，以便维护和管理。

请扫描“典型案例3”二维码下载Word版学习。

文件

典型案例3

习　题

1. 填空题（20分，每题2分）

（1）________由设备间子系统与管理间子系统的引入口之间的布线组成，两端分别连接在设备间和楼层管理间的________上。（参考8.1）

（2）垂直子系统必须为________结构。（参考8.3）

（3）垂直子系统中的光缆或电缆路由比较短，而且跨越楼层或区域，因此在布线路由中不允许有________等各种转接点。（参考8.3）

（4）由于语音和数据传输时________不相同，往往语音电缆工作电压________数据电缆工作电压，为了防止语音传输对数据传输的干扰，必须遵守语音电缆和数据电缆分开的原则。（参考8.3）

（5）垂直子系统缆线主要有________两种类型，要根据布线环境的限制和用户对综合布线系统设计等级的考虑确定。（参考8.4.4）

（6）建筑物内一般有封闭型和开放型两类通道，宜选择________通道敷设垂直缆线。（参考8.4.4）

（7）垂直子系统缆线不得布放在电梯或供水、供气、供暖管道竖井中，也不应布放在________中。（参考8.4.4）

（8）确定垂直子系统的通道规模，主要就是确定________和________的数目。（参考8.4.4）

（9）垂直子系统的缆线布线路由主要依据建筑的________以及建筑物内________而定。

（参考8.5.3）

（10）在竖井中敷设缆线时一般有两种方式，________电缆和________电缆。（参考8.5.6）

2. 选择题（30分，每题3分）

（1）垂直子系统信道应包括（　　）。（参考8.2）

A. 设备　　B. 主干缆线　　C. 跳线　　D. 设备缆线

（2）语音业务，大对数主干电缆的对数应按每一个电话8位模块通用插座配置（　　）线，并在总需求线对的基础上至少预留约（　　）的备用线对。（参考8.4.4）

A. 1对　　B. 2对　　C. 10%　　D. 15%

（3）对于数据业务每台交换机至少应该配置1个主干端口。主干端口为电端口时，应按（　　）线容量，为光端口时则按（　　）光纤容量配置。（参考8.4.4）

A. 2对　　B. 4对　　C. 2芯　　D. 4芯

（4）为了便于综合布线的路由管理，干线电缆、干线光缆布线的交接不应多于（　　）次。（参考8.4.4）

A. 1　　B. 2　　C. 3　　D. 4

（5）干线电缆可采用（　　）端接连接。（参考8.4.4）

A. 点对点　　B. 线对线　　C. 分支递增　　D. 分支递减

（6）如果有部分信息插座超出配线间的（　　）范围之外，就要采用双通道垂直子系统，或者采用经分支电缆与设备间相连的二级交接间。（参考8.4.4）

A. 35 m　　B. 50 m　　C. 75 m　　D. 90 m

（7）垂直子系统垂直通道可采用（　　）的方式。（参考8.5.1）

A. 电缆竖井　　B. 电缆孔　　C. 导管或桥架　　D. 手孔

（8）垂直型的干线布线路由主要采用（　　）两种方法。（参考8.5.3）

A. 电缆孔　　B. 电缆井　　C. 金属管道　　D. 电缆托架

（9）电缆干线按24个信息插座配（　　）根双绞线，光缆干线按每48个信息插座配（　　）芯光纤。（参考8.5.4）

A. 1　　B. 2　　C. 3　　D. 4

（10）对绞电缆、光缆及其他信号电缆应根据缆线的类别、数量、缆径、缆线芯数分束绑扎，绑扎间距不宜大于（　　），防止缆线因重量产生拉力造成缆线变形。（参考8.5.5）

A. 0.5 m　　B. 1.0 m　　C. 1.5 m　　D. 2.0 m

3. 简答题（50分，每题10分）

（1）绘制垂直子系统信道连接方式示意图。（参考8.2）

（2）简述垂直子系统的一般设计步骤。（参考8.4）

（3）垂直子系统的设计工作包括哪些设计要点？（参考8.4.4）

（4）垂直子系统设计中常用的缆线有哪些？各种传输信号一般选择哪些缆线？（参考8.5.2）

（5）简述向下垂放缆线的主要步骤。（参考8.5.6）

请扫描“单元8习题”二维码下载Word版。

文件

单元8习题

实训9　永久链路搭建与端接技能训练

1. 实训任务来源

综合布线系统管理间子系统（FD）、设备间子系统（BD）、信息点（TO）的网络配线架、110跳线架、信息模块、语音模块的端接技能。

2. 实训任务

每3人一组，完成图8-13中6条永久链路的搭建与端接，每人完成2条永久链路，包括2个网络信息点、2个语音信息点的开通，仿真综合布线系统信息点（TO）至设备间交换机的搭建。要求端接路由正确，底盒安装位置正确，剪掉撕拉线、剥开线对长度合适、没有偏心、端口位置正确、跳线长度合适、链路通断测试通过。

请扫描“图8-13Visio原图”二维码，下载Visio原图，自行设计更多链路。

请扫描“图8-13彩色高清图片”二维码，观看或下载图8-13彩色高清图片。

文件

图8-13
Visio原图

文件

图8-13
彩色高清图片

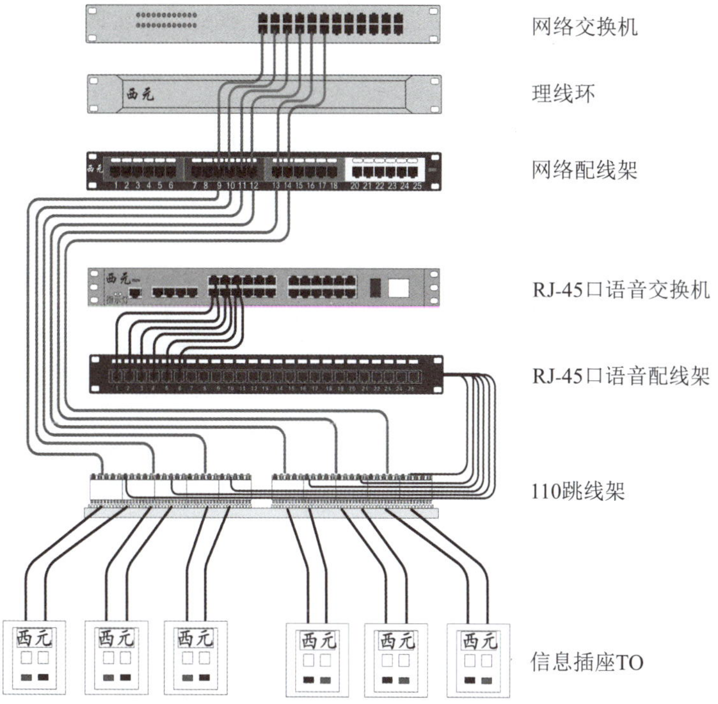

图8-13　永久链路路由与端接示意图

3. 技术知识点

（1）熟悉GB 50311《综合布线系统工程设计规范》国家标准第3.2.2条。

布线系统信道应由长度不大于90 m的水平缆线、10 m的跳线和设备缆线段及最多4个连接器件组成。如图8-14所示。

（2）熟悉GB 50311《综合布线系统工程设计规范》国家标准第3.3.1条。

主干缆线组成的信道出现4个连接器件时，缆线的长度不应小于15 m。

视频

A122-网络配线架端接方法

视频

A119-西元语音模块端接方法

视频

永久链路搭建与端接技能训练

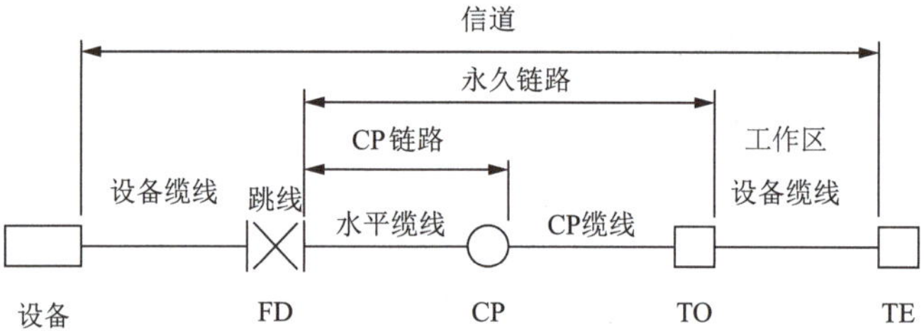

图8-14　布线系统信道构成图

4. 关键技能

（1）语音配线架、网络配线架、110跳线架的端接方法。

（2）RJ-11水晶头、RJ-11模块的端接方法。

（3）永久链路通断测试方法。

5. 实训课时

（1）该实训共计2课时完成，其中技术讲解10分钟，视频演示20分钟，学员实际操作40分钟，链路测试与评判10分钟，实训总结、整理清洁现场10分钟。

（2）课后作业2课时，独立完成实训报告，提交合格实训报告。

6. 实训指导视频

（1）A122-网络配线架端接方法（4分48秒）。

（2）A119-西元语音模块端接方法（4分23秒）。

（3）永久链路搭建与端接技能训练（7分30秒）

7. 实训材料

序号	名称	规格说明	数量	器材照片
1	5e类网线	超五类非屏蔽网线	15 m/组	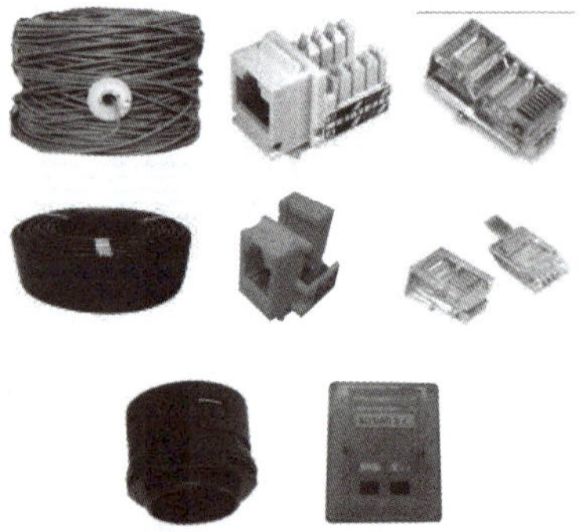
2	RJ-45网络模块	RJ-45，透明，免打非屏蔽	3个/组	
3	RJ-45水晶头	超五类水晶头	13个/组	
4	RJ-11网络模块	RJ-11，透明，免打非屏蔽	3个/组	
5	RJ-11水晶头	超五类水晶头	3个/组	
6	波纹管	Φ20黑色波纹管	4.5 m/组	
7	波纹管接头	Φ25波纹管接头	6个/组	
8	双口面板	86×86型，透明	6个/组	
9	底盒	86×86型，透明	6个/组	

8. 实训工具

序号	名称	规格说明	数量	工具照片
1	电缆剥线器	旋转式双刀同轴剥线器，用于剥除外护套	1个	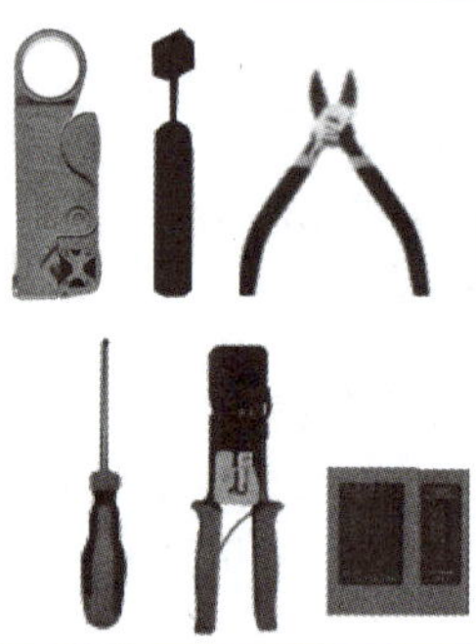
2	五对打线刀	五对110型打线刀	1把	
3	水口钳	6寸水口钳，用于裁剪电缆	1把	
4	110打线刀	单对110型打线刀	1把	
5	十字螺丝刀	Φ6×150 mm	1把	
6	网线钳	支持RJ-45与RJ-11水晶头压接	1把	
7	测线仪	RJ-45+RJ-11	1个	

9. 实训设备

西元数实融合综合布线实训装置（型号KYPXZ-01-55）或西元信息技术技能实训装置（型号KYPXZ-01-53）。

本实训装置按照典型工作任务和关键技能训练需要专门研发，配置有网络交换机、RJ-45口语音交换机、网络配线架、RJ-45口语音配线架、110跳线架、理线环等，能够仿真多种典型链路，能够通过指示灯闪烁直观和持续显示永久链路通断等故障，包括跨接、反接、短路、开路等各种常见故障。

10. 实训步骤

1）预习和播放视频

课前应预习，初学者提前预习，请多次认真观看永久链路搭建与端接技能训练实操视频，熟悉主要关键技能和评判标准，熟悉线序。

实训时，教师首先讲解技术知识点和关键技能10分钟，然后播放视频20分钟，更多可参考教材2.2.2、4.2、5.5.2、5.5.3、7.5.6等相关内容。

2）器材工具准备

建议在播放视频期间，教师准备和分发。

（1）请按照第7条材料表，发放实训材料。

（2）按照第8条工具表，发放工具。

（3）学员检查材料和工具规格数量正确，质量合格。

（4）本实训要求学员独立完成，优先保证质量，掌握方法。

3）信道端接技能训练步骤和方法

第一步：学习图纸。

反复研读图8-13，掌握永久链路路由与搭建方式后才能开始操作。

第二步：安装底盒。

使用M5螺丝将信息插座底盒安装在信息技术技能实训装置立柱上，信息插座均为明装方式，如图8-15所示。

第三步：安装波纹管。

（1）按照实训8所示方法，安装波纹管，图8-16为波纹管安装示意图。

（2）波纹管一端安装在明装信息插座背面Φ25孔，另一端安装在波纹管接头安装板。

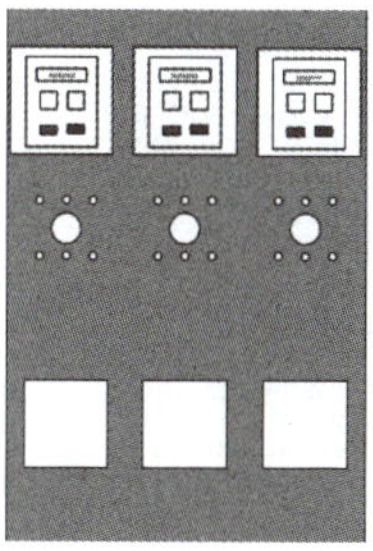

图8-15　信息插座底盒安装位置示意图

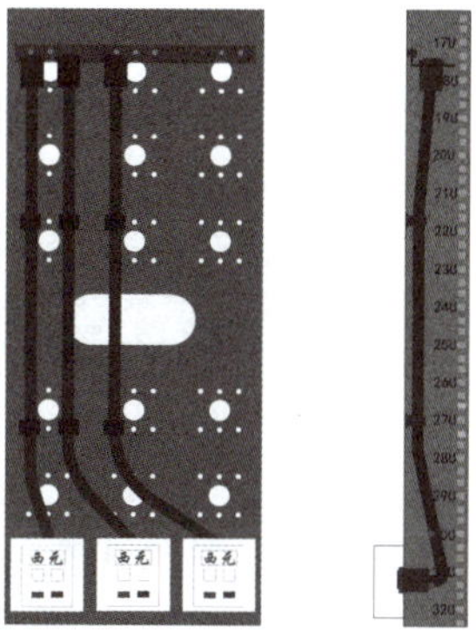

图8-16　波纹管安装示意图

第四步：穿线。

（1）每个信息插座端接1个网络模块和1个语音模块，即每个波纹管穿2根5e类网线，缆线两端应贴有标签、标明编号，标签书写应清晰、端正和正确。

例如，信息插座从左到右依次为D、E和F，则缆线两端标签可为：D1-D1、D2-D2，E1-E1、E2-E2，F1-F1、F2-F2。

（2）将带有标签的网线穿入对应的波纹管（注意：穿线应从信息插座一端穿向配线架一端）。

第五步：端接。

（1）按照实训3所示方法，端接信息点网络模块，语音模块端接方法如图8-17所示。D1、E1、F1端接网络模块，D2、E2、F2端接语音模块。

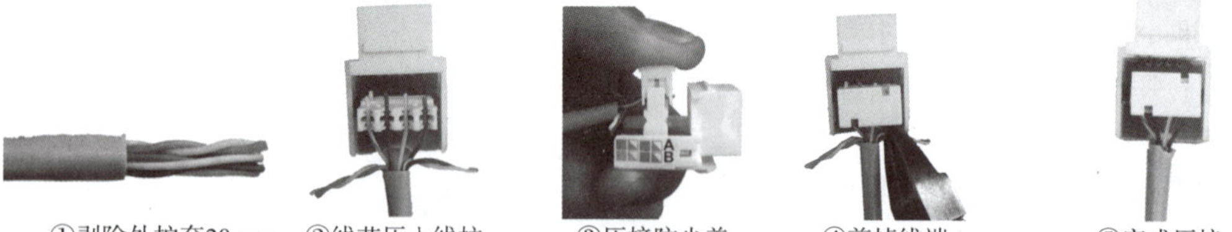

图8-17　语音模块端接方法示意图

（2）按照T568B线序，将D1、D2、E1、E2、F1、F2的另一端端接在110跳线架下层，并端接五对连接块。

（3）端接第二组链路，五对连接块上层-网络配线架模块。

①按照T568B线序将缆线一端按照D1、E1、F1的顺序端接在对应的五对连接块上层。

②将电缆的另一端端接在网络配线架背面第9~11模块，即D1-9，E1-10，F1-11。

③制作3根网络跳线，一端插在网络配线架9~11口，另一端插到网络交换机1~3口。

（4）端接第三组链路，五对连接块上层—语音配线架。

①按照T568B线序将缆线一端按照D2、E2、F2的顺序端接在对应的五对连接块上层。

②另一端端接至RJ-45口语音配线架背面模块。

③制作3根RJ-45水晶头-RJ-45水晶头跳线，一端插在语音配线架RJ-45口，另一端插到语音交换机分机接口。

第六步：安装面板。

如图8-18所示，使用信息面板自带螺丝，将信息面板安装在信息底盒上。

图8-18　信息面板安装示意图

第七步：链路检查和测试。

（1）如图8-19所示，进行网络链路通断测试。

①制作2根RJ-45水晶头-RJ-45水晶头跳线。

②第1根跳线一端插在测线仪上排端口，另一端插在信息面板网络模块端口。

③第2根跳线一端插在测线仪下排端口，另一端插在信息面板网络模块对应的网络配线架端口。

观察测线仪指示灯，按照1-1、2-2、3-3、4-4、5-5、6-6、7-7、8-8顺序轮流重复闪烁。如果有一芯或者多芯没有压接到位，对应的指示灯不亮；如果有1芯或者多芯线序错误时，对应的指示灯将显示错误的线序。

（2）如图8-19所示，进行语音链路通断测试。

①第一根跳线一端插在测线仪上排端口，另一端插在信息面板语音模块端口。

②第二根跳线一端插在测线仪下排端口，另一端插在信息面板语音模块对应的语音配线架端口。

观察测线仪指示灯，按照3-3、6-6或4-4、5-5顺序轮流重复闪烁。如果有一芯或者多芯没有压接到位，对应的指示灯不亮；如果有一芯或者多芯线序错误时，对应的指示灯将显示错误的线序。

请扫描“图8-19Visio原图”二维码，下载Visio原图，自行设计更多链路。

请扫描“图8-19彩色高清图片”二维码，观看或下载彩色高清图。

文件

图8-19
Visio原图

文件

图8-19
彩色高清图片

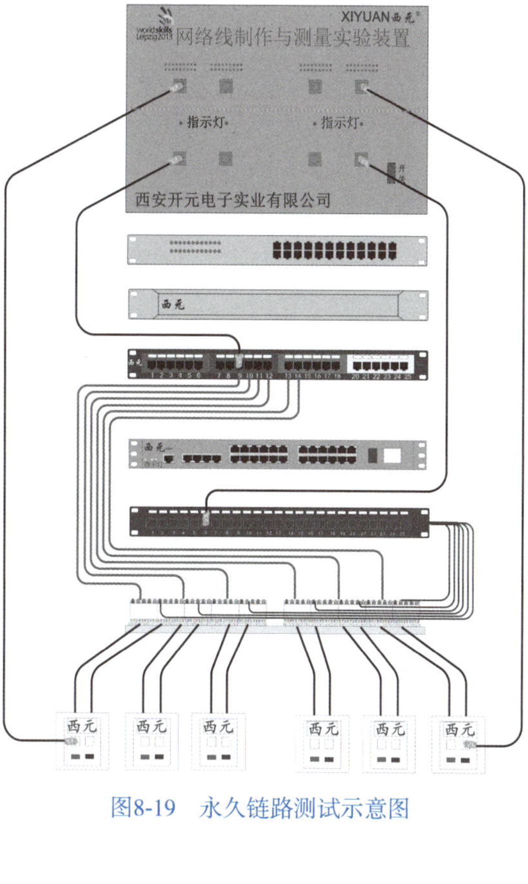

图8-19　永久链路测试示意图

11. 评判标准

评判标准和评分表见表8-2，每个永久链路100分，6个永久链路600分。

表8-2　信道链路训练评分表

姓名/链路编号	链路测试合格100分不合格0分	操作工艺评价（每处扣5分）						评判结果得分	排名
		信息插座安装合格10分	波纹管安装合格10分	配线架安装合格30分	5对连接块安装合格30分	路由正确10分	测试合格10分		

文件

实训9

12. 实训报告

请按照单元1表1-1所示的实训报告模板要求，独立完成实训报告，2课时。

请扫描“实训9”二维码下载Word版。

单元9

设备间子系统的设计和安装技术

通过本单元学习，了解设备间子系统的重要性和必要性，掌握设计方法和关键安装技术。

学习目标

- 掌握设备间子系统的设计要求和方法。
- 掌握设备间子系统的关键安装技术和经验。

9.1 建筑物设备间子系统的基本概念和工程应用

设备间子系统就是建筑物的网络中心，有时也称为建筑物机房，建筑物一般都有独立的设备间。设备间子系统是建筑物中数据、语音垂直主干缆线终接的场所，也是建筑群的缆线进入建筑物的场所，还是各种数据和语音设备及保护设施的安装场所，更是网络系统进行管理、控制、维护的场所。

文件

图9-1
彩色高清图片

设备间是建筑物的电话交换机设备和计算机网络设备，以及配线设备（BD）安装的地点，也是进行网络管理的场所。对综合布线工程设计而言，设备间主要安装总配线设备。当信息通信设施与配线设备分别设置设备间时，考虑到设备电缆有长度限制及各系统设备运行维护的要求，设备间之间的距离不宜相隔太远。

设备间子系统一般设置在建筑物中部或一、二层，为扩展留下余地，同时对面积、门窗、天花板、电源、照明、散热、接地等有一定的要求。图9-1所示为建筑物设备间子系统实际应用案例图。请扫描二维码观看或下载图9-1彩色高清图片。

9.2 设备间子系统配线设备选用规定

9.2.1 配线设备选用规定

GB 50311—2016《综合布线系统工程设计规范》国家标准第3.4条系统应用中，对设备间BD等配线设备支持的应用业务、布线等级、产品性能指标等，给出了下列具体规定。

（1）应用于数据业务时，电缆配线模块应采用8位模块通用插座。

（2）应用于语音业务时，BD、CD处配线模块应选用卡接式配线模块，包括多对、25对卡接式模块及回线型卡接模块。

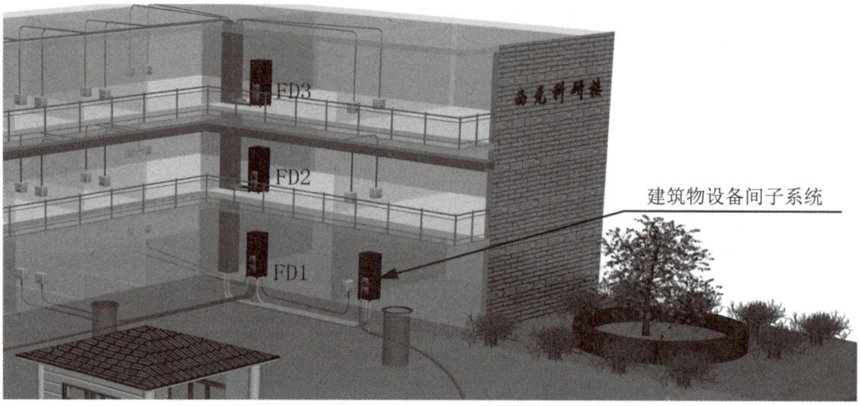

图9-1　建筑物设备间子系统实际应用案例图

（3）光纤配线模块应采用单工或双工的SC或LC光纤连接器件及适配器。

（4）主干光缆的光纤容量较大时，可采用预端接光纤连接器件（MPO）互通。

（5）综合布线系统产品的选用应考虑缆线与器件的类型、规格、尺寸对安装设计与施工造成的影响。

9.2.2　配线模块产品选用规定

GB 50311《综合布线系统工程设计规范》国家标准条文说明中要求，设备间安装的配线设备选用，应与所连接的缆线相适应，并且给出了表9-1所示的配线模块产品具体选用规定。

表9-1　配线模块产品选用

类别	产品类型		配线模块安装场地和连接缆线类型		
	配线设备类型	容量与规格	FD（电信间）	BD（设备间）	CD（设备间）
电缆配线设备	大对数卡接模块	采用4对卡接模块	4对水平电缆/4对主干电缆	4对主干电缆	4对主干电缆
		采用5对卡接模块	大对数主干电缆	大对数主干电缆	大对数主干电缆
	25对卡接模块	25对	4对水平电缆/4对主干电缆/大对数主干电缆	4对主干电缆/大对数主干电缆	4对主干电缆/大对数主干电缆
	回线型卡接模块	8回线	4对水平电缆/4对主干电缆	大对数主干电缆	大对数主干电缆
		10回线	大对数主干电缆	大对数主干电缆	大对数主干电缆
	RJ-45配线模块	24口或48口	4对水平电缆/4对主干电缆	4对主干电缆	4对主干电缆
光纤配线设备	SC光纤连接器件、适配器	单工/双工，24口	水平/主干光缆	主干光缆	主干光缆
	LC光纤连接器件、适配器	单工/双工 24口、48口	水平/主干光缆	主干光缆	主干光缆

说明：

（1）屏蔽大对数电缆使用8回线型卡接模块。

（2）在楼层配线设备（FD）处水平侧的电话配线模块主要采用RJ-45类型的，以适应通信业务的变更与产品的互换性。

（3）对机柜出入的光纤数量较大时，为节省机柜的安装空间，也可以采用LC高密度（48～144个光纤端口）的光纤配线架。

9.3　设备间子系统的设计原则

根据相关国家标准的要求和规定，以及作者多年实践经验，在设备间子系统的设计中，一般要遵循以下原则：

（1）位置合适的原则。设备间的位置应根据建筑物的结构、布线规模、设备数量和管理方式综合考虑。设备间宜处于垂直子系统的中间位置，并考虑主干缆线的传输距离与数量；设备间宜尽可能靠近建筑物竖井位置，有利于主干缆线的引入；设备间的位置宜便于设备接地，设备间还要尽量远离高低压变配电、电机、X射线、无线电发射等有干扰源存在的场地。

在工程设计中，设备间一般设置在建筑物一层，位置宜与楼层管理间距离相近，并且上下对应。同时设备间与建筑群子系统也使用光缆连接，布线方式一般常用地埋管方式，设置在一层或者地下室时能够以较短的路由或较低的成本实现光缆进入。

（2）面积合理的原则。设备间面积大小，应该考虑安装设备的数量和维护管理方便。设备间内应有足够的设备安装空间，其使用面积不应小于10 m^2。设备间特别要预留维修空间，方便维修人员操作，机架或机柜前面的净空不应小于1 000 mm，后面的净空不应小于800 mm。

设备间的使用面积不包括程控用户交换机、计算机网络设备等设施所需的面积。如果1个设备间以10 m^2（2.5m × 4.0 m）计，大约能安装5个600 mm宽度的19英寸机柜。在机柜中安装电话大对数电缆、多对卡接式模块、数据主干缆线光 / 电配线架、理线架等，大约能支持总量为6 000个信息点所需的建筑物配线设备安装空间，其中电话和数据信息点各占50%。设备间的面积确定同样须考虑机柜尺寸因素，如采用800 mm宽度的19英寸机柜，则需要增加设备间的面积。

（3）数量合适的原则。每栋建筑物内应至少设置1个设备间，如果电话交换机与计算机网络设备分别安装在不同的场地或根据安全需要，也可设置2个或2个以上设备间，以满足不同业务的设备安装需要。

（4）外开门的原则。应采用外开防火门，房门净高不应小于2 m，净宽不应小于1.5 m。

（5）设备间梁下净高不应小于2.5 m的原则。

（6）设备间水泥地面应高于本层地面的原则。设备间的水泥地面应高出本层地面不小于100 mm或设置防水门槛。

（7）配足电源插座的原则。设备间的供电必须符合相应的设计规范，例如设备专用电源插座，维修和照明电源插座，接地排等。设备间应设置不少于2个单相交流220 V/10 A电源插座盒，每个电源插座的配电线路均应装设保护器。设备供电电源应另行配置。

（8）室内地面防潮的原则。设备间室内地面应有防潮措施。

（9）环境安全原则。设备间室内环境温度应为10 ~ 35 ℃，相对湿度应为20% ~ 80%，并应有良好的通风。设备间应有良好的防尘措施，防止有害气体侵入。

设备间空调应该具有断电自启功能，如果出现临时停电，来电后能够自动启动，不需要管理人员专门启动。设备间空调容量的选择既要考虑工作人员，更要考虑设备散热，还要具有备份功能，一般必须安装两台，一台使用，一台备用。

（10）标准接口原则。综合布线系统与外部配线网连接时，应遵循相应的接口标准要求。

9.4 设备间子系统的设计步骤和方法

在设计设备间时，设计人员应与用户一起商量，根据用户方要求及现场情况具体确定设备间的最终位置。只有确定了设备间位置后，才可以设计综合布线的其他子系统。用户需求分析时，确定设备间的位置是一项重要的工作内容。此外，还要与用户进行技术交流，最终确定设计要求。其设计步骤如图9-2所示。

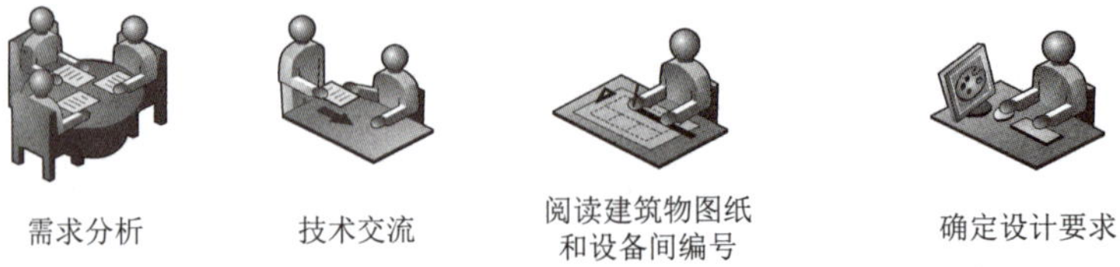

图9-2 设备间子系统设计步骤

9.4.1 需求分析

设备间子系统是建筑物综合布线的核心，设备间的需求分析围绕建筑物的楼层管理间数量以及信息点数量、设备的数量、规模、网络结构等进行。每栋建筑物内应至少设置1个设备间，如果电话交换机与计算机网络设备分别安装在不同的场地或根据安全需要，也可设置2个或2个以上设备间，以满足不同业务的设备安装需要。

9.4.2 技术交流

进行需求分析后，要与用户进行技术交流，重点了解设备间子系统附近的电源插座、电力电缆、电器管线等情况。

9.4.3 阅读建筑物图纸

索取和认真阅读建筑物设计图纸是必要的，特别是与外部配线连接的接口位置，掌握设备间附近的电器管线、暗埋管线、电源插座等。

9.4.4 设备间一般设计要求

设备间的设计首先应该遵守9.3节的设计原则，同时充分考虑下列要求。

1. 设备间的位置

设备间的位置及大小应根据建筑物的结构、综合布线规模、管理方式以及应用系统设备的数量等方面进行综合考虑，择优选取。确定设备间的位置时需要参考以下设计规范：

（1）应尽量建在综合布线垂直子系统的中间位置，并尽可能靠近建筑物电缆引入区和网络接口，以方便干线缆线的进出。

（2）应尽量避免设在建筑物的高层或用水设备的下层。

（3）应尽量远离强振动源和强噪声源。

（4）应尽量避开强电磁场的干扰。

（5）应尽量远离有害气体源以及易腐蚀、易燃、易爆物。

（6）应便于接地装置的安装。

2. 设备间的面积

设备间的使用面积要考虑所有设备的安装面积，还要考虑预留工作人员管理操作设备的地方，一般最小使用面积不得小于10 m²。

设备间的使用面积可按照下述两种方法之一确定:

方法一：已知S_b为设备所占面积（m^2），S为设备间的使用总面积（m^2）。

$$S=（5\sim7）\sum S_b$$

方法二：当设备尚未选型时，则设备间使用总面积为$S=KA$。其中，A为设备间的所有设备台（架）的总数，K为系数，取值（4.5~5.5）m^2/台（架）。

3. 设备间的建筑结构

设备间的建筑结构主要依据设备大小、设备搬运以及设备重量等因素而设计。

设备间一般安装有不间断电源的电池组，由于电池组非常重，因此对楼板承重设计有一定的要求，一般分为两级，A级≥500 kg/m^2，B级≥300 kg/m^2。

4. 设备间的环境要求

设备间内安装有计算机、网络设备、电话程控交换机、建筑物自控设备等硬件设备。这些设备的运行需要相应的温度、湿度、供电、防尘等要求。设备间内的环境设置可以参照相关标准及规范。

1）温湿度

综合布线有关设备的温湿度要求可分为A、B、C三级，设备间的温湿度也可参照三个级别进行设计，三个级别具体要求见表9-2。

表9-2　设备间温湿度要求

项目	A级	B级	C级
温度/℃	夏季：22 ± 4；冬季：18 ± 4	12 ~ 30	8 ~ 35
相对湿度	40% ~ 65%	35% ~ 70%	20% ~ 80%

设备间的温湿度控制可以通过安装降温或加温、加湿或除湿功能的空调设备来实现控制。选择空调设备时，南方地区主要考虑降温和除湿功能，北方地区要具有降温、升温、除湿、加湿功能。空调的功率主要根据设备间的大小及设备多少而定。

2）尘埃限值

设备间内的电子设备对尘埃要求较高，尘埃过高会影响设备的正常工作，降低设备的工作寿命。设备间应有良好的防尘措施，尘埃含量限值宜符合表9-3规定。

表9-3　尘埃限值

尘埃颗粒的最大直径/μm	0.5	1	3	5
灰尘颗粒的最大浓度/（粒子数·m^{-3}）	1.4×10^7	7×10^5	2.4×10^5	1.3×10^5

降低设备间尘埃度关键在于定期清扫灰尘，工作人员进入设备间应更换干净的鞋具。

3）空气

设备间内应保持空气洁净且有防尘措施，并防止有害气体侵入。有害气体限值见表9-4的规定。

表9-4　有害气体限值

有害气体/（$mg\cdot m^{-3}$）	二氧化硫（SO_2）	硫化氢（H_2S）	二氧化氮（NO_2）	氨（NH_3）	氯（Cl_2）
平均限值	0.2	0.006	0.04	0.05	0.01
最大限值	1.5	0.03	0.15	0.15	0.3

4）照明

为了方便工作人员在设备间内操作设备和维护工作，设备间内必须安装足够照明度的照明系统，并配置应急照明系统。照明系统应在设备间内距地面0.8 m处，照明度不应低于200 lx。设备间配备的事故应急照明，在距地面0.8 m处，照明度不应低于5 lx。

5）噪声

为了保证工作人员的身体健康，设备间内的噪声应小于70 dB。如果长时间在70～80 dB噪声的环境下工作，不但影响人的身心健康和工作效率，还可能造成人为的噪声事故。

6）电磁场干扰

根据综合布线系统的要求，设备间无线电干扰的频率应为0.15～1 000 MHz，噪声不大于120 dB，磁场干扰场强不大于800 A/m。

7）电源要求

电源频率为50 Hz，电压为220 V或380 V，三相五线制或单相三线制。

设备间供电电源允许变动范围见表9-5。

表9-5　设备间供电电源允许变动的范围

项目	A级	B级	C级
电压变动/%	−5～+5	−10～+7	−15～+10
频率变动/%	−0.2～+0.2	−0.5～+0.5	−1～+1
波形失真率/%	＜±5	＜±7	＜±10

5. 设备间的管理

设备间内的设备多，缆线布设复杂。设备间内的设备应分类分区安装，所有进出线装置或设备应采用不同色标，以区别各类用途的配线区，方便维护和管理。

6. 安全分类

设备间的安全分为A、B、C三个类别，具体规定详见表9-6。

表9-6　设备间的安全要求

安 全 项 目	A　类	B　类	C　类
场地选择	有要求或增加要求	有要求或增加要求	无要求
防火	有要求或增加要求	有要求或增加要求	有要求或增加要求
内部装修	要求	有要求或增加要求	无要求
供配电系统	要求	有要求或增加要求	有要求或增加要求
空调系统	要求	有要求或增加要求	有要求或增加要求
火灾报警及消防设施	要求	有要求或增加要求	有要求或增加要求
防水	要求	有要求或增加要求	无要求

续上表

安 全 项 目	A　类	B　类	C　类
防静电	要求	有要求或增加要求	无要求
防雷击	要求	有要求或增加要求	无要求
防鼠害	要求	有要求或增加要求	无要求
电磁波防护	有要求或增加要求	有要求或增加要求	无要求

A类：对设备间的安全有严格的要求，设备间有完善的安全措施。

B类：对设备间的安全有较严格的要求，设备间有较完善的安全措施。

C类：对设备间的安全有基本的要求，设备间有基本的安全措施。

设备间安全可按某一类执行，也可按某几类综合执行。综合执行是指一个设备间的某些安全项目可按不同的安全类型执行。例如，某设备间按照安全要求可选防电磁干扰A类，火灾报警及消防设施为B类。

7. 防火结构

设备间应安装相应的消防系统，配备防火防盗门。为了在发生火灾或意外事故时，方便工作人员迅速向外疏散，对于规模较大的建筑物，在设备间或机房应设置直通室外的安全出口。

8. 设备间的散热要求

机柜、机架与缆线的走线槽道摆放位置，对于设备间的气流组织设计至关重要，图9-3表示出了各种设备建议的安装位置。

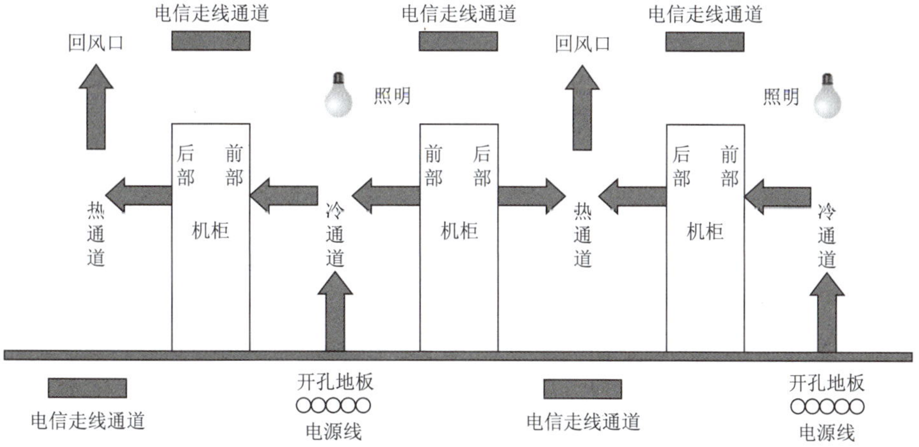

图9-3　设备间设备摆放位置与气流组织

以交替模式排列设备行，即机柜/机架面对面排列以形成热通道和冷通道。冷通道是机架/机柜的前面区域，热通道位于机架/机柜的后部。形成从前到后的冷却路由。电子设备机柜在冷通道两侧相对排列，冷气从架空地板板块的排风口吹出，热通道两侧电子设备机柜则背靠背，热通道部位的地板无孔，依靠天花板上的回风口排出热气。

9. 设备间的接地要求

设备间设备安装过程中必须考虑设备的接地。根据相关规范，接地要求如下：

（1）直流工作接地电阻一般要求不大于4 Ω，交流工作接地电阻也不应大于4 Ω，防雷保护接地电阻不应大于10 Ω。

（2）建筑物内应设有网状接地系统，保证所有设备等电位。如果综合布线系统单独设接地系统，且能保证与其他接地系统之间有足够的距离，则接地电阻值应小于等于4 Ω。

（3）为了获得良好的接地，推荐采用联合接地方式。所谓联合接地方式就是将防雷接地、交流工作接地、直流工作接地等统一接到共用的接地装置上。当采用联合接地系统时，通常利用建筑钢筋作防雷接地引下线，而接地体一般利用建筑物基础内钢筋网作为自然接地体，使整幢建筑的接地系统组成一个笼式的均压整体，联合接地电阻要求不大于1 Ω。

（4）接地所使用的铜线电缆规格与接地的距离有直接关系，一般接地距离在30 m以内，接地导线采用直径为4 mm的带绝缘套的多股铜线电缆。接地铜线电缆规格与接地距离的关系可以参见表9-7。

表9-7　接地铜线电缆规格与接地距离的关系

接地距离/m	接地导线直径/mm	接地导线截面积/mm²
小于30	4.0	12
30 ~ 48	4.5	16
48 ~ 76	5.6	25
76 ~ 106	6.2	30
106 ~ 122	6.7	35
122 ~ 150	8.0	50
150 ~ 300	9.8	75

10. 设备间的内部装饰

设备间装修材料使用符合《建筑设计防火规范》等标准中规定的难燃材料或阻燃材料，应能防潮、吸音、不起尘、抗静电等。

（1）地面。为了方便敷设缆线和电源线，设备间的地面最好采用抗静电活动地板，接地电阻为0.11 MΩ ~ 1 000 MΩ，具体要求应符合SJ/T 10796《防静电活动地板通用规范》。

（2）墙面。墙面应选择不易产生灰尘，也不易吸附灰尘的材料。

（3）顶棚。为了吸音及布置照明灯具，吊顶材料应满足防火要求。

（4）隔断。根据设备间放置的设备及工作需要，可用玻璃将设备间隔成若干个房间。隔断可以选用防火的铝合金或轻钢作龙骨，安装10 mm厚玻璃。

11. 设备间的缆线敷设

（1）活动地板方式。该方式是缆线在活动地板下的空间敷设，由于地板下空间大，因此电缆容量和条数多，节省电缆费用，缆线敷设和拆除均简单方便，能适应线路增减变化，有较高的灵活性，便于维护管理。但该方式造价较高，会减少房屋的净高，对地板表面材料也有一定要求，如耐冲击性、耐火性、抗静电、稳固性等。

（2）地板或墙壁沟槽方式。该方式是缆线在建筑中预先建成的墙壁或地板内沟槽中敷设，沟槽的断面尺寸大小根据缆线终期容量来设计。这种方式造价较活动地板低，便于施工和维护，利于扩建，但沟槽设计和施工必须与建筑设计和施工同时进行，在配合协调上较为复杂。沟槽方式因是在建筑中预先制成，因此在使用中会受到限制，缆线路由不能自由选择和变动。

（3）预埋管路方式。该方式是在建筑的墙壁或楼板内预埋管路，其管径和根数根据缆线需要来设计。穿放缆线比较容易，维护、检修和扩建均有利，造价低廉，技术要求不高，是最常用的方式。

（4）机架走线架方式。这种方式是在设备或机架上安装桥架或槽道的敷设方式。桥架和槽道的尺寸根据缆线需要设计，可以在建成后安装，便于施工和维护，也有利于扩建。机架上安装桥架或槽道时，应结合设备的结构和布置来考虑，在层高较低的建筑中不宜使用。

9.5 设备间子系统设计案例

在设计设备间布局时，一定要将安装设备区域和管理人员办公区域分开考虑，便于管理人员的办公，便于设备的维护，如图9-4所示。设备区域与办公区域使用玻璃隔断分开，如图9-5所示。

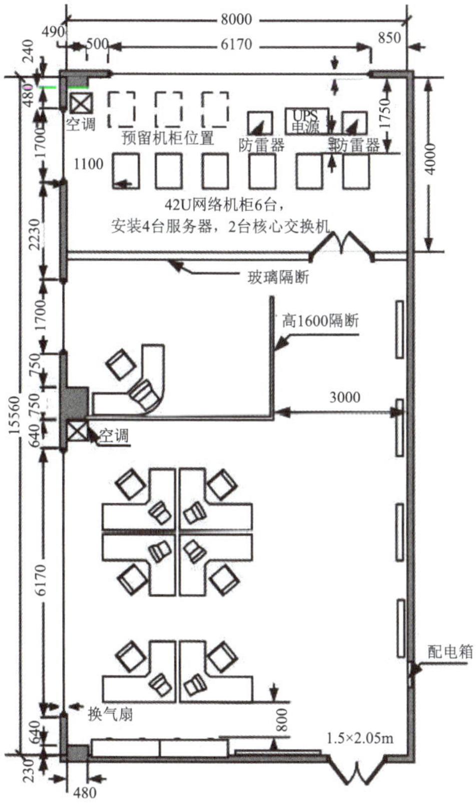

图9-4 设备间布局平面图（单位：mm）

图9-5 设备间装修效果图

9.6 设备间子系统安装技术

9.6.1 走线通道敷设安装施工

设备间内各种桥架、管道等走线通道敷设应符合以下要求：

（1）横平竖直，水平走向支架或吊架左右偏差应不大于50 mm，高低偏差不大于2 mm。

（2）走线通道与其他管道共架安装时，走线通道应布置在管架的一侧。

（3）走线通道内缆线垂直敷设时，在缆线的上端和每间隔1.5 m处应固定在通道的支架上，水平敷设时，在缆线的首、尾、转弯及每间隔5 ~ 10 m处进行固定。

（4）布放在桥架上的缆线必须绑扎。外观平直整齐，线扣间距均匀，松紧适度。

（5）要求将交、直流电源线和信号线分架走线，或金属线槽采用金属板隔开，在保证缆线间距的情况下，可以同槽敷设。

（6）缆线应顺直，不宜交叉，特别在缆线转弯处应绑扎固定。

（7）缆线在机柜内布放时不宜绷紧，应留有适量余量，绑扎线扣间距均匀，力度适宜，布放顺直、整齐，不应交叉缠绕。

（8）6_A类UTP电缆敷设通道填充率不应超过40%。

9.6.2 缆线端接

设备间有大量的跳线和端接工作，在进行缆线与跳线的端接时应遵守下列基本要求：

（1）需要交叉连接时，尽量减少跳线的冗余和长度，保持整齐和美观。

（2）满足缆线的弯曲半径要求。

（3）缆线应端接到性能、级别一致的连接器件上。

（4）主干缆线和水平缆线应被端接在不同的配线架上。

（5）双绞线外护套剥除最短。

（6）线对开绞距离不能超过13 mm。

（7）6_A类及以上电缆绑扎固定不宜过紧。

图9-6所示为电缆端接与理线典型应用案例，图9-7为光缆端接典型应用案例。

图9-6　电缆端接与理线典型应用案例

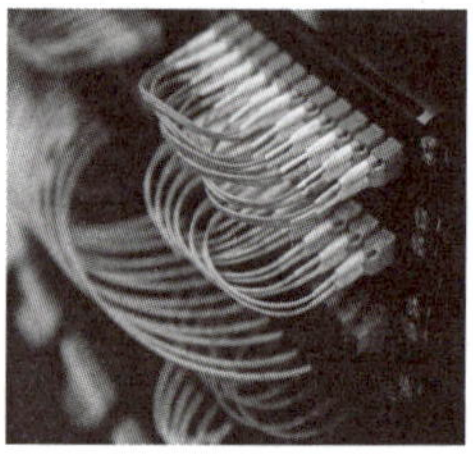

图9-7　光缆端接典型应用案例

9.6.3 布线通道安装

开放式网格桥架的安装施工：

1. 地板下安装

设备间桥架必须与建筑物垂直子系统和管理间主桥架连通。在设备间内部，每隔1.5 m安装1个地面托架或支架，用螺栓、螺母等固定。常见安装方式如图9-8和图9-9所示。

一般情况下可采用支架，支架与托架离地高度也可以根据用户现场的实际情况而定，底部至少距地50 mm。

2. 天花板安装

在天花板安装桥架时采取吊装方式，通过槽钢支架或钢筋吊竿，再结合水平托架和M6螺栓将桥架固定，吊装于机柜上方，将相应的缆线布放到机柜中，通过机柜中的理线器等对其进行绑扎、整理归位。常见安装方式如图9-10所示，图9-11所示为设备间综合布线的典型案例照片。

图9-8　托架安装方式

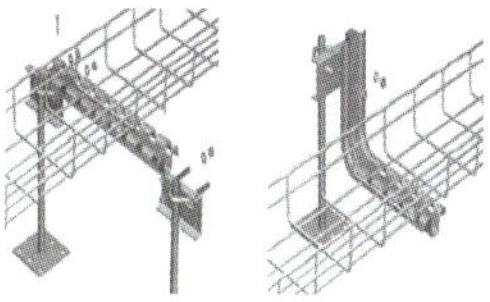

图9-9　支架安装方式

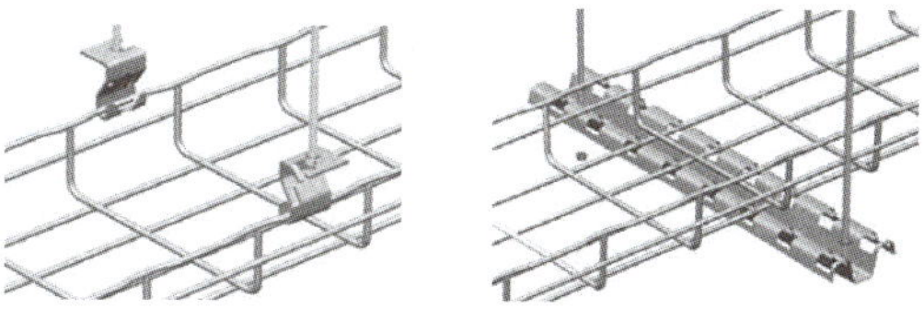

图9-10　天花板吊装桥架安装方式

图9-11　设备间综合布线典型案例照片

3. 特殊安装方式

（1）分层吊挂安装可以敷设更多缆线，便于维护和管理，使现场美观，如图9-12所示。

（2）机架支撑安装。采用这种新的安装方式，安装人员不用在天花板上钻孔，而且安装和布线时工人无须爬上爬下，省时省力，非常方便。用户不仅能对整个安装工程有更直观的控制，缆线也能自然通风散热，机房日后的维护升级也很简便，如图9-13所示。

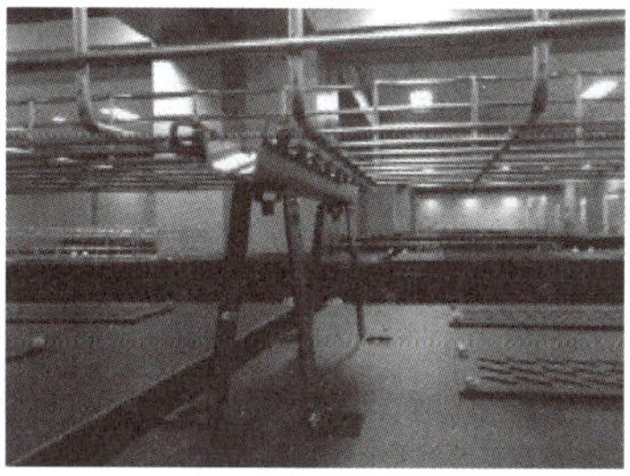

图9-12　分层安装桥架方式

图9-13　机架支撑桥架安装方式

9.6.4　设备间的接地

1. 设备间的机柜和机架接地连接

设备间机柜和机架等必须可靠接地，一般采用自攻螺丝与机柜钢板连接方式。如果机柜表面是油漆过的，接地必须直接接触到金属，用褪漆溶剂或者电钻帮助实现电气连接。

在机柜或机架上距离地面1.21 m高度分别安装静电释放（ESD）保护端口，并且安装相应标识。通过6AWG跳线与网状共用等电位接地网络相连，压接装置用于将跳线和网状共用等电位接地网络导线压接在一起。在实际安装中，禁止将机柜的接地线按“菊连”的方式串接在一起。

2. 设备接地

安装在机柜或机架上的服务器、交换机等设备必须通过接地汇集排可靠接地。

3. 桥架的接地

桥架必须可靠接地，常见接地方式如图9-14所示。

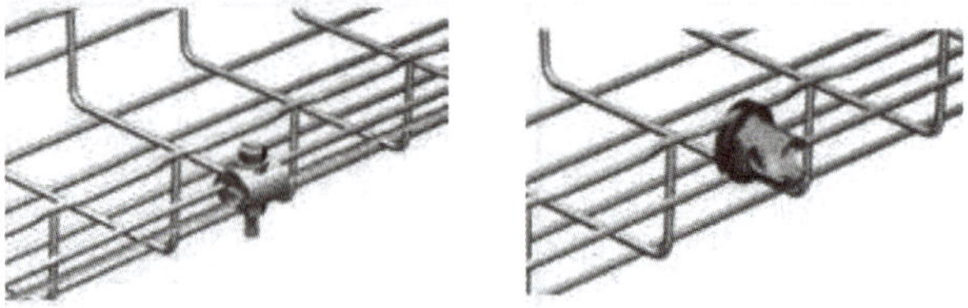

图9-14 敞开式桥架接地方式

9.6.5 设备间内部的通道设计与安装

1. 人行通道

设备间内人行通道与设备之间的距离应符合下列规定：

（1）用于运输设备的通道净宽不应小于1.5 m。

（2）面对面布置的机柜或机架正面之间的距离不宜小于1.2 m。

（3）背对背布置的机柜或机架背面之间的距离不宜小于1 m。

（4）当需要在机柜侧面维修测试时，机柜与机柜、机柜与墙之间的距离不宜小于1.2 m。

（5）成行排列的机柜，其长度超过6 m（或数量超过10个）时，两端应设有走道；当两个走道之间的距离超过15 m（或中间的机柜数量超过25个）时，其间还应增加走道；走道的宽度不宜小于1 m，局部可为0.8 m。

2. 架空地板走线通道

架空地板起到防静电的作用，在它的下部空间可以作为冷、热通风的通道。同时又可设置缆线的敷设槽、道。

在地板下走线的设备间中，缆线不能在架空地板下面随便摆放。架空地板下缆线敷设在走线通道内，通道可以按照缆线的种类分开设置，进行多层安装，线槽高度不宜超过150 mm。在建筑设计阶段，安装于地板下的走线通道应当与其他的设备管线（如空调、消防、电力等）相协调，并做好相应防护措施。

当架空地板下的空间既作为布线，又作为空调静压箱时，地板高度不宜小于400 mm。地板下通道设置如图9-15所示。

3. 天花板走线通道

1）净空要求

常用的机柜高度一般为2.0 m，气流组织所需机柜顶面至天花板的距离一般为500 ~ 700 mm，尽量与架空地板下净高相近，故机房净高不宜小于2.6 m。

根据国际分级指标，1 ~ 4级数据中心的机房梁下或天花板下的净高分别为表9-8所示。

表9-8 机房净高要求

级别	一级	二级	三级	四级
天花板离地板高度	至少2.6 m	至少2.7 m	至少3 m。天花板离最高的设备顶部不低于0.46 m	至少3 m。天花板离最高的设备顶部不低于0.6 m

2）通道形式

天花板走线通道由开放式桥架、槽式封闭式桥架和相应的安装附件等组成。开放式桥架因其方便缆线维护的特点，在新建的数据中心应用较广。

走线通道安装在离地板2.7 m以上机房走道和其他公共空间上空的空间，否则天花板走线通道的底部应铺设实心材料，以防止人员触及和保护其不受意外或故意的损坏。天花板通道设置如图9-16所示。

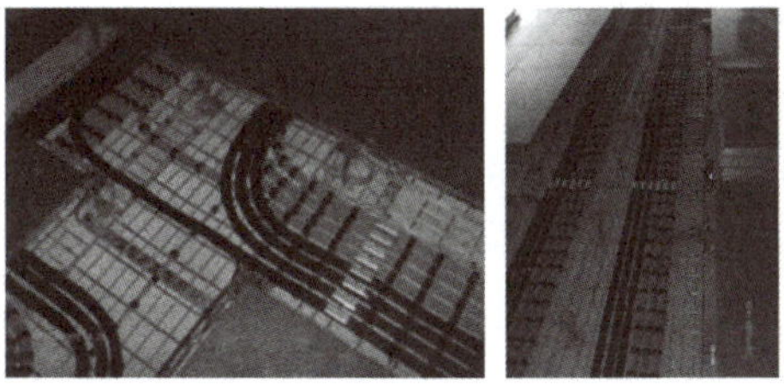

图9-15　地板下通道布线示意图

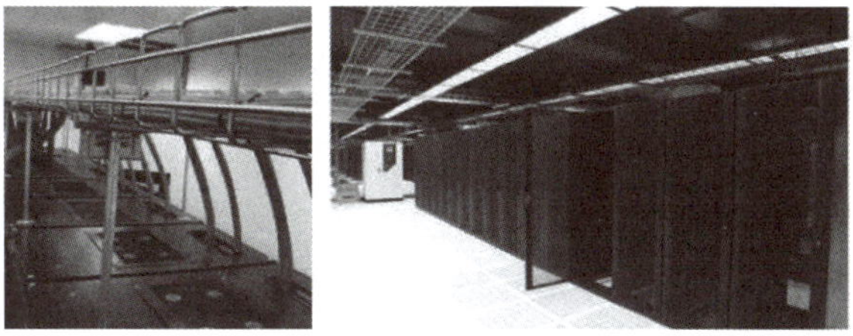

图9-16　天花板通道布线示意图

3）通道位置与尺寸要求

（1）通道顶部距楼板或其他障碍物不应小于300 mm。

（2）通道宽度不宜小于100 mm，高度不宜超过150 mm。

（3）通道内横断面的缆线填充率不应超过50%。

（4）如果存在多个天花板走线通道时，可以分层安装，光缆最好敷设在电缆的上方，为了方便施工与维护，电缆线路和光纤线路宜分开通道敷设。

（5）灭火装置的喷头应当设置于走线通道之间，不能直接放在通道的上面。机房采用管路的气体灭火系统时，电缆桥架应安装在灭火气体管道上方，不阻挡喷头，不阻碍气体。

9.6.6　机柜机架的设计与安装

1. 预连接系统安装设计

预连接系统可以用于水平配线区-设备配线区，也可以用于主配线区-水平配线区之间缆线的连接。预连接系统的设计关键，就是准确定位预连接系统两端的安装位置，以定制合适的缆线长度，包括配线架在机柜内的单元高度位置和端接模块在配线架上的端口位置，机柜内的走线方式、冗余的安装空间，以及走线通道和机柜的间隔距离等。

2. 机架缆线管理器安装设计

在每对机架之间、每列机架两端，应安装垂直缆线管理器，垂直缆线管理器宽度至少为83 mm（3.25英寸）。在单个机架摆放处，垂直缆线管理器至少150 mm（6英寸）宽。两个或多个机架一列时，在机架间考虑安装宽度250 mm（10英寸）的垂直缆线管理器，在一排的两端安装宽度150 mm（6英寸）的垂直缆线管理器，缆线管理器要求从地面延伸到机架顶部。

管理6_A类及以上级别的缆线和跳线时，宜采用在高度或深度上适当增加理线空间的缆线管理器，满足缆线最小弯曲半径与填充率要求，机架缆线管理器的组成如图9-17所示。

3. 机柜抗震设计

单个机柜、机架应固定在抗震底座上，不得直接固定在架空地板或随意摆放。每列机柜、机架应该连接成为一个整体，采用加固件与建筑物的柱子及承重墙进行固定。机柜列与列之间也应当在两端或适当的部位采用加固件进行连接。机房设备应防止地震时产生过大的位移，扭转或倾倒。

图9-17　机架缆线管理器构成

典型案例4——数据中心案例分析

近年来，在金融、保险、大型连锁、政府、网站服务等行业中涌现出大量的数据中心建设项目，数据中心具有高密度、高带宽、结构化、预连接、易扩展和智能绿色等特点，以及标准全系列数据中心解决方案，得到各行业客户的广泛关注，满足了客户要求。

下面以某地方税务局数据中心项目为例，简单介绍数据中心的需求、设计、产品选型、工程经验等，图9-18为数据中心布局示意图。

更多信息请扫描“典型案例4”二维码，阅读或下载Word版。

文件

典型案例4

图9-18　数据中心示意图

习　题

1. 填空题（20分，每题2分）

（1）________是建筑物的电话交换机设备和计算机网络设备，以及配线设备（BD）安装的地点，也是进行网络管理的场所。（参考9.1）

（2）设备间子系统一般设置在建筑物中部或在建筑物的________层，避免设在________层。（参考9.1）

（3）管理间（电信间）FD、设备间BD应用于数据业务时，电缆配线模块应采

用________位模块通用插座。（参考9.2）

（4）设备间应采用外开双扇防火门，房门净高不应小于________，净宽不应小于________。（参考9.3）

（5）设备间内必须安装足够照明度的照明系统，并配置________系统。（参考9.4.4）

（6）为了保证设备使用安全，设备间应安装相应的________系统，配备防火防盗门。（参考9.4.4）

（7）设备间内各种桥架、管道等敷设应横平竖直，水平走向支架或者吊架左右偏差应不大于________，高低偏差不大于________。（参考9.6.1）

（8）设备间机柜和机架等必须可靠接地，一般采用________连接方式。（参考9.6.4）

（9）架空地板下空间只作为布放通信缆线使用时，地板内净高不宜小于________。（参考9.6.5）

（10）机柜安装抗震设计时，单个机柜、机架应固定在________上，不得直接固定在架空地板的板块或随意摆放。（参考9.6.6）

2. 选择题（30分，每题3分）

（1）设备间内应有足够的设备安装空间，其使用面积不应小于（　　）m^2。（参考9.3）

A. 5　　B. 10　　C. 15　　D. 20

（2）设备间室内环境温度应为（　　），相对湿度应为（　　），并应有良好的通风。（参考9.3）

A. 10～25 ℃　　B. 10～35 ℃　　C. 20%～80%　　D. 25%～80%

（3）正常情况下，设备间内距地面0.8 m处，照明度不应低于（　　）lx。

A. 5　　B. 50　　C. 100　　D. 200

（4）为了保证工作人员的身体健康，设备间内的噪声应小于（　　）dB。（参考9.4.4）

A. 50　　B. 60　　C. 70　　D. 80

（5）设备间设备的接地要求，直流/交流工作接地电阻一般要求不大于（　　），防雷保护接地电阻不应大于（　　）。（参考9.4.4）

A. 1 Ω　　B. 4 Ω　　C. 8 Ω　　D. 10 Ω

（6）走线通道内缆线垂直敷设时，在缆线的上端和每间隔（　　）处应固定在通道的支架上，水平敷设时，在缆线的首、尾、转弯及每间隔（　　）处进行固定。（参考9.6.1）

A. 1.5 m　　B. 2.5 m　　C. 3～5 m　　D. 5～10 m

（7）面对面布置的机柜或机架正面之间的距离不宜小于（　　）。（参考9.6.5）

A. 0.8 m　　B. 1.0 m　　C. 1.2 m　　D. 1.5 m

（8）架空地板下缆线敷设在走线通道内，通道可以按照缆线的种类分开设置，进行多层安装，线槽高度不宜超过（　　）。（参考9.6.5）

A. 100 mm　　B. 150 mm　　C. 200 mm　　D. 300 mm

（9）天花板下走线通道顶部距楼板或其他障碍物不应小于（　　）。（参考9.6.5）

A. 200 mm　　B. 250 mm　　C. 300 mm　　D. 500 mm

（10）在每对机架之间和每列机架两端安装垂直缆线管理器，垂直缆线管理器宽度至少为（　　），在单个机架摆放处，垂直缆线管理器宽度至少为（　　）。（参考9.6.6）

A. 80 mm　　B. 83 mm　　C. 150 mm　　D. 250 mm

3. 简答题（50分，每题10分）

文件

单元9习题

（1）简述建筑物设备间子系统面积合理的原则。（参考9.3）

（2）确定设备间的位置时需要参考哪些设计规范？（参考9.4.4）

（3）设备间的缆线敷设方式有哪些？（答案参考9.4.4）

（4）设备间有大量的跳线和端接工作，在进行缆线与跳线的端接时应遵守哪些基本要求？（参考9.6.2）

（5）简述设备间内人行通道与设备之间的距离应符合哪些规定。（参考9.6.5）

请扫描“单元9习题”二维码下载Word。

实训10　住宅布线系统安装与测试

1. 实训任务来源

用户单元信息配线箱到墙面信息插座（TO）永久链路的安装测试需要。

2. 实训任务

完成住宅布线系统的安装实训，包括国标住宅信息箱、配线模块、信息插座（TO）、波纹管、PVC线管安装，并进行端接、测试。要求信息箱安装正确、配线架安装正确、信息插座安装正确、布线路由正确牢固、理线规范等，图9-19为住宅布线系统构成示意图。

文件

图9-19 Visio原图

文件

图9-19 彩色高清图片

请扫描“图9-19Visio原图”二维码，下载Visio原图，自行设计更多链路。

请扫描“图9-19彩色高清图片”二维码，观看或下载彩色高清图片。

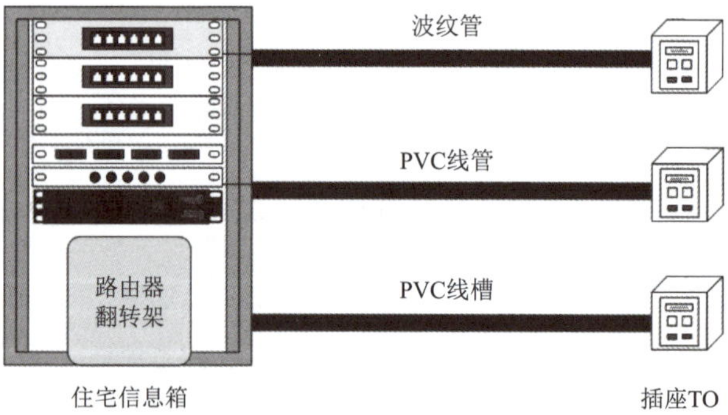

图9-19　住宅布线系统构成示意图

3. 技术知识点

（1）熟悉GB 50311《综合布线系统工程设计规范》国家标准第7.1.1条，工作区信息插座的安装规定。

（2）熟悉GB 50311《综合布线系统工程设计规范》国家标准第7.1.3条，多用户信息插座箱体安装时，底边距地高度宜为500 mm，当在墙上、柱子的上部或吊顶安装时，距地高度不宜小于1 800 mm。

4. 关键技能

（1）掌握国标住宅信息箱的安装方法。

（2）掌握明装、暗装信息插座的安装方法。

（3）掌握波纹管、PVC线管的安装方法，包括波纹管接头、管卡等。

（4）掌握按图施工的能力，必须严格按照图纸和技术要求进行训练，包括缆线长度、路由、端接位置、制作线标等。

5. 实训课时

（1）该实训共计2课时完成，其中技术讲解10分钟，视频演示10分钟，学员实际操作50分钟，跳线测试与评判10分钟，实训总结、整理清洁现场10分钟。

（2）课后作业2课时，独立完成实训报告，提交合格实训报告。

视频

住宅布线系统安装与测试

6. 实训指导视频

住宅布线系统安装与测试（6分37秒）。

7. 实训材料

序号	名称	规格说明	数量	器材照片
1	信息插座底盒	标准86型底盒，透明	5个	
2	86型面板	86型双口信息面板，带面板安装螺丝	6个	
3	波纹管	Φ20波纹管，黑色	5 m	
4	波纹管接头	Φ21.2波纹管接头	6个	
5	PVC线管	Φ20 PVC线管	3 m	
6	管卡	Φ20 管卡，用于固定PVC线管	4个	
7	线槽	20×10PVC线槽	1.5 m	
8	网络模块	5e类RJ-45网络模块	10个	
9	网络水晶头	5e类RJ-45网络水晶头	4个	
10	网线	5e类双绞线电缆	10 m	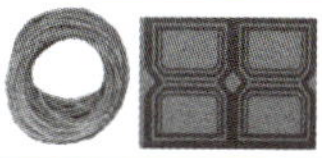
11	标签纸	用于线标	1张	

8. 实训工具

序号	名称	规格说明	数量	工具照片
1	网线钳	支持RJ-45与RJ-11水晶头压接	1把	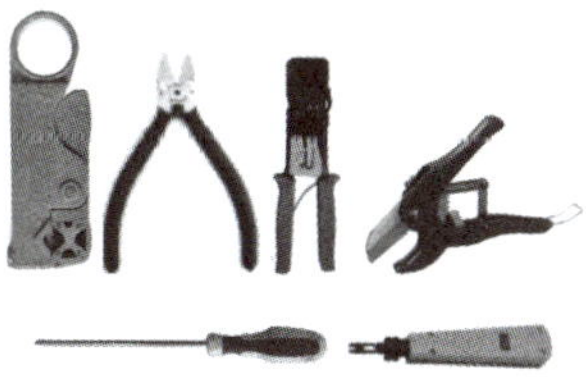
2	电缆剥线器	旋转式剥线器，用于剥除外护套	1把	
3	水口钳	6寸水口钳，用于剪掉撕拉线	1把	
4	110打线刀	用于端接五对连接块	1把	
5	十字螺丝刀	用于安装十字头螺丝	1把	
6	管子割刀	用于裁剪PVC线管	1把	

9. 实训设备

设备名称：信息技术技能实训装置。

型号：KYPXZ-01-53。

本实训装置按照典型工作任务和关键技能训练需要专门研发，配置有国标住宅信息箱、86型信息插座、装置侧面可安装常见的线管线槽，能够对住宅布线系统安装进行系统的训练。国标住宅信息箱配备有网络配线模块、光纤配线模块、TV配线模块、电源模块等。

10. 实训步骤

1）预习和播放视频

课前应预习，初学者提前预习，请多次认真观看住宅布线系统安装与测试实操视频，熟悉主要关键技能和评判标准，熟悉线序。

实训时，教师首先讲解技术知识点和关键技能10分钟，然后播放视频。更多可参考教材4.7、7.5.2等相关内容。

2）器材工具准备

建议在播放视频期间，教师准备和分发。

（1）按照第7条材料表，给每个工位发放材料，包括86型信息插座底盒5个、86型信息面板5个、波纹管5 m，波纹管接头6个、PVC线管1.5 m、PVC线槽1.5 m、管卡4个、网络模块10个、网络水晶头4个、标签纸1张等。

（2）学员检查材料规格数量合格。

（3）按照第8条工具表发放工具。

（4）本实训要求每组学员单独完成，优先保证质量，掌握方法。

3）住宅信息箱安装训练步骤和方法

第一步：安装住宅信息箱。

拆开住宅信息箱包装箱，将信息箱内网络配线架、光纤配线架、TV配线架取出。使用M6螺丝按照图纸要求位置，将住宅信息箱安装在信息技术技能实训装置侧面，图9-20为住宅布线系统安装示意图。

第二步：安装信息插座底盒（明装）。

按照图9-21所示位置，使用M5螺丝将信息插座底盒安装在实训装置立柱侧面。

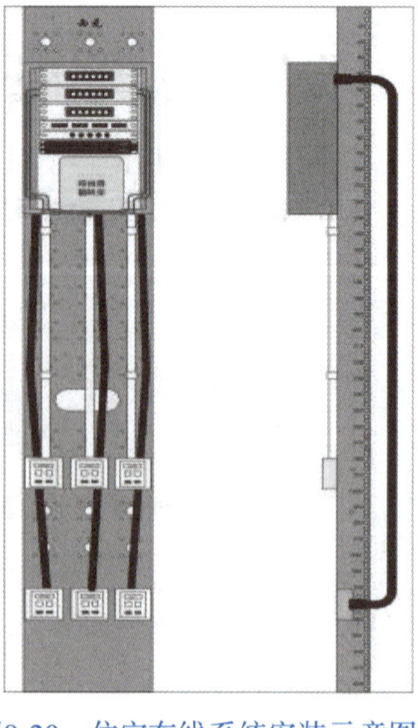

图9-20 住宅布线系统安装示意图

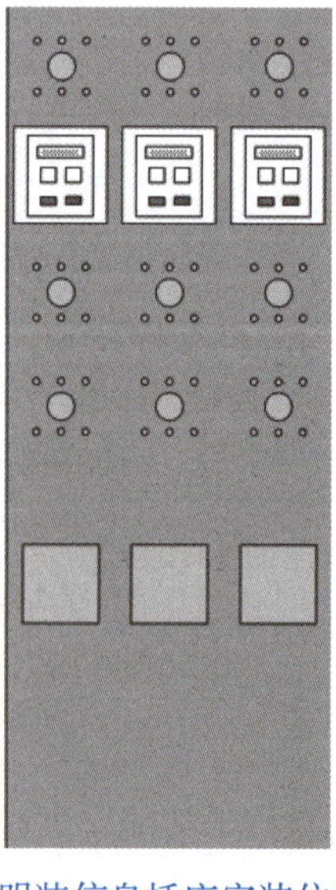

图9-21 明装信息插座安装位置示意图

第三步：安装信息插座底盒（暗装）

（1）如图9-22所示，将信息插座底盒安装在安装板上，图9-23为安装板照片。

图9-22　暗装底盒安装示意图

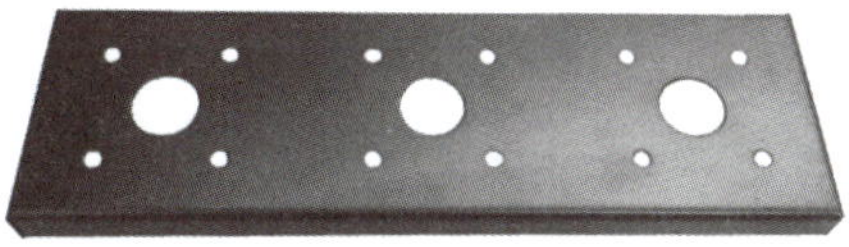

图9-23　安装板照片

（2）如图9-24所示，将暗装底盒安装板固定在机架立柱内。

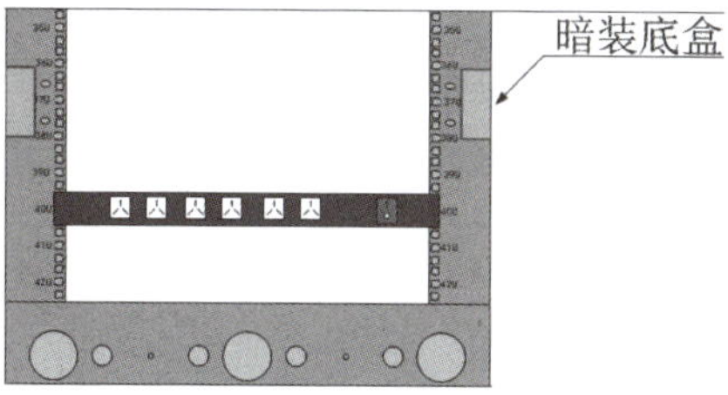

图9-24　暗装底盒安装位置示意图

第四步：安装波纹管

按照实训8所示方法，将波纹管一端安装在暗装底盒Φ25孔中，另一端安装在住宅信息箱背面Φ25孔中，如图9-25所示为波纹管安装位置示意图。

第五步：安装线管、线槽

（1）按照图9-26所示位置，使用M6螺丝安装Φ20管卡，图9-27所示为管卡实物照片。

（2）将线管卡装在安装好的管卡内。

（3）按照图9-28所示位置，使用M6螺丝将线槽安装在机架立柱上。

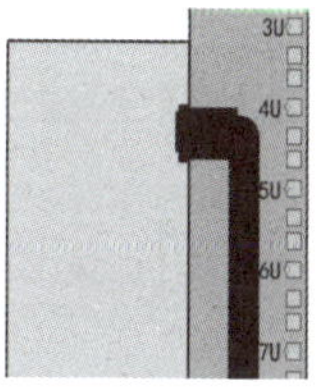

图9-25　波纹管安装位置

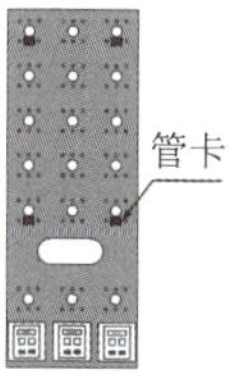

图9-26　管卡安装位置

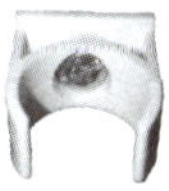

图9-27　管卡照片

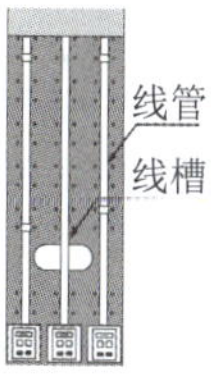

图9-28　线槽安装位置

第六步：穿线

每根线管、线槽内穿两根5e类网线，线端使用标签纸做好标记。

第七步：配线端接

将电缆一端端接在信息插座网络模块上，另一端端接在住宅信息箱内6口网络配线架模块上，图9-29为6口网络配线架照片。

第八步：安装网络配线架

将端接完成的网络配线架，安装在住宅信息箱内，并将光纤配线模块、路由模块、TV模块等安装在住宅信息箱内，图9-30所示为住宅信息箱设备安装位置示意图。

第九步：住宅布线系统通断测试

（1）制作2根RJ-45水晶头-RJ-45水晶头跳线。

（2）如图9-31所示，第1根跳线一端插在测线仪上排端口，另一端插在信息面板网络模块端口。

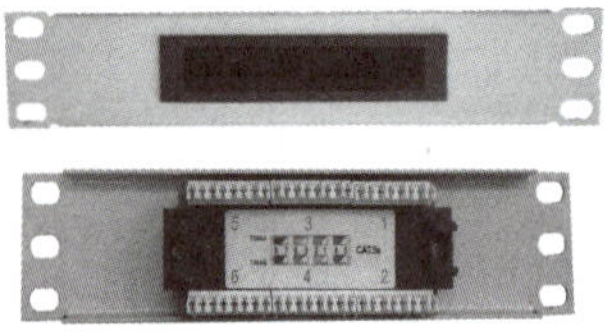

图9-29　6口网络配线架

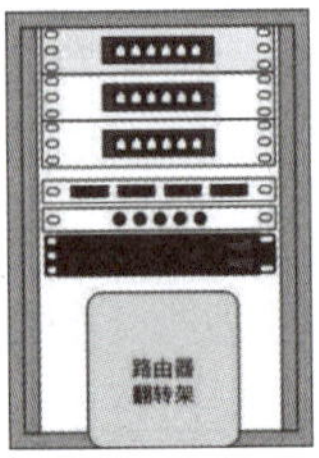

图9-30　住宅信息箱内设备安装位置

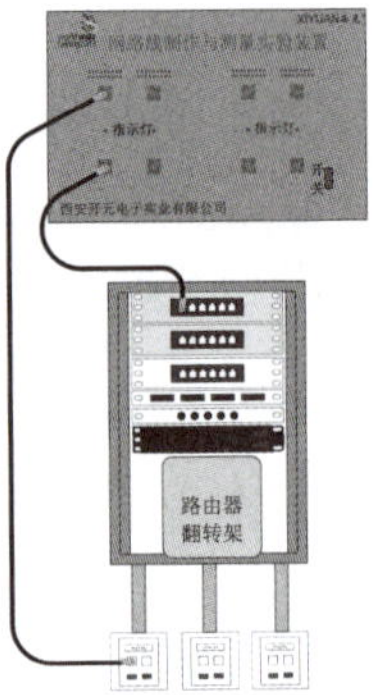

图9-31　住宅布线系统测试示意图

（3）如图9-31所示，第2根跳线一端插在测线仪下排端口，另一端插在住宅信息箱内网络配线架端口。观察测线仪指示灯，按照1-1、2-2、3-3、4-4、5-5、6-6、7-7、8-8顺序轮流重复闪烁。

如果有一芯或者多芯没有压接到位，对应的指示灯不亮。

如果有一芯或者多芯线序错误时，对应的指示灯将显示错误的线序。

11. 评判标准

该项目评判标准和评分表见表9-9。每个永久链路100分，6个共600分。

表9-9　住宅布线系统安装与实训评判标准表

姓名/链路编号	链路测试合格100分不合格0分	操作工艺评价（每处扣5分）					评判结果得分	排名
		信息箱安装正确20分	配线架安装正确30分	信息插座安装正确30分	布线路由正确牢固10分	理线规范10分		

文件

实训10

12. 实训报告

请按照单元1表1-1所示的实训报告模板要求，独立完成实训报告，2课时。

请扫描“实训10”二维码下载Word版。

单元10

进线间和建筑群子系统的设计和施工安装技术

通过本章学习，了解进线间子系统和建筑群子系统的设计原则和施工安装工程技术。

学习目标

- 熟悉进线间和建筑群子系统的基本概念和应用。
- 掌握进线间和建筑群子系统的设计原则和设计方法。
- 熟悉进线间和建筑群子系统的施工安装工程技术和方法。

10.1　进线间子系统基本概念和工程应用

进线间是建筑物外部通信和信息管线的入口部位，并可作为入口设施和建筑群配线设备的安装场地。要求在建筑物前期设计中增加进线间，满足3家以上运营商业务需要。进线间一般通过地埋管线进入建筑物内部，宜在土建阶段实施。进线间主要作为室外电缆、光缆引入楼内的成端与分支及光缆的盘长空间位置。随着光缆至大楼、至用户、至桌面的应用及容量日益增多，进线间就显得尤为重要，图10-1所示为进线间子系统实际案例图。请扫描二维码观看或下载图10-1彩色高清图片。

文件

图10-1
彩色高清图片

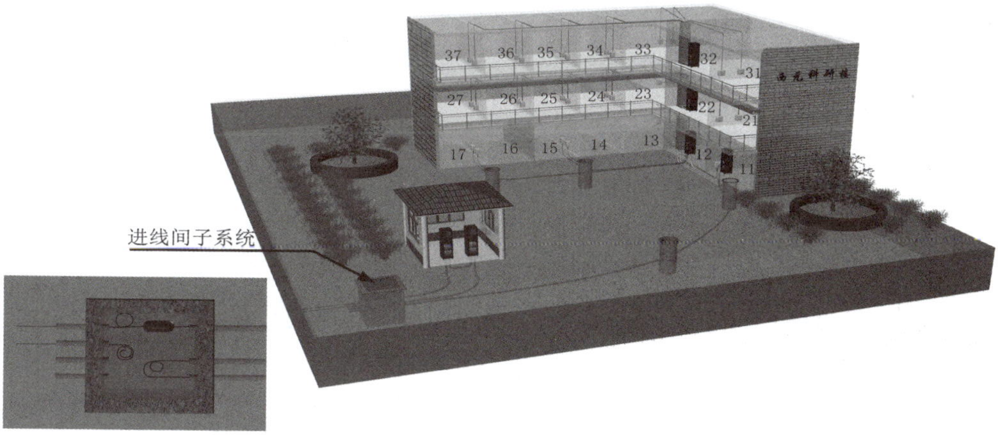

图10-1　进线间子系统实际案例图

10.2 进线间子系统的设计原则

在GB 50311—2016《综合布线系统工程设计规范》国家标准第5.5条入口设施和第7.4条进线间的规定，结合实际工程设计与施工安装经验。建议在进线间子系统的设计时遵循以下原则：

（1）地下设置的原则。进线间一般应该设置在地下室或靠近外墙，方便建筑群及室外缆线的引入，且与布线垂直竖井连通。

（2）空间合理的原则。进线间应满足缆线的敷设路由、端接位置及数量、光缆的盘长空间和缆线的弯曲半径、充气维护设备、配线设备安装所需要的场地空间和面积，大小应按进线间的进出管道容量及入口设施的最终容量设计。

（3）满足多家运营商需求的原则。进线间应考虑满足不少于3家电信业务经营者安装入口设施等设备的面积，进线间的面积不宜小于10 m^2。

（4）空间共用的原则。在设计和安装时，进线间应该考虑通信、消防、安防、楼控等其他设备以及设备安装空间。如安装配线设备和信息通信设施时，应符合设备安装设计的要求。

（5）环境安全的原则。进线间应设置预防有害气体措施和通风装置，排风量按每小时不小于5次容积计算，并且有防渗水措施和排水措施，入口门应采用相应防火级别的防火门，门向外开，净高度不小于2 m，净宽度不小于0.9 m，同时与进线间无关的水暖管道不宜通过。

10.3 进线间子系统的系统配置设计要求

在GB 50311《综合布线系统工程设计规范》国家标准第5.5条入口设施配置设计中，对入口设施的具体要求如下：

（1）室外光缆应转换成室内光缆。建筑群主干电缆和光缆、公用网和专用网电缆、光缆等室外缆线进入建筑物时，应在进线间由器件成端转换成室内电缆、光缆。

（2）入口配线模块应与缆线数量相匹配。缆线的终接处设置的入口设施外线侧配线模块，应按出入的电缆、光缆容量配置。

（3）入口配线模块应与缆线类型相匹配。综合布线系统和电信业务经营者设置的入口设施内线侧配线模块，应与建筑物配线设备（BD）或建筑群配线设备（CD）之间敷设的缆线类型和容量相匹配。

（4）入口管道的管孔数量应留有余量。进线间的缆线引入管道管孔的数量，应满足建筑物之间、外部接入各类信息通信业务、建筑智能化业务及多家电信业务经营者缆线接入的需求，并应留有不少于4孔的余量。

10.4 进线间子系统的安装工艺要求

在GB 50311《综合布线系统工程设计规范》第7.4条安装工艺要求中，对进线间提出了如下具体要求。

（1）管道入口和尺寸应满足不少于3家电信业务经营者需求。

（2）建筑物内应设置不少于1个进线间。

（3）进线间面积不应小于10 m^2。进线间应满足室外引入缆线的敷设与成端位置及数量、缆线的盘长空间和缆线的弯曲半径等要求,进线间面积不应小于10 m^2。

（4）与进线间设备无关的管道不应经过进线间。

（5）进线间设备安装应符合相关设计要求。

（6）建筑物内各进线间之间应设置互通的管槽。

（7）进线间应设置不少于2个电源插座。每个电源插座的配电线路均应安装保护器。

（8）进线间设计规定。进线间宜设置在建筑物地下一层临近外墙、便于管线引入的位置。

10.5　建筑群子系统基本概念和工程应用

建筑群子系统也称为楼宇子系统，主要实现建筑物之间的通信连接，一般采用光缆并配置光纤配线架等相应设备，它支持建筑物之间通信所需的硬件，包括缆线、端接设备和电气保护装置，图10-2所示为建筑群子系统工程实际案例图。设计时应考虑布线系统周围的环境，确定建筑物之间的传输介质和路由，并使线路长度符合相关网络标准规定。

请扫描二维码，观看或下载图10-2彩色高清图片。

文件

图10-2
彩色高清图片

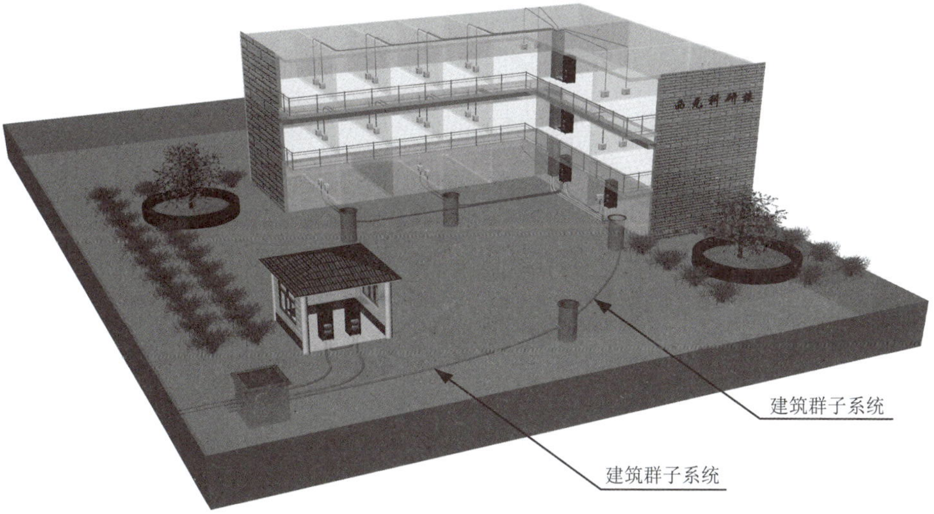

图10-2　建筑群子系统工程实际案例图

10.6　建筑群子系统的设计原则

在建筑群子系统的设计中，一般要遵循以下原则。

（1）地下埋管的原则。建筑群子系统的室外缆线，一般通过建筑物进线间进入大楼内部的设备间，室外距离比较长，设计时一般选用地埋管道穿线或者电缆沟敷设方式。

（2）远离高温管道的原则。建筑群的光缆或电缆，经常在室外部分或进线间需要与热力管道交叉或并行，遇到这种情况时，必须保持较远的距离，避免高温损坏缆线或缩短缆线的寿命。

（3）远离强电的原则。园区室外地下埋设有许多380 V或者10 000 V的交流强电电缆，网络系统的缆线必须远离这些强电电缆，避免对网络系统的电磁干扰。

（4）预留备份的原则。室外管道和缆线必须预留备份，方便未来升级和维护。

（5）选用抗压管道的原则。地埋管道穿越道路时，必须使用钢管或抗压PVC管。

（6）大拐弯原则。建筑群子系统一般使用光缆，要求拐弯半径大。实际施工时，一般在拐弯处设立接线井，方便拉线和后期维护。如果不设立拐弯接线井时，必须保证较大的曲率半径。

10.7 建筑群子系统的设计步骤和方法

10.7.1 需求分析

建筑群子系统设计的需求分析，应该包括工程的总体概况、各类信息点统计数据、各信息点分布情况、各建筑物平面设计图、现有系统的状况、设备间位置等。具体分析从一个建筑物到另一个建筑物之间的布线距离、布线路径，逐步明确和确认布线方式和布线材料的选择，一般应该考虑以下具体问题：

（1）确定敷设现场的特点，包括确定整个工地的大小、工地的地界、建筑物的数量等。

（2）确定缆线系统的一般参数，包括确认起点、端接点位置、所涉及的建筑物及每座建筑物的层数、每个端接点所需的双绞线的对数、有多个端接点的每座建筑物所需的双绞线总对数等。

（3）确定建筑物的缆线入口，主要考虑以下因素：

①缆线入口管道的位置，应方便连接公用设备，在墙上预留1根或多根管道。

②对于既有建筑物，要确定各个缆线入口管道的具体位置、可用管道的数量。

③如果入口管道不够时，是否能够重新布置和调整缆线，腾出或增加入口管道。

④新建建筑物要根据缆线数量、规格和路由等因素，设计和标出入口管道。

（4）确定障碍物的位置，包括确定土壤类型、缆线的布线方法、地下公用设施的位置、查清缆线路由中的障碍物位置、特殊地理条件等。

（5）确定主干缆线路由，包括确定缆线结构与类型、最佳路由方案、管道、桥架和预留孔洞等。

（6）选择缆线的类型和规格，根据具体设计方案，合理选择光缆、电缆等缆线的类型与规格，包括确定缆线长度、设计布线施工图、沟槽施工详图等。

（7）估算劳务成本，包括确定布线时间、估算总工期、计算每种设计方案的成本等，通过总时间乘以当地的工时费方式估算劳务成本。

（8）确定方案的材料成本，包括确定缆线、连接器件、管道与桥架等直接材料成本，同时考虑管理成本。

（9）选择最经济、最实用的设计方案，根据上述原则分析各种设计方案、布线路由、材料成本、劳务成本及管理费用等，选择和确定最佳设计方案。

10.7.2 技术交流

在进行需求分析后，要与用户进行技术交流，这是非常必要的。由于建筑群子系统往往覆盖整个建筑群的总平面，布线路径也经常与室外的强电线路、给（排）水管道、道路和绿化等项目线路，有多次的交叉或者并行实施，因此不仅要与技术负责人交流，也要与项目或者行政负责人进行交流。在交流中重点了解每个路由上的电路、水路、气路的安装位置等详细信息。在交流过程中进行详细的书面记录，每次交流结束后要及时整理书面记录。

10.7.3　阅读建筑物图纸

建筑物主干布线子系统的缆线较多，且路由集中，是综合布线系统的重要骨干线路，索取和认真阅读建筑物设计图纸是不能省略的程序。通过阅读建筑群总平面图和单体图掌握建筑物的土建结构、强电路径、弱电路径，重点掌握在综合布线路径上的强电管道、给（排）水管道、其他暗埋管线等。在阅读图纸时，进行记录或者标记，正确处理建筑群子系统布线与电路、水路、气路和电器设备的直接交叉或者路径冲突问题。

10.7.4　设计要求

建筑群子系统主要应用于多栋建筑物组成的建筑群综合布线工程，设计时主要考虑布线路由等内容。建筑群子系统应按下列要求进行设计。

1. 考虑环境美化要求

建筑群主干布线子系统设计，应充分考虑建筑群覆盖区域的整体环境美化要求，建筑群干线电缆尽量采用地下管道或电缆沟敷设方式。因客观原因最后选用了架空布线方式的，也要尽量选用原已架空布设的电话线或有线电视电缆的路由，干线电缆与这些电缆一起敷设，以减少架空敷设的电缆线路。

2. 考虑建筑群未来发展需要

在布线设计时，要充分考虑各建筑需要安装的信息点种类、信息点数量，选择相对应的干线光缆类型以及敷设方式，使综合布线系统建成后，保持相对稳定，能满足今后一定时期内各种新的信息业务发展需要。

3. 路由的选择

考虑到节省投资，路由应尽量选择距离短、线路平直的路由，但具体的路由还要根据建筑物之间的地形或敷设条件而定。在选择路由时，应考虑原有已铺设的各种地下管道，在管道内应与电力电缆分开敷设，并保持一定间距。

4. 缆线引入要求

建筑群干线光缆进入建筑物时，都要设置引入设备，并在适当位置终端转换为室内电缆、光缆。引入设备应安装必要的保护装置，以达到防雷击和接地的要求。干线光缆引入建筑物时，应以地下引入为主，如果采用架空方式，应尽量采取隐蔽方式引入。

5. 干线电缆、光缆交接要求

建筑群的主干缆线布线的交接不应多于两次。

6. 建筑群子系统缆线的选择

建筑群子系统敷设的缆线类型及数量由连接应用系统种类及规模来决定。计算机网络系统常采用光缆，经常使用62.5 μm/125 μm规格的多模光纤，户外布线大于2 km时可选用单模光纤。

电话系统常采用3类大对数电缆，为了适合于室外传输，电缆应覆盖较厚的外层皮。3类大对数电缆根据线对数量，分为25对、50对、100对、250对、300对等规格，要根据电话语音系统的规模来选择3类大对数电缆相应的规格及数量。

有线电视系统常采用同轴电缆或光缆作为干线电缆。

7. 缆线的保护

当缆线从一建筑物到另一建筑物时，易受到雷击、强电感应电压等影响，必须进行保护。如果电缆进入建筑物时，按照GB 50311的强制性规定必须增加浪涌保护器。

10.7.5 布线方法

文件

图10-3
彩色高清图片

建筑群子系统的缆线布设方式通常使用架空布线法、直埋布线法、地下管道布线法、隧道内布线法等。

1. 架空布线法

架空布线法要求用电杆在建筑物之间悬空架设，一般先架设钢丝绳，然后在钢丝绳上挂放缆线。使用的主要材料和配件有：缆线、钢缆、固定螺栓、固定拉攀、预留架、U型卡、挂钩、标志管等。如图10-3所示，在架设时需要使用滑车、安全带等辅助工具。请扫描二维码观看或下载图10-3彩色高清图片。

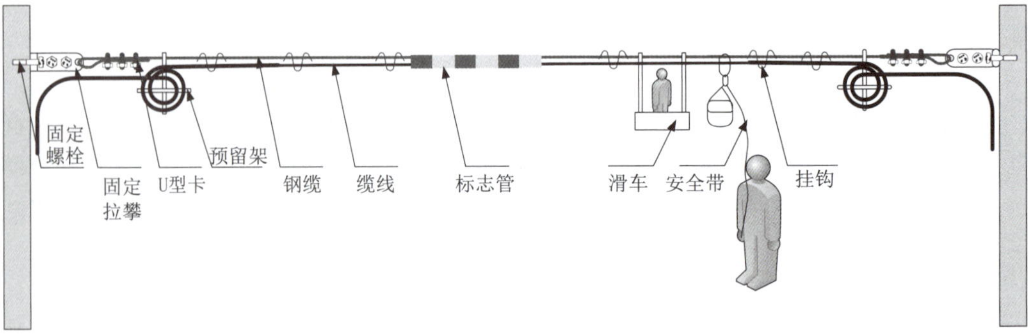

图10-3 架空布线示意图

2. 直埋布线法

直埋布线法就是在地面挖沟，然后将缆线直接埋在沟内，通常应埋在距地面0.6 m以下的位置，或按照当地城管等部门的有关法规施工。直埋布线法的路由选择受到土质、公用设施、天然障碍物（如木、石头）等因素的影响。直埋布线法具有较好的经济性和安全性，总体优于架空布线法，但更换和维护不方便，且成本较高。

文件

图10-4
彩色高清图片

3. 地下管道布线法

地下管道布线是一种由管道和人孔组成的地下系统，它把各个建筑物进行互连，用1根或多根管道进入建筑物内部。管道埋设的深度一般为0.8~1.2 m，或符合当地城管等部门有关法规规定的深度。为了方便布线，管道安装时应预埋1根拉线。为了方便管理，地下管道应间隔50~180 m设立一个接合井，此外安装时至少应预留1~2个备用管孔，以供扩充之用，图10-4所示为地下埋管布线示意图。请扫描二维码观看或下载图10-4彩色高清图片。

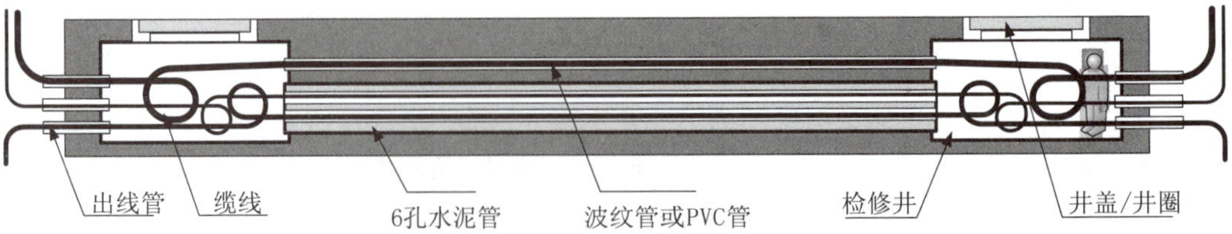

图10-4 地埋布线示意图

4. 隧道内布线法

在建筑物之间通常有地下通道，利用这些通道来敷设缆线不仅成本低，而且可以利用原有的设施。

以上叙述了管道内、直埋、架空、隧道4种建筑群布线方法，其优点和缺点见表10-1。

表10-1 4种建筑群布线方法比较

方　法	优　　点	缺　　点
管道内	提供最佳机械保护，任何时候都可敷设，扩充和加固都很容易，保持建筑物的外貌	挖沟、开管道和人孔的成本很高
直埋	提供某种程度的机械保护 保持建筑物的外貌	挖沟成本高，难以安排电缆的敷设位置，难以更换和加固
架空	如果有电线杆，则成本最低	没有提供任何机械保护，灵活性差，安全性差，影响建筑物美观
隧道	保持建筑物的外貌，如果有隧道，则成本最低、安全	热量或泄漏的热气可能损坏缆线，可能被水淹

10.8 建筑群子系统的安装要求

建筑群子系统主要采用光缆进行敷设，因此，建筑群子系统的安装技术，主要指光缆的安装技术。安装光缆须格外谨慎，连接每条光缆时都要熔接。光纤不能拉得太紧，也不能形成直角。较长距离的光缆敷设最重要的是选择一条合适的路径。必须要有很完备的设计和施工图纸，以便施工和检查。施工中注意不要使光缆受到重压或被坚硬的物体扎伤。光缆转弯时，其转弯半径要大于光缆自身直径的20倍。

10.8.1 光纤熔接技术

1. 熔接前的准备工作

1）准备相关工具、材料

在做光缆熔接之前，需要准备以下工具和材料：光纤熔接机KYRJ-369、工具箱KYGJX-31、光缆、光纤跳线、光纤熔接保护套、光纤切割刀、无水酒精等，如图10-5所示。

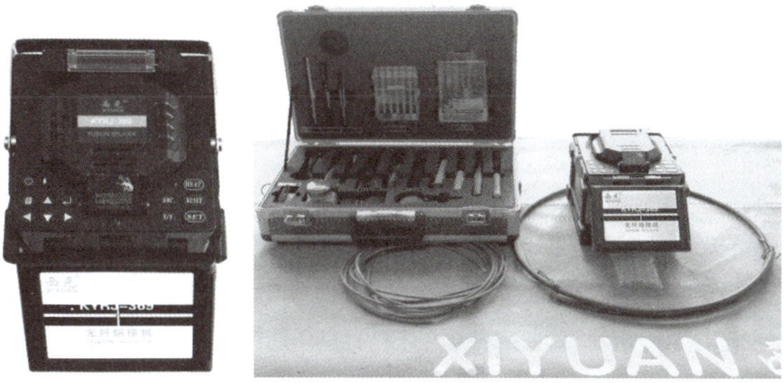

图10-5 光纤熔接工具及材料

2）检查熔接机

主要工作包括：熔接机开启与关停、电极的检查。

2. 开缆

光缆有室内和室外之分，室内光缆借助工具很容易开缆。由于室外光缆内部有钢丝拉线，故对开缆增加了一定的难度，这里我们介绍室外光缆开缆的一般方法和步骤：

第一步：在光缆开口处找到光缆内部的两根钢丝，用斜口钳剥开光缆外皮，用力向侧面拉出一小截钢丝，如图10-6所示。

第二步：一只手握紧光缆，另一只手用老虎钳夹紧钢丝，向身体内侧旋转拉出钢丝，如图10-7所示；用同样的方法拉出另外一根钢丝，两根钢丝都旋转拉出，如图10-8所示。

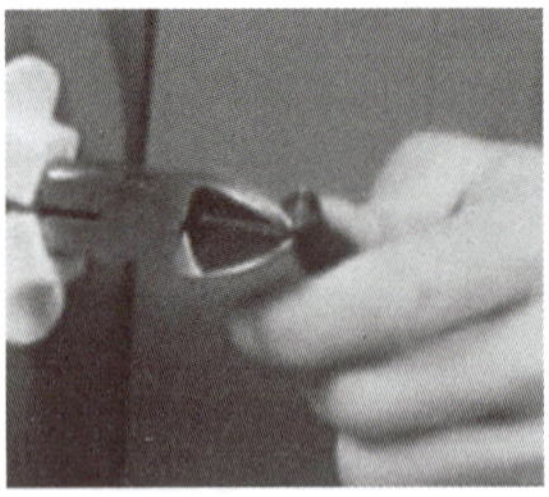
图10-6　拨开外皮

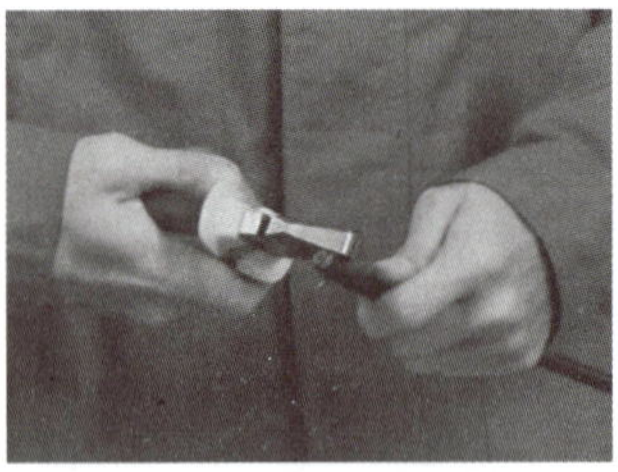
图10-7　拉出钢丝

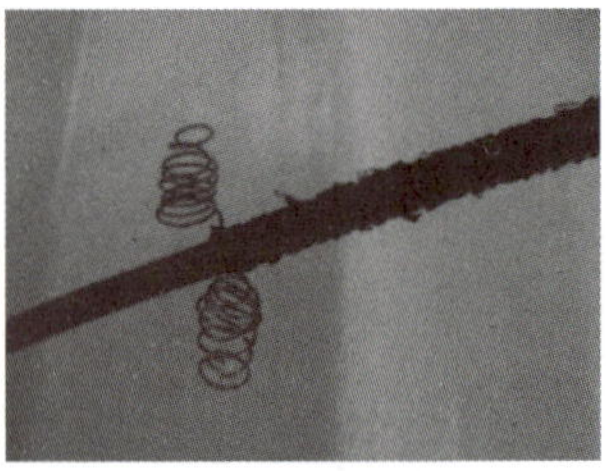
图10-8　拉出两根钢丝

第三步：用断线钳将任意1根的钢丝剪断，留一根以备在光纤配线盒内固定。当两根钢丝拉出后，外部的黑皮保护套就被拉开了，用手剥开保护套，然后用斜口钳剪掉拉开的黑皮保护套，然后用剥皮钳将其剪剥后抽出，如图10-9所示。

第四步：用剥皮钳将保护套剪剥开，如图10-10所示，并将其抽出。

注意：由于这层保护套内部有油状的填充物（起润滑作用），应该首先用爽身粉+餐巾纸清理干净油膏，然后用酒精+无尘纸清理干净光纤。

第五步：完成开缆，如图10-11示。

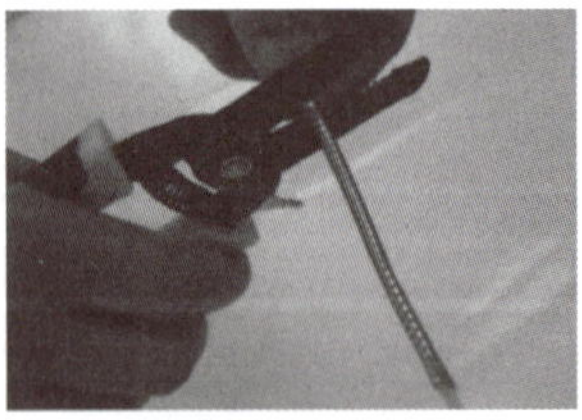
图10-9　拨开保护套

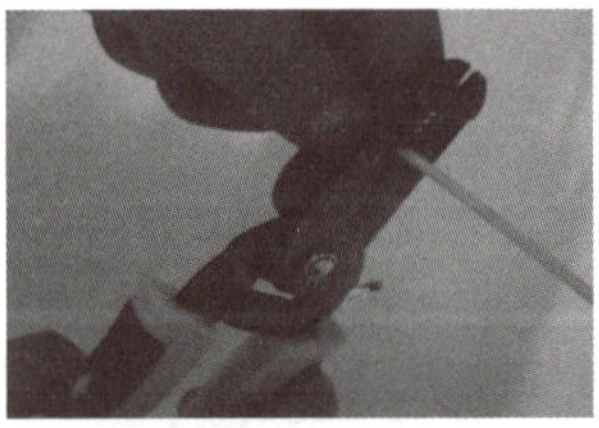
图10-10　抽出保护套

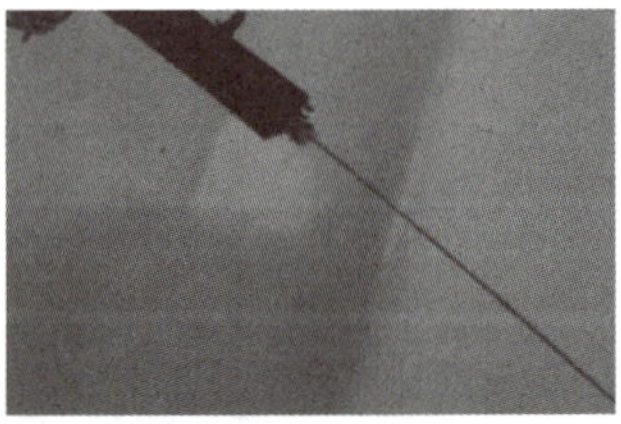
图10-11　完成开缆

3. 室内光缆的熔接

1）剥光纤与清洁

第一步：剥尾纤。可以使用光纤跳线，从中间剪断后，成为尾纤进行操作。一手拿好尾纤一端，另一手拿好光纤剥线钳，如图10-12所示，用剥线钳剥开尾纤外皮后抽出外皮，可以看到光纤的白色护套，如图10-13所示（注：剥出的白色保护套长度约为150 mm）。

第二步：将光纤在食指上轻轻环绕一周，用拇指按住，留出光纤应为4 cm，然后用光纤剥线钳剥开光纤保护套，在切断白色外皮后，缓缓将外皮抽出，此时可以看到透明状的光纤，如图10-14所示。

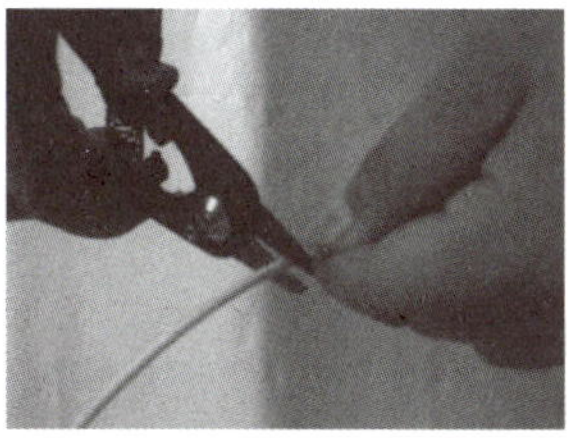

图10-12　剥开尾纤外皮

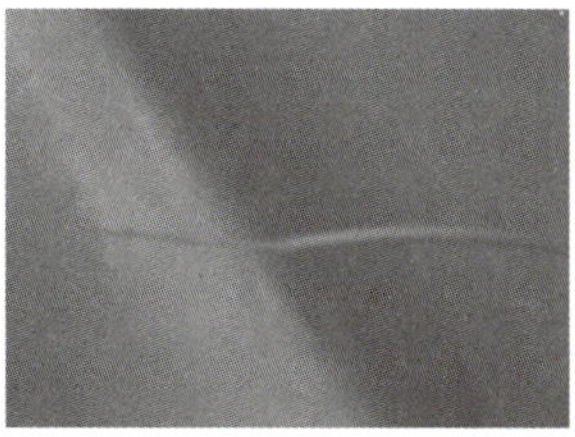

图10-13　抽出外皮

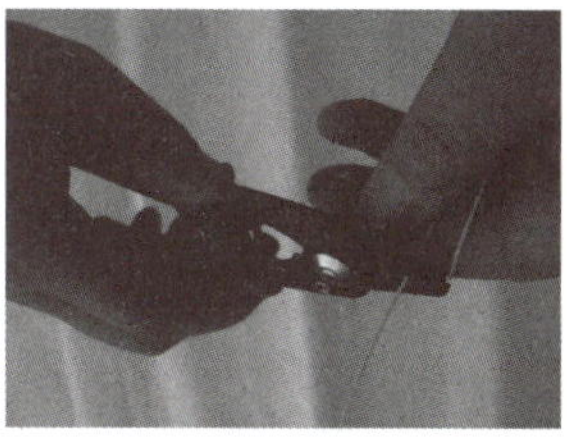

图10-14　剥开光纤保护套

第三步：用光纤剥线钳的最细小口，轻轻地夹住光纤，缓缓地把剥线钳抽出，将光纤上的树脂保护膜刮去，如图10-15所示。

第四步：用无尘纸蘸酒精对裸纤进行清洁，连续清洁3次以上，如图10-16、图10-17所示。

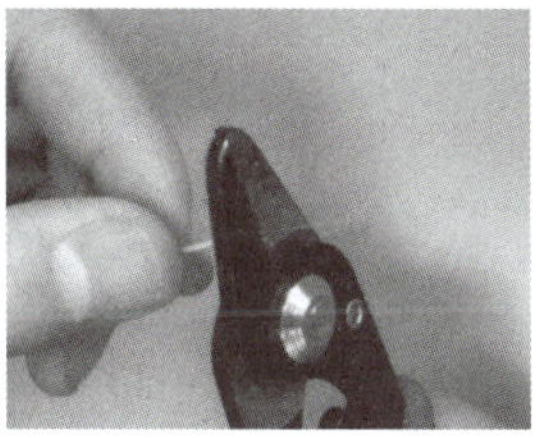

图10-15　刮去树脂保护膜

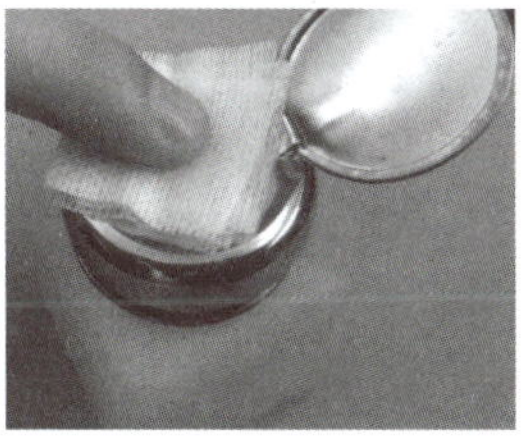

图10-16　无尘纸

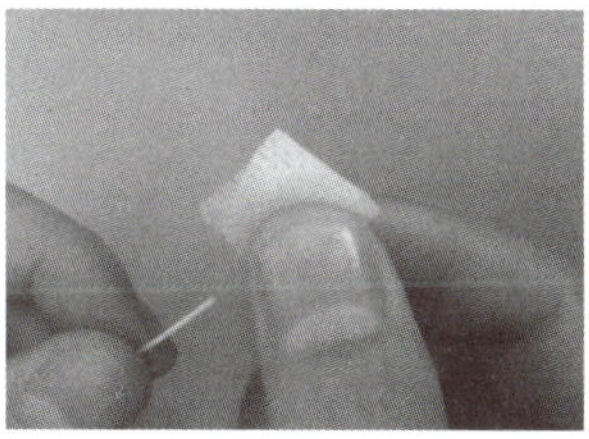

图10-17　清洁裸纤

2）切割光纤与清洁

第一步：安装热缩保护管。将热缩保护管套在1根待熔接光纤上，用于熔接后保护接点，如图10-18所示。

第二步：制作光纤端面。

（1）用剥皮钳剥去光纤涂覆层约30~40 mm，用干净酒精棉球擦去裸光纤上的污物。

（2）用高精度光纤切割刀将裸光纤切去一段，保留裸纤16 mm。

（3）将安装好热缩保护管的光纤放在光纤切割刀中较细的导向槽内，如图10-19所示。

（4）然后依次放下大小压板，如图10-20所示。

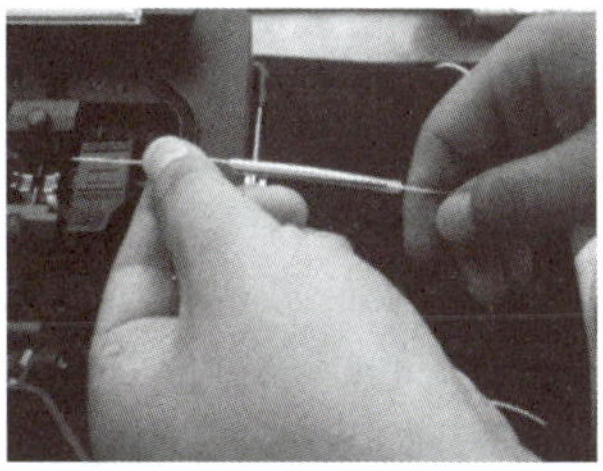

图10-18　安装热缩保护管

图10-19　放入切割刀导槽

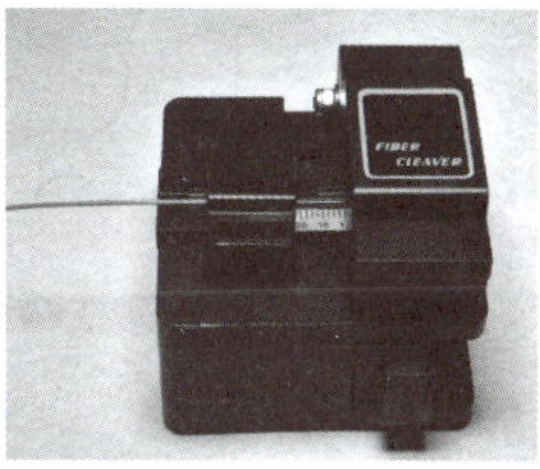

图10-20　放下大小压板

（5）左手固定切割刀，右手扶着刀片盖板，并用大拇指迅速向远离身体的方向推动切割刀刀架。如图10-21所示，此时完成光纤的切割。

3）安放光纤

第一步：打开熔接机防风罩使大压板复位，显示器显示“请安放光纤”。

第二步：分别打开大压板将切好端面的光纤

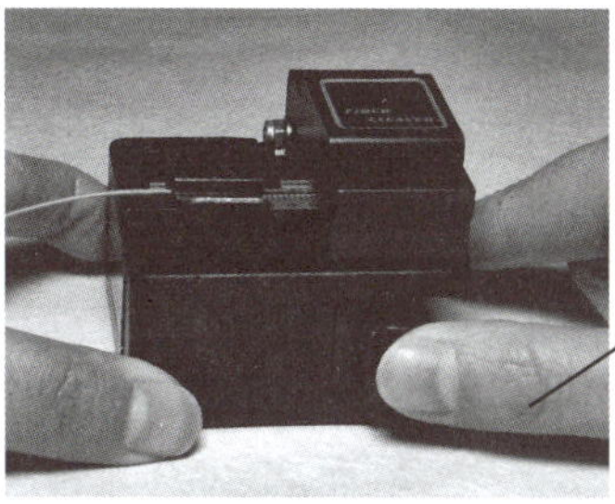

图10-21　光纤切割

放入V型载纤槽，光纤端面不能触到V型载纤槽底部，如图10-22所示。

第三步：盖上熔接机的防尘盖，如图10-23所示。检查光纤的安放位置是否合适，在屏幕上显示两边光纤位置居中为宜，如图10-24所示。

图10-22　放入V型载纤槽

图10-23　盖上防尘盖

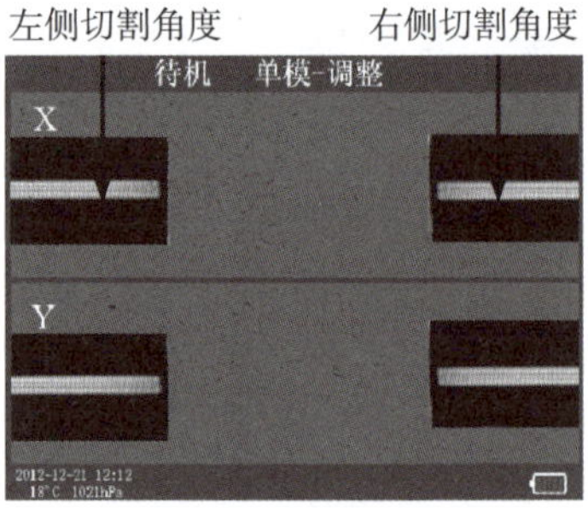

图10-24　检查安装位置

4）熔接

熔接机自动熔接的具体步骤如下：

第一步：检查确认“熔接模式”项，选择“自动”模式。

第二步：制作光纤端面。

第三步：打开防风罩及大压板，安装光纤。

第四步：盖下防风罩，熔接机进入全自动工作过程：自动清洁光纤、检查端面、设定间隙、熔接机会按照“芯对芯”或者是“包层对包层”的方式来对准；然后执行放电功能、完成熔接光纤。

第五步：最后将接点损耗估算值显示在熔接机显示屏幕上，正常熔接时，数字应该为小于0.01 dB。

5）加热热缩保护管

第一步：取出熔接好的光纤。依次打开防风罩、左右光纤压板，小心地取出熔接好的光纤，避免碰到电极。

第二步：移放热缩保护管。将前面装套在光纤上的热缩保护管，小心地移到光纤接点处，使两光纤被覆层留在热缩保护管中的长度基本相等。

第三步：加热热缩保护管。

视频

光纤熔接技术训练

6）盘纤固定

将接续好的光纤盘到光纤收容盘内。在盘纤时，盘圈的半径越大，弧度越大，整个线路的损耗越小。所以一定要保持一定的半径，使激光在光纤传输时，避免产生一些不必要的损耗。

7）盖上盘纤盒盖板

请扫描二维码下载或观看“光纤熔接技术训练”（5分55秒）视频。

10.8.2　光纤冷接技术

1. 冷接的基本原理

光纤冷接技术，也称为机械接续，是把两根处理好端面的光纤固定在高精度V型槽中，通过外径对准的方式实现光纤纤芯的对接，同时利用V型槽内的光纤匹配液填充光纤切割不平整所形成的端面间隙，这一过程完全无源，因此被称为冷接。作为一种低成本的接续方式，光纤冷接技术在FTTX的户线光纤（即皮线光缆）维护工作中，有一定的适用性。

1）V型槽

无论是光纤冷接子，还是连接器，要实现纤芯的精确对接，就必须要将比头发丝还细的光纤固定住位置，这就是V型槽的作用，如图10-25所示。

2）匹配液

对接的两段光纤的端面之间，经常并不能完美无隙地贴在一起，匹配液的作用就是填补端面之间的间隙。它是一种透明无色的液体，折射率与光纤大体相当。匹配液可以弥补光纤切割缺陷引起的损耗过大，有效降低菲涅尔反射。如图10-26所示。

匹配液通常密封在V型槽内，以免流失。

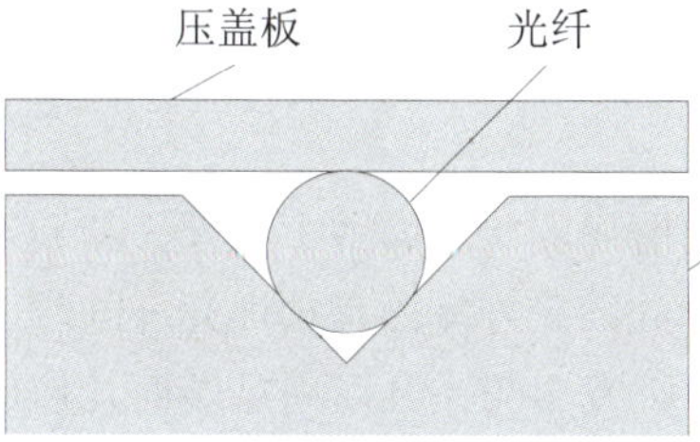

图10-25　压板式V型槽的结构示意图

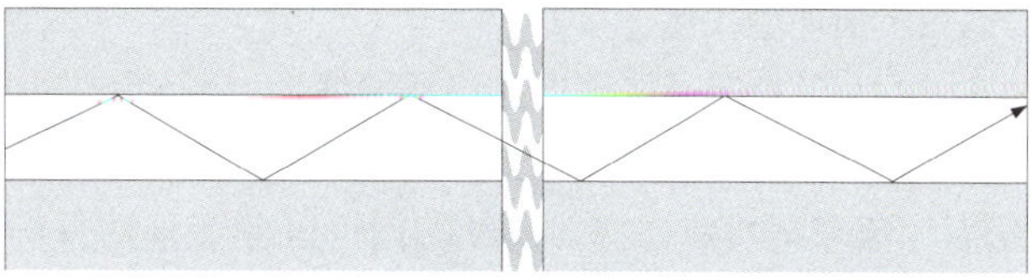

图10-26　光纤与匹配液中光信号传播的示意图

3）光纤端面

常见的光纤端面分为平面和球面，不常见的还有斜面。通常切割出来的光纤端面为平面，球面则需要更为复杂的工装和工艺处理，在现场制作的端面一般都是平面，而在工厂里制作，如连接器的预埋光纤端面，则为球面型。

两段光纤端面之间的接续方式分为以下几类：

（1）平面-平面冷接续方式，指光纤接续点两端均为切制的平面，如图10-27所示。对接时要加入匹配液弥补接续空隙，实现光信号的低损导通。适用范围：光纤冷接子和光纤快速接续连接器。

（2）球面-平面冷接续方式，指光纤接续点一端为研磨的球面，另一端为现场切制的平面，如图10-28所示。对接时根据产品结构的不同，可选择性地加入匹配液来弥补接续空隙。它是目前高品质产品主要采用的冷接续方式。适用范围：现场光纤快速接续连接器。现场光纤快速接续连接器设备接口。

（3）球面-球面冷接续方式，指光纤接续点两端均为研磨的球面，如图10-29所示。对接时不用加入匹配液来弥补接续空隙。这种方式在活动连接器中大量使用，而用于现场冷接最初是20世纪80年代。适用范围：光纤活动连接器、光纤冷接子和现场光纤快速接续连接器。

（4）斜面-斜面冷接续方式，指光纤接续点两端均为研磨或切制的斜面，如图10-30所示。须在接续点加入匹配液来弥补接续空隙。它主要用于对回波损耗要求较高的CATV模拟信号的传输，一般用在APC活动连接器上，用在现场冷接续技术领域只是刚刚开始。适用范围：APC型光纤活动连接器、光纤冷接子或现场快速接续连接器。

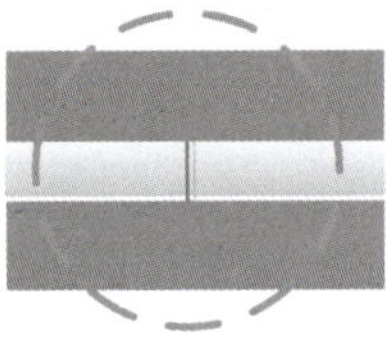

图10-27　平面-平面接续

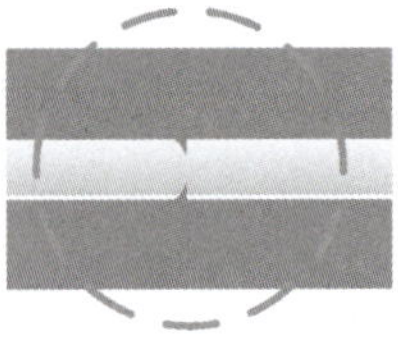

图10-28　球面-平面接续

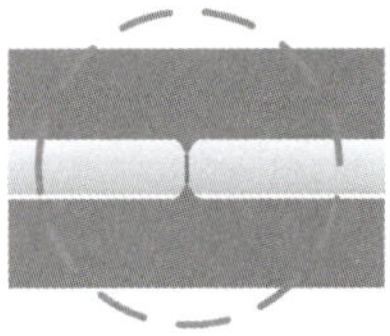

图10-29　球面-球面接续

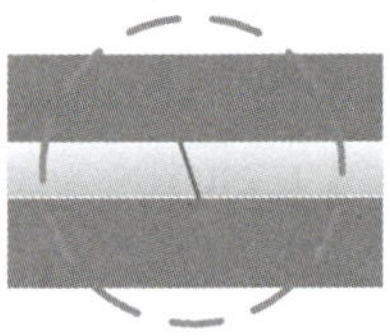

图10-30　斜面-斜面接续

2. 快速连接器的结构原理

1）直通型快速连接器

如图10-31所示，这种连接器内不需要预置光纤，也无须匹配液，只需将切割好的纤芯插入套管用紧固装置加固即可，最终的光纤端面就是现场切割刀切割的平面型光纤端面。直通型快速连接器内部无接续点和匹配液，不会由于匹配液的流失而影响使用寿命，也不存在因使用时间过长导致匹配液变质等问题。

2）预埋型快速连接器

如图10-32所示，这种连接器的插针内预埋有一段两端面研磨好的（球面型）光纤，与插入的光纤在V型槽内对接，V型槽内填充有匹配液，最终陶瓷插针处的光纤端面是预埋光纤的球形端面。预埋型快速连接器光纤端面可以保证是符合行业标准的研磨端面，可以满足端面几何尺寸，而直通型快速连接器的光纤端面几何尺寸无法满足行业标准的要求。

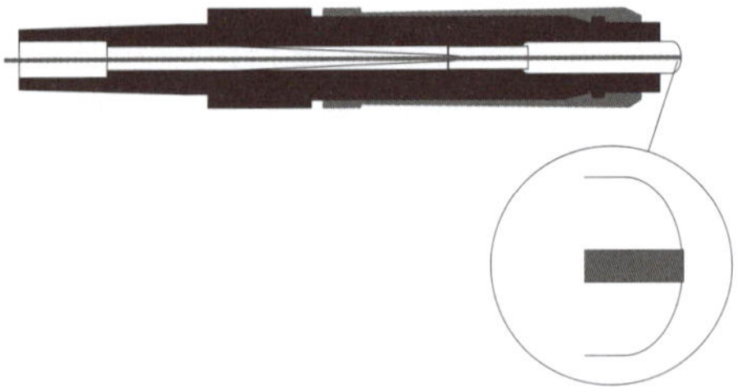

图10-31　直通型快速连接器

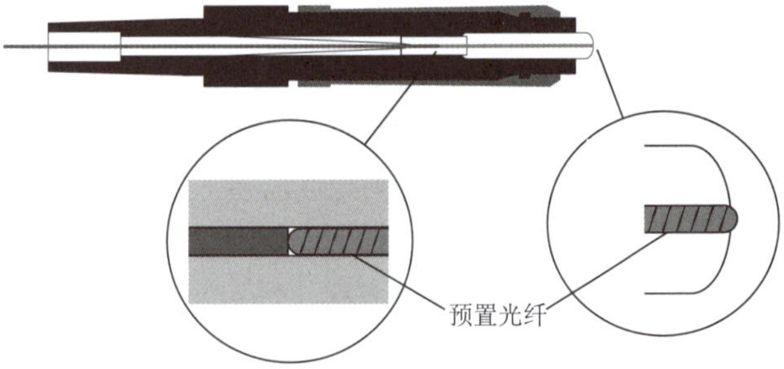

图10-32　预埋型快速连接器，右侧为预置光纤

3. 光纤快速连接头的制作

接续光缆有皮线光缆和室内光缆，以皮线光缆为例介绍光纤快速连接头的制作。

1）制作工具

（1）光纤冷接使用光纤冷接与测试工具箱，如图10-33（a）所示，型号为KYGJX-35。

（2）皮线剥皮钳，用于剥除皮线光缆外护套，如图10-33（b）所示。

（3）光纤剥皮钳，用于去除光纤涂覆层，如图10-33（c）所示。

（4）光纤切割刀，用于切割光纤纤芯端面，切出来后光纤端面应为平面，如图10-33（d）所示。

（5）用无尘纸蘸酒精清洁裸纤3次以上，如图10-33（e）所示。

（6）光功率计和红光笔，用于测试光纤损耗。

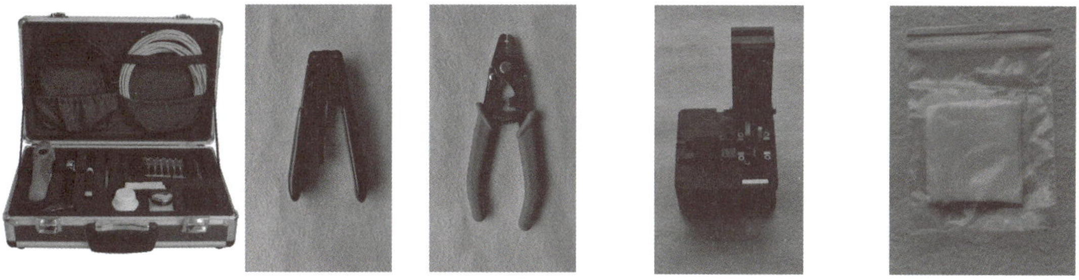

（a）西元冷接工具箱 （b）皮线剥皮钳 （c）光纤剥皮钳 （d）切割刀 （e）无尘纸

图10-33 光纤快速连接头制作工具

2）光纤快速连接器的制作方法

以直通型快速连接器为例介绍制作方法。

第一步：准备材料和工具。

端接前，应准备好工具和材料，并检查所用的光纤和连接器是否有损坏。

第二步：打开光纤快速连接器。

将光纤快速连接器的螺帽和外壳取下，锁紧套松开，压盖打开，并将螺帽套在光缆上，如图10-34、图10-35所示。

图10-34 打开快速连接器

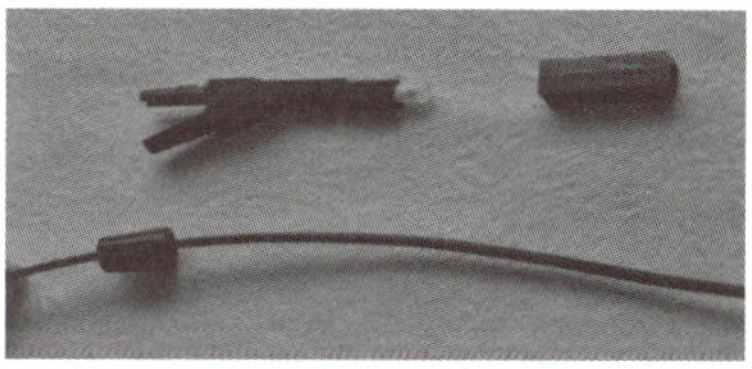

图10-35 将螺帽套在光缆上

第三步：切割光纤。

（1）使用皮线剥皮钳剥去50 mm的光缆外护套，如图10-36所示。

（2）使用光纤剥皮钳剥去光纤涂覆层，用无尘纸蘸酒精清洁裸纤3次以上，将光纤放入导轨中定长，如图10-37所示。

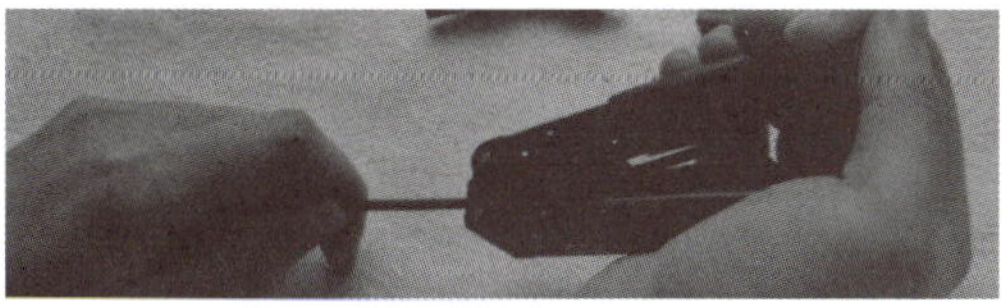

图10-36 剥去光缆外护套

图10-37 光纤放入导轨中定长

（3）将光纤和导轨条放置在切割刀的导线槽中，依次放下大小压板，左手固定切割刀，右手扶着刀片盖板，并用大拇指迅速向远离身体的方向推动切割刀刀架（使用前应回刀），完成切割，如图10-38所示。

第四步：固定光纤。

将光纤从连接器末端的导入孔处穿入，如图10-39所示。外露部分应略弯曲，说明光纤接触良好。

图10-38　光纤切割

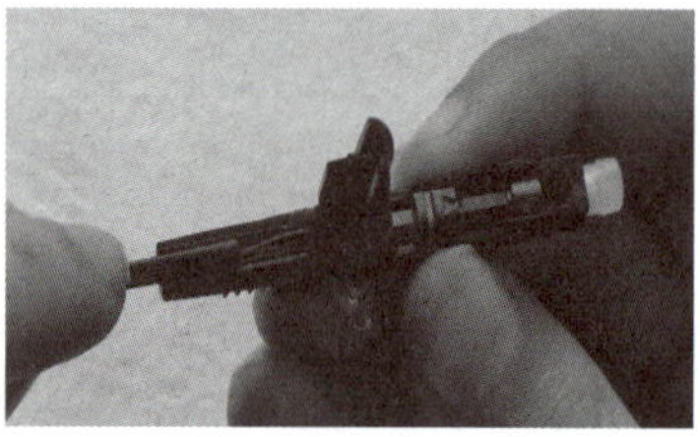

图10-39　连接器穿入光纤

第五步：闭合光纤快速连接器。

将锁紧套推至顶端夹紧光纤，闭合压盖，拧紧螺帽，套上外壳，完成制作，如图10-40所示。

图10-40　制作好的光纤快速连接器

视频

A314-西元直通型光纤连接器制作

扫描二维码下载或观看“A314-西元直通型光纤连接器的制作”（2分41秒）视频。

4. 光纤冷接子的结构原理

光纤冷接子实现光纤与光纤之间的固定连接。皮线光缆冷接子，适用于2 mm × 3 mm皮线光缆、f2.0 mm/f3.0 mm单模/多模光缆，如图10-41所示。光纤冷接子，适用于250 μm/900 μm单模/多模光纤，如图10-42所示。

图10-41　皮线光缆冷接子

图10-42　光纤冷接子

两种冷接子原理一样，图10-43和图10-44所示为皮线光缆冷接子拆分图和内腔结构图，由图可以看出，两段处理好的光纤纤芯从两端的锥形孔推入，由于内腔逐渐收拢的结构可以很容易地进入中间的V型槽部分，从V型槽间隙推入光纤到位后，将两个锁紧套向中间移动压住盖板，使光纤固定，就完成了光纤的连接。

图10-43　皮线光缆冷接子拆分图

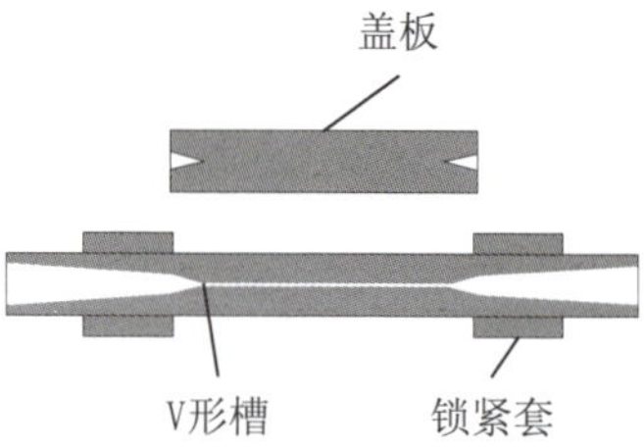

图10-44　皮线光缆冷接子内腔结构图

5. 光纤冷接子的制作

接续光缆有皮线光缆和室内光缆，以皮线光缆为例介绍冷接子的制作。使用“西元”光纤冷接与测试工具箱。

第一步：准备材料和工具。端接前，应准备好工具和材料，并检查所用的光纤和冷接子是否有损坏。

第二步：打开冷接子备用，如图10-45所示。

第三步：切割光纤。

（1）使用皮线剥皮钳剥去50 mm的光缆外护套，如图10-46所示。

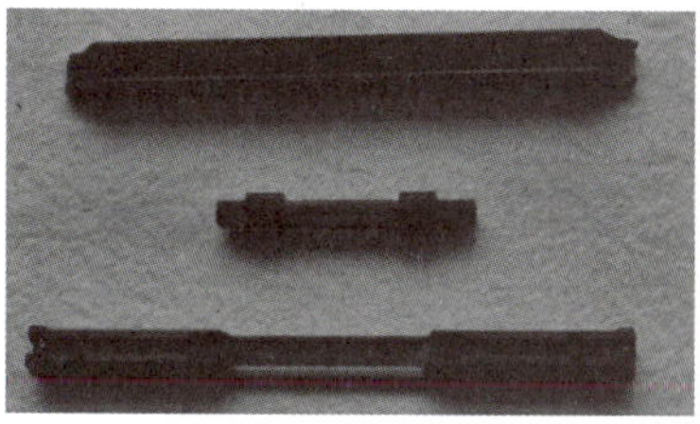

图10-45　冷接子

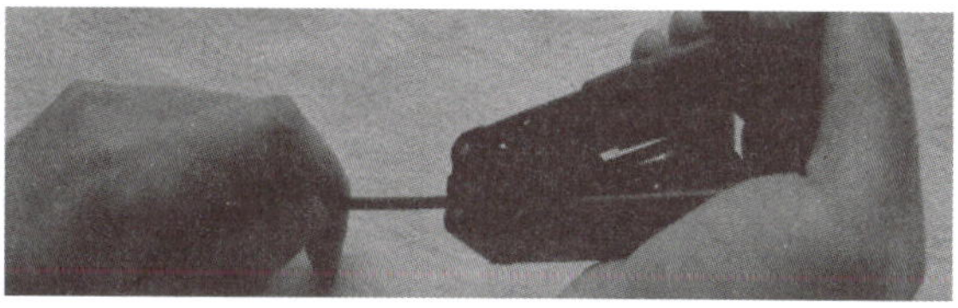

图10-46　剥去光缆外护套

（2）使用光纤剥皮钳剥去光纤涂覆层，用无尘纸蘸酒精清洁裸纤3次以上，将光纤放入导轨中定长，如图10-47所示。

（3）将光纤和导轨条放置在切割刀的导线槽中，依次放下大小压板，左手固定切割刀，右手扶着刀片盖板，并用大拇指迅速向远离身体的方向推动切割刀刀架（使用前应回刀），完成切割，如图10-48所示。

图10-47　光纤放入导轨中定长

图10-48　光纤切割

第四步：光纤穿入皮线冷接子。把制备好的光纤穿入皮线冷接子，直到光缆外皮切口紧贴在皮线座阻挡位，如图10-49所示。光纤对顶应产生弯曲，此时说明光缆接续正常。

第五步：锁紧光缆。弯曲尾缆，防止光缆滑出；同时取出卡扣，压下卡扣锁紧光缆，如图10-50所示。

图10-49　光纤穿入皮线冷接子

图10-50　卡扣锁紧光缆

第六步：固定两段接续光纤。按照上述方法对另一侧光缆进行相同处理。然后将冷接子两端锁紧块先后推至冷接子最中间的限位处，固定两段接续光纤，如图10-51所示。

第七步：压下皮线盖。压下皮线盖，完成皮线接续，如图10-52所示。

图10-51　冷接子两端锁紧

图10-52　制作完成

视频

A313-西元皮线冷接子的接续

扫描二维码下载或观看“A313-西元皮线冷接子的接续”（2分37秒）视频。

典型案例5——光纤主干的设计与施工

1. 光纤主干系统的结构

目前光纤网络结构，主要采用分层星型结构，网络分为二级：

第一级是网络中心，为中心节点，布置了网络的核心设备，如路由器、交换机、服务器，并预留了对外的通信接口。

第二级是各配线间的交换机。在楼内设置光纤主干作为数据传输干线，从核心层到二级节点，并在分配线间端接。二级交换机可以采用以太网或快速以太网交换机，它向上与网络中心的主干交换机相连，向下直接与服务器和工作站连接。

根据上述网络结构，我们将整个结构大体分为两级：星形－主干部分和水平部分。主干部分的星形结构中心在一层弱电接入房，辐射向各个楼层，介质分别使用光纤和大对数电缆。水平部分的星形中心在楼层配线间，由配线架引出水平双绞线到各个信息点。在星形结构的中心均为管理子系统，通过两点式的管理方式实现整个布线系统的连接、配置及灵活的应用。

此外，考虑到网络系统根据客户要求可能会被设计为几个需要物理分隔的网段（如外网、办公网、管理网、弱电网等）。同样，综合布线系统也须根据应用将布线物理隔离。

对于现代化办公大楼来讲，IP电话被越来越多地运用到实际工作当中。对于综合布线系统来说，IP电话的信息传输同样将由光纤主干来承担，无须架设传统的大对数电缆。而对于某些仍然需要模拟方式传输的设备（如传真机），可以通过网关设备将其转换为TCP/IP方式，如图10-53所示。

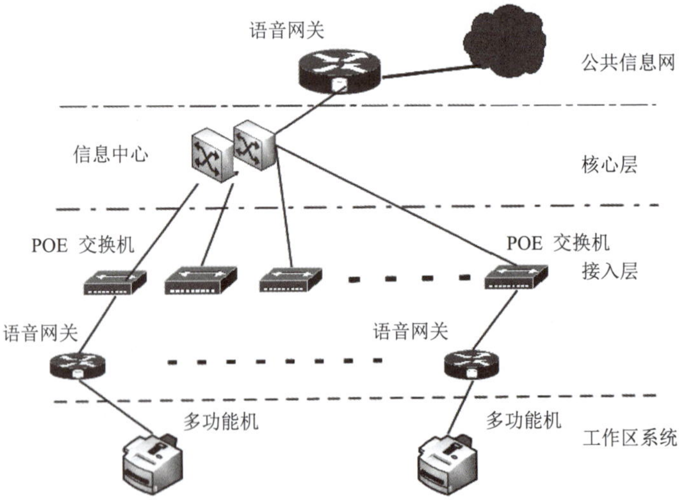

图10-53　办公大楼模拟信号传输

2. 光纤主干产品的选型设计

（1）首先，需要确定项目中数据量的需求，从而决定光纤主干的类型。要确定网络的信息量及带宽，首先要根据客户需求大致计算出信息点数量。假设在同一时间，有50%的信息点在被使用，而每个用户将占用20 Mbit/s的带宽，那么根据信息点的数量，就可以得到当前弱电间信息主干的带宽需求量。根据求得的数据量，可以得到所需敷设光纤的芯数。值得注意的是，在综合布线光纤主干的设计中，主干系统最好应考虑100%冗余备份。

（2）然后，应确认光纤类型及数量。

①根据光纤敷设位置确定光纤类型：室内、室外、室内外、铠装等。

②根据传输距离、传输速度等方面确定：多模（OM1/OM2/OM3）或单模。

③根据接插件需求确定：LC、SC或ST等光纤类型。

④根据布线结构及现场情况确定光纤长度：

长度=（距主配线架的层数×层高+弱电井到主配线架的距离+端接容限）×每层需要根数

注意：光纤的端接长度大于10 m。

⑤根据防火要求，确定光纤外皮是否为低烟无卤。

3. 数据机房光纤的设计

在大楼数据机房或数据中心中，应参考TIA-942协议，在数据机房或数据中心中设立总配线区（MDA）。网络设备、服务器以及在大楼总配线架（MDF）汇总的光纤，都被再次在机房或数据中心内汇聚到主配线区中，通过主配线区之间的光纤跳线，完成设备之间的跳接。

主配线架到设备机柜之间建议采用相对固定的预连接光缆，避免了设备之间直接跳线所造成的跳线混乱和在设备上经常插拔跳线的情况。

可在主配线区域采用高密度的配线架，如5HU的空间达到288芯的配线功能，产品结构采用模块化结构。主干光纤采用预连接的光缆，不需要现场端接，系统扩容时，只需直接端接预连接光缆的连接器，主干采用MPO的连接器，直接插接模块，以节约整体安装时间，方便机房的维护。

4. 光纤主干的施工

由于光纤主干的重要性和脆弱性，对其施工应尽量小心，有以下几条注意要点：

（1）局域网光缆布线指导思想：要求有隐蔽性且美观，同时不能破坏各建筑物的结构，再利用现有空间避开电源线路和其他线路，现场对光缆进行必要和有效的保护。

（2）光缆施工，具体分为布线、光纤熔接、测试。

（3）光纤布线应由专业施工人员组织完成，布线中应尽量拉直光纤。

（4）管内穿放4芯以上光缆时，直线管路的管径利用率应为50%～60%，弯管路的管径利用率应为40%～50%。

（5）拐弯处不能折成小于等于90°，以免造成纤芯损伤。

（6）光纤两头要制作标记。

（7）光纤安装的转弯半径：安装时的转弯半径为缆线外径的10倍，安装完成后长时间放置时的转弯半径为缆线外径的15倍。

（8）应选择好的光纤熔接机及测试仪器，要由专业的有经验的操作人员进行精细熔接。

（9）完工后应做光纤链路测试，形成文档，光纤测试的结果必须符合以下标准：1 000 Mbps的链路损耗必须为3.2 dB以下；100 Mbps的链路损耗必须为13 dB以下。请扫描“典型案例5”二维码下载Word版。

文件

典型案例5

习　题

1. 填空题（20分，每题2分）

（1）________是建筑物外部通信和信息管线的入口部位，并可作为入口设施和建筑群配线设备的安装场地。（参考10.1）

（2）进线间应考虑满足不少于________家电信业务经营者安装入口设施等设备的面积。（参考10.2）

（3）建筑群主干电缆和光缆、公用网和专用网电缆、光缆等室外缆线进入建筑物时，应在进线间由器件成端转换成________。（参考10.3）

（4）进线间宜设置在建筑物________、便于管线引入的位置。（参考10.4）

（5）建筑群子系统也称为楼宇子系统，主要实现________与________之间的通信连接，一般采用光缆,并配置光纤配线架等相应设备。（参考10.5）

（6）建筑群子系统的室外管道和缆线必须________，方便未来升级和维护。（参考10.6）

（7）建筑群子系统的缆线布设方式通常使用架空布线法、________、________、隧道内布线法等。（参考10.7.5）

（8）建筑群子系统主要采用________进行敷设。（参考10.8）

（9）________技术，也称为机械接续，是把两根处理好端面的光纤固定在高精度V型槽中，通过________的方式实现光纤纤芯的对接。（参考10.8.2）

（10）常见的光纤端面分为________和________，不常见的还有斜面。（参考10.8.2）

2. 选择题（30分，每题3分）

（1）进线间应设置预防有害气体措施和通风装置，排风量按每小时不小于（　　）次容积计算，并且有防渗水措施和排水措施。（参考10.2）

A. 2　　B. 3　　C. 4　　D. 5

（2）进线间的缆线引入管道管孔的数量应满足缆线接入需求，并应留有不少于（　　）孔的余量。（参考10.3）

A. 2　　B. 3　　C. 4　　D. 5

（3）进线间使用面积不应小于（　　）m^2。（参考10.4）

A. 5　　B. 10　　C. 15　　D. 20

（4）进线间应设置不少于（　　）个单相交流220 V/10 A电源插座，每个电源插座的配电线路均应安装保护器。（参考10.4）

A. 1　　B. 2　　C. 3　　D. 4

（5）进线间应采用相应的外开防火门，门净高不应小于（　　）m，净宽不应小于（　　）m。（参考10.4）

A. 0.9　　B. 1.5　　C. 1.8　　D. 2.0

（6）建筑群的主干光缆布线的交接不应多于（　　）次。（参考10.7.4）

A. 1　　B. 2　　C. 3　　D. 4

（7）直埋布线法就是在地面挖沟，然后将缆线直接埋在沟内，通常应埋在距地面（　　）以下的地方，或按照当地城管等部门的有关法规去施工。（参考10.7.5）

A. 0.5 m　　B. 0.6 m　　C. 0.8 m　　D. 1.2 m

（8）建筑群子系统的缆线敷设采用地下管道布线时，为了方便管理，地下管道应间隔（　　）设立一个接合井，此外安装时至少应预留（　　）备用管孔，以供扩充之用。（参考10.7.5）

A. 50 ~ 150 m　　B. 50 ~ 180 m　　C. 1 ~ 2个　　D. 2 ~ 3个

（9）光缆转弯时，其转弯半径要大于光缆自身直径的（　　）倍。（参考10.8）

A. 10　　B. 15　　C. 20　　D. 25

（10）通常使用光纤切割刀切割出来的端面为（　　）。（参考10.8.2）

A. 平面　　B. 球面　　C. 斜面　　D. 光面

3. 简答题（50分，每题10分）

（1）进线间子系统设计时，一般要遵循哪些原则？（参考10.2）

（2）简述进线间的设计应符合哪些规定？（参考10.4）

（3）建筑群子系统设计时，一般要遵循哪些原则？（参考10.6）

（4）简述以光纤熔接机自动熔接模式，进行光纤熔接的步骤。（参考10.8.1）

（5）简述直通型快速连接器制作过程中切割光纤时的具体操作。（参考10.8.2）

请扫描“单元10习题”二维码下载Word版。

文件

单元10习题

实训11　电话程控交换机安装配置与开通

1. 实训任务来源

企业、事业单位或学校等应用内线电话的开通和运维技术。

2. 实训任务

使用信息技术技能实训装置，模拟工程现场，每3人一组，完成程控交换机的配置与开通，按照要求设置对应的分机号码，分机之间可相互通话。

3. 技术知识点

（1）掌握程控交换机的安装、使用注意事项。

①程控交换机应安装在干燥、通风、牢固的室内。

②程控交换机不能与其他产生大电磁干扰的设备安装在一起。

③雷电期间尽量避免使用电话，必要时需切断交换机电源。

（2）掌握程控交换机接口组成，“CO”为外线接口，“EXT”为分机接口。图10-54所示为“西元”RJ-45口程控交换机接口示意图。

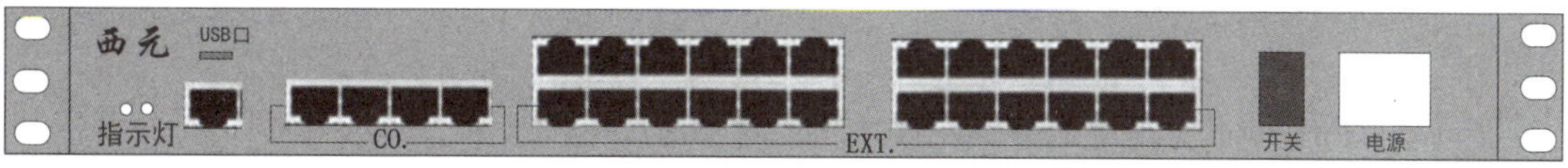

图10-54　程控交换机接口示意图

4. 关键技能

（1）掌握程控交换机配置方法，包括恢复出厂设置、分机号码设置等。

（2）掌握程控交换机日常使用操作，包括分机互打、振铃代接等。

视频

电话程控交换机安装配置与开通

5. 实训课时

（1）该实训共计2课时完成，其中技术讲解10分钟，播放视频10分钟，学员实际操作40分钟，测试10分钟，实训总结、整理清洁现场10分钟。

（2）课后作业2课时，独立完成实训报告，提交合格实训报告。

6. 实训视频

电话程控交换机安装配置与开通（5分12秒）。

7. 实训设备

信息技术技能实训装置，产品型号：KYPXZ-01-53。

本实训装置按照典型工作任务和关键技能训练需要专门研发，配置有RJ-45口语音程控交换机、RJ-45口语音配线架，能够进行语音系统的搭建与开通，掌握程控交换机的配置方法。

8. 实训步骤

1）预习

课前应提前预习，由于不同厂家的程控交换机配置命令不同，学员课前应仔细学习程控交换机配套的使用说明书，了解程控交换机常用功能设置方法。

实训时，教师首先讲解技术知识点和关键技能10分钟。

2）器材工具准备

本次实训使用“实训9 永久链路搭建与端接技能训练”已经搭建完成的链路进行程控交换机配置，每组发放6台电话机。

3）语音交换机配置步骤和方法

文件

图10-55 Visio原图

文件

图10-55 彩色高清图片

第一步：安装电话机。如图10-55所示，将电话机连接实训9中的信息插座语音模块，查询程控交换机使用说明书，确定分机默认号码，例如：EXT01对应分机号码801，EXT02对应分机号码802，依此类推。分机之间互相拨号，确认电话机通信正常。

请扫描“图10-55Visio原图”二维码，下载Visio原图，自行设计更多链路。

请扫描二维码观看或下载图10-55彩色高清图片。

第二步：进入编程模式。程控交换机所有参数设置都需要进入编程状态才能修改，提机输入编程代码“*#*0000”听到“嘟”一声后表示进入系统编程状态，在不挂机的情况下可以进行连续参数设置输入。

第三步：恢复出厂设置。

【编程状态下】输入 0000 #

说明：输入0000#听到“嘟”一声后即初始化成功。

第四步：分机号码设置。

小组学员将分机号码分别设置为自己学号的后4位数，设置方法如下：

【编程状态下】输入 39 N ABC #

说明：N为分机号端口号01-XX，“ABC”是分机号码3-4位数。

例如：修改第一个端口号码为8888，输入*#*0000 39 01 8888#即修改成功。

第五步：分机互打。设置好分机号码后，小组内电话机两两之间能够互相通话，提机拨对方号码即可。

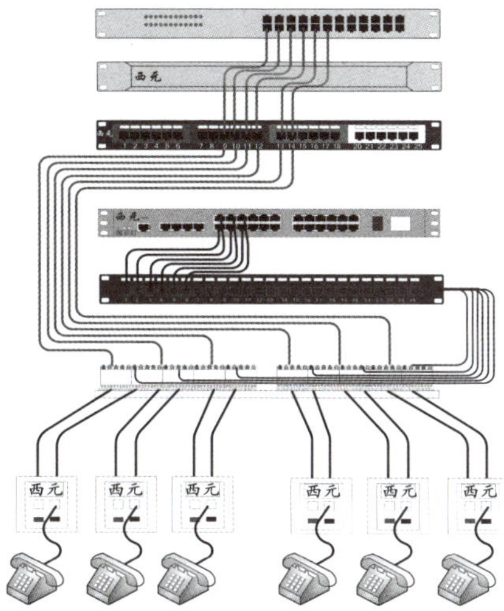

图10-55 电话机连接示意图

9. 实训报告

请按照单元1表1-1所示的实训报告模板要求，独立完成实训报告，2课时。

请扫描二维码下载实训11的Word版。

文件

实训11

单元11

综合布线系统施工质量检验与竣工验收

本单元以GB/T 50312—2016《综合布线系统工程验收规范》的规定为主线，重点介绍综合布线系统工程施工质量检查、随工检验和竣工验收等工作的技术要求。

熟悉综合布线系统电缆链路和光缆链路的测试原理，了解综合布线系统工程验收项目和技术要求。

学习目标

- 掌握综合布线工程测试项目与验收内容。
- 掌握综合布线永久链路的测试技术与方法。

11.1　综合布线系统工程验收基本原则

图11-1所示为GB/T 50312《综合布线系统工程验收规范》国家标准的封面和发布公告照片。该标准主要内容包括：环境检查、器材及测试仪表工具检查、设备安装检验、缆线的敷设与保护方式检验、缆线终接、工程电气测试、管理系统验收、工程验收。

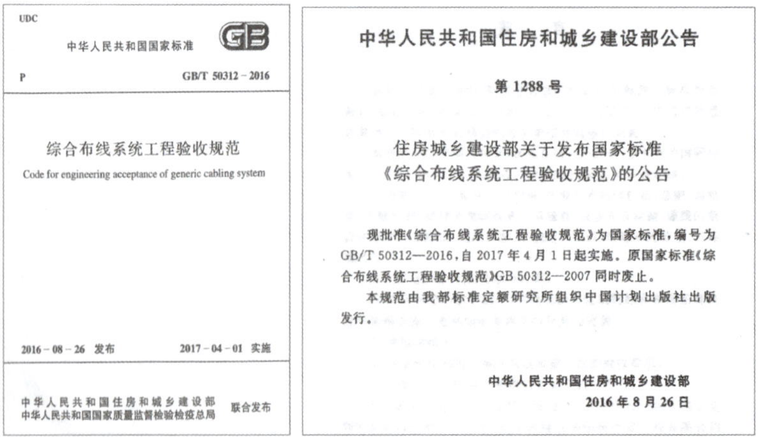
UDC
中华人民共和国国家标准 GB
P　GB/T 50312－2016
综合布线系统工程验收规范
Code for engineering acceptance of generic cabling system
2016－08－26 发布　2017－04－01 实施
中华人民共和国住房和城乡建设部
中华人民共和国国家质量监督检验检疫总局　联合发布

中华人民共和国住房和城乡建设部公告
第1288号
住房城乡建设部关于发布国家标准
《综合布线系统工程验收规范》的公告
现批准《综合布线系统工程验收规范》为国家标准，编号为GB/T 50312—2016，自2017年4月1日起实施。原国家标准《综合布线系统工程验收规范》GB 50312—2007同时废止。
本规范由我部标准定额研究所组织中国计划出版社出版发行。
中华人民共和国住房和城乡建设部
2016年8月26日

图11-1　GB/T 50312—2016《综合布线系统工程验收规范》封面和发布公告

下面按照计算机网络工程类、计算机应用类、物联网类、大数据类、智能建筑类等专业的教学实训需要，重点介绍该标准的主要内容，并将较生涩的标准用语进行解读，方便读者快速正确地理解。

总则：

（1）本规范的目的是统一建筑与建筑群综合布线系统工程施工质量检查、随工检验和竣工验收等工作的技术要求。

（2）本规范适用于新建、扩建和改建建筑与建筑群综合布线系统工程的验收。

（3）在施工过程中，施工单位应符合施工质量检查的规定。建设单位应通过工地代表或工程监理人员加强工地的随工质量检查，及时组织隐蔽工程的检验和签证工作。

（4）综合布线系统工程验收前，应进行自检测试和竣工验收测试工作。

（5）综合布线系统工程的验收，除应符合本规范外，尚应符合国家现行有关标准的规定。

11.2　综合布线系统工程的环境检查

（1）工作区、电信间、设备间等建筑环境检查应符合下列规定。

①工作区、电信间、设备间及用户单元区域的土建工程应已全部竣工。房屋地面应平整、光洁，门的高度和宽度应符合设计文件要求。

②房屋预埋槽盒、暗管、孔洞和竖井的位置、数量、尺寸均应符合设计文件要求。

③铺设活动地板的场所，活动地板防静电措施及接地应符合设计文件要求。

④暗装或明装在墙体或柱子上的信息插座盒底，距地高度宜为300 mm。

⑤安装在工作台侧隔板面及临近墙面上的信息插座盒底，距地宜为1 000 mm。

⑥CP集合点箱体、多用户信息插座箱体，宜安装在导管的引入侧及便于维护的柱子及承重墙上等处，箱体底边距地高度宜为500 mm；当在墙体、柱子上部或吊顶内安装时，距地高度不宜小于1 800 mm。

⑦每个工作区宜配置不少于2个带保护接地的单相交流220 V/10 A电源插座盒。电源插座宜嵌墙暗装，高度应与信息插座一致。

⑧每个用户单元信息配线箱附近水平70～150 mm处，宜预留设置2个单相交流220 V/10 A电源插座，每个电源插座的配电线路均装设保护器，配线箱内应引入单相交流220 V电源。电源插座宜嵌墙暗装，底部距地高度宜与信息配线箱一致。

⑨电信间、设备间、进线间应设置不少于2个单相交流220 V/10 A电源插座盒，每个电源插座的配电线路均装设保护器。设备供电电源应另行配置。

⑩电信间、设备间、进线间、弱电竖井，应提供可靠的接地等电位联结端子板，接地电阻值及接地导线规格应符合设计要求。

⑪电信间、设备间、进线间的位置、面积、高度、通风、防火及环境温、湿度等因素应符合设计要求。

（2）建筑物进线间及入口设施的检查应符合下列规定。

①引入管道的数量、组合排列以及与其他设施，如电气、水、燃气、下水道等的位置及间距应符合设计文件要求。

②引入缆线采用的敷设方法应符合设计文件要求。

③管线入口部位的处理应符合设计要求，并应采取排水及防止有害气体、水、虫等进入的措施。

（3）机柜、配线箱、管槽等设施的安装方式应符合抗震设计要求。

11.3 综合布线系统工程的器材及测试仪表工具检查

（1）器材检验应符合下列规定。

①工程所用缆线和器材的品牌、型号、规格、数量、质量应在施工前进行检查，应符合设计文件要求，并应具备相应的质量文件或证书。特别要求在工程中不得使用无出厂检验证明材料、质量文件或与设计不符的器材。

②进口设备和材料应具有产地证明和商检证明。

③经检验的器材应做好记录，对不合格的器件应单独存放，以备核查与处理。

④工程中使用的缆线、器材应与订货合同或封存的产品样品在规格、型号、等级上相符。

⑤备品、备件及各类文件资料应齐全。

（2）型材、管材与铁件的检查应符合下列规定。

①地下通信管道和人（手）孔所使用器材的检查及室外管道的检验，应符合现行国家标准GB/T 50374《通信管道工程施工及验收标准》的有关规定。

②各种型材的材质、规格、型号应符合设计文件的要求，表面应光滑、平整，不得变形、断裂。

③金属导管、桥架及过线盒、接线盒等表面涂覆或镀层应均匀、完整，不得变形、损坏。

④室内管材采用金属导管或塑料导管时，其管身应光滑、无伤痕，管孔无变形，孔径、壁厚应符合设计文件要求。

⑤金属管槽应根据工程环境要求，作镀锌或其他防腐处理。塑料管槽应采用阻燃型管槽，外壁应具有阻燃标记。

⑥各种金属件的材质、规格均应符合质量要求，不得有歪斜、扭曲、飞刺、断裂或破损。

⑦金属件的表面处理和镀层应均匀、完整，表面光洁，无脱落、气泡等缺陷。

（3）缆线的检验应符合下列规定。

①工程使用的电缆和光缆的型号、规格及缆线的阻燃等级应符合设计文件要求。

②缆线的出厂质量检验报告、合格证、出厂测试记录等各种随盘资料应齐全，所附标志、标签内容应齐全、清晰，外包装应注明型号和规格。

③电缆外包装和外护套需完整无损，当该盘、箱外包装损坏严重时，应按电缆产品要求进行检验，测试合格后再在工程中使用。

④电缆应附有本批量的电气性能检验报告，施工前对盘、箱的电缆长度、指标参数应按电缆产品标准进行抽验，提供的设备电缆及跳线也应抽验，并做测试记录。

⑤光缆开盘后应先检查光缆端头封装是否良好。光缆外包装或光缆护套当有损伤时，应对该盘光缆进行光纤性能指标测试，并应符合下列规定：

- 当有断纤时，应进行处理，并应检查合格后使用。
- 光缆A、B端标识应正确、明显。
- 光纤检测完毕后，端头应密封固定，并应恢复外包装。

⑥单盘光缆应对每根光纤进行长度测试。

⑦光纤接插软线或光跳线检验应符合下列规定：

- 两端的光纤连接器件端面应装配合适的保护盖帽。
- 光纤应有明显的类型标记，并应符合设计文件要求。

- 使用光纤端面测试仪，应对该批量光连接器件端面进行抽验，比例不宜大于5%～10%。

（4）连接器件的检验应符合下列规定：

①配线模块、信息插座模块及其他连接器件的部件应完整，电气和机械性能等指标应符合相应产品的质量标准。塑料材质应具有阻燃性能，并应满足设计要求。

②光纤连接器件及适配器的型式、数量、端口位置应与设计相符。光纤连接器件应外观平滑、洁净，并不应有油污、毛刺、伤痕及裂纹等缺陷，各零部件组合应严密、平整。

（5）配线设备的使用应符合下列规定：

①光、电缆配线设备的型式、规格应符合设计文件要求。

②光、电缆配线设备的编排及标志名称应与设计相符。各类标志名称应统一，标志位置正确、清晰。

（6）测试仪表和工具的检验应符合下列规定：

①应事先对工程中需要使用的仪表和工具进行测试或检查，缆线测试仪表应附有检测机构的证明文件。

②测试仪表应能测试相应布线等级的各种电气性能及传输特性，其精度应符合相应要求。测试仪表的精度应按相应的鉴定规程和校准方法进行定期检查和校准，经过计量部门校验取得合格证后，方可在有效期内使用，并应符合下列规定：

- 测试仪表应具有测试结果的保存功能并提供输出端口。
- 可将所有存贮的测试数据输出至计算机和打印机，测试数据不应被修改。
- 测试仪表应能提供所有测试项目的概要和详细的报告。
- 测试仪表宜提供汉化的通用人机界面。

③施工前应对剥线器、光缆切断器、光纤熔接机、光纤磨光机、光纤显微镜、卡接工具等电缆或光缆的施工工具进行检查，合格后方可在工程中使用。

11.4　综合布线系统工程设备安装检验

（1）机柜、配线箱等设备的规格、容量、位置应符合设计文件要求，安装应符合下列规定：

①垂直偏差度不应大于3 mm。

②机柜上的各种零件不得脱落或碰坏，漆面不应有脱落及划痕，各种标志应完整、清晰。

③在公共场所安装配线箱时，壁嵌式箱体底面距地不宜小于1.5 m，墙挂式箱体底面距地不宜小于1.8 m。

④门锁的启闭应灵活、可靠。

⑤机柜、配线箱及桥架等设备的安装应牢固，当有抗震要求时，应按抗震设计进行加固。

（2）各类配线部件的安装应符合下列规定：

①各部件应完整，安装就位，标志齐全、清晰。

②安装螺丝应拧紧，面板应保持在一个平面上。

（3）信息插座模块安装应符合下列规定：

①信息插座底盒、多用户信息插座及集合点配线箱、用户单元信息配线箱安装位置和高度应符合设计文件要求。

②安装在活动地板内或地面上时，应固定在接线盒内，插座面板采用直立或水平等形式。

接线盒的盒盖可开启，并应具有防水、防尘、抗压功能。接线盒盖面应与地面齐平。

③信息插座底盒同时安装信息插座模块和电源插座时，间距及采取的防护措施应符合设计文件要求。

④信息插座底盒明装的固定方法应根据施工现场条件而定。

⑤固定螺丝应拧紧，不应产生松动现象。

⑥各种插座面板应有标识，以颜色、图形、文字表示所接终端设备业务类型。

⑦工作区内终接光缆的光纤连接器件及适配器安装底盒应具有空间，并应符合设计文件要求。

（4）缆线桥架的安装应符合下列规定：

①安装位置应符合施工图要求，左右偏差不应超过50 mm。

②安装水平度每米偏差不应超过2 mm。

③垂直安装应与地面保持垂直，垂直度偏差不应超过3 mm。

④桥架截断处及拼接处应平滑、无毛刺。

⑤吊架和支架安装应保持垂直，整齐牢固，无歪斜现象。

⑥金属桥架及金属导管各段之间应保持连接良好，安装牢固。

⑦采用垂直槽盒布放缆线时，支撑点宜避开地面沟槽和槽盒位置，支撑应牢固。

11.5　综合布线系统工程的缆线敷设和保护方式检验

（1）缆线的敷设应符合下列规定：

①缆线的型式、规格应与设计规定相符。

②缆线在各种环境中的敷设方式、布放间距均应符合设计要求。

③缆线的布放应自然平直，不得产生扭绞、打圈等现象，不应受外力的挤压和损伤。

④缆线的布放路由中不得出现缆线接头。

⑤缆线两端应贴有标签，应标明编号，标签书写应清晰、端正和正确。标签应选用不易损坏的材料。

⑥缆线应有余量以适应成端、终接、检测和变更，有特殊要求的应按设计要求预留长度，并应符合下列规定：

a. 对绞电缆在终接处，预留长度在工作区信息插座底盒内宜为30 ~ 60 mm，管理间（电信间）宜为0.5 ~ 2.0 m，设备间宜为3 ~ 5 m。

b. 光缆布放路由宜盘留，预留长度宜为3 ~ 5 m。光缆在配线柜处预留长度应为3 ~ 5 m，楼层配线箱处光纤预留长度应为1.0 ~ 1.5 m，配线箱终接时预留长度不应小于0.5 m，光缆纤芯在配线模块处不做终接时，应保留光缆施工预留长度。

⑦缆线的弯曲半径应符合下列规定：

a. 非屏蔽和屏蔽4对对绞电缆的弯曲半径不应小于电缆外径的4倍。

b. 主干对绞电缆的弯曲半径不应小于电缆外径的10倍。

c. 2芯或4芯水平光缆的弯曲半径应大于25 mm；其他芯数的水平光缆、主干光缆和室外光缆的弯曲半径不应小于光缆外径的10倍。

⑧屏蔽电缆的屏蔽层端到端应保持完好的导通性，屏蔽层不应承载拉力。

⑨综合布线系统缆线与其他管线的间距应符合设计文件要求，并应符合下列规定：

a. 电力电缆与综合布线系统缆线应分隔布放，并应符合表11-1的规定。

表11-1　对绞电缆与电力电缆最小净距

条　　件	最小净距/mm		
	380 V，<2 kV·A	380 V，2～5 kV·A	380 V，>5 kV·A
对绞电缆与电力电缆平行铺设	130	300	600
有一方在接地的金属槽盒或金属导管中	70	150	300
双方均在接地的金属槽盒或金属导管中	10	80	150

注：双方均在接地的槽盒中，指两个不同的槽盒或同一槽盒中用金属板隔开，且平行长度≤10 m。

b. 室外墙上敷设的综合布线管线与其他管线的间距应符合表11-2的规定。

表11-2　综合布线管线与其他管线的间距

管线种类	平行净距/mm	垂直交叉净距/mm
防雷专设引下线	1 000	300
保护地线	50	20
热力管（不包封）	500	500
热力管（包封）	300	300
给水管	150	20
燃气管	300	20
压缩空气管	150	20

（2）采用预埋槽盒和暗管敷设缆线应符合下列规定：

①槽盒和暗管的两端，宜用标志表示出编号等内容。

②预埋槽盒宜采用金属槽盒，截面利用率应为30%～50%。

③暗管宜采用钢管或阻燃聚氯乙烯导管。管道利用率规定如下：

a. 布放大对数主干电缆及4芯以上光缆时，直线管道的管径利用率应为50%～60%，弯导管应为40%～50%。

b. 布放4对对绞电缆或4芯及以下光缆时，管道的截面利用率应为25%～30%。

④对金属材质有严重腐蚀的场所，不宜采用金属的导管、桥架布线。

⑤在建筑物吊顶内应采用金属导管、槽盒布线。

⑥导管、桥架跨越建筑物变形缝处，应设补偿装置。

（3）设置桥架敷设缆线应符合下列规定。

①密封槽盒内缆线布放应顺直，不宜交叉，在缆线进出槽盒部位、转弯处应绑扎固定。

②梯架或托盘内垂直敷设缆线时，在缆线的上端和每间隔1.5 m处应固定在梯架或托盘的支架上；水平敷设时，在缆线的首、尾、转弯及每间隔5～10 m处应进行固定。

③在水平、垂直梯架或托盘中敷设缆线时，应对缆线进行绑扎。对绞电缆、光缆及其他信号电缆应根据缆线的类别、数量、缆径、缆线芯数分束绑扎。绑扎间距不宜大于1.5 m，间距应均匀，不宜绑扎过紧或使缆线受到挤压。

④室内光缆在梯架或托盘中敞开敷设时，应在绑扎固定段加装垫套。

⑤采用吊顶支撑柱（垂直槽盒）在顶棚内敷设缆线时，每根支撑柱所辖范围内的缆线，可

不设置密封槽盒进行布放，但应分束绑扎，缆线应阻燃，缆线选用应符合设计文件要求。

⑥建筑群子系统敷设缆线的施工质量检查和验收，应符合现行行业标准《通信线路工程验收规范》YD 5121—2010的有关规定，敷设方式包括采用架空、管道、电缆沟、电缆隧道、直埋、墙壁及暗管等。

（4）配线子系统缆线敷设保护应符合下列规定：

①金属导管、槽盒明装敷设时，应符合下列规定：

a. 槽盒明装敷设时，与横梁或侧墙或其他障碍物的间距不宜小于100 mm。

b. 槽盒的连接部位，不应设置在穿越楼板处和实体墙的孔洞处。

c. 竖向导管、电缆槽盒的墙面固定间距不宜大于1 500 mm。

d. 在距接线盒300 mm处、弯头处两边、每隔3 m处均应采用管卡固定。

②预埋金属槽盒保护应符合下列规定：

a. 在建筑物中预埋槽盒，宜按单层设置，每一路由进出同一过线盒的预埋槽盒均不应超过3根，槽盒截面高度不宜超过25 mm，总宽度不宜超过300 mm。当槽盒路由中包括过线盒和出线盒时，截面高度宜在70 ~ 100 mm范围内。

b. 槽盒直埋长度超过30 m或在槽盒路由交叉、转弯时，宜设置过线盒。

c. 过线盒盖应能开启，并应与地面齐平，盒盖处应具有防灰与防水功能。

d. 过线盒和接线盒的盒盖应能抗压。

e. 从金属槽盒至信息插座模块接线盒、86底盒间或金属槽盒与金属钢管之间相连接时的缆线宜采用金属软管敷设。

③预埋暗管保护应符合下列规定：

a. 金属管敷设在钢筋混凝土现浇楼板内时，导管的最大外径不宜大于楼板厚度的1/3。导管在墙体、楼板内敷设时，其保护层厚度不应小于30 mm。

b. 导管不应穿越机电设备基础。

c. 预埋在墙体中间暗管的最大管外径不宜超过50 mm，楼板中暗管的最大管外径不宜超过25 mm，室外管道进入建筑物的最大管外径不宜超过100 mm。

d. 布管必须设置过线盒，具体要求如下：

- 直线布管每30 m处。
- 有1个转弯的管段长度超过20 m时。
- 有2个转弯长度不超过15 m时。
- 路由中U型弯曲的位置。

e. 暗管的转弯角度应大于90°。在布线路由上每根暗管的转弯角不得多于2个，并不应有S弯出现。

f. 暗管管口应光滑，并应加有护口保护，管口伸出部位宜为25 ~ 50 mm。

g. 至楼层电信间暗管的管口应排列有序，应便于识别与布放缆线。

h. 暗管内应安置牵引线或拉线。

i. 管路转弯的曲率半径不应小于所穿入缆线的最小允许弯曲半径，并且不应小于该管外径的6倍，当暗管外径大于50 mm时，不应小于10倍。

④设置桥架保护应符合下列规定：

a. 桥架底部应高于地面2.2 m以上，顶部距建筑物楼板不宜小于300 mm，与梁及其他障碍物交叉处间的距离不宜小于50 mm。

b. 梯架、托盘水平敷设时，支撑间距宜为1.5～3.0 m。垂直敷设时固定在建筑物构体上的间距宜小于2 m，距地1.8 m以下部分应加金属盖板保护，或采用金属走线柜包封，但门应可开启。

c. 直线段梯架、托盘每超过15～30 m或跨越建筑物变形缝时，应设置伸缩补偿装置。

d. 金属槽盒明装敷设时，在槽盒接头处、每间距3 m处、离开槽盒两端出口0.5 m处和转弯处均应设置支架或吊架。

e. 塑料槽盒槽底固定点间距宜为1 m。

f. 缆线桥架转弯半径不应小于槽内缆线的最小允许弯曲半径，直角弯处最小弯曲半径不应小于槽内最粗缆线外径的10倍。

g. 桥架穿过防火墙体或楼板时，缆线布放完成后应采取防火封堵措施。

⑤网络地板缆线敷设保护应符合下列规定：

a. 槽盒之间应沟通。

b. 槽盒盖板应可以开启。

c. 主槽盒的宽度宜为200～400 mm，支槽盒宽度不宜小于70 mm。

d. 可开启的槽盒盖板与明装插座底盒间应采用金属软管连接。

e. 地板块与槽盒盖板应抗压、抗冲击和阻燃。

f. 具有防静电功能的网络地板应整体接地。

g. 网络地板板块间的金属槽盒段与段之间应保持良好导通并接地。

⑥架空地板内净高尺寸应符合下列规定：

在架空活动地板下敷设缆线时，地板内净空应为150～300 mm。当空调采用下送风方式时，地板内净高应为300～500 mm。

⑦金属板隔开应符合下列规定：

综合布线缆线与大楼弱电系统缆线，采用同一槽盒或托盘敷设时，各子系统之间应采用金属板隔开，间距应符合设计文件要求。

（5）缆线敷设保护方式应符合下列规定。

①缆线不得布放在电梯或供水、供气、供暖管道竖井中，也不宜布放在强电竖井中。

②电信间、设备间、进线间之间干线通道应沟通。

③建筑群子系统缆线敷设保护方式应符合设计文件要求。

④电缆从建筑物外面进入建筑物时，应选用适配的信号线路浪涌保护器，并应符合现行国家标准《综合布线系统工程设计规范》GB 50311的有关规定。

11.6　综合布线系统工程的缆线终接

（1）缆线终接应符合下列规定。

①缆线在终接前，应核对缆线标识内容是否正确。

②缆线终接处应牢固、接触良好。

③对绞电缆与连接器件连接应认准线号、线位色标，不得颠倒和错接。

（2）对绞电缆终接应符合下列规定。

①终接时，每对对绞线应保持扭绞状态，扭绞松开长度对于3类电缆不应大于75 mm，对于5类电缆不应大于13 mm，对于6类及以上类别的电缆不应大于6.4 mm。

②对绞线与8位模块式通用插座相连时，应按图11-2所示的色标和线对顺序进行卡接。两种连接方式均可采用，但在同一布线工程中两种连接方式不应混合使用。

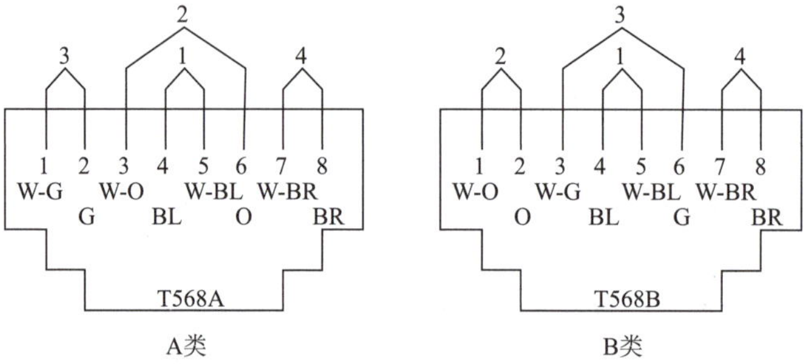

图11-2 T568A与T568B连接图

注：G（Green）—绿，BL（Blue）—蓝；BR（Brown）—棕；W（White）—白；O（Orange）—橙

③4对对绞电缆与非RJ-45模块终接时，应按图11-3、图11-4所示的线序号和组成的线对进行卡接。

④屏蔽对绞电缆的屏蔽层与连接器件终接处，屏蔽层应通过紧固器件可靠接触，缆线屏蔽层应与连接器件屏蔽罩360° 圆周接触，接触长度不宜小于10 mm。

⑤对不同的屏蔽对绞线或屏蔽电缆，屏蔽层应采用不同的端接方法。应使编织层或金属箔与汇流导线进行有效的端接。

⑥信息插座底盒不宜兼做过线盒使用。

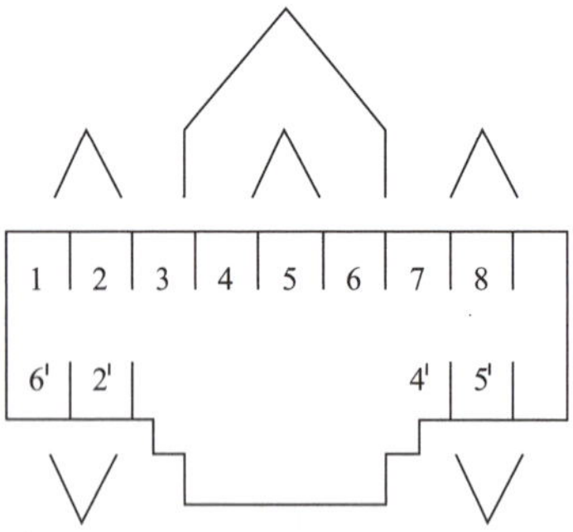

图11-3 7类和7_A类模块插座连接（正视）方式1

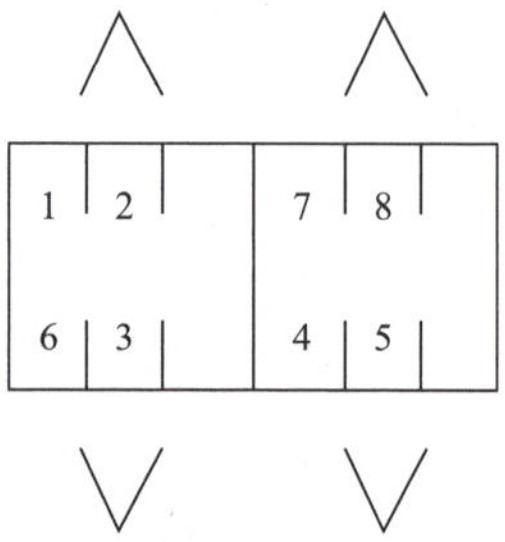

图11-4 7类和7_A类插座连接（正视）方式2

（3）光纤终接与接续应符合下列规定。

①光纤与连接器件连接可采用尾纤熔接和机械连接方式。

②光纤与光纤接续可采用熔接和光连接子连接方式。

③光纤熔接处应加以保护和固定。

（4）各类跳线的终接应符合下列规定。

①各类跳线缆线和连接器件间接触应良好，接线无误，标志齐全。跳线选用类型应符合系统设计要求。

②各类跳线长度及性能参数指标应符合设计文件要求。

11.7　综合布线系统工程的工程电气测试

综合布线系统工程电气测试应包括电缆布线系统电气性能测试及光纤布线系统性能测试，并且应随工进行。

（1）对绞电缆布线系统永久链路、CP链路及信道测试应符合下列规定。

①综合布线系统工程应对每一个完工后的信息点进行永久链路测试。主干缆线采用电缆时也可按照永久链路的连接模型进行测试。

②对包含设备缆线和跳线在内的拟用或在用电缆链路进行质量认证时可按信道方式测试。

③对跳线和设备缆线进行质量认证时，可进行元件级测试。

④对绞电缆布线系统链路或信道应进行测试，测试指标参数应符合GB/T 50312《综合布线系统工程验收规范》标准附录B规定。具体测试内容包括长度、连接图、回波损耗、插入损耗、近端串音、近端串音功率和、衰减远端串音比、衰减远端串音比功率和、衰减近端串音比、衰减近端串音比功率和、环路电阻、时延、时延偏差等。

⑤现场条件允许时，宜对E_A级、F_A级对绞电缆布线系统的外部近端串音功率和（PS ANEXT）及外部远端串音比功率和（PS AACR-F）指标进行抽测。

⑥屏蔽布线系统应符合GB/T 50312第11.7.1条第4款规定的测试内容，还应检测屏蔽层的导通性能。屏蔽布线系统用于工业级以太网和数据中心时，还应排除虚接地的情况。

⑦对绞电缆布线系统应用于工业以太网、PoE及高速信道等场景时，可检测TCL、ELTCTL、不平衡电阻、耦合衰减等屏蔽特性指标。

（2）光纤布线系统性能测试应符合下列规定。

①光纤布线系统每条光纤链路均应测试，信道或链路的衰减应符合GB/T 50312《综合布线系统工程验收规范》标准附录C的规定，并应记录测试所得的光纤长度。

②当OM3、OM4光纤应用于10 Gbit/s及以上链路时，应使用发射和接收补偿光纤进行双向OTDR测试。

③当光纤布线系统性能指标的检测结果不能满足设计要求时，宜通过OTDR测试曲线进行故障定位测试。

④光纤到用户单元系统工程中，应检测用户接入点至用户单元信息配线箱之间的每一条光纤链路，衰减指标宜采用插入损耗法进行测试。

（3）布线系统各项测试记录应符合下列规定。

布线系统各项测试结果应有详细记录，并应作为竣工资料的一部分。测试内容应按GB/T 50312国家标准的附录A、附录B、附录C的规定，测试记录可采用自制表格、电子表格或仪表自动生成的报告文件等记录方式。表格形式与内容宜符合表11-3和表11-4的规定。

表11-3　综合布线系统工程电缆性能指标测试记录

<table>
<tr><td>工程项目名称</td><td colspan="2"></td><td rowspan="2">备　注</td></tr>
<tr><td>工程编号</td><td colspan="2"></td></tr>
<tr><td rowspan="2">测试模型</td><td>链路（布线系统级别）</td><td></td><td></td></tr>
<tr><td>信道（布线系统级别）</td><td></td><td></td></tr>
<tr><td rowspan="3">信息点位置</td><td>地址码</td><td></td><td rowspan="3"></td></tr>
<tr><td>缆线标识编码</td><td></td></tr>
<tr><td>配线端口标识码</td><td></td></tr>
</table>

测试指标项目	是否通过测试	处理情况
测试记录	测试日期、测试环境及工程实施阶段：	
	测试单位及人员：	
	测试仪表型号、编号、精度校准情况和制造商；测试连接图、采用软件版本、测试对绞电缆及配线模块的详细信息（类型和制造商，相关性能指标）：	

表11-4　综合布线系统工程光纤性能指标测试记录

工程项目名称				备　　注
工程编号				
测试模型	链路（布线系统级别）			
	信道（布线系统级别）			
信息点位置	地址码			
	缆线标识编码			
	配线端口标识码			
测试指标项目	光纤类型	测试方法	是否通过测试	处理情况
测试记录	测试日期、测试环境及工程实施阶段：			
	测试单位及人员：			
	测试仪表型号、编号、精度校准情况和制造商；测试连接图、采用软件版本、测试对绞电缆及配线模块的详细信息（类型和制造商，相关性能指标）：			

11.8　综合布线系统工程的管理系统验收

（1）布线管理系统宜按下列规定进行分级。

①一级管理应针对单一电信间或设备间的系统。

②二级管理应针对同一建筑物内多个电信间或设备间的系统。

③三级管理应针对同一建筑群内多栋建筑物的系统，并应包括建筑物内部及外部系统。

④四级管理应针对多个建筑群的系统。

（2）综合布线管理系统宜符合下列规定。

①管理系统级别的选择应符合设计要求。

②需要管理的每个组成部分均应设置标签，并由唯一的标识符进行表示，标识符与标签的设置应符合设计要求。

③管理系统的记录文档应详细完整并汉化，并应包括每个标识符相关信息、记录、报告、图纸等内容。

④不同级别的管理系统可采用通用电子表格、专用管理软件或智能配线系统等进行维护管理。

（3）综合布线管理系统的标识符与标签的设置应符合下列规定。

①标识符应包括各类专用标识，每一组件应指定一个唯一标识符，包括安装场地、缆线终端位置、缆线管道、水平缆线、主干缆线、连接器件、接地等类型的专用标识。

②电信间、设备间、进线间所设置配线设备及信息点处均应设置标签。

③每根缆线应指定专用标识符，标在缆线的护套上或在距每一端护套300 mm内应设置标签，缆线的成端点应设置标签标记指定的专用标识符。

④接地体和接地导线应指定专用标识符，标签应设置在靠近导线和接地体的连接处的明显部位。

⑤根据设置的部位不同，可使用粘贴型、插入型或其他类型标签。标签表示内容应清晰，材质应符合工程应用环境要求，具有耐磨、抗恶劣环境、附着力强等性能。

⑥成端色标应符合缆线的布放要求，缆线两端成端点的色标颜色应一致。

（4）综合布线系统各个组成部分的管理信息记录和报告应符合下列规定。

①记录应包括管道、缆线、连接器件及连接位置、接地等内容，各部分记录中应包括相应的标识符、类型、状态、位置等信息。

②报告应包括管道、安装场地、缆线、接地系统等内容，各部分报告中应包括相应的记录。

11.9 综合布线系统的工程验收

（1）竣工技术文件应按下列规定进行编制。

①工程竣工后，施工单位应在工程验收以前，将工程竣工技术资料交给建设单位。

②综合布线系统工程的竣工技术资料应包括下列内容：

a. 竣工图纸。

b. 设备材料进场检验记录及开箱检验记录。

c. 系统中文检测报告及中文测试记录。

d. 工程变更记录及工程洽商记录。

e. 随工验收记录，分项工程质量验收记录。

f. 隐蔽工程验收记录及签证。

g. 培训记录及培训资料。

③竣工技术文件应保证质量，做到外观整洁、内容齐全、数据准确。

（2）综合布线系统工程的检验项目和内容。

综合布线系统工程，应按GB/T 50312附录A所列项目、内容进行检验。检验应作为工程竣工资料的组成部分及工程验收的依据之一，并应符合下列规定：

①系统工程安装质量检查，各项指标符合设计要求，被检项检查结果应为合格，被检项的合格率为100%，工程安装质量应为合格。

②竣工验收需要抽验系统性能时，抽样比例不应低于10%，抽样点应包括最远布线点。

③系统性能检测单项合格判定应符合下列规定：

a. 一个被测项目的技术参数测试结果不合格，则该项目应为不合格。当某一被测项目的检测结果与相应规定的差值在仪表准确度范围内，则该被测项目应为合格。

b. 按GB/T 50312附录B的指标要求，采用4对对绞电缆作为水平电缆或主干电缆，所组成的链路或信道有一项指标测试结果不合格，则该水平链路、信道或主干链路、信道应为不合格。

c. 主干布线大对数电缆中按4对对绞线对测试，有一项指标不合格，则该线对应为不合格。

d. 当光纤链路、信道测试结果不满足GB/T 50312附录C的指标要求时，则该光纤链路、信道应为不合格。

e. 未通过检测的链路、信道的电缆线对或光纤可在修复后复检。

④竣工检测综合合格判定应符合下列规定：

a. 对绞电缆布线全部检测时，无法修复的链路、信道或不合格线对数量有一项超过被测总数的1%，应为不合格。光缆布线系统检测时，当系统中有一条光纤链路、信道无法修复，则为不合格。

b. 对绞电缆布线抽样检测时，被抽样检测点（线对）不合格比例不大于被测总数的1%，应为抽样检测通过，不合格点（线对）应予以修复并复检。被抽样检测点（线对）不合格比例如果大于1%，应为一次抽样检测未通过，应进行加倍抽样，加倍抽样不合格比例不大于1%，应为抽样检测通过。当不合格比例仍大于1%，应为抽样检测不通过，应进行全部检测，并按全部检测要求进行判定。

c. 当全部检测或抽样检测的结论为合格时，则竣工检测的最后结论应为合格。当全部检测的结论为不合格时，则竣工检测的最后结论应为不合格。

⑤综合布线管理系统的验收合格判定应符合下列规定：

a. 标签和标识应按10%抽检，系统软件功能应全部检测。检测结果符合设计要求应为合格。

b. 智能配线系统应检测电子配线架链路、信道的物理连接，以及与管理软件中显示的链路、信道连接关系的一致性，按10%抽检，连接关系全部一致应为合格，有一条及以上链路、信道不一致时，应整改后重新抽测。

⑥光纤到用户单元系统工程中用户光缆的光纤链路应100%测试并合格，工程质量判定应为合格。

11.10　综合布线系统工程的链路测试

综合布线系统工程的测试与验收是一项系统性工作，它包含链路连通性、电气和物理特性测试，还包括对施工环境、工程器材、设备安装、缆线敷设、缆线终接、竣工技术文档等的验收。测试与验收工作贯穿于整个综合布线工程中，包括施工前检查、随工检验、初步验收、竣工验收等几个阶段，每个阶段都有其特定的内容。由于课时与篇幅所限，不能全面介绍，本节主要介绍电缆双绞线的链路测试。

1. 测试设备

在综合布线系统工程中，用于测试双绞线链路的设备通常有通断测试与分析测试两类。前者主要用于链路的简单通断性判定，如图11-5所示。后者用于链路性能参数的确定，如图11-6所示，下面我们主要介绍常用测试仪器的性能和测试模型。

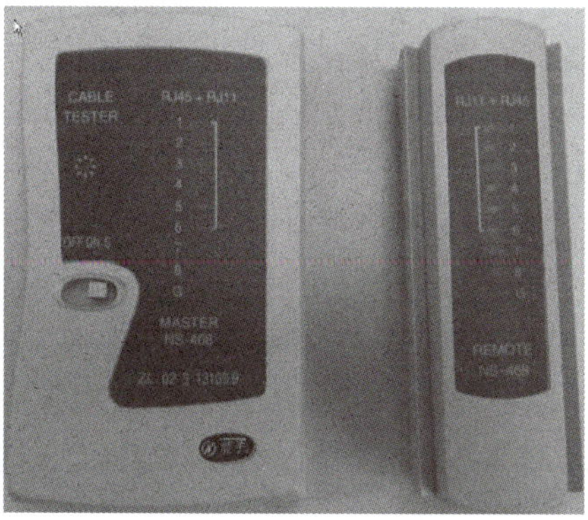

图11-5　“能手”测试仪

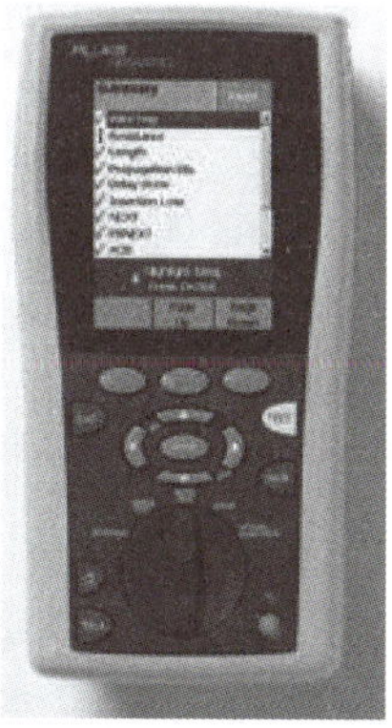

图11-6　DTX系列产品

1）测试软件

LinkWare软件可完成测试结果的管理，其界面如图11-7所示。图11-8显示了各种格式的测试报告，如图形和纯文本等。LinkWare具有强大的统计功能，图11-9显示了LinkWare对单个信息点进行单项参数数据统计的结果。

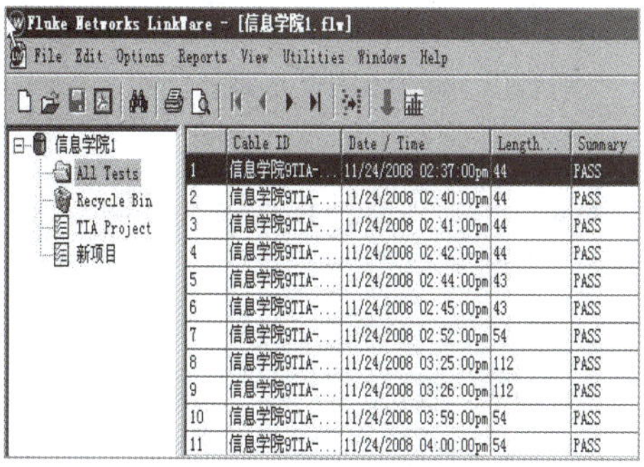

图11-7　测试界面

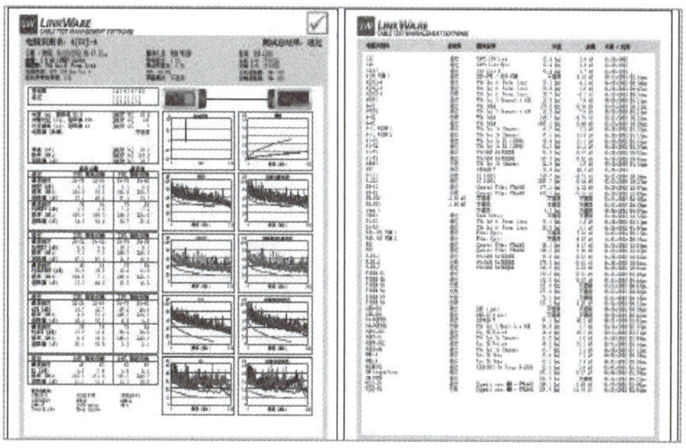

图11-8　测试报告

2）测试仪器精度

测试结果中出现“*”，表示该结果处于测试仪器的精度范围内，测试仪无法准确判断。测试仪器的精度范围也被称为“灰区”，精度越高，“灰区”范围越小，测试结果越可信。图11-10显示了测试仪成功和失败的灰区结果。影响测试仪精度的因素有高精度的永久链路适配器和匹配性能好的插头。

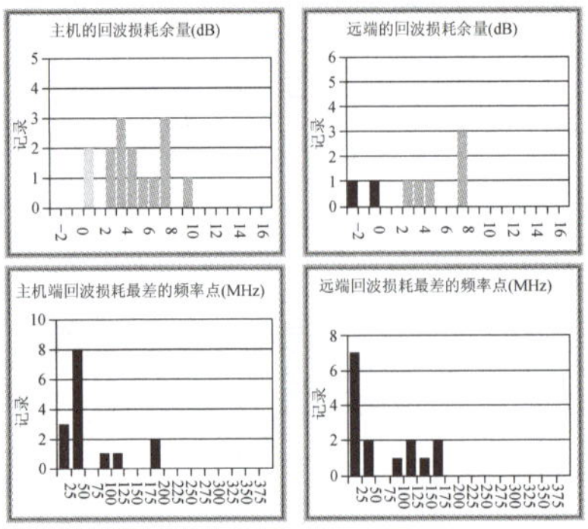

图11-9　信息点数据统计

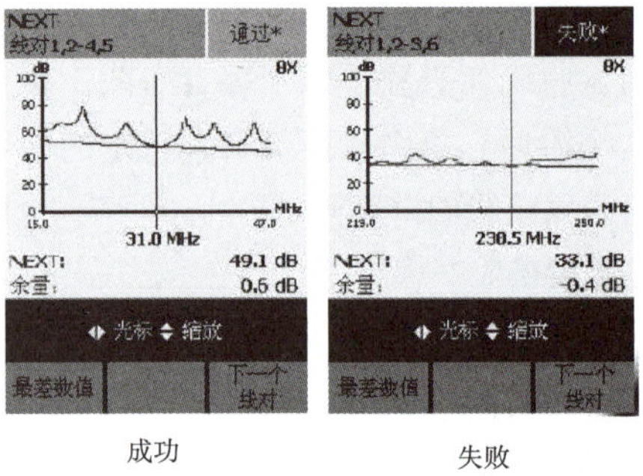

图11-10　测试结果

2. 测试模型

1）基本链路模型

基本链路包括三部分：最长为90 m的水平布线电缆、两端接插件和两条2 m测试设备跳线。基本链路连接模型应符合图11-11的方式。

2）信道模型

信道指从网络设备跳线到工作区跳线间端到端的连接，它包括了最长为90 m的水平布线电缆、两端接插件、一个工作区转接连接器、两端连接跳线和用户终端连接线，信道最长为100 m。如图11-12所示。

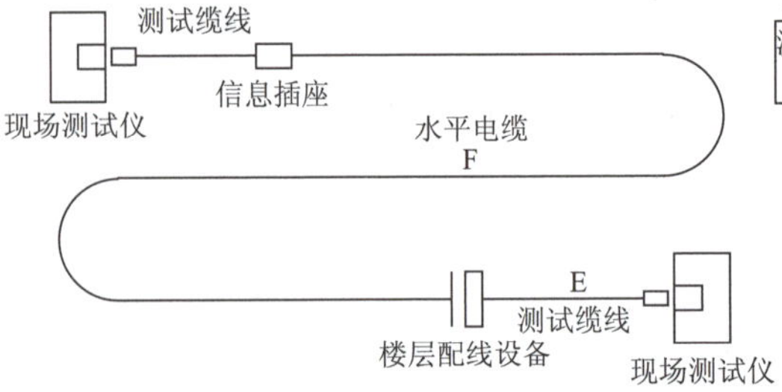

图11-11　基本链路连接模型

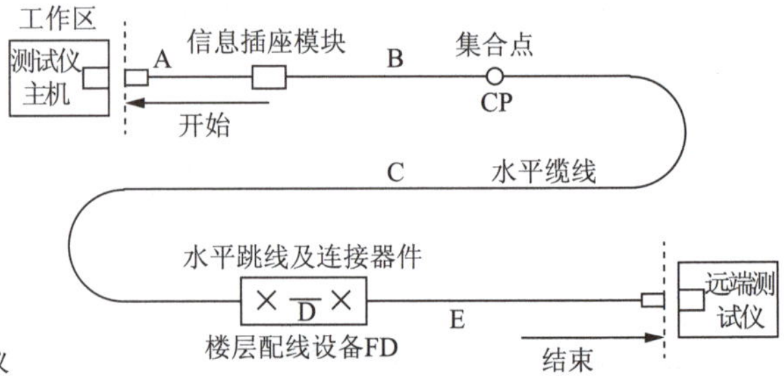

图11-12　信道连接模型

3）永久链路模型

永久链路又称固定链路，它由最长为90 m的水平电缆、两端接插件和转接连接器组成，如图11-13所示。H为从信息插座至楼层配线设备（包括集合点）的水平电缆，H≤90 m。其与基本链路的区别在于基本链路包括两端的2 m测试电缆。在使用永久链路测试时可排除跳线在测试过程中本身带来的误差，从技术上消除了测试跳线对整个链路测试结果的影响，使测试结果更准确、合理。

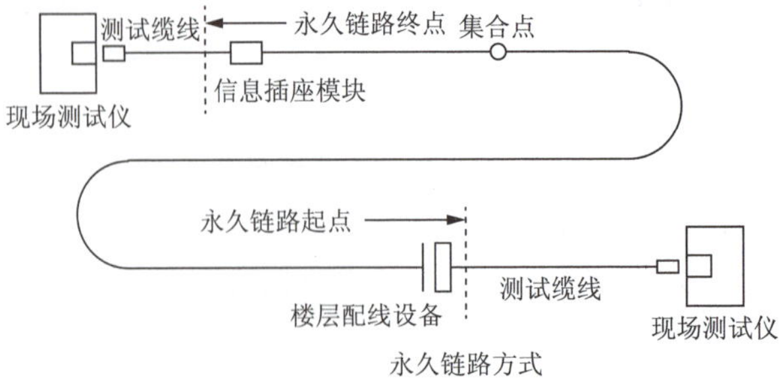

图11-13　永久链路连接模型

4）各种模型之间的差别

图11-14显示了三种测试模型之间的差异性，主要体现在测试起点和终点的不同、包含的固定连接点不同和是否可用终端跳线等。

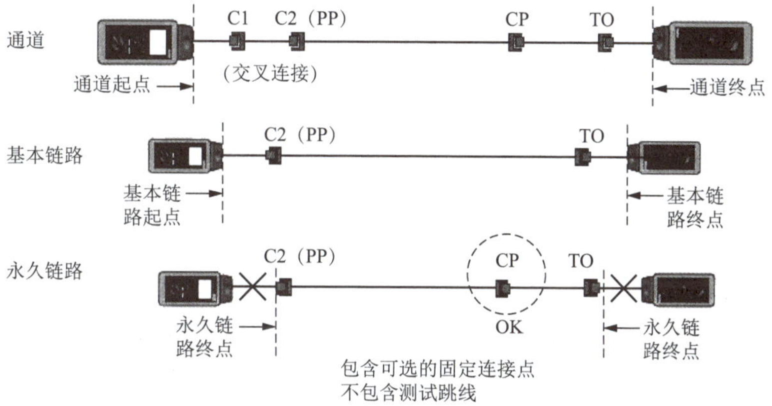

图11-14　三种链路链接模型差异比较

3. 测试类型

从工程的角度可将综合布线工程的测试分为两类：验证测试和认证测试。

验证测试一般是在施工的过程中由施工人员边施工边测试，以保证所完成的每一个连接的正确性。

认证测试是指对布线系统依照标准进行逐项检测，以确定布线是否达到设计要求，包括连接性能测试和电气性能测试。认证测试通常分为自我认证和第三方认证两种类型。

4. 测试标准

布线的测试首先是与布线的标准紧密相关的。布线的现场测试是布线测试的依据，它与布线的其他标准息息相关，单元2已经进行了介绍，更详细的资料可以直接参考标准原件。

5. 测试技术参数

综合布线的双绞线链路测试中，需要现场测试的参数包括接线图、长度、传输时延、插入损耗、近端串扰、综合近端串扰、回波损耗、衰减串扰比、等效远端串扰和综合等效远端串扰等。下面介绍比较重要的几个参数。

1）接线图

接线图的测试，主要测试水平电缆终接在工作区或电信间配线设备的8位模块式通用插座的安装连接是否正确。正确的线对组合为1/2、3/6、4/5、7/8，分为非屏蔽和屏蔽两类，对于非RJ-45的连接方式按相关规定要求列出结果，布线过程中可能出现以下正确或错误的连接图测试情况。图11-15所示为正确接线的测试结果。

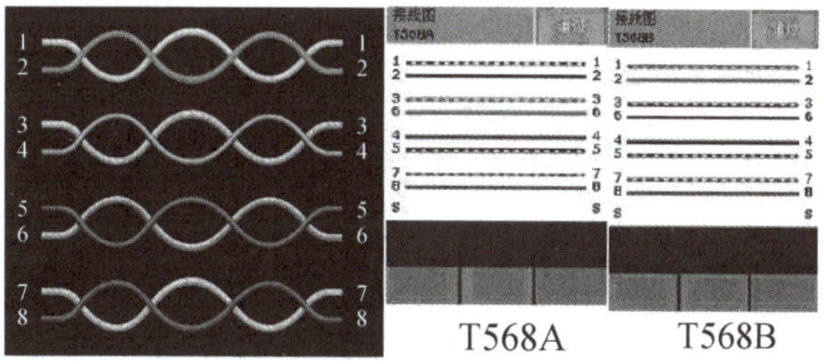

图11-15　正确接线图

对布线过程中出现错误的连接图测试情况分析如下。

（1）开路：双绞线中有个别芯没有正确连接，图11-16显示第8芯断开，且中断位置分别距离测试的双绞线两端22.3 m和10.5 m处。

（2）反接/交叉：双绞线中有个别芯对交叉连接，图11-17显示1、2芯交叉。

（3）短路：双绞线中有个别芯对铜芯直接接触，图11-18显示3、6芯短路。

（4）跨接/错对：双绞线中有个别芯对线序错接，图11-19显示1和3、2和6两对芯错对。

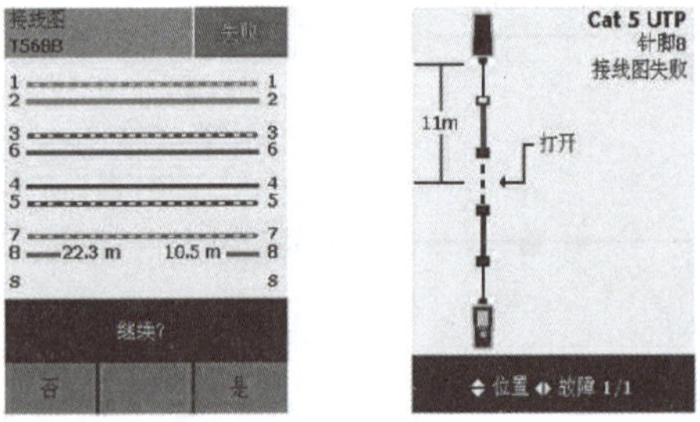

图11-16　开路

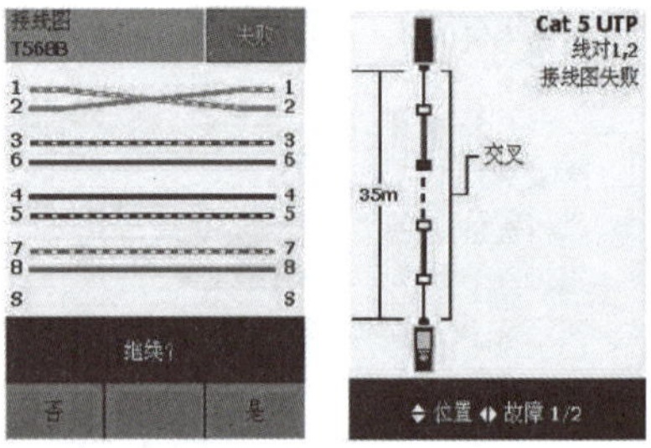

图11-17　反接/交叉

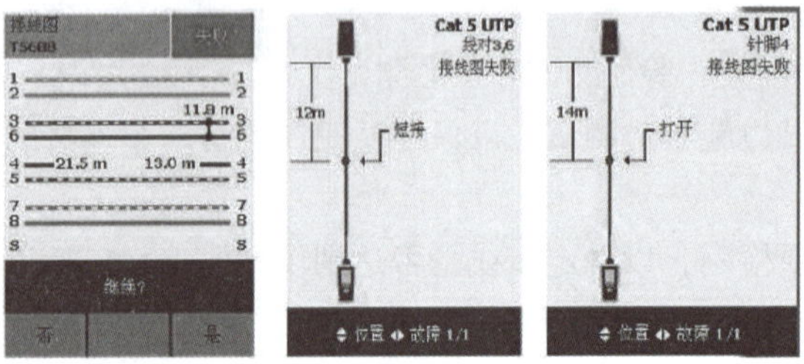

图11-18　短路

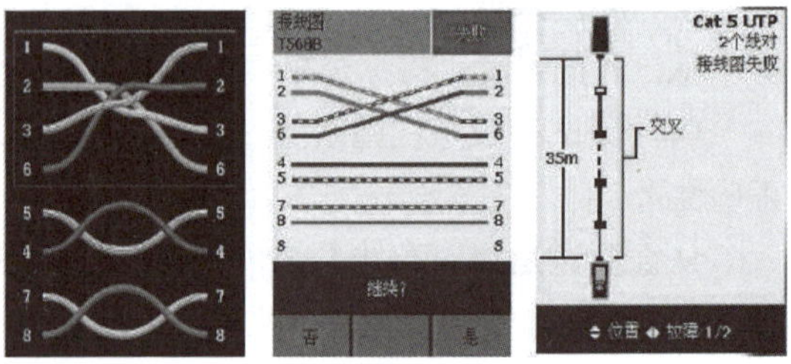

图11-19　跨接/错对

2）长度

长度为被测双绞线的实际长度。长度测量的准确性主要受几个方面的影响：缆线的额定传输速度（NVP）、绞线长度与外皮护套的长度，以及沿长度方向的脉冲散射。NVP表示的是信号在缆线中传输的速度，以光速的百分比形式表示。NVP设置不正确将导致长度测试结果错误，比如NVP设定为70%而缆线实际的NVP值是65%，那么测量还没有开始就有了5%以上的误差。图11-20说明了一个信号在链路短路、开路和正常状态下的三种传输状态。

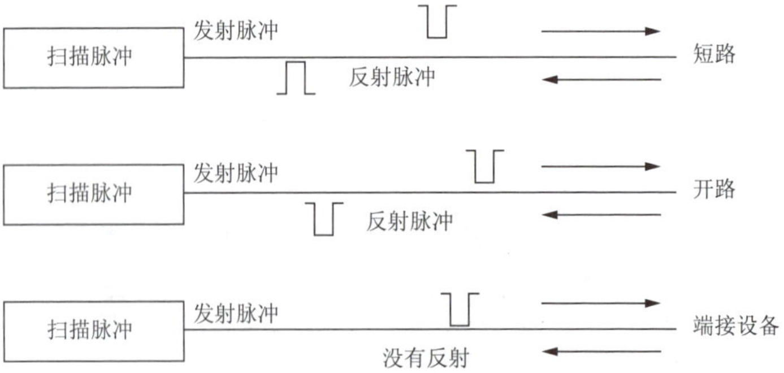

图11-20　时域反射

3）传输时延

传输时延为被测双绞线的信号在发送端发出后到达接收端所需要的时间，最大值为555 ns。

图11-21描述了信号的发送过程，图11-22描述了测试结果，从中可以看到不同线对的信号是先后到达对端的。

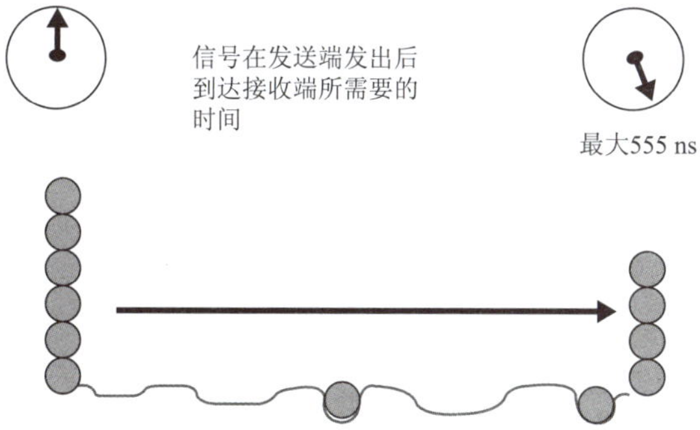

图11-21　传输时延产生过程

图11-22　传输时延测试结果

4）衰减或插入损耗

衰减或插入损耗为链路中传输所造成的信号损耗（以分贝dB标示）。图11-23描述了信号的衰减过程；图11-24显示了插入损耗测试结果。造成链路衰减的主要原因有：电缆材料的电气特性和结构、不恰当的端接和阻抗不匹配的反射，而线路过量的衰减会使电缆链路传输数据变得不可靠。

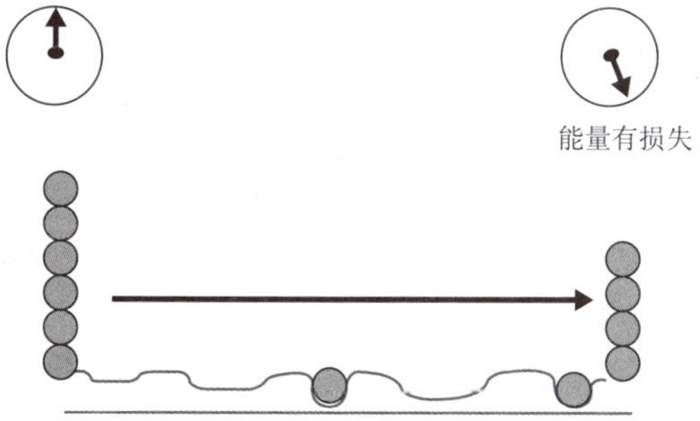

图11-23　插入损耗产生过程

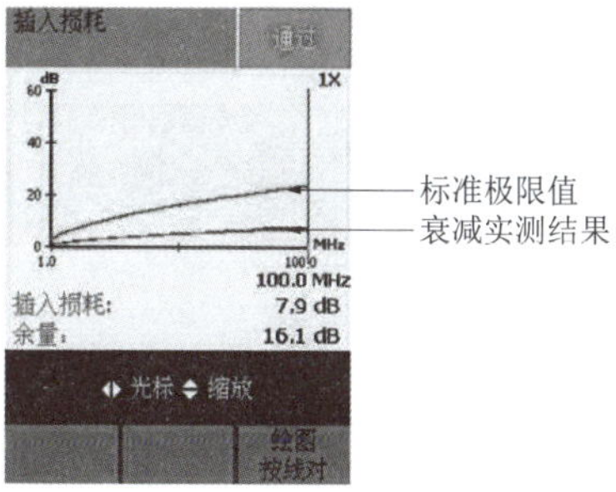

图11-24　插入损耗测试结果

5）串扰

串扰是测量来自其他线对泄露过来的信号。图11-25显示了串扰的形成过程。串扰又可分为近端串扰（NEXT）和远端串扰（FEXT）。NEXT是在信号发送端（近端）进行测量。图11-26显示了NEXT的形成过程。对比图11-25和图11-26可知，NEXT只考虑了近端的干扰，忽略了对远端的干扰。

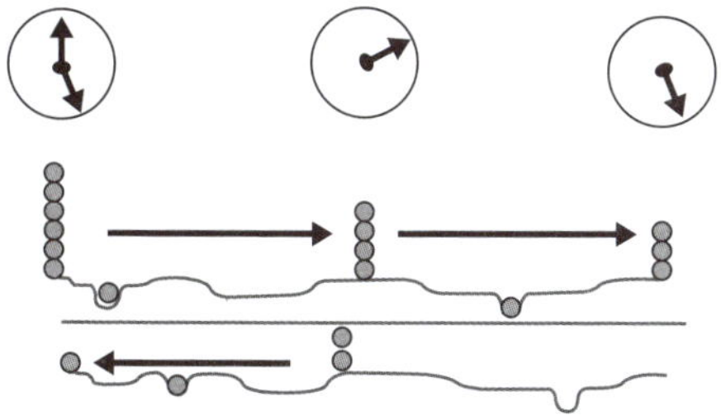

图11-25　串扰产生过程

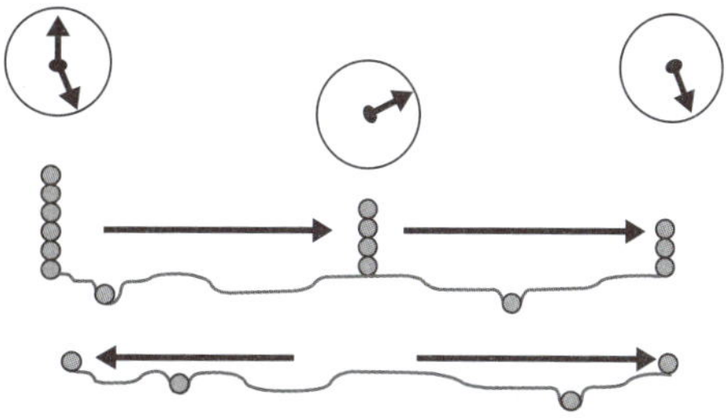

图11-26　NEXT产生过程

NEXT的影响类似于噪声干扰，当干扰信号足够大的时候，将直接破坏原信号或者接收端将原信号错误地识别为其他信号，从而导致站点间歇的锁死或者网络连接失败。

NEXT又与噪声不同，NEXT是缆线系统内部产生的噪声，而噪声是由外部噪声源产生的。图11-27描述了双绞线各线对之间的相互干扰关系。

NEXT是频率的复杂函数，图11-28描述了NEXT的测试结果。图11-29显示的测试结果验证了4 dB原则。NEXT的测试遵循4 dB原则，即当衰减小于4 dB时，可以忽略NEXT。

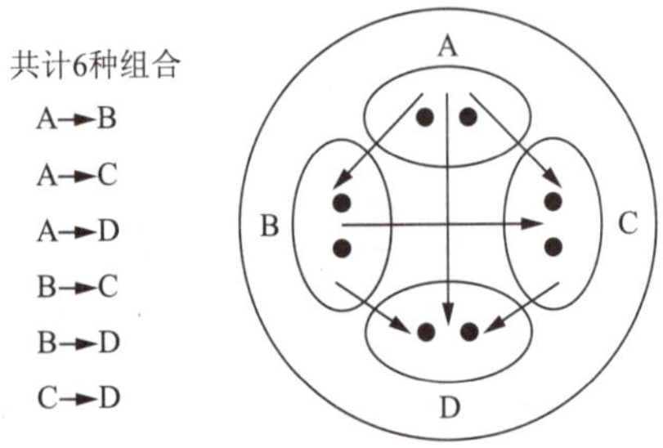

图11-27　线对间的近端串扰测量

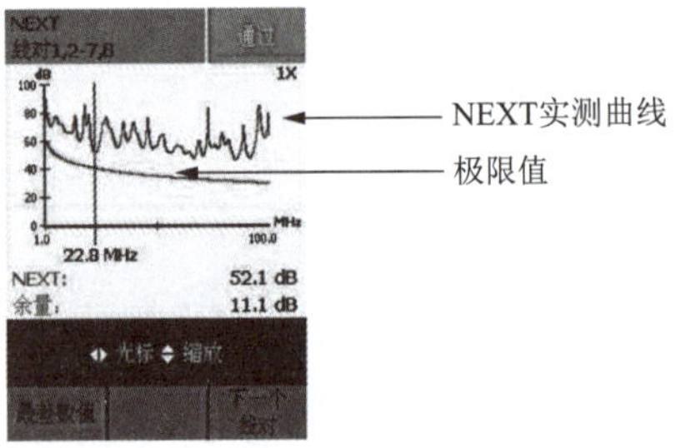

图11-28　NEXT测试结果

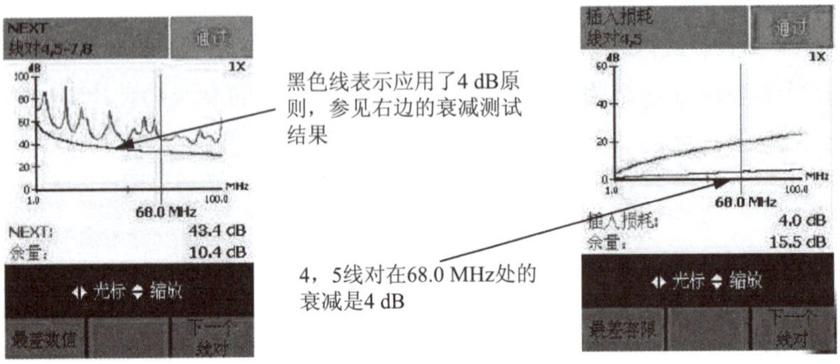

图11-29　4dB原则

6）综合近端串扰

综合近端串扰（PS NEXT）是一对线感应到所有其他绕对对其的近端串扰的总和。图11-30描述了综合近端串扰的形成，图11-31显示了测试结果。

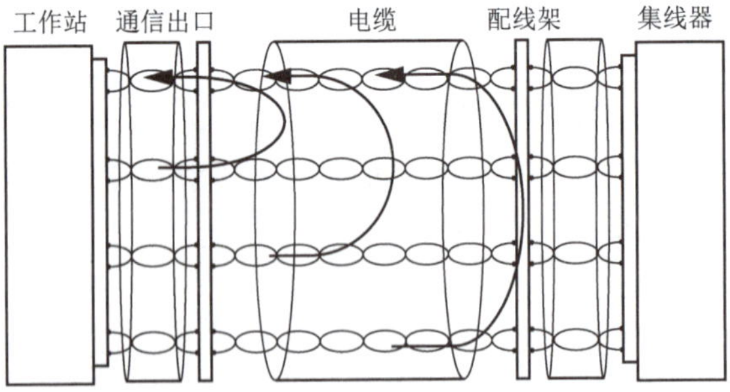

图11-30　综合近端串扰产生过程

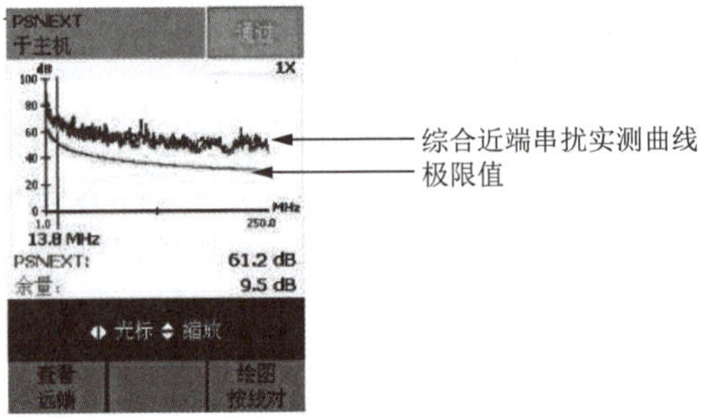

图11-31　综合近端串扰测试结果

7）回波损耗

回波损耗是由于缆线阻抗不连续/不匹配所造成的反射，产生原因是特性阻抗之间的偏离，体现在缆线的生产过程中发生的变化、连接器件和缆线的安装过程。

在TIA和ISO标准中，回波损耗遵循3 dB原则，即当衰减小于3 dB时，可以忽略回波损耗。图11-32描述了回波损耗的产生过程。图11-33描述了回波损耗的影响。

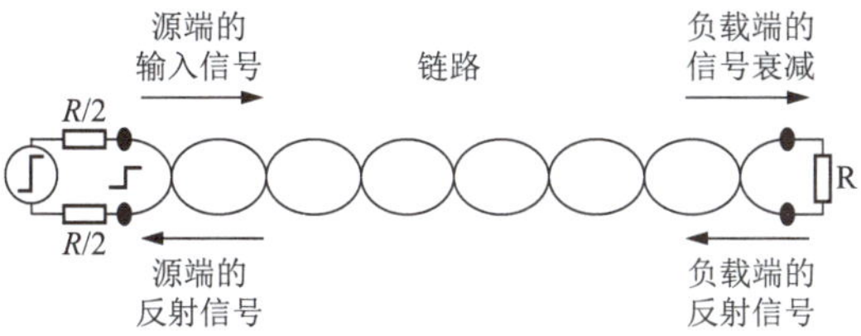

图11-32　回波损耗产生过程

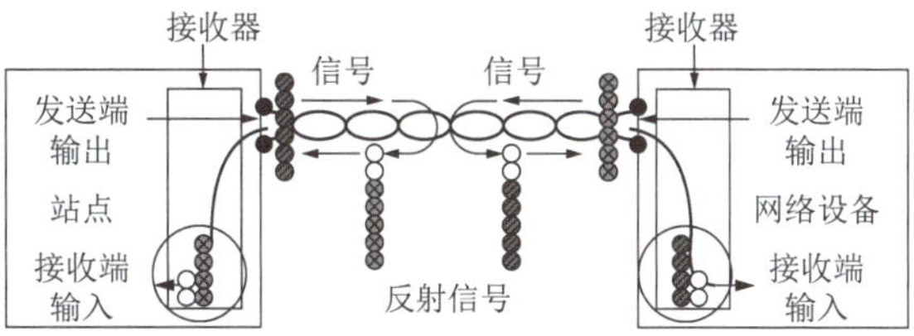

图11-33　回波损耗的影响

8）衰减串扰比

衰减串扰比（ACR），类似信号噪声比，用来表征经过衰减的信号和噪声的比值，ACR=NEXT值－衰减，数值越大越好。图11-34描述了ACR的产生过程。

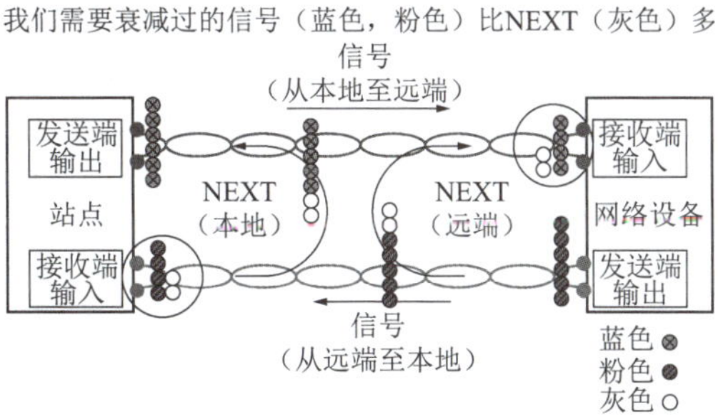

图11-34　ACR产生过程

典型案例6——应急医院综合布线简介

2020年新冠疫情发生以来，全国各地紧急开展了“小汤山”模式的临时医院建设。所谓“小汤山”的建设模式，即快速模块式建设。通过建设临时医院的模式，快速缓解医疗设施和床位短缺的问题。针对“小汤山”的建设模式，在快速建设与后台供应方面，须遵循“标准化、模块化、装配式”建设。图11-35所示为装配式建筑概念图。

图11-35　装配式建筑概念图

“小汤山”建设模式临时医院的目的在于“提高治愈率、降低病死率、确保零感染”。结合“小汤山”的经验，应急医院采用中轴对称的鱼骨状布局，沿中轴线布置办公区域和医护人员通道。护理区域采用标准化、模块化的建设模式，可根据需要不断延伸扩建。如图11-36所示，黄色部分代表“鱼骨”，也就是临时医院中的通道部分，病房则是由三个集装箱组合而成，内置病床等多种必备医护设施，当然，其中也包括了综合布线终端所连接的设备。图11-37为病房布局图，图11-38为现场建设图。

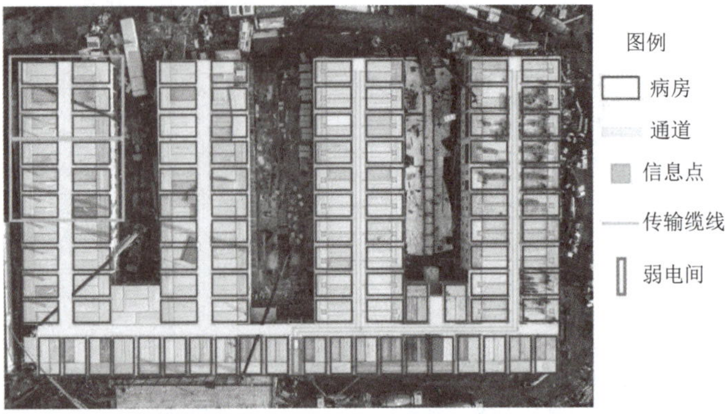

图11-36　应急医院鱼骨状布局

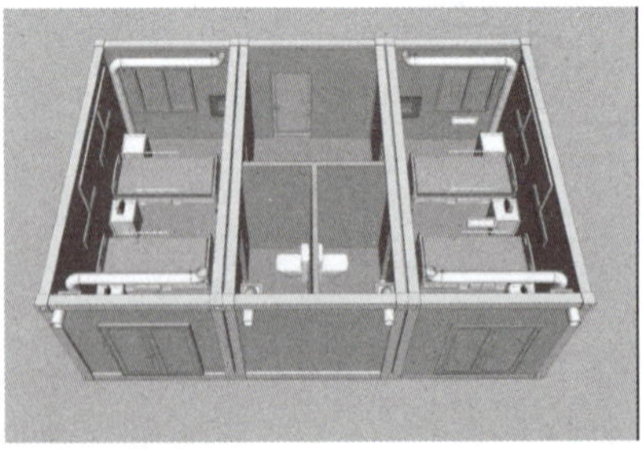

图11-37　病房布局图

图11-38　为现场建设图

（1）在如此紧急的施工时间内，更加快速的安装是最重要的，弱电智能化工程也是如此，所以在集装箱组装完成的同时，弱电智能化施工团队就开始进场，分布到每一个病房中。以2~4人为一小组，运用小组分区域分工的方式，首先将线槽安装完毕，然后布线，最后将终端设备与弱电间的缆线整理连接好。如图11-39所示。

图11-39　弱电施工

（2）另外，由于每个病房都有数个点位，点位也较为密集，且弱电间与每个病房间的距离较远，这也是临时医院和普通医院不一样的地方。此时，只要有布线到达弱电间，就可以派小组进行对弱电间的装配与缆线的整理，以达到更快完成任务的目的。因为距离相对较远，对网线的质量要求也相对较高。

文件

典型案例6

（3）有了更加快速的方法仍然不够，依旧是与时间赛跑，所以需要三班倒、连轴转、24 h不间断作业，只有这样，我们才能够在短时间内把医院建设起来，才能够跑得比病毒快。

请扫描“典型案例6”二维码下载Word版。

习 题

1. 填空题（20分，每题2分）

（1）综合布线系统工程验收前，应进行________和________工作。（参考11.1.1）

（2）工作区、电信间、设备间暗装或明装在墙体或柱子上的信息插座盒底，距地高度宜为________。（参考11.2.1）

（3）综合布线系统工程所用缆线和器材的品牌、________、规格、________、质量应在施工前进行检查，应符合设计文件要求，并应具备相应的质量文件或证书。（参考11.3.1）

（4）缆线桥架的安装位置应符合施工图要求，左右偏差不应超过________ mm。（参考11.4.4）

（5）对绞电缆在终接处，预留长度在工作区信息插座底盒内宜为________。（参考11.5.1）

（6）暗管管口应光滑，并应加有护口保护，管口伸出部位宜为________ mm。（参考11.5.4）

（7）光纤与连接器件连接可采用________和机械连接方式。（参考11.6.3）

（8）综合布线工程电气测试应包括________电气性能测试及光纤布线系统性能测试，并且应________进行。（参考11.7）

（9）竣工验收需要抽验系统性能时，抽样比例不应低于________，抽样点应包括________。（参考11.9.2）

（10）基本链路包括三部分：________、两端接插件和两条2 m测试设备跳线。（参考11.10）

2. 选择题（30分，每题3分）

（1）电信间、设备间、进线间应设置不少于（　　）个单相交流220 V/10 A电源插座盒，每个电源插座的配电线路均装设保护器。（参考11.2.1）

A. 1　　B. 2　　C. 3　　D. 4

（2）使用光纤端面测试仪，应对该批量光连接器件端面进行抽验，比例不宜大于（　　）。（参考11.3.3）

A. 5%～10%　　B. 5%～15%　　C. 10%～15%　　D. 10%～20%

（3）在公共场所安装配线箱时，壁嵌式箱体底边距地不宜小于（　　），墙挂式箱体底面距地不宜（　　）。（参考11.4.1）

A. 1.0 m　　B. 1.5 m　　C. 1.8 m　　D. 2.0 m

（4）光缆布放路由宜盘留，预留长度宜为（　　）。（参考11.5.1）

A. 不小于0.5 m　　B. 1.0～1.5 m　　C. 0.5～2.0 m　　D. 3～5 m

（5）预埋在墙体中间暗管的最大管外径不宜超过（　　），楼板中暗管的最大管外径不宜超过（　　）。（参考11.5.4）

A. 25 mm　　B. 30 mm　　C. 50 mm　　D. 100 mm

（6）配线子系统设置桥架保护时，桥架底部应高于地面（　　）以上，顶部距建筑物楼板不宜小于（　　）。（参考11.5.4）

A. 300 mm　　B. 500 mm　　C. 1.8 m　　D. 2.2 m

（7）对绞电缆终接时，每对对绞线应保持扭绞状态，扭绞松开长度对于5类电缆不应大于（　　）。（参考11.6.2）

A. 6.4 mm　　B. 13 mm　　C. 75 mm　　D. 90 mm

（8）（　　）应针对同一建筑群内多栋建筑物的系统，并应包括建筑物内部及外部系统。（参考11.8.1）

A. 一级管理　　B. 二级管理　　C. 三级管理　　D. 四级管理

（9）综合布线管理系统验收时，标签和标识应按（　　）抽检，系统软件功能应按（　　）检测。（参考11.9.2）

A. 1%　　B. 10%　　C. 50%　　D. 全部

（10）（　　）是由于缆线阻抗不连续/不匹配所造成的反射，产生原因是特性阻抗之间的偏离，体现在缆线的生产过程中发生的变化、连接器件和缆线的安装过程。（参考11.10）

A. 串扰　　B. 衰减　　C. 回波损耗　　D. 插入损耗

3. 简答题（50分，每题10分）

文件

单元11习题

（1）光纤接插软线或光跳线检验应符合哪些规定？（参考11.5.4）

（2）金属导管、槽盒明敷设时，应符合哪些规定？（参考11.5.4）

（3）光纤终接与接续应符合哪些规定？（参考11.6.3）

（4）综合布线管理系统宜符合哪些规定？（参考11.8.2）

（5）综合布线系统工程的竣工技术资料应包括哪些内容？（参考11.9.2）

请扫描“单元11习题”二维码下载Word版。

实训12　网络交换机的安装与网络配置

1. 实训任务来源

建设和运维企业、事业单位和校园网等局域网系统需要。

2. 实训任务

使用信息技术技能实训装置，模拟工程现场，每3人一组，完成局域网的搭建，要求实现电脑联网和进行相互通信。

3. 技术知识点

1）掌握局域网的基本概念

局域网络是把分布在一定范围内的不同物理位置的计算机设备连在一起，可以相互通信和资源共享的网络系统。

2）掌握局域网的基本构成

局域网一般由两大部分构成，包括网络硬件和网络软件。网络硬件系统包括：服务器计算机、工作站计算机及基本联网硬件；网络软件系统指网络操作系统。

4. 关键技能

（1）掌握局域网组网方式。

（2）掌握计算机IP地址的设置方法。

（3）掌握局域网配置与设置的方法。

5. 实训课时

（1）该实训共计2课时完成，其中技术讲解10分钟，观看视频10分钟，设计网络拓扑图10分钟，实际操作40分钟，测试10分钟，实训总结、整理清洁现场10分钟。

（2）课后作业2课时，独立完成实训报告，提交合格的实训报告。

6. 实训指导视频

27332-实训12-网络交换机的安装与网络配置（4分36秒）。

视频

网络交换机的安装与网络配置

7. 实训设备

设备名称：“信息技术技能实训装置”。设备型号：KYPXZ-01-53。

本实训装置按照典型工作任务和关键技能训练需要专门研发，配置有网络交换机、网络配线架、110跳线架等设备，能够仿真实际工程进行多种链路搭建。

8. 实训步骤

1）预习和播放视频

学员课前应通过网络、教材查询有关局域网搭建的知识，并作出简单总结，便于课堂实训。

2）器材工具准备

本次实训使用《实训9 永久链路搭建与端接技能训练》已经搭建完成的链路进行局域网搭建。

3）局域网搭建步骤和方法

第一步：连接电脑。

如图11-40所示，将电脑连接到实训9中的信息插座网络模块，学员自带笔记本电脑或使用教室内电脑。

请扫描“图11-40Visio原图”二维码，下载Visio原图，自行设计更多链路。

请扫描二维码观看或下载图11-40彩色高清图片。

文件

图11-40 Visio原图

文件

图11-40 彩色高清图片

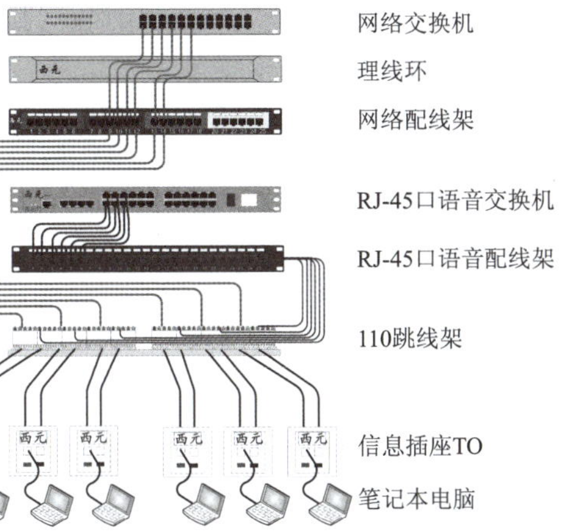

图11-40　局域网搭建连接示意图

第二步：设置电脑IP地址。

小组内3名成员需要将电脑设置在同一IP地址内，设置方法如下：

（1）打开控制面板，选择“网络和共享中心”。

（2）如图11-41所示，选择“网络和共享中心”中的“本地连接”。

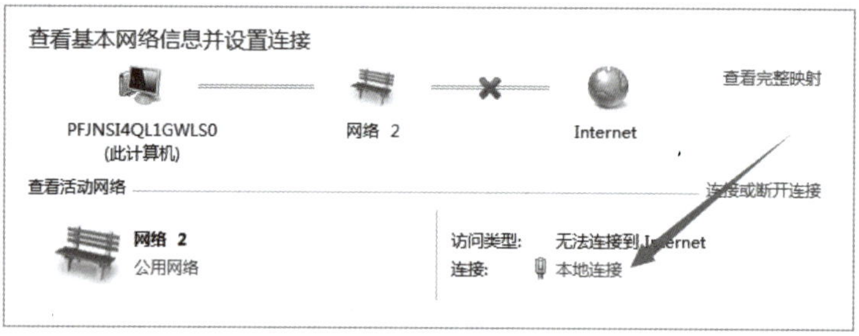

图11-41　“本地连接”

（3）如图11-42所示，选择“本地连接”属性，双击“Internet协议版本4”

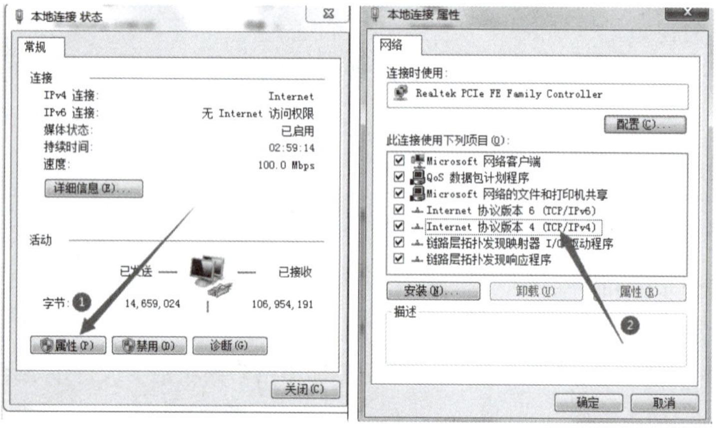

图11-42　“本地连接”对话框

（4）如图11-43所示，填写IP地址、子网掩码、默认网关，局域网内的电脑需在同一网段。

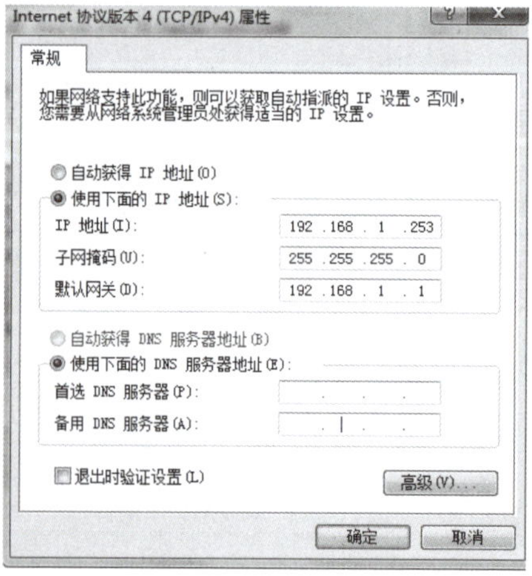

图11-43　填写IP地址

第三步：测试网络。

（1）如图11-44所示，右击桌面左下角“开始”键，选择“运行”命令。

（2）如图11-45所示，在弹出的“运行”窗口中，输入“cmd”，单击“确定”按钮。

图11-44　选择“运行”命令

图11-45　“运行”窗口

（3）如图11-46所示，在弹出的命令行窗口中输入ping+对方IP地址，例如：ping 192.168.1.×××。

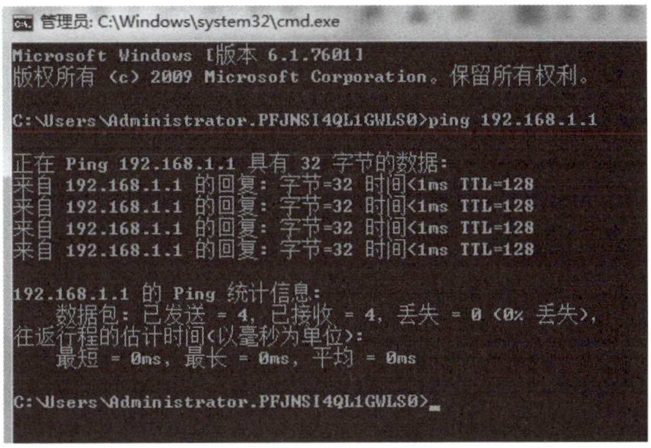

图11-46　用测试网络命令

（4）如果“ping”发送的数据包可以全部接受，则这两台电脑处于同一局域网内。

第四步：设置共享文件夹。

（1）打开控制面板，选择“网络和共享中心”。

（2）如图11-47所示，选择“更改高级共享设置”。

（3）如图11-48所示，勾选“启用网络发现”“启用文件和打印机共享”，然后保存。

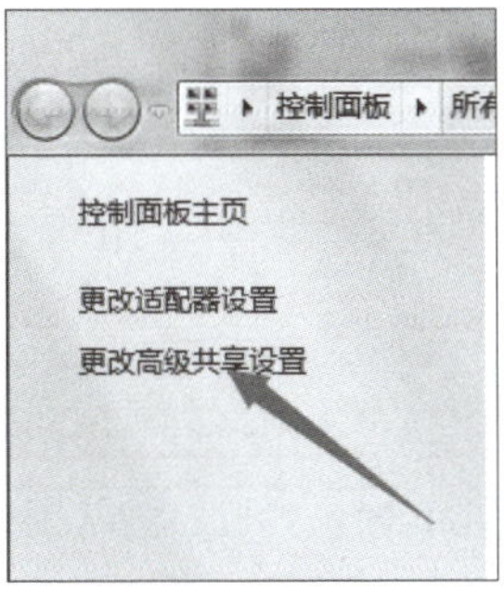

图11-47　选择“更改高级设置”

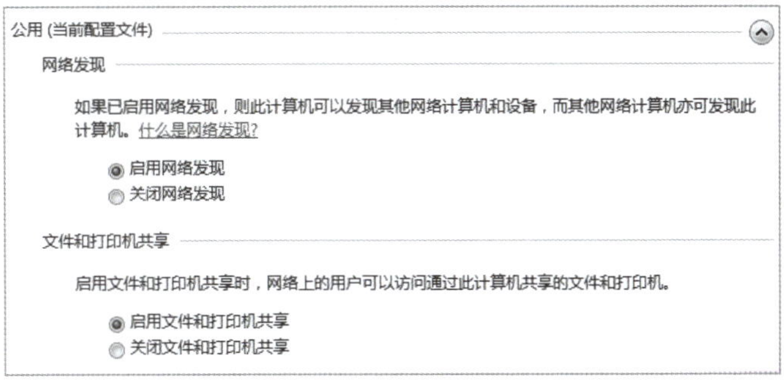

图11-48　“启用网络发现”

（4）如图11-49所示，右击“我的电脑”图标，在弹出的快捷菜单中选择“管理”命令。

（5）如图11-50所示，在打开的“计算机管理”窗口中选择“本地用户和组”→“用户”就可以看到一个Guest的用户，双击Guest。

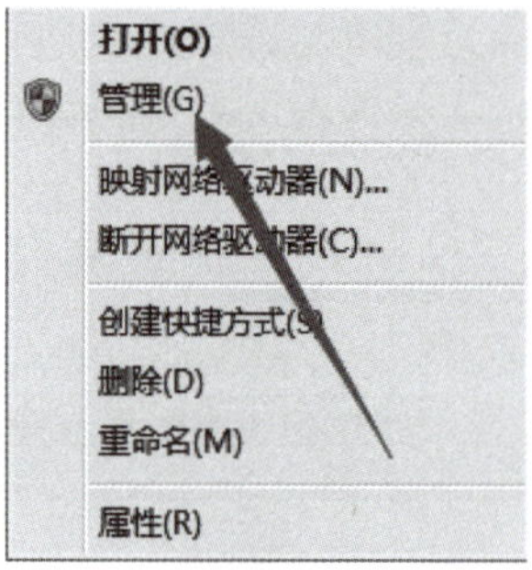

图11-49　选择“管理”命令

图11-50　Guest用户

（6）如图11-51所示，取消勾选“账户已禁用”，单击“确定”按钮。

（7）如图11-52所示，右击需要共享的文件夹，选择“属性”→“共享”。

图11-51　启用账户

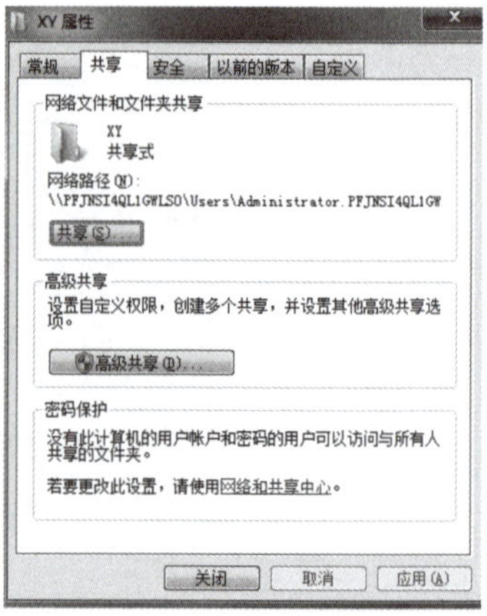

图11-52　文件夹共享属性

（8）如图11-53所示，单击“共享（S）”按钮，在弹出的对话框中添加Guest用户。

（9）如图11-54所示，单击“高级共享（D）”按钮在弹出的对话框中勾选“共享此文件夹（S）”，单击“应用”按钮即完成了文件夹的共享。

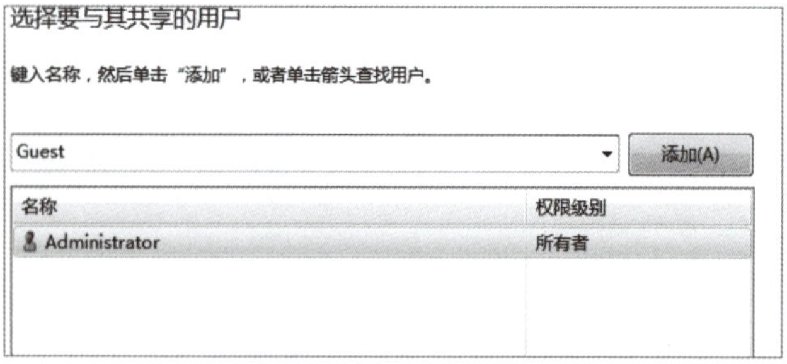

图11-53　添加Guest用户

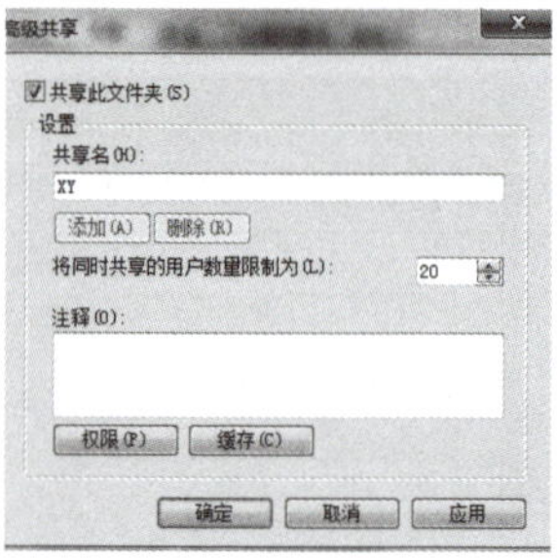

图11-54　“高级共享”对话框

文件

实训12

9. 实训报告

请按照单元1表1-1所示的实训报告模板要求，独立完成实训报告，2课时。

请扫描“实训12”二维码下载Word版。

参 考 答 案

文件

习题参考答案

参 考 文 献

[1] 王公儒. 综合布线工程实用技术[M]. 3版. 北京：中国铁道出版社，2015.
[2] 王公儒. 网络综合布线系统工程技术实训教程[M]. 4版. 北京：机械工业出版社，2021.
[3] 中华人民共和国工业和信息化部. GB 50311—2016综合布线系统工程设计规范[S]. 北京：中国计划出版社，2016.
[4] 中华人民共和国工业和信息化部. GB/T 50312—2016综合布线系统工程验收规范[S]. 北京：中国计划出版社，2016.